AF543922

Brandt

Mit Qualität Organisationen entwickeln

Dina Brandt

Mit Qualität Organisationen entwickeln

Wandel meistern mit Qualitätsmanagement und agilen Methoden

HANSER

Print-ISBN: 978-3-446-47560-1
E-Book-ISBN: 978-3-446-48109-1
ePub-ISBN: 978-3-446-48342-2

Alle in diesem Werk enthaltenen Informationen, Verfahren und Darstellungen wurden zum Zeitpunkt der Veröffentlichung nach bestem Wissen zusammengestellt. Dennoch sind Fehler nicht ganz auszuschließen. Aus diesem Grund sind die im vorliegenden Werk enthaltenen Informationen für Autor:innen, Herausgeber:innen und Verlag mit keiner Verpflichtung oder Garantie irgendeiner Art verbunden. Autor:innen, Herausgeber:innen und Verlag übernehmen infolgedessen keine Verantwortung und werden keine daraus folgende oder sonstige Haftung übernehmen, die auf irgendeine Weise aus der Benutzung dieser Informationen – oder Teilen davon – entsteht. Ebenso wenig übernehmen Autor:innen, Herausgeber:innen und Verlag die Gewähr dafür, dass die beschriebenen Verfahren usw. frei von Schutzrechten Dritter sind. Die Wiedergabe von Gebrauchsnamen, Handelsnamen, Warenbezeichnungen usw. in diesem Werk berechtigt also auch ohne besondere Kennzeichnung nicht zu der Annahme, dass solche Namen im Sinne der Warenzeichen- und Markenschutz-Gesetzgebung als frei zu betrachten wären und daher von jedermann benützt werden dürften.

Die endgültige Entscheidung über die Eignung der Informationen für die vorgesehene Verwendung in einer bestimmten Anwendung liegt in der alleinigen Verantwortung des Nutzers.

Bibliografische Information der Deutschen Nationalbibliothek:
Die Deutsche Nationalbibliothek verzeichnet diese Publikation in der Deutschen Nationalbibliografie; detaillierte bibliografische Daten sind im Internet unter http://dnb.d-nb.de abrufbar.

www.hanser-fachbuch.de
Lektorat: Lisa Hoffmann-Bäuml, Sophia Zschache
Herstellung: Carolin Benedix
Covergestaltung: Max Kostopoulos
Titelmotiv: © gettyimages.de/Physicx
Satz: Eberl & Koesel Studio, Kempten
Druck: CPI Books GmbH, Leck
Printed in Germany

Vorwort

Heutige Gewissheiten sind morgen schon überholt. Ob es sich um einen Krieg in Europa, Künstliche Intelligenz oder Lieferengpässe handelt – Unternehmen müssen sich auf eine komplexe, von Unsicherheiten geprägte Welt einstellen, in der der Wandel Alltag ist. Erfolgreich ist eine Organisation nur dann, wenn sie sich schnell, innovativ und immer wieder an sich ständig verändernde Rahmenbedingungen anpassen kann.

Dieses Buch verbindet Qualitätsmanagement mit Organisationsentwicklung und agilen Methoden. Es zeigt, wie Unternehmen durch kontinuierliche Reflexion und Anpassung nicht nur ihre Produkte, sondern auch ihre internen Prozesse verbessern können und der Qualitätsgedanke fest in der Unternehmenskultur und damit auch in den Köpfen der Belegschaft verankert wird. Dabei steht die Fähigkeit im Mittelpunkt, notwendige Änderungen zu erkennen und passend darauf zu reagieren.

Das Qualitätshaus, ein zentrales Konzept dieses Buchs, veranschaulicht, wie verschiedene Perspektiven im Zusammenspiel Veränderungen in einem Unternehmen ermöglichen. Eine Organisation ruht auf dem Fundament ihrer Unternehmenskultur, die sie von anderen unterscheidet. Diese Kultur bestimmt, wie Mitarbeitende ausgewählt, zusammenarbeiten und welche Arbeitsmittel genutzt werden. Durch die Reflexion und Verarbeitung externer Impulse (z. B. Kundenrückmeldungen) entwickelt eine Organisation ihre Strategie und passt sie an.

Dieses Werk zeigt, wie Strukturen geschaffen werden, die es ermöglichen, Veränderungen der Umwelt rechtzeitig zu erkennen und passend darauf zu reagieren. Es zeigt, wie organisationales Lernen gefördert und wie eine Balance zwischen notwendiger Veränderung und Stabilität gefunden wird.

Damit ist es ein wertvoller Leitfaden für Führungskräfte und Mitarbeitende, die ihre Organisationen in einem sich ständig verändernden Umfeld erfolgreich führen möchten. Es bietet praktische Ansätze und Methoden, um Veränderungen nicht nur zu bewältigen, sondern aktiv zu gestalten. Lassen Sie sich inspirieren und entdecken Sie, wie Qualitätsmanagement und Organisationsentwicklung Hand in Hand gehen können, um eine zukunftsfähige und lernende Organisation zu schaffen.

Dina Brandt

Einführung

Warum dieses Buch?

Wir leben in unruhigen Zeiten. Einige fundamentale Überzeugungen, wie die, dass es in Europa keine Kriege mehr geben wird oder dass die Globalisierung unumkehrbar sei, haben sich als falsch erwiesen. Aber auch schon länger diskutierte Themen wie die Bedeutung von Digitalisierung und Künstlicher Intelligenz für unsere Gesellschaft allgemein und die Arbeitswelt im Speziellen nehmen gerade erst Fahrt auf.

Wie dramatisch und umfassend die Veränderungen sein werden, die uns noch bevorstehen, kann man nicht vorhersagen. Aber wenigstens kann man sich in Erinnerung rufen, dass Veränderung eine Konstante im menschlichen Leben ist. Zu allen Zeiten sahen sich die Menschen im Privaten wie im Gesellschaftlichen mit Todesfällen, Trennungen, Jobverlust konfrontiert oder durch neue Glaubenssysteme, politische Umstürze, Wirtschaftsumschwünge in ihrem Sein infrage gestellt. Egal, wie persönlich oder weltumspannend die so entstandene Krise war, man musste immer das bisher sicher Gewusste hinterfragen, die eigenen Lebensumstände neu sortieren und damit das Risiko von unklaren Konsequenzen in Kauf nehmen.

Das galt und gilt auch für Organisationen, wenn sie über die Zeit bestehen und wachsen wollen. Das Thema *Veränderungen in Organisationen bzw. Organisationsentwicklung* ist daher schon lange ein vielbeackertes Feld. Das gilt auch für das Thema „Qualitätsmanagement“, das in unserer hochindustriellen Zeit seit vielen Jahrzehnte eine wichtige Rolle für die volkswirtschaftliche Beurteilung unseres Landes im Vergleich zur Weltwirtschaft spielt.

„Qualität“ ist eine Kategorie, die – wenn richtig verstanden – in den Kernauftrag einer Organisation, eines Unternehmens, stößt und den Horizont darauf öffnet, wie sie sich vorstellt, dass die Welt und damit auch sie selbst funktioniert. Die konkreten Qualitätsvorstellungen sind Spiegelbild des eigenen Selbstverständnisses und eignen sich daher als Schlüssel, über Veränderungsbedarf nachzudenken. Originär vor allem, was die Güte der eigenen Produkte anbelangt, aber wenn richtig eingesetzt, auch darüber hinaus. Warum gibt es uns? Was unterscheidet unsere Produkte von anderen? Was ist unser Versprechen dahinter? Was erwartet unsere Kundschaft von uns und wie können wir das für die Zukunft sicherstellen? Wenn eine Organisation sich zielgerichtet und ausgestattet mit dem richtigen Rüstzeug diese Fragen stellt, verbindet sie Qualität mit der Frage, ob sie auch für die Zukunft passend ausgestattet ist. Ob also ihr aktuelles Qualitätsversprechen auch das richtige für die Zukunft ist.

„Qualitätsmanagement“ wird weniger als das „Managen“ von Produktqualität verstanden, als vielmehr das Managen einer Organisation über Fragen zur Qualität. Qualität wird bei allem, was getan wird und entsteht, zwar immer mitgedacht, aber nur selten dafür genutzt, die gemeinsame Arbeit zu begründen.

Qualität sollte nicht nur als ein Aspekt unter vielen Managementfragen betrachtet werden, sondern als Leitfaden für alles, was getan werden muss.

Eine ISO 9001-Zertifizierung kann ein solches Vorgehen nur begrenzt unterstützen. Die Frage, die sich sogar stellt, ist, ob es ein sogenanntes Qualitätsmanagement braucht, wenn Qualität zum Leitmotiv in einem Unternehmen wird. Es wäre dann zielführender, das Reden über Qualität unter die Bezeichnung „Organisationsentwicklung“ zu stellen. Denn es regt dazu an, sich seiner Grundüberzeugungen gewahr zu werden und einen Abgleich mit Markterwartungen und geänderten Rahmenbedingungen herzustellen. Ziel ist es dann nicht mehr nur, Qualitätsanpassungen zu erreichen, sondern die Weiterentwicklung einer Organisation mitzudenken. Qualitätsmanagement wird so zum Treiber von Organisationsentwicklung.

Damit kommen wir neben der Organisationsentwicklung und dem Qualitätsmanagement zu einem dritten Pfeiler dieses Buchs: *Agile Methoden und Ansätze* bieten eine gute Verbindung aus konkretem gemeinsamem Arbeiten auf Grundlage eines bewussten Qualitätsverständnisses. Durch das Erarbeiten von Qualitätsanforderungen im Team und mit den Kundinnen und Kunden zusammen geschieht genau die gewünschte Verbindung aus Sprechen über Erwartungen und Einigen auf ein gemeinsames, qualitatives Arbeiten. So werden Produkte geliefert, die messbar Qualität bieten. Unmittelbares Feedback auf die Ergebnisse und auf das bisherige Zusammenarbeiten erlaubt schnelle Lernschleifen und eine Weiterentwicklung der eigenen Vorgehensweise.

Qualitätsmanagement darf entsprechend nicht als abgekapselte Einheit neben vielen in einer Organisation gedacht werden. Vielmehr helfen agile Methoden und das Wissen über die Eigenlogiken von Organisationen, diese in einen Zustand des konstanten Lernens zu bringen. Die Organisation schafft damit die Voraussetzungen, über die eigenen Grundlagen und gegebenenfalls Änderungsbedarf auf eine alltägliche Art und Weise nachzudenken. Wie das gelingen kann und welche Herausforderungen auf dem Weg zu nehmen sind, steht im Fokus dieses Buchs.

Welche Überzeugungen liegen dem Buch zugrunde?

Eine Überzeugung ist, dass es vielleicht eine objektive Welt gibt, aber dass wir diese aufgrund verschiedener Erfahrungen und Erziehung unterschiedlich wahrnehmen. Um in einer Gemeinschaft – sei es in einem Staat oder auch nur in einem Unternehmen – gut zusammenarbeiten zu können, müssen wir unsere Sichten auf die Welt teilen und miteinander abgleichen.

Das gilt auch für *Qualität*. Qualität bedeutet weniger objektive Eigenschaften, die man einem Objekt oder einer Handlung zuweist, als vielmehr eine Art von Vereinbarung zwischen Menschen, was als ausreichend bzw. wertig genug gehalten wird. Damit ist schon einer der wichtigsten Konnektoren zwischen Organisationsentwicklung und Qualitätsmanagement gegeben: Die Einschätzung von Wertigkeit kann sich aus verschiedenen Gründen ändern und nur wenn man im genügenden Austausch steht, werden das alle Seiten auch mitbekommen. Und wenn sich Erwartungen und Anforderungen ändern können, heißt das, dass sich auch das Qualitätsverständnis und Organisationen ändern können und müssen.

Dabei ist es unwesentlich, ob es sich bei der *Organisation* um ein gewinnorientiertes Unternehmen handelt oder aber um eine gemeinnützige, soziale Einrichtung. Bei beidem haben sich Menschen zusammengefunden, um anderen Angebote zu machen, die entweder durch diese direkt gekauft werden oder aber über Umlagesysteme durch z. B. den Staat bzw. durch Spenden finanziert werden. Bei beiden gilt: Das Angebot muss bestimmten Qualitätserwartungen entsprechen, damit die Organisationen – wie auch immer – ausreichend finanziert sind und dauerhaft Bestand haben.

Wenn also von *„Produkten“*, die „produziert“ werden, gesprochen wird, dann ist es unerheblich, ob es sich um ein Auto, einen Computer oder aber soziale Dienstleistungen, Bildungsleistungen oder gemeinnützige Arbeit handelt. Immer gilt die Prämisse: Wenn das Ergebnis der Bemühungen einer Organisation auf kein Interesse bei anderen stößt, wird sie über kurz oder lang nicht überleben können. Aus diesem Grund wird in diesem Buch auch nicht zwischen „Unternehmen“ und „Organisation“ unterschieden. Die Themen betreffen jede Art von Organisation bzw. eigentlich *„Systeme“* im Sinne von anderen abgrenzbaren Einheiten, die durch einen bestimmten Zweck zusammengehalten werden. Unsere Gesellschaft kann aus einem Konglomerat aus Systemen verstanden werden, die jeweils ihre eigene Weltsicht haben und trotzdem auf die eine oder andere Art und Weise voneinander abhängen.

Neben der Systemtheorie, die entsprechend diesen Überlegungen zugrunde liegt, spielt der *Sozialkonstruktivismus* in diesem Buch eine große Rolle. Er ist getragen von der Überzeugung, dass wir unsere Wirklichkeit dadurch mitformen, dass wir sie individuell erleben und jeweils eigene Lehren daraus ziehen. Um zusammen als Gemeinschaft zu funktionieren, müssen wir uns über unsere Erfahrungen und Überzeugungen austauschen und ein gemeinsames Bild dazu herstellen. Nur so ist Interaktion möglich.

Die *Sprache*, die jemand nutzt, sagt auch etwas über sein/ihr Wirklichkeitsverständnis aus. Aus diesem Grund wird in diesem Buch darauf geachtet zu gendern. Das mag an der einen oder anderen Stelle das Lesen etwas erschweren, aber es bildet die Wirklichkeit differenzierter ab. Gerade wenn man über das Zusammenarbeiten zwischen Menschen spricht, darf man nicht die Welt unzumutbar auf nur eine Hälfte der Bevölkerung reduzieren. Sprache kann sehr gut differenzieren und wenn wir gemeinsam ein besseres, genaueres Weltverständnis herstellen wollen, darf die andere Hälfte (bzw. das ganze Spektrum, das es gibt) nicht ignoriert werden. Wer sich daran stört, dem sei Abschnitt 5.3.1 über „Irritationen als dauernder Impuls zur Veränderung" ans Herz gelegt.

Dieses Buch richtet sich an alle, die sich Gedanken um die Zukunftsfähigkeit von Organisationen machen.

Wie muss man dieses Buch lesen?

Das Buch ist so konzipiert, dass man nicht zwingend alle Kapitel komplett lesen muss. Jedes Kapitel bietet am Ende eine Zusammenfassung, die die zentralen Thesen beschreibt. Genauso gibt es ab Kapitel 3 zu Beginn jedes Kapitels eine Einordnung, welche Themen jeweils besprochen werden.

- In *Kapitel 1* werden die theoretischen Grundlagen für das Zusammenarbeiten und eine Weiterentwicklung in einer Organisation erarbeitet. Die betrifft den Umgang mit Veränderungen allgemein und die richtigen Herangehensweisen an Veränderungsbedarf sowie, was eine Organisation ausmacht, wenn man Systemtheorie und Sozialkonstruktivismus als Grundlage für menschliches Zusammenarbeiten voraussetzt.
- *Kapitel 2* hinterfragt kritisch die Traditionen im klassischen Qualitätsmanagement und leitet daraus einige Prinzipien für ein zukunftsfähiges Qualitätsmanagement und dessen Betrachtungsgegenstände ab. Daraus ergibt sich ein „Qualitätshaus", das ab Kapitel 3 strukturgebend für das Buch ist.
- *Kapitel 3* nimmt die Außenwelt um eine Organisation herum in den Blick. Zentrale Themen sind ein auf Qualitätsfragen ausgerichtetes Stakeholder-Management, die Öffnung gerade in Richtung Konkurrent:innen und gesellschaftlich relevante Player sowie das richtige Recruiting.
- *Kapitel 4* beschäftigt sich mit der Unternehmenskultur als Fundament jeder Organisation. Es definiert dieses, beschreibt deren Genese, die daraus entstehenden Begrenzungen und ruft auf, mit dieser aktiv zu arbeiten, um sie weiterentwickeln zu können. Zentral dabei ist die Rolle, die Führungskräfte einnehmen.
- *Kapitel 5* konzentriert sich auf das individuelle und organisationale Lernen, was als Ursprung von Veränderungswille gesehen werden kann. Um dieses etablieren

bzw. aktivieren zu können, bedarf es eines grundlegenden Verständnisses, wie Menschen und Organisationen lernen, was man dafür bereithalten muss und wie man dafür sorgt, dass nicht nur Fachwissen akkumuliert wird, sondern wirklich aktiv über Veränderungsbedarf in Organisationen nachgedacht und umgesetzt wird.

- *Kapitel 6* überlegt im Anschluss daran, wie die bisher gemachten Ausführungen sowohl in die Strategieentwicklung einfließen als auch in den Alltag der tragenden Säulen des Qualitätshauses implementiert werden können. Dafür muss zuerst ein allgemeines Verständnis zu den Themen „Management" und „Qualität" hergestellt werden, bevor überlegt wird, wie Qualitätsfragen das Arbeiten im Team, in Strukturen und Prozessen sowie mit den richtigen Arbeitsmitteln verbessern können. Abschließend kommt die Frage nach Messbarkeit und der richtigen Haltung in den Fokus.
- *Kapitel 7* betrachtet das eigentliche Managen von Veränderungen. Denn Unternehmenskultur und persönliche Sorgen können dazu führen, dass Organisationen zwar theoretisch verstanden haben, warum sie sich verändern müssen, aber dann im Prozess der Organisationsentwicklung an Widerständen oder mangelnder Zielperspektive scheitern. Entsprechend werden die Themen Machtmechanismen, Widerstände und konkrete Unterstützungsangebote betrachtet, genauso wie der Appell ausgesprochen, auch Pausen und Routine einzuschalten, um Veränderung nicht in Chaos münden zu lassen.
- *Kapitel 8* verbindet zum Abschluss die bisher gemachten Fragen mit einem Ausblick darauf, was die Zukunftsforschung prognostiziert und wie wenig das weiterhilft, im Hier und Jetzt richtig zu agieren. Jede Organisation steht auf anderen Grundlagen und hat andere Herausforderungen, die sie nur selbst lösen kann. Sie kann sich Inspiration von außen holen, aber ihren Weg wird kein:e Zukunftsforscher:in der Welt vorhersagen können.

Das Thema Qualität wird in allen Kapiteln betrachtet. Mal explizit, wenn es z. B. in Kapitel 6 darum geht, wie man Qualität als eine „ganzheitliche Aufgabe" definiert, oder in Kapitel 7, wo der Frage nachgegangen wird, ob das klassische Qualitätsmanagement eher stabilisierend oder dynamisierend funktioniert. In anderen Kapiteln wiederum liegt der Fokus zwar auf Fragen z. B. der Unternehmenskultur (Kapitel 4) oder des Lernens (Kapitel 5), die eher auf Überlegungen beruhen, die sich aus der systemischen und sozialkonstruktivistischen Sicht ergeben. Dennoch spielt auch dort das Thema Qualität eine wichtige Rolle, weil das Reden darüber als ein Katalysator für bestimmte Erkenntnisse dienen kann. Während damit systemische Organisationsentwicklung und Sozialkonstruktivismus die ordnungsgebenden Elemente für die Gliederung darstellen, ist das Sprechen über Qualität der rote Faden, der sich durch dieses Buch zieht und ihm seine inhaltliche Richtung gibt.

Jede:r, der/die bereits mal Teil eines Umstrukturierungsprozesses war oder als Organisationsentwickler:in gearbeitet hat, weiß, dass die Realität ungeordneter und unkontrollierbarer ist, als das irgendein Buch darstellen kann. Hier soll nicht so getan werden, als ob die dafür notwendigen Prozesse einfach und schematisch ablaufen. Dennoch liegt diesem Buch die Überzeugung zugrunde, dass es einige Leitprinzipien gibt, die gerade in Zeiten der Unordnung oder Orientierungslosigkeit unterstützen, das Wesentliche nicht aus dem Blick zu verlieren. Dies kann helfen, zumindest den nächsten Schritt zu tun und darauf aufbauend zu lernen, wie wieder mehr Ordnung entstehen kann.

Eines der Leitprinzipien lautet, dass die meisten Konflikte darauf beruhen, dass Menschen ein unterschiedliches Verständnis davon haben, wie die Welt funktioniert. Ohne dass genau darüber gesprochen wird, lassen sich diese Konflikte nicht beheben. Eine andere Überzeugung ist, dass Qualität helfen kann, diese unterschiedlichen Vorstellungen zutage zu fördern und „bearbeitbar“ zu machen.

Qualität ist etwas Verhandelbares und etwas Messbares. Wenn man sich beides zunutze macht, hat man eine gute Gesprächsgrundlage geschaffen, um gemeinsam auch in Zeiten von Veränderungen voranzuschreiten und Zukunft in Qualität mitzugestalten.

Inhalt

1 Kontinuierlicher Wandel als Herausforderung

1.1 Management von Unsicherheiten

1.1.1 Bestandsaufnahme: Die großen Herausforderungen der Zukunft

Die Arbeitswelt verändert sich rasant. Jeder erlebt das unmittelbar am eigenen Arbeitsplatz. Vermutlich gibt es keine Branche, deren Arbeitsmittel und Arbeitsweisen nicht in den letzten 20 Jahren neue Impulse erhalten hätten. Neuartige Berufe sind hinzugekommen, z. B. 3D-Druckexpert:in, Big Data Analyst, Robotik-Ingenieur:in. Alte Berufsbilder müssen sich wandeln, wie z. B. Elektriker:innen, die zu Programmierer:innen für Smart-Home-Anwendungen werden, oder auch Kfz-Mechatroniker:innen, die ohne Laptop nicht mehr in die Werkstatt gehen.

Innerhalb einer Arbeitsgeneration haben sich viele Parameter in der Produktion und am Arbeitsplatz geändert, sei es durch die Möglichkeiten der Informationstechnologie, also Computer, Roboter, Künstliche Intelligenz, Automatisierung und Logistik, oder auch durch eine allgemeine Veränderung des Verständnisses, warum, wo und unter welchen Bedingungen man arbeitet. Diese beiden Dimensionen – die technischen Möglichkeiten und die veränderten Erwartungen der Menschen an Lebensgestaltung und Arbeitsumfeld – sind in den letzten Jahren schon oftmals beschrieben worden. Trotzdem lohnt es sich, diese sich zumindest kurz noch einmal zu vergegenwärtigen. Kernpunkt der Aussage ist, dass der Wandel so allumfassend ist, dass er durch alles durchgreift und daher auch ganzheitlich verstanden und begleitet werden muss.

Digitalisierung war und ist ohne Frage einer der stärksten Treiber von Veränderungen in der Arbeitswelt. Aufgaben, die früher noch per Hand oder zumindest unter Aufsicht gemacht wurden, können heute besser und schneller mithilfe von Computern erledigt werden. Diese Entwicklung ist auf keinen Fall schon abgeschlossen. Künstliche Intelligenz, „Big Data“ und andere Schlagwörter zeigen auf, wohin die Reise gehen könnte. Und spätestens mit den Erfahrungen aus den Corona-Zeiten konnte man auch sehen, wie schnell in diesem Bereich Veränderung möglich ist: Dank der digitalen Möglichkeiten konnten die klassischen Büroarbeitenden plötzlich von heute auf morgen ihren Arbeitsplatz nach Hause verlegen. Physische Präsenz im Büro, Besuche auf Ämtern, sogar medizinische Diagnosen waren und sind nun auch aus der Ferne möglich.

Doch die Corona-Erfahrungen sind auch ein gutes Beispiel dafür, dass die (gefühlt) großen Veränderungen in unserem Arbeitsleben nicht nur durch Digitalisierung getrieben werden. Zum einen war da die Pandemie an sich. Ein Naturereignis, das keiner vorhersehen konnte, aber aufgrund der *Globalisierung* und Vernetzung der Welt unmittelbar und in unkontrollierbarer Weise die Erde bis in den letzten Winkel getroffen hat. Bemerkenswert war nicht nur, dass alle Welt davon beeinträchtigt war, sondern auch die Geschwindigkeit, mit der die Konsequenzen bei jedem Einzelnen zu spüren waren. Der Ukraine-Krieg wäre dafür ein weiteres Beispiel. Er hat fast in Echtzeit zumindest in Europa zu explodierenden Energie- und Lebensmittelpreisen geführt und so die Menschen unter anderem über ihre Duschdauer und die Anzahl der Kleiderschichten, die man übereinander tragen kann, nachdenken lassen.

Zum anderen hat die Pandemie uns gezeigt, dass herkömmliche Muster, wie z. B. dass man zum Arbeiten in ein Büro geht oder vielleicht auch, dass man Yoga nur in einem Yoga-Studio machen kann, nicht ultimativ gesetzt sind. Persönliche Lebenskonzepte wurden hinterfragt und neujustiert. Der Anspruch auf Selbstverwirklichung bekommt neue Impulse, wenn klar ist, dass man nicht zwingend in einer großen Stadt leben muss, um zu arbeiten, oder dass es auch möglich ist, tagsüber mal offline zu gehen und erst später den Computer wieder anzuschalten. Während Corona waren die Gründe für diese Verhaltensänderungen eher problematisch: sei es, dass man zu den Eltern aufs Land zog, weil man dort wenigstens einen eigenen Raum als Homeoffice hatte, oder weil man auch noch nebenher Homeschooling betreiben musste. Das Schlagwort der *„Work-Life-Balance“*, das schon lange vorher immer wieder damit verbunden wurde, dass Arbeitgeber sich im Klaren sein müssen, dass Arbeitnehmende ein Gesamtlebenskonzept verfolgen und Arbeit davon nur ein Teil sein kann, hat hier ganz neue Dimensionen erhalten. Wie sehr das anhält, lässt sich daran sehen, wie schwer sich Arbeitgeber:innen tun, die Belegschaft wieder zurück ins Büro zu holen.

Themen wie Diversität, also die Möglichkeit, seine eigene (kulturelle, geschlechtliche, religiöse) Identität auch und gerade am Arbeitsplatz leben zu dürfen, führen dazu, dass sich das Zusammenarbeiten und der Umgang miteinander verändert. Genauso, wie die Tatsache, dass zumindest in der westlichen Welt aufgrund der *demografischen Entwicklung* die Arbeitskräfte immer weniger und älter werden. Es muss um Arbeitskräfte gekämpft werden und gleichzeitig muss man sich darauf einstellen, dass es nicht genug davon gibt.

Viele der Veränderungen durch die Digitalisierung sind auch durch die Hoffnung getrieben, dass sich der demografische Wandel durch Automatisierung beheben ließe und damit die Menschen, ganz im Sinne der sich geänderten Werte, weitgehend vom Joch stupider Arbeiten befreit werden könnten.

Dieser grundsätzliche Wandel der Arbeitswelt verändert auch die persönlichen Lebenswege von Menschen. Die meisten erlernen zwar immer noch einen Beruf (oder studieren ein bestimmtes Fach), aber das heißt noch lange nicht, dass sie diesen auch ihr Leben lang ausüben oder überhaupt ausüben. In früheren Zeiten war es der Regelfall, dass man nach der Ausbildung in einer entsprechenden Branche zu arbeiten begann und sich, wenn man sich nicht ganz dumm angestellt hatte, „hocharbeitete" zum Abteilungsleiter/zur Abteilungsleiterin oder am Ende der Berufskarriere im „oberen Management" landete. Diese Lebenswege gibt es heute immer noch.

Doch zugleich sind die Möglichkeiten vielfältiger geworden. Man kann einfacher Aufgabenfelder und Branchen wechseln. Man kann später – auch mit einer Berufsausbildung – noch einen fachspezifischen Master „draufsetzen" und sich damit neue berufliche Möglichkeiten eröffnen. Menschen nehmen „Sabbaticals" und betätigen sich künstlerisch oder gehen auf Weltreise. Andere gründen Start-ups am laufenden Band, auf der Suche nach dem nächsten technischen Trend. *Berufsbiografien* werden damit „bunter", unberechenbarer und auch spannender, da damit vollkommen verschiedene Erfahrungen miteinander verbunden werden.

Solche rein optimistischen Szenarien, die die persönliche Selbstverwirklichung propagieren oder das „Ende der Arbeit" ausrufen, klingen spannend und attraktiv, müssen aber auch skeptisch gesehen werden. Arbeit wandelt sich, aber wird nicht verschwinden. Immerhin müssen diese Roboter auch programmiert werden und bestimmte Bereiche – gerade, wenn es um Arbeit mit Menschen geht, wie in der Pflege oder der Erziehung – können maximal digital unterstützt, aber nicht durch reine Maschinen erledigt werden. Hinzukommt, dass politische Ereignisse auch das „Rad zurückdrehen" können, wie an den Diskussionen zu sehen ist, ob es angesichts gestörter Lieferketten und der hohen Abhängigkeit von China nicht sinnvoll wäre, wieder mehr innerhalb der EU zu produzieren. Und die Energie- und Klimakrise könnte dazu führen, dass Produktion und Logistik sich mittelfristig ganz anders entwickeln als heute gedacht.

Klar wird bei diesen Überlegungen, dass man immer zwei verschiedene Perspektiven beachten muss, wenn man über den Wandel in der Arbeitswelt spricht. Da wären zum einen *neue technische Möglichkeiten*, wie sie durch Automatisierung, Künstliche Intelligenz oder auch das Internet of Things, also sich selbst steuernde digitale Geräte, möglich werden. Hierzu muss man auch die Vernetzung in der globalen Welt zählen, die es inzwischen ermöglicht, gleichzeitig auf der ganzen Welt Dienstleistungen anzubieten oder Waren über die ganze Welt verteilt herzustellen und wieder zusammenzuführen. Hier ist noch kein Endpunkt der Entwicklungen abzusehen und daher auch nicht vorauszuplanen.

Zugleich haben sich der *menschliche Anspruch an Arbeit* und die Vorstellungen vom richtigen Zusammenarbeiten, das damit verbunden ist, gewandelt. Individualisierung und Flexibilisierung sind noch zu keinem Abschluss gekommen. Ideen wie die von Mark Zuckerberg (siehe Kasten „Metaverse – die schöne, neue Welt von Mark Zuckerberg“), dass man sich zukünftig nur noch in einer komplett virtuellen Welt zum Arbeiten trifft, stoßen – nicht zuletzt aufgrund der Begrenzungen, denen die Technologie aktuell noch unterworfen ist – zwar noch auf Widerstände, aber wer hätte früher gedacht, dass es möglich ist, seine Büroarbeit über Monate vom Küchentisch aus zu erledigen?

Metaverse – die schöne, neue Welt von Mark Zuckerberg

Mark Zuckerberg entwickelte 2004 das soziale Netzwerk Facebook, das zum Austausch von Informationen und privaten Nachrichten nach wie vor die meistgenutzte Plattform seiner Art ist. 2012 erwarb er dazu die Foto- und Videoplattform Instagram und 2014 den Messenger-Dienst WhatsApp. Ausgehend von diesen sozialen Plattformen verfolgt Zuckerberg mit seinem Unternehmen, das seit 2021 „Meta Platforms“ heißt, das Ziel, das *„Metaverse“* zu erschaffen.

Die Idee des Metaverse beruht auf den Möglichkeiten, die in Zukunft virtuelle Realitäten und sogenannte „Augmented Realities“ bieten werden: das totale Eintauchen in virtualisierte, also allein durch den Computer generierte, Welten oder das Integrieren von virtuellen Elementen in vorhandenen Umgebungen. Daher auch das Wort „meta“, das so viel wie „jenseits“ heißt und die Überwindung der physischen Welt, wie wir sie heute kennen, beschreiben soll.

Die Anwendungsmöglichkeiten sind vielfältig:

- Im *Freizeitbereich* sind verschiedene Szenarien denkbar, hier ist die Computerwelt auch schon relativ weit fortgeschritten. Dies kann das virtuelle Zusammenspiel in klassischen Computerspielen genauso beinhalten wie eine Zusammenkunft für ein Tennisspiel an zwei voneinander getrennten Orten. Auch das Nachspielen von historischen Schlachten etc. wird das Metaverse mit neuen Möglichkeiten durch die Bereitstellung von Komparsen oder Materialien, die es heute nicht mehr gibt, ganz anders unterstützen. Online-Dating könnte so ebenfalls eine ganz andere Dimension erhalten.
- In der *Ausbildung* können sich Ärzte, Ingenieure, ja sogar Raumfahrtpiloten in ein Lernumfeld begeben, das komplett dem entspricht, wie sie zukünftig arbeiten werden. Ähnlich wie der Flugsimulator heute schon bei der Ausbildung von Piloten, ermöglichen es virtuelle Umgebungen, dass der Ernstfall so nah wie möglich am realen Setting in Form von Operationen, Konstruktionsaufbauten oder wissenschaftlichen Experimenten, ohne dass Dritte Schaden nehmen könnten, geübt werden kann.
- Gleichzeitig kann das Metaverse dazu genutzt werden, nicht nur den Übungsfall, sondern auch um *berufliche Aufgaben* zu erleichtern. Dies kann sowohl hilfreich sein, bei ärztlichen Diagnosen für Menschen, die sehr abgelegen leben, oder auch, wenn man Dinge kaufen bzw. verkaufen möchte

und ein physisches Treffen aus welchen Gründen auch immer nicht machbar ist. Politische Konsultationen von Bürgern könnten damit ganz anders möglich sein. Und die täglichen Meetings mit Kollegen, die jetzt noch in Präsenz oder über Videokonferenzen gemacht werden, könnten im Metaverse mithilfe von Avataren in einer 3D-generierten Arbeitsumgebung so stattfinden, dass man nicht mehr merkt, dass man sich nicht an einem gemeinsamen Ort befindet.

Das Metaverse könnte dadurch, dass es physische Begrenzungen aufhebt, jegliche Arten von Aktivitäten in eine neue Dimension bringen, indem es entweder *eine Umgebung einschließlich Werkzeuge zur Verfügung stellt*, die sonst nicht so ohne weiteres einzurichten wäre, oder *Menschen zusammenbringt*, die nicht am selben Ort sind.

Aktuell sind dafür die technischen Möglichkeiten noch zu begrenzt. Meta Platforms genauso wie Google oder Apple arbeiten hart daran, ein akzeptables Equipment in Form von VR-Brillen oder -Anzügen bereitzustellen – von den Rechnerleistungen und Programmierbedarfen ganz abgesehen. Man geht aktuell davon aus, dass diese „Schöne neue Welt" vor 2040 keine große Anwendung finden wird.

Gleichzeitig werden mit einem solchen Szenario auch alle *Sorgen* wachsen, die sich bereits heute durch die Internetnutzung ergeben: Die Gefahr von Cyberattacken, Verlust der Privatsphäre oder privater Daten, der Ausschluss bestimmter Bevölkerungsgruppen aus Kosten- oder Know-how-Gründen, Suchtrisiken und eine immer massivere Kommerzialisierung des täglichen Miteinanders sowie eine noch stärkere Monopolisierung von Meinungsbildung stehen hier im Vordergrund.

Für eine kritische Würdigung der Möglichkeiten und Gefahren des Metaverse siehe die umfassende Zusammenstellung des Informationsdiensts des Europäischen Parlaments durch Mariusz Maciejewski (2023).

Es ist nicht wirklich klar, wohin sich Wirtschaft und Arbeitswelt, und damit auch die ganze Gesellschaft, in den kommenden Jahrzehnten bewegen. Man kann sich auch nicht richtig darauf vorbereiten, man muss die Dinge sich erst entwickeln lassen und sich selbst organisch mitentwickeln. Man könnte also mit Heraklit sagen: „Nichts ist so beständig wie der Wandel." Das heißt, es geht nicht unbedingt darum, exakt vorherzusagen, wohin die Reise geht, sondern eher darum, angemessene Vorkehrungen vorzunehmen, um bei der Reise bestmöglich gegen Unwägbarkeiten und Hürden vorbereitet zu sein. Damit geht es mehr um eine bestimmte Form der Haltung und weniger um Patentrezepte für das „Neue Arbeiten".

Ziel ist es, einen Raum entstehen zu lassen, in dem man sich verändern und weiterentwickeln kann, ohne den Mut zu verlieren. Es geht darum, Unsicherheit auszuhalten, für sich zu nutzen und managebar zu machen. Es geht darum, vorbereitet zu sein.

Doch was heißt „Unsicherheit"? Es ist hilfreich, gerade bei unklaren Verhältnissen zu verstehen, worin diese Unsicherheit besteht.

1.1.2 Unsicherheit: Alles VUCA oder was?

Grundsätzlich strebt der Mensch nach Sicherheit. Man muss nicht unbedingt in die Steinzeit zurückschauen, um dies zu erklären. Für jeden ist im Alltag einsehbar, dass es für die meisten Menschen wichtig ist, genug Geld durch einen festen Job zu verdienen, zu wissen, dass der Supermarkt immer zu denselben Zeiten geöffnet hat, oder auch, jemanden zu haben, den man anrufen kann, wenn man nicht alleine sein möchte. Keiner kann jeden Tag aufs Neue alle diese Fragen klären und dann entscheiden, wie man mit der Tatsache umgeht, dass heute der Supermarkt nicht öffnet oder die Freund:innen jeden Tag neue Telefonnummern haben.

Es gibt Menschen, die mehr Spaß an Unvorhersehbarem haben als andere. Sie empfinden solche unerwarteten „Störungen" als positive Herausforderung, als eine Challenge, der sie sich gerne stellen. Doch auch solche Menschen können nicht jede noch so kleine Aktivität und Aufgabe jeden Tag aufs Neue auf den Prüfstand stellen. Auch sie hoffen darauf, dass es jeden Tag Strom gibt oder dass das Auto da ist, um einen zum nächsten Abenteuer zu bringen. Alles andere wäre viel zu anstrengend.

Es braucht ein gewisses Maß an *Berechenbarkeit*, um durch den Tag und durch das Leben zu kommen.

Veränderungen sind zwar wichtig, besonders im Übergang von verschiedenen Lebensphasen, wie z. B. nach der Schulzeit in die Ausbildung oder mit der Pensionierung, aber auch sie lassen sich besser ausgestalten, wenn man geerdet und seiner selbst gewiss ist. Veränderung braucht eine feste Basis, damit sie aktiv gestaltet werden kann und man nicht zum „Getriebenen" von äußeren Veränderungen wird.

In der Managementliteratur wird oftmals suggeriert, dass man sich besser eine Haltung der ständigen Offenheit und Flexibilität aneignen müsse. In der heutigen Welt gäbe es keine verlässlichen Fakten mehr, alles sei „im Fluss" und man müsse mit dem „Flow" gehen, um nicht unterzugehen. Begründet wird diese Haltung damit, dass man keine andere Wahl habe. Es genügt es nicht, das lapidar festzustellen. Man muss sich auch über die Konsequenzen im Klaren sein, dass eine solche Welt gegen die anthropologische Grundkonstitution von uns Menschen arbeitet. Doch bevor wir uns diesem Thema in Abschnitt 1.2 genauer widmen, lohnt es sich zu verstehen, was diese (postulierte) Unsicherheit genauer ausmacht.

Veränderung löst Unsicherheiten aus. Bisher Gekanntes muss hinterfragt werden und Neues muss in das eigene Denken integriert werden. Das kann sowohl Individuen verängstigen als auch Organisationen an ihre Reaktionsgrenzen bringen.

Die Corona-Pandemie kann hier als Beispiel aufgeführt werden. Dass ein solch neuer, tödlicher Virus auftreten könnte, haben Forschende schon lange vorhergesagt. Was aber erstaunlich war, war, wie schnell sich der Virus ausgebreitet hatte. Auch das war etwas, was Forschende befürchtet hatten. Dennoch hat die Welt hilflos reagiert, als diese Sorge real wurde. Warum? Weil so etwas noch nie vorher in dieser Dimension aufgetreten war. Es fehlten Vergleichsszenarien. Am hilfreichsten waren noch die Erfahrungen mit der Spanischen Grippe Anfang des 20. Jahrhunderts, allerdings haben sich die Welt mit einer mobileren Weltbevölkerung und gleichzeitig auch das medizinischen Wissen so stark verändert, dass man diese Erfahrungen nicht 1-zu-1 übertragen konnte. So entstand das Gefühl einer starken Verunsicherung, weil man sich mit einer Situation konfrontiert sah, die als nicht kontrollierbar erschien.

Diese Gefühle können mithilfe des VUCA-Akronyms beschrieben werden. *VUCA* steht für:

- **V**olatility (Unbeständigkeit)
- **U**ncertainty (Unsicherheit)
- **C**omplexity (Komplexität)
- **A**mbiguity (Mehrdeutigkeit)

Inzwischen werden auch andere Akronyme angeboten, wie z. B. BANI (brittle – brüchig, anxious – ängstlich, non-linear – nicht linear, incomprehensible – unverständlich) oder RUPT (rapid – schnell, unpredictable – unvorhersehbar, paradoxical – widersprüchlich, tangled – verworren). In diesem Buch wird weiterhin das Akronym VUCA benutzt, als Synonym dafür, dass es politische, soziale, ökonomische oder individuelle Veränderungen gibt und geben wird, die man weder vorhersagen noch sogleich eine Antwort parat haben kann. VUCA und seine Konsequenzen stehen damit für die Gefühle, die Unerwartetes bei einem auslösten und zwar auf individueller wie organisationaler Ebene. Im Kasten „VUCA beschrieben anhand der Corona-Krise" findet sich dies durchdekliniert anhand der Corona-Krise.

VUCA beschrieben anhand der Corona-Krise

- *Unbeständigkeit (Volatilität):* Fast täglich änderten sich in der Hochzeit der Pandemie die Informationen, was den Virus ausmacht, welche Symptome die schlimmsten sind und wie diese am besten einzudämmen wären. Den Wissenschaftler:innen fehlten die Fakten und sie mussten bei neuen Erkenntnissen immer wieder ihre eigene Meinung revidieren, was in der Öffentlichkeit oftmals als Inkompetenz bewertet wurde. Eine breite Öffentlichkeit verfolgte in Zeitraffer das übliche Vorgehen, wie neues Wissen entsteht: durch Trial-and-Error, in Mini-Schritten und mit vielen Rückschlägen. Beständige Richtungswechsel sind normal. Es kann nicht erwartet werden, dass zu Beginn eines neuen Phänomens bereits alle Fakten bekannt sind. Vieles muss länger beobachtet werden, es müssen Dinge ausprobiert, Einschätzungen geändert und neue Hypothesen gebildet werden. Nur so entstehen wissenschaftliche Erkenntnisse. Normalerweise passiert das still und heimlich über Jahre an Hochschulen oder in sonstigen Laboren. Die breitere Öffentlichkeit erfährt davon wenig. Nur dieses Mal blieb keine Zeit zu verlieren und daher hatten wir alle einen „direkten Draht" zu diesen Wissenschaftler:innen. Es entstand der Eindruck, als ob alle nur im Nebel stochern und keine verlässlichen Informationen zu bekommen seien. Aber mit jeder Fehlentscheidung wuchs die Erkenntnis über das neue Phänomen.

- *Unsicherheit (Uncertainty):* Damit einher ging das Gefühl – und auch die Tatsache –, dass es keinen gab, der wirklich wusste, was zu tun sei bzw. was die Politik beschließen möge, um diesem unbekannten Virus angemessen zu begegnen. Wie viel bringen Masken wirklich? Ist es sinnvoll, die Schulen zu schließen, oder richtet das mehr Schaden bei den Kindern an, weil der soziale Kontakt und auch die Bildungsvermittlung zu lange fehlen? Ist es sinnvoll, alle wirtschaftliche Unterstützung in die Kurzarbeit zu stecken, oder muss man nicht auch freiberufliche Kulturschaffende angemessen auffangen, weil eine Gesellschaft mehr braucht als nur eine funktionierende Marktwirtschaft? Viele der Entscheidungen, die in der Zeit getroffen wurden, mussten ohne vernünftige Daten getroffen werden, weil es noch keinen Präzedenzfall gab, auf den man verweisen konnte. Man konnte nur, wie der Engländer sagen würde, „educated guesses" machen. Das erschütterte das Vertrauen in Wissenschaft und Politik. Für viele Menschen war es schwer auszuhalten, dass es keine verlässlichen Aussagen gab, wie man sich nun wirklich zu verhalten hätte.
- *Komplexität (Complexity):* Die Politik ist gut ausgestattet, um neue Herausforderungen zu bewältigen. Man setzt sich in Ausschüssen lang genug zusammen, bezieht wissenschaftliche Erkenntnisse sowie Erfahrungswerte mit ein und verhandelt dann zwischen unterschiedlichen politischen Grundpositionen einen mehr oder weniger geeigneten Lösungsvorschlag. Das mag vielen zu lange dauern und die Lösung mag nicht weitgehend genug sein, aber die so getroffenen Entscheidungen scheinen ausreichend, um halbwegs vernünftig auf ein neu entstandenes Problem zu reagieren. Was Corona so außergewöhnlich gemacht hat, war die große Ansteckungsgeschwindigkeit und das Nichtvorhandensein einer Grundimmunität in der Bevölkerung. Das verlangte eine Reaktionsgeschwindigkeit und eine Betrachtung fast allem menschlichen Lebens gleichzeitig, die alle überforderte. Weder konnte man sich Arbeitskreise leisten, die sich erst einmal nur auf einzelne Aspekte konzentrieren, wie z. B. den Übertragungsschutz (Masken, Abstandsregeln) und nicht auf die Absicherung der Menschen, die plötzlich ohne Arbeit dastanden. Ebenso war es nicht möglich, schrittweise vorzugehen, also z. B. erstmals nur Kitas und nicht auch noch Schulen und Universitäten zu schließen, um dort erst einmal Erfahrungen zu sammeln. Das Problem war zu komplex, zu volatil und damit in seiner Ganzheit nicht mehr steuerbar.

- *Mehrdeutigkeit (Ambiguity):* Die Corona-Krise lässt sich dadurch, dass sie aufgrund der drei Faktoren Unbeständigkeit, Unsicherheit und Komplexität nicht wirklich durchschaubar war – unterschiedlich interpretieren. Die einen verstehen sie als einen Weckruf, dass wir global zu vernetzt sind, dass das Gesundheitssystem nicht gut genug ausgebaut ist oder dass der Wissenschaft mehr Geld zugestanden werden muss, um die Politik gut beraten zu können. Andere verstehen die Krise eher als Innovationstreiber, der Homeoffice, digitale Dienste oder auch medizinische Produkte (z. B. Impfstoffe) in ungeahnter Geschwindigkeit möglich gemacht hat. Wenige Menschen vermuten eine Verschwörung dahinter, die die Menschen noch abhängiger von ein paar wenigen Mächtigen machen soll. Unterschiedliche Menschen ziehen unterschiedliche Konsequenzen aus der Krise und so werden die einen zu sogenannten Preppern, die sich auf die nächste Krise mit Vorratshaltung und Atombunker einstellen, und die anderen wollen das Gesundheitssystem auf komplett neue Füße stellen. Ideen konkurrieren miteinander, es gibt nicht „die" eine Antwort auf die gemachte Erfahrung.

Corona hat uns vor Augen geführt, wie undurchsichtig die Zukunft ist und schon immer war. Gleichzeitig darf man schon darauf vertrauen, dass unsere Welt nicht ab sofort ständig mit solchen globalen Herausforderungen dieses Ausmaßes konfrontiert wird. Dieses Ereignis stellt in jeder Hinsicht eine historische Ausnahme dar. Doch die Problemlage der Unberechenbarkeit stellt sich auch im kleineren Kontext: Die Energiekrise, wie sie sich kurz- und mittelfristig durch den Ukraine-Krieg und langfristig durch den Klimawandel stellt, muss auch von Klein- und Mittelständlern bewältigt werden. Die Lieferkettenstörungen werden noch eine Weile anhalten, politische Machtwechsel ändern immer wieder die Rahmenbedingungen und die Geschwindigkeit von technischen Innovationen nimmt immer mehr zu.

Auch wenn man nicht jedem Trend hinterherlaufen möchte oder jedes neue Gesetz für einen relevant sein wird, wird es trotzdem genug Umstände geben, die verlangen, dass man Entscheidungen treffen muss, die auf Unsicherheit, auf sich laufend ändernden Umständen und nicht überblickbaren Abhängigkeiten beruhen. Hinzukommt eben auch der sonstige gesellschaftliche Wandel, der bisher marginalisierten Gruppen mehr Gehör verschafft, bei dem persönliche Lebenskonzepte mehr Flexibilität in den Arbeitsstrukturen einfordern oder Ausbildungswege komplett auf den Kopf stellen. Das birgt Unplanbares und schlimmstenfalls auch existenzielle Gefahren.

VUCA heißt entsprechend, dass Veränderungsbedarf Stress auslöst, dem sinnvoll zu begegnen ist. Ziel muss es sein, eine Organisation aufzubauen, die in der Lage ist, auf Unbeständigkeit mit einer gewissen Gelassenheit zu schauen, Unsicherheit auszuhalten und in Sicherheiten zu überführen, Komplexität zu erkennen und angemessen zu behandeln und Mehrdeutigkeit auszuhalten. So wird es möglich, Veränderungen in der Welt um einen herum rechtzeitig wahrzunehmen und nicht zu verpassen, wenn man sich darauf neu ausrichten muss. Man darf sich seiner nicht zu selbstgewiss sein (siehe Kasten „Am Markt vorbei produziert – Beispiele"), sondern man muss eine *Kultur der kritischen Offenheit* entwickeln.

Am Markt vorbei produziert – Beispiele

Rosabeth Moss Kanter, Professorin für Business Administration an der Harvard Business School, zählt einige Beispiele auf, warum Unternehmen den Anschluss an den Markt verlieren können:

- *Strategische Fehleinschätzungen:* Unternehmen investieren z. B. zu viel und zu lange in die vermeintlich nächste Killer-Innovation, statt schnell und flexibel auch Sachen im Kleinen und am Bestehenden auszuprobieren. Zu viele Firmen investieren umgekehrt in kleinere, offensichtliche Verbesserungen, statt zu verstehen, dass der nächste Trend sie evtl. obsolet werden lassen könnte.
  Beispiel: Das Lebensmittelunternehmen Quaker Oats hat die Bedeutung von Tetra Paks in den 1990er-Jahren verschlafen (obwohl das Know-how im Haus war) und verlor so die Distribution der Säfte von u. a. Coca-Cola an eine kleinere Firma namens Ocean Spray.
- *Prozessfehler:* Innovationen werden schnell durch Bürokratie wie Budgetkontrolle, Meilensteinplanungen etc. stranguliert. Wenn dieselben Kontroll- und Bewertungsmechanismen wie für Routinevorgänge angelegt werden, kann Innovation nicht erkannt bzw. zur Nutzungsreife entwickelt werden.
  Beispiel: Einer der weiteren Gründe, warum Ocean Spray den Zuschlag für Coca-Cola bekam, war auch, dass zum Zeitpunkt der Bewerbung bei Quaker Oats bereits das ganze Jahresbudget verplant war und man nun einen komplizierten Prozess zur Allokierung des Geldes anstoßen hätte müssen.
- *Strukturelle Fehler:* Wenn Innovationseinheiten zu stark von den Regeltätigkeiten abgetrennt werden, dann kann das Unternehmen nicht von den Erkenntnissen profitieren, weil keine Überführung möglich ist.
  Beispiel: In den späten 1990er-Jahren hatte Gillette einen eigenen Bereich für Zahnbürsten, für Konsumentengeräte (Braun) und für Batterien (Duracell), kam aber nicht auf die Idee, eine batteriebetriebene Zahnbürste zu entwickeln.
- *Falsche Kompetenzen:* Oftmals werden reine Techniker:innen zu Hauptverantwortlichen für innovative Entwicklungen gemacht. Innovationen leben davon, dass man andere Menschen begeistert und den Mehrwert von Neuerungen erklärt. Technisch orientierte Menschen neigen dazu, zu denken, dass die Technik für sich selbst sprechen kann. Es fehlt dann an ausreichend Unterstützer:innen.
  Beispiel: Die Reihe „TravelGear" von dem Schuhhersteller Timberland, die es einem erlaubte, ein und denselben Schuh für verschiedene Zwecke durch Hinzufügen von verschiedenen Zusatzteilen zu verwenden, floppte, weil sie von einer besonderen Einheit entwickelt wurde. Da aber z. B. der Vertrieb nicht bei der Entwicklung eingebunden war, wurde es quasi im eigenen Haus boykottiert.

Vgl. Rosabeth Moss Kanter (2006).

Eine solche Kultur erlaubt es, eine gewisse Ruhe zu behalten, wenn etwas Unvorhergesehenes passiert. Wichtig ist, eine jeweils angemessene Reaktion zu entwickeln. Denn auch schon früher gab es Innovationen und Gesetzesänderungen. Viele Dinge, die erst einmal als ungewollt bzw. als „Störung“ wahrgenommen werden, können ohne Schwierigkeit aufgrund von bisher gemachten Erfahrungen bearbeitet und gelöst werden.

Nicht immer geht es darum, sich technologisch komplett neu aufzustellen, sondern einfach auch nur offensichtliche Probleme mit gesundem Sachverstand geübt zu beheben.

Um das eine vom anderen zu unterscheiden und jeweils angemessen darauf zu reagieren, kann das „Cynefin-Modell“ helfen.

1.1.3 Cynefin: Bewältigung von komplexen Herausforderungen

Das Modell wurde in den 2000er-Jahren von Dave Snowden, einem walisischen Berater und Wissensmanager, entwickelt und beschreibt Sinngebung und Arbeiten in komplexen Systemen. „Cynefin“ ist ein walisischer Ausdruck, der zuallererst dafür steht, dass der Mensch durch so viele verschiedene Umweltfaktoren und Erfahrungen geprägt ist, dass es nie gelingen kann, den jeweiligen Einfluss einzelner Aspekte im Konkreten sinnvoll zu benennen. In der Weiterführung des Gedankens geht es darum, dass wir uns bzw. Unternehmen sich in einem Umfeld bewegen, das so viele Einflussfaktoren hat, dass es bei Veränderungen nicht immer klar ist, wie sich Ursache und Wirkung zueinander verhalten. Das gilt sowohl für ungewollte Ergebnisse in einem bekannten Setting (also z. B., wenn Fehlerquoten in der Produktion steigen o. Ä.) wie auch, wenn sich ein Unternehmen mit neuen Herausforderungen wie eben Digitalisierung oder einer Pandemie konfrontiert sieht. Wesentlich für eine angemessene Reaktion ist zuallererst die richtige Einschätzung der Situation und wie sie sich am besten „bearbeiten“ lässt. Nur so lassen sich angemessen Reaktionsweisen und Lösungsvorschläge entwickeln.

Snowden unterscheidet vier verschiedene Szenarien, die bei Störungen und neuen Herausforderungen auftreten können und die sich stark in der Bearbeitung unterscheiden:

- *Simpler Kontext:* Hier können Ursache und Wirkung klar beschrieben werden. Wenn z. B. eine Maschine, die bisher einwandfrei funktioniert hat, plötzlich jede Menge Ausschuss produziert, dann lässt sich normalerweise schnell ein defektes Einzelteil identifizieren. Ersetzt man es, läuft die Maschine wieder einwandfrei. Bei der Lösung kann man üblicherweise auf bereits gemachte Erfahrungen zurückgreifen, mit deren Hilfe das Problem in ein bekanntes Schema und damit auch auf eine bekannte Lösung gebracht wird („da die fehlerhaften Teile alle rechts dieselbe Delle aufweisen, hilft eine Neukalibrierung der Maschine").

- *Komplizierter Kontext:* In diesem Fall gibt es zwar noch eine klare Ursache, aber das Gesamtsetting ist so verwickelt, dass diese nicht sofort identifiziert werden kann. Es bedarf einiger Analyse und evtl. eines strukturierten Vorgehens, wie z. B. das Ausschlussverfahren, um den Auslöser für das ungewünschte Verhalten zu finden. Die Suche nach Programmierfehlern ist hier ein gutes Beispiel: Winzige Fehler im Code (z. B. ein vergessenes Zeilenendzeichen) führen zu absurden Interpretationen durch das IT-System. Diesen Fehler zu finden, kann aufwendig sein, manchmal muss man systematisch Codeschnipsel für Codeschnipsel durchprobieren, um das fehlende Zeichen zu finden. Dennoch handelt es sich um einen klaren Ursache-Wirkungs-Zusammenhang, der vielleicht auch mehrere Ursachen und mehrere Wirkungen haben kann. Aber eine systematische Analyse wird die Zusammenhänge trotzdem ans Licht bringen und damit auch einen Lösungsweg generieren.
- *Komplexer Kontext:* In einem solchen Kontext bewegen sich Unternehmen üblicherweise, wenn es darum geht, sich strategisch neu aufzustellen oder existenziellen Bedrohungen zu begegnen: Auch wenn es vielleicht einzelne, klare Ursache-Wirkungs-Zusammenhänge gibt, die man beschreiben könnte, sind die Faktoren so stark miteinander verwoben oder so vielzählig, dass man nicht mehr vorhersagen kann, was passiert, wenn man an einer Stellschraube dreht. Mindestens in diesem Kontext hat sich auch die Corona-Bewältigung bewegt. Der Politik blieb einfach nichts anderes übrig, als testweise – beruhend auf Beratung durch Experten, also auf Wissen und Erfahrung – verschiedene Maßnahmen zu beschließen, um dann zu sehen, welche Wirkung diese entfalten. Nicht alles, was man zu Beginn der Corona-Pandemie entschied – zu nennen wären hier z. B. die sehr rigorosen Ausgangssperren bis hin zu dem Verbot, sich zu zweit auf eine Parkbank zu setzen –, war zielführend. Das war aber vorher nicht klar. Viele der Wirkungen lassen sich bis heute nicht endgültig beschreiben und damit auch bewerten, wie z. B. die Folgen, die sich durch das Homeschooling bei der betroffenen Schülergeneration eingestellt haben. Aber aufgrund der Verwobenheit der Themen war es einfach nicht möglich, anders vorzugehen. Erfahrung konnte hier nicht mehr viel weiterhelfen, man musste vieles über einfaches Ausprobieren herausfinden. Man arbeitet sich gewissermaßen iterativ, über Wiederholungsschleifen und kleine Fortschritte an die Lösung heran. Man reduziert die Komplexität, bis man sich nur noch in einem komplizierten Kontext bewegt. Das klappt aber nicht immer. Manche Verhältnisse werden immer komplex bleiben, wie z. B. im Fall einer Pandemie. Daher besteht bis heute auch keine Einigkeit über die Richtigkeit mancher Maßnahmen.

- *Chaotischer Kontext:* Ein solcher Kontext lässt sich nicht mehr kontrollieren. Chaos tritt üblicherweise in Fällen von Kriegsausbrüchen oder bei Naturkatastrophen ein. Menschen fliehen kopflos vor der Bedrohung, Schäden entstehen, die nicht vorsehbar waren oder nicht mehr eindämmbar sind, es gibt keine vernünftigen Notfallpläne, die es erlauben, die Krise zu bewältigen. In diesem Fall bleibt nichts anderes übrig, als die chaotischen Umstände so weit zu reduzieren, dass man die Krise zwar nicht behoben hat, sich aber Richtung komplexen Kontext bewegt. Das heißt, dass zumindest insoweit eine Stabilisierung eintritt, dass man nun mithilfe von Einzelmaßnahmen die schlimmsten Folgen eindämmt und bestenfalls sogar so weit behebt, dass sich die Lage zumindest beruhigt. Ein gutes Beispiel dafür war die Flutkatastrophe im Ahrtal 2021, wo es zu Beginn darum ging, alle Menschen in Not auf trockenen Boden zu bringen, gebrochene Dämme zu verstärken und mithilfe von Hubschraubern dringend gebrauchtes Material zu abgeschnittenen Orten zu bringen. Erst nach dieser Nothilfe war es möglich, strukturiert über Hilfsprogramme, Wiederaufbau und Entschädigungen nachzudenken. Damit wurde aus dem Chaos ein zumindest nur noch komplexer Fall, bei dem zwar immer noch über Prioritäten gestritten werden konnte (z. B. Wiederaufbau oder eher nur Abriss der Reste), aber zumindest die kurzfristige Bedrohung gebannt war. Hier war keine Zeit, über Ursache- und Wirkungszusammenhänge nachzudenken. Es musste intuitiv und damit aufbauend auf bisheriger Erfahrung reagiert werden. Die Situation bekommt man so aber nicht gelöst, nur beruhigt.

Jeder der vier Kontexte verlangt eine andere Art der Reaktion. Während die einfachen Probleme schnell und regelhaft gelöst werden können, muss bei zunehmender Verwickelung der Zusammenhänge eher experimentell oder intuitiv reagiert werden.

Um gemäß dem Cynefin-Modell die angemessene Reaktion zu finden, müssen die Entscheidenden daher verschiedene Dinge berücksichtigen und für sich auseinanderhalten. Zum einen neigen viele dazu, die Komplexität einer Situation zu unterschätzen. Sie denken, sie wüssten schon, wo die Ursache liegt, und reagieren in einem bekannten Muster, was dem Problem nicht gerecht wird. Anschließend ist die Verwunderung groß, wenn das Problem weiter besteht, sich verschiebt oder sogar verstärkt. Und auch selbst, wenn es klar ist, dass die Zusammenhänge verworrener sind, wird oftmals auf bekannte Lösungswege zurückgegriffen, statt zu versuchen, mal etwas ganz Neues auszuprobieren, aus Sorge, damit vermeintlich die Situation nicht mehr im Griff zu behalten.

Damit kommen wir zu der dritten Herausforderung an Entscheider:innen: auch zugeben zu können, dass man nicht alles weiß und man sich gemeinsam mit anderen auf eine Entdeckungsreise begibt, die auch Fehlschläge beinhalten wird. Spätestens jetzt wird klar, dass es hier nicht nur um Entscheiden, sondern auch um Kommunikation und Einbezug aller Betroffenen geht. Komplexe Kontexte lassen sich nicht allein im stillen Kämmerlein bewältigen. Welche Anforderungen im Konkreten auf Führungskräfte in welchem Kontext zukommen, kann Tabelle 1.1 entnommen werden.

Tabelle 1.1 Cynefin-Modell: Unterschiedliche Aufgaben und Reaktionen

Kontext	Charakterisierung	Führungsaufgaben	Drohende Gefahren	Geeignete Reaktion
Einfach	Sich wiederholende Muster Klarer Ursache-Wirkungs-Zusammenhang Faktenbasiertes Management „known knowns"	Wahrnehmen – Einordnen – Reagieren Regelprozesse auf Best Practice etablieren Delegieren Klare, direkte Kommunikation	Selbstzufriedenheit und Unachtsamkeit Hang zur Komplexitätsreduktion Zu sehr auf Erfahrungen vertrauen	Kritische Kommunikation ermöglichen Involviert bleiben, ohne sich einzumischen Best Practice nutzen und zugleich hinterfragen
Kompliziert	Expertenmeinung notwendig Ursache-Wirkungs-Zusammenhänge vorhanden, aber nicht offensichtlich Verschiedene Reaktionsweisen denkbar Faktenbasiertes Management „unknown knowns"	Wahrnehmen – Analysieren – Reagieren Expertenkreis einrichten Unterschiedliche Meinungen zulassen	Experten sind zu überzeugt von ihrem bisher erworbenen Wissen Nicht-Experten mit Ideen werden nicht gehört Über-Analysieren	Externe und interne Stakeholder motivieren, etablierte Lösungen infrage zu stellen Über Experimente und Planspiele neue Ansätze entwickeln
Komplex	Fließende Situation und Unvorhersehbarkeiten Nur grobe Muster zeichnen sich ab Viele konkurrierende Ideen Notwendigkeit eines innovativen Ansatzes Musterbasiertes Management „unknown unknowns"	Ausprobieren – Wahrnehmen – Reagieren Über Experimente und geeignetes Umfeld Muster erkennen Viel Interaktion und Kommunikation ermöglichen Methoden etablieren, die neue Ideen und Ansätze generieren Veränderungen und Reaktionen genau beobachten	Versuchung, in gewohnten Arbeits- und Delegationsmodus zu verfallen Versuchung, nach harten Fakten statt erkennbaren Mustern zu suchen Wunsch, schnelle Lösungen zu finden	Ausreichend Zeit für Reflexion und kritische Überprüfung der gefundenen Lösungen Schrittweise Herantasten, Nicht versuchen, sofort die ultimative Antwort zu finden

Kontext	Charakterisierung	Führungsaufgaben	Drohende Gefahren	Geeignete Reaktion
Chaotisch	Große Verwerfungen und Aufregung Keine identifizierbaren Ursache-Wirkungs-Zusammenhänge, die man entdecken könnte Zu viele Entscheidungen gleichzeitig zu fällen „unknowables"	Handeln – Wahrnehmen – Reagieren Lösungen, die schnelle Ergebnisse bringen, bevorzugen, nicht tiefer analysieren So schnell wie möglich wieder Ordnung und Regelprozesse aufnehmen Klare und eindeutige Kommunikation	Zu lange darauf hoffen, dass die Regelprozesse die Situation bewältigen können Kein Mut, unkonventionell zu handeln Keine Ruhe tritt ein	Kleine, unabhängige Teams etablieren, die verschiedene Dinge angehen bzw. ausprobieren Das Ziel verfolgen, aus einer chaotischen Situation eine komplexe zu machen Nachträgliche Analyse der Situation, um für das nächste Mal zu lernen

David Snowden, Mary E. Boone (2007, S. 7)

Die VUCA-Welt ist eine Welt des mindestens komplexen Kontexts. Volatilität, Unsicherheit und Mehrdeutigkeit sind nur andere Worte dafür, dass man weder klar einen Ursache-Wirkungs-Zusammenhang herstellen noch auf bisherige Erfahrungen zurückgreifen kann, um geeignete Lösungen zu entwickeln. Die Situation hat zu viele Abhängigkeiten, eine noch so aufwendige Analyse wird die Fäden nicht entwirren. Bei den prognostizierten Veränderungen in der Arbeitswelt wird kein Management sagen können, welche Trends sich durchsetzen werden, oder aus einem Lehrbuch entnehmen können, welche Themen als Erstes angegangen werden müssen. Führung muss sich im Klaren sein, dass sie sich zwar mit den (komplexen) Zusammenhängen insoweit beschäftigen muss, dass sie eine gute Risikoabschätzung durchführt, aber trotzdem bleibt ihr nichts anderes übrig, als sich auf unbekanntes Terrain zu begeben und auszuprobieren, wohin sich das Unternehmen entwickeln muss, um zukunftsfähig zu bleiben.

Den großen Herausforderungen durch Digitalisierung, Globalisierung einerseits und einer geänderten individuellen Haltung zur Arbeit durch bewusste Work-Life-Balance, mehr Diversität und bunteren Berufsbiografien andererseits kann am besten durch eine kontinuierliche Weiterentwicklung der gesamten Organisation, die nicht nur rein technische Innovationen, sondern die Menschen und deren Art und Weise, wie sie (in Qualität) zusammenarbeiten, entgegnet werden.

Doch dies gelingt nicht, indem man verkündet, dass man sich ab sofort der VUCA-Welt durch mehr Flexibilität und Experimentierfreudigkeit stellen möchte. Dagegen steht der Wunsch der Menschen nach einem gewissen Maß an Stabilität und Berechenbarkeit. Im nächsten Schritt soll es darum gehen, genauer zu verstehen, was Organisationen zusammenhält und wie man die Grundfesten, die diese ausmachen, nachhaltig verändern und damit weiterentwickeln kann.

1.2 Organisationsentwicklung: Herausforderungen ganzheitlich begegnen

1.2.1 Was ist eine Organisation und was bedeutet für sie Veränderung?

Welches Konzept für die Veränderungsmöglichkeiten einer Organisation favorisiert wird, hängt von dem darunterliegenden Modell, wie Organisationen allgemein funktionieren, ab. Als einer der wichtigsten Begründer der Disziplin kann der Arbeitswissenschaftler Frederick W. Taylor genannt werden, der um 1900 die ersten wissenschaftlichen Ansätze zu einer „Organisationswissenschaft" etablierte, indem er experimentelle Verfahren für einen größeren Erkenntnisgewinn einführte und die Themen sachlogisch systematisierte. Zielpunkt war die „Disziplinierung der Arbeiterschaft", da sie als das größte Effizienzhemmnis angesehen wurde.

Taylors Ansatz lag ein eher *„mechanistisches" Weltbild* zugrunde, wie es in der Nachfolge bis heute bei vielen betriebswirtschaftlich getriebenen Beratungen zu finden ist. Er verstand ein Unternehmen als ein Uhrwerk, bei dem es darum geht, sicherzustellen, dass alle Zahnräder exakt ineinandergreifen und gut geschmiert sind. Ganz mit der Brille eines komplizierten Kontexts war für ihn und seine Nachfolger klar, dass man zuerst alle Zahnräder, also Arbeitsschritte, identifizieren muss und dann gegebenenfalls neu zueinander ausrichtet. Damit würden sich automatisch Effizienzsteigerungen einstellen.

Menschen sind in dieser Sicht auf Organisationsentwicklung eher ein Problem, da sie sich nicht so exakt „einstellen" lassen, wie man sich das mit dieser Brille wünschen würde. In diesem Sinn ist auch die Idee von Taylor nach „Disziplinierung der Arbeiterschaft" zu verstehen. Über menschliche Bedürfnisse, Machtfragen, Unternehmenskultur oder Ähnliches machte er sich entsprechend wenig Gedanken. Nach der Cynefin-Logik hatte er nicht verstanden, dass die Zusammenhänge so komplex sind, dass man nicht einfach „Nachjustieren" kann, sondern Organisationen eher wie lebendige Organismen funktionieren, die in unzähligen Abhängigkeiten stecken. Ändert man hier eine „Stellschraube", kommt es an anderer Stelle zu Effekten, die weder vorhersehbar noch im Zweifel gewünscht waren.

Entsprechend wenig nachhaltig waren auch die Veränderungsprojekte, die diese Überzeugung zur Grundlage hatten. Besonders beliebt war dies in den 1980er- und 1990er-Jahren, als die klassischen Unternehmensberatungen wie McKinsey oder Boston Consulting Group Organisationsveränderungen begleitet haben. Sie scheiterten oftmals an unerwünschten Nebeneffekten oder einfach am Beharrungswillen der Beschäftigten in den Unternehmen.

In der Organisationsentwicklung werden Organisationen aktuell eher als *„soziotechnische Systeme"* verstanden. Ausgangspunkt für dieses Verständnis waren Experimente, die bereits in den 1920er-Jahren durchgeführt wurden und die gezeigt hatten, dass Menschen besser zusammenarbeiten, wenn es ein gutes Miteinander unter der Belegschaft und zwischen Vorgesetzten und Untergebenen gibt. Der Psychologe Kurt Lewin war hier wegweisend, der sich nach seiner Emigration in die USA 1933 mit der Frage nach dem Menschenbild auseinandersetzte und die Bedeutung von Kooperationsbereitschaft in der Gruppe hervorhob. In dieser Weltsicht wird zwar auch davon ausgegangen, dass ein Unternehmen durch (technische bzw. technologisch gestützte) Abläufe geprägt ist, aber deren Gesetzlichkeiten weniger durch die Physik oder Betriebswirtschaft bestimmt sind, sondern durch das Denken und Handeln von Menschen. Daher der Begriff „soziotechnisches System".

Eine Organisation bzw. die Menschen, die darin arbeiten, entwickeln eine eigene Logik und Selbstverständnis ihrer Arbeit und Ziele. Will man darin Veränderung erreichen, müssen die dort tätigen Menschen selbst diese Veränderung als notwendig erachten und ihr eigenes Vorgehen erarbeiten, um die gewünschten Veränderungen nachhaltig erreichen zu können. Beratung von „Außen" kann Veränderung lediglich unterstützen, aber nicht „verordnen". Das bedeutet, dass ein Weg gefunden werden muss, der mit der Komplexität des Zusammenspiels zwischen technischen Voraussetzungen und menschlichen Bedürfnissen angemessen umgeht und dabei die wesentliche Fachexpertise aus den eigenen Reihen miteinbezieht. Die Veränderungsarbeit muss also durch die Organisation und deren Mitglieder selbst geleistet werden, damit sie nachhaltig ist. Gleichzeitig bedeutet das auch, dass diese Entwicklung nicht zu 100 % steuerbar ist. Dafür sind die Zusammenhänge zu komplex. Es müssen Dinge ausprobiert werden, nichts ist in Stein gemeißelt.

Es ist also nicht einfach, in einen kontrollierbaren Prozess zur Organisationsentwicklung einzusteigen. Doch wann wird von *„Organisationsentwicklung"* gesprochen? Ist schon, wenn ein Bereich sich umstrukturiert, ein Tool das andere ablöst und dabei ein neues Rollen- und Rechtemodell entwickelt werden muss oder eine neue Filiale eröffnet wird, eine „Organisationsentwicklung"?

Um sagen zu können, wie und wohin sich eine Organisation entwickeln kann, muss zuerst einmal definiert werden, was den Kern einer Organisation ausmacht.

Der Begriff „Organisation“ leitet sich vom griechischen όργανον (órganon: Instrument, Werkzeug) ab und beschreibt, wie bereits im Altertum sich Gruppen aufgrund von immer größerer Ausdifferenzierung in der Arbeitswelt zusammenschlossen, um arbeitsteilig und in gegenseitiger Absprache geordnet zusammenzuarbeiten.

Das beginnt bei der Unterscheidung von Menschen, die Mammuts jagen, und anderen Menschen, die diese zerlegen und anschließend weiterverarbeiten, bis hin zu heutigen Abläufen an den Fließbändern in der Automontage. Anders gesagt, entstanden Organisationen schon früh aus der Notwendigkeit heraus, sich aufgrund von immer komplizierteren Arbeiten absprechen und miteinander kooperieren zu müssen. Man musste sich „organisieren“.

In der heutigen Organisationssoziologie gibt es verschiedene Definitionen, was eine Organisation im Kern ausmacht bzw. zusammenhält. Meist wird auf den Soziologen Stefan Kühl verwiesen, der drei Merkmale charakterisiert: Mitgliedschaft, Zweck und Hierarchie (Bild 1.1):

- *Formale Mitgliedschaft*

  Eine Organisation besteht nur aus Menschen, die offiziell dazugehören. Diese formale Mitgliedschaft kann an Bedingungen geknüpft sein, wie z. B. die Arbeitskraft für die Organisationsziele einzusetzen. Damit ergibt sich auch die Möglichkeit, Menschen aus der Organisation auszuschließen, wenn sie diesen Zielen nicht mehr folgen. Die Knüpfung der Mitgliedschaft an solche Bedingungen würde aber nach Kühl allein nicht produktives Arbeiten garantieren. Es bedarf einiger Motivationsanreize, um aus einem reinen Organisationsmitglied auch einen leistungsfähigen Mitarbeitenden zu machen. Diese Anreize können von Zwang, Geld, Zweckidentifikation, Attraktivität der Handlung bis zu einer starken Kollegialität reichen.

- *Expliziter Zweck*

  Jede Organisation zeichnet sich dadurch aus, dass sie einen konkreten Zweck verfolgt. Kann kein gemeinsames Ziel formuliert werden, zerfällt die Gruppe. Der Zweck definiert den Fokus und die Mittelwahl für das Erreichen des gemeinsamen Ziels. Die Notwendigkeit, einen gemeinsamen Zweck vorzuweisen, führt zu vielfältigen Problemen. So kann der Zweck zu allgemein gehalten sein und dauernder Interpretation bedürfen. Oder er muss aus bestimmten Gründen (z. B. Technologiesprung) neu definiert werden, hat sich unbemerkt verschoben oder die gewählten Mittel passen nicht mehr dazu. Kühl plädiert daher dafür, dass der Zweck einer Organisation nicht zum „Fetisch“ generieren darf, sondern fordert ein gewisses Maß an „Zweckopportunismus“ und die „mehr oder minder sprunghafte Anpassung der jeweils verfolgten Zwecke an die existierenden Möglichkeiten und Zwänge“.

- *Klare Hierarchie*

  Auch wenn viel über hierarchiefreie Organisationsformen diskutiert wird, bleibt bis dato eines der signifikanten Merkmale einer Organisation die Existenz von verschiedenen Entscheidungsstufen und Bereichszuordnungen. Sie zeigt sich im Organigramm („Aufbauorganisation"), das genau dies visualisieren soll. Die Erwartungshaltung ist, dass die Hierarchie genau die koordinierende Funktion übernimmt, weswegen man sich als Organisation zusammengeschlossen hat. Sie regelt, wie die Arbeitsabläufe („Ablauforganisation") auszusehen haben, um das gemeinsame Ziel zu erreichen. Die Anerkennung dieser Hierarchie wird damit zwingend an die Mitgliedschaft in einer Organisation geknüpft.

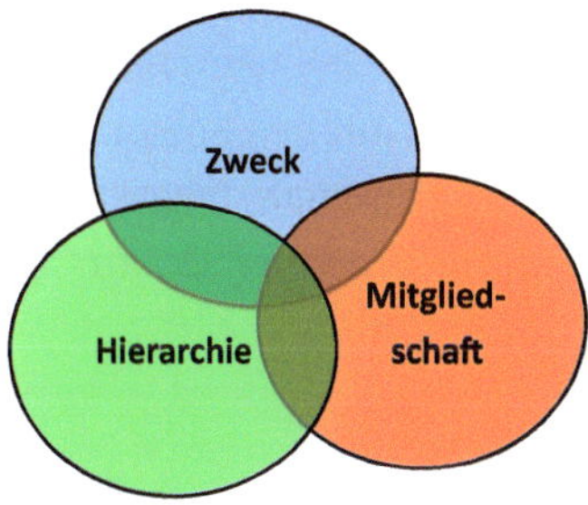

Bild 1.1
Die drei Merkmale einer Organisation (Stefan Kühl (2011))

Die Begriffe, die Kühl gewählt hat (Zweck, Hierarchie und Mitglieder), weichen von der üblichen Sprache der meisten Unternehmen ab. Im Folgenden soll daher zum einen statt von „Zweck" von „*Strategie*" gesprochen werden, auch wenn sich streng genommen aus dem Zweck, also den ultimativen Zielen eines Unternehmens, erst die Strategie, also der Weg zu dieser Zielerreichung, ergibt. Dasselbe gilt für „Hierarchie", was für die Aufbau- und Ablauforganisation und damit die bestehenden *Strukturen und Prozesse* steht, was hier verwendet werden soll. Mitglieder werden üblicherweise eher *Mitarbeitende* genannt. Es reicht also nicht, über den reinen Aufbau einer Organisation zu sprechen, sondern es muss auch darüber nachgedacht werden, was Menschen motiviert, welche Grundhaltungen man bei diesen sehen möchte und wie diese befähigt werden können, die durch Strategie und Prozesse vorgegebenen Arbeiten zu erledigen.

Was Kühl nicht betrachtet, sind die *Arbeitsmittel*, mit denen man zusammen diese Arbeit erledigen möchte. Organisationsentwicklung ist stark getrieben davon, neue Arbeitsmittel, namentlich digitale Produkte bzw. Fertigungsmethoden, einzuführen bzw. vorhandene Daten(ströme) sinnvoll zu nutzen. Es geht damit um die Themen Digitalisierung, Big Data und Künstliche Intelligenz, was als einer der großen Treiber von Organisationsveränderungen in den nächsten Jahren angesehen werden muss. Die Zukunftsfähigkeit einer Organisation wird davon abhängen, wie sie sich entscheidet, diese neu zur Verfügung stehenden Arbeitsmittel zu nutzen und einzusetzen. Die gewählten Arbeitsmittel bestimmen wiederum unmittelbar auch das gemeinsame

Zusammenarbeiten, was sowohl die Strukturen/Prozesse verändert als auch andere Kompetenzen bei den Mitarbeitenden verlangt. Arbeitsmittel gehören damit essenziell zur Substanz einer Organisation.

Strategie definiert so das „Was“ bzw. „Warum“, Menschen, Prozesse und Arbeitsmittel das „Womit“ und dann bleibt noch das „Wie“, das durch die *Unternehmenskultur* geprägt wird. Dabei handelt es sich um ein nebulöses Gebilde, das nur schwer zu beschreiben ist, aus offensichtlichen Aspekten wie Logo, Duz- bzw. Siezkultur oder konkreten Urlaubsregelungen besteht und andererseits aus sehr schwer greifbaren Faktoren wie informellen Entscheidungswegen, Erwartungshaltungen zur Verfügbarkeit der Mitarbeitenden und ungeschriebenen Verhaltenscodizes bei Meetings. Unternehmenskultur durchdringt durch diese Unkonkretheit die anderen Faktoren, da sie – anders als Mitarbeitende, Strukturen/Prozesse und Arbeitsmittel – nicht gut unmittelbar benannt und verändert werden kann, aber in alles andere hineingreift.

Damit ergibt sich ein „Organisationshaus“ mit der Strategie, entstanden aus dem Zweck der Organisation, als Dach, das über allem ragt, mit Menschen, Strukturen/ Prozessen und Arbeitsmitteln als tragenden Säulen und der Unternehmenskultur als Fundament, auf dem alles ruht (Bild 1.2).

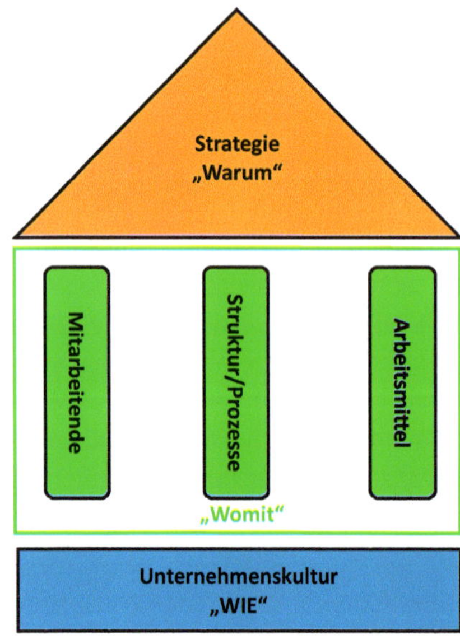

Bild 1.2 Die zentralen Elemente einer Organisation zusammengefasst unter dem Dach der Strategie

Wenn man diese Überlegungen mit der Tatsache verbindet, dass sich das Ziel bzw. die Strategie einer Organisation mit der Zeit wandelt, weil sich etwas an den Bedingungen, unter denen sie sich gegründet hat, ändert, wird deutlich, dass es nicht genügt, einmal eine Organisation zu entsprechend dem in Bild 1.2 dargestellten Haus aufzusetzen und mit Leben zu füllen. Es ist kontinuierlich nötig, diese Faktoren aus inneren oder äußeren Gründen zueinander auszubalancieren.

Organisationen bestehen nicht einfach, sie müssen auch beständig die innere Verfasstheit mit den äußeren Anforderungen abgleichen. Nur dann sind sie auch dauerhaft überlebensfähig. Eine Organisation muss sich also nicht nur konstituieren, sondern sich anschließend fortlaufend „weiterentwickeln".

Zu einer Veränderung bzw. einer Entwicklung einer Organisation kann es aufgrund von internen oder externen Auslösern kommen. Ersteres zielt darauf ab, dass eine Organisation eine Art von Entwicklungspfad hat, der je nach Phase (Pionierphase, Ausdifferenzierung, Integrationsphase und Assoziationsphase, vgl. dazu auch Bild 1.3) eine andere Art der Selbstorganisation braucht. Jeweils auf der Schwelle von einer Phase zur nächsten muss sich eine Organisation „umbauen" und damit weiterentwickeln. Dabei werden nicht zwingend alle Mechanismen der alten Phase abgelegt, sondern alte Gewohnheiten aus Vorphasen werden in ein aktualisiertes Betriebsmodell überführt.

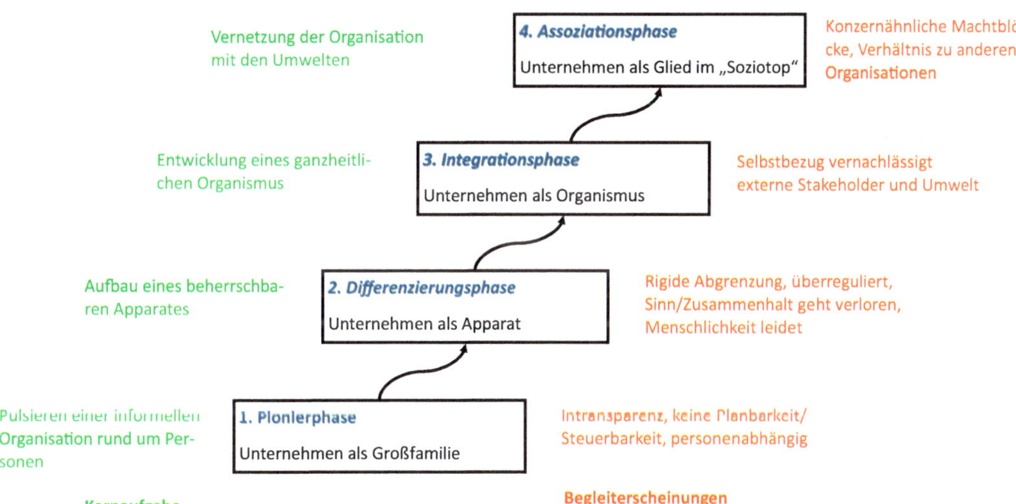

Bild 1.3 Dynamisches Entwicklungsmodell von Unternehmen (vgl. Friedrich Glasl, Bernard Lievegoed (2016) sowie Friedrich Glasl, Trude Kalcher et al. (2020))

Auf eine Organisation wirken auch externe Einflüsse wie die gesamtwirtschaftliche und technische, die ökologische oder auch die soziale und institutionelle Umwelt ein. Den stärksten Einfluss hat hierbei der Markt, den man mit seinen Produkten bedienen möchte und muss, wenn man überleben will. Ändern sich Moden oder gibt es technologische Entwicklungssprünge, muss eine Organisation in der Lage sein, ihre eigene organisatorische Ausgestaltung darauf einzustellen. Wenn sich beispielsweise die rechtlichen Rahmenbedingungen ändern, wie z. B. durch stärkere Compliance-Vorgaben oder durch härtere Umweltauflagen, dann muss eine Organisation interne Anpassungen vornehmen, um diese Vorgaben bedienen zu können.

Organisationen sind damit immer auch Einflüssen ausgesetzt, die die Ziele und damit die Strategie verändern können (Marktverständnis), den Erfolg von Produkten auf dem Markt beeinflussen (Technologiewandel) oder auch die Art und Weise, wie diese gefertigt werden, hinterfragen (Arbeitsmittel und Mitarbeitende). Aufgrund der Schnelligkeit, mit der sich die Märkte verändern, bedeutet das zwingend, dass die Überlebensfähigkeit eines Unternehmens davon abhängen wird, dass man nicht nur auf bewährte Produkte und Technologie vertraut, sondern auch die sie umgebende Umwelt versteht und sich laufend daran anpasst.

Es kann aber auch nicht jede kleine Veränderung in einem Unternehmen als „Organisationsentwicklung" angesehen werden. Man kann nicht von Organisationsentwicklung sprechen, wenn z. B. in einem Unternehmen Mitarbeitende hinzukommen (eingestellt werden) oder ausscheiden (entlassen werden oder in Ruhestand gehen). Die Organisation als Ganzes erfährt dadurch erst einmal keine „Entwicklung", sie bleibt in ihrer Grundausprägung und der Art des Zusammenarbeitens unverändert. Dasselbe gilt, wenn zwar Abteilungen umgebaut werden, sich aber an den Zielen, Prozessen und Formen der Zusammenarbeit nichts ändert. Auch nicht jedes kleine Tool, das eingeführt wird, wird eine Organisation verändern, aber gegebenenfalls kann es dazu führen, dass neue Abteilungen aufgebaut und neues Personal akquiriert werden müssen.

Ein Beispiel soll dies verdeutlichen: Ein Unternehmen fertigt Telefone. Das heißt, es hat als Ziel definiert, sich marktwirtschaftlich, also gewinnorientiert, zu organisieren. Die Gewinne sollen durch den Verkauf eines bestimmten Produkts (Telefon) erreicht werden. Wenn jeweils neue Modelle verkauft werden, die sich nur unwesentlich von den letzten unterscheiden, kann an dieser Stelle nicht von Organisationsentwicklung gesprochen werden, selbst wenn dafür jeweils neue Abteilungen gegründet werden. Die Unternehmensziele ändern sich nicht, es hat keine Auswirkungen darauf, welche und wie viele Mitarbeitenden der Organisation angehören (müssen), noch gibt es Veränderungen in den internen Strukturen.

Sobald aber entschieden wird, auf neue Technologie zu setzen (z. B. schnurlos statt schnurgebunden) oder nur noch gemeinnützig zu arbeiten, muss sich das Unternehmen in seinen Strukturen neu ausrichten (z. B. über andere Fertigungsmethoden oder neue Verrechnungsmodelle) und gegebenenfalls Mitarbeitende mit einem anderen Skillprofil einstellen. Die Organisation ändert sich als Ganzes. Dasselbe kann passieren, wenn man aufgrund des Fachkräftemangels keine Mitarbeitenden mehr findet und daher die Arbeitsmittel auf mehr Automatisierung umstellt, die auch Veränderungen in den Prozessen bedeutet.

Organisationsentwicklung wird nur möglich, wenn eine Organisation bei ihrer Interpretation von neuen Entwicklungen auf dem Markt – auf Grundlage ihrer allgemeinen Strategie – die Prozesse, Mitarbeitenden und Arbeitsmittel in ihre Betrachtungen mit einbezieht. Denn nur dann kann sie entscheiden, ob die beobachteten Änderungen einen grundlegenden Entwicklungsbedarf verlangen.

Oftmals werden aber bei Veränderungsvorhaben nur ein oder zwei der hier genannten Faktoren betrachtet. So z. B. bei der digitalen Transformation nur das Thema Arbeitsmittel oder bei dem Thema „New Work" nur die Mitarbeitenden und vielleicht noch Arbeitsmittel, aber nicht die Prozesse und Strukturen. Erschwerend kommt hinzu, dass die gewählte Umsetzungsstrategie für die Entwicklung zur Unternehmenskultur passen muss, sonst wird sie – im Sinne eines soziotechnischen Systems – nicht greifen und im Sande verlaufen.

Die Konzentration auf nur ein oder zwei Aspekte des Organisationshauses stellt eine unzulässige Komplexitätsreduktion dar. Man kann sich nicht nur um eines der „Womits" (Menschen, Strukturen/Prozesse oder Arbeitsmittel) kümmern und dieses maximal mit dem „Warum" (Strategie) verknüpfen. Alle Säulen müssen betrachtet werden und auch das „Wie" (Unternehmenskultur) als Fundament miteinbezogen werden. Was bei Digitalisierungsvorhaben, wie auch bei anderen Veränderungsthemen oftmals unterschätzt wird, ist also, wie umfassend die Veränderung sein muss, die angestoßen wird.

Organisationsentwicklung bewegt sich immer in einem komplexen Umfeld. Es ist zumeist nicht möglich, von Beginn an alle Themen und Einflussfaktoren zu identifizieren. Es muss ein Grundverständnis der Organisation als Gesamtgebilde vorhanden sein.

1.2.2 Systemische Organisationsentwicklung und Sozialkonstruktivismus

Das Organisationshaus (Bild 1.2) verbindet technische und soziale Aspekte: die technischen durch die Prozesse und Arbeitsmittel und die sozialen durch Menschen und Unternehmenskultur. Eine funktionierende Strategie muss beide Aspekte berücksichtigen. Allerdings ist damit noch wenig über das Zusammenspiel der einzelnen Faktoren innerhalb einer Organisation gesagt. Hier hilft es, wenn man eine Organisation bzw. ein Unternehmen als ein „System" betrachtet.

Das systemische Organisationsverständnis baut u. a. auf der *Systemtheorie* des Soziologen Niklas Luhmann, des Biologen Humberto Maturana, des Philosophen Ernst von Glasersfeld und des Anthropologen Gregory Bateson auf. Sie bietet ein gutes Erklärungsmuster dafür, wie Veränderungen in einer komplexen Umwelt wirken bzw. warum es so schwierig ist, die zu erwartenden Ergebnisse vorherzusagen.

Alle Komponenten, die das System „Unternehmen“ ausmachen, stehen in Wechselwirkung bzw. Abhängigkeit zueinander, beeinflussen sich gegenseitig und das in einer Komplexität, die keine linearen Wirkungsketten mehr beschreiben können. Dieses System besitzt ein eigenes Wesen, das über das einfache Zusammenwirken aller seiner Mitglieder hinausgeht und daher nicht mehr in seine Bestandteile zerlegt werden kann. Alle Aktionen werden damit zu komplexen Abläufen.

Ein System definiert sich zu allererst, indem es sich gegenüber seiner *Umwelt*, also allem, was nicht zum System gehört, abgrenzt. Oder dadurch, dass eine Organisation ihren eigenen Zweck definiert, Mitarbeitende aufnimmt, sich eine Struktur mit Prozessen unter Zuhilfenahme von Arbeitsmitteln ausbildet, beginnt sie sich von den anderen zu unterscheiden und diese als von sich fremd zu betrachten. Es wird festgelegt, wer und was dazugehört und was nicht. Alles, was nicht dazugehört, wird als Umwelt betrachtet, die für ein System als Blackbox fungiert, weil man ja selbst kein Teil mehr davon ist.

Gerade deswegen sollte das System seine Umwelt genau beobachten und merken, wenn diese sich ändert (warum auch immer). Um überleben zu können, muss sich ein System immer wieder fragen, was es von der Umwelt unterscheidet und wie sein Verhältnis dazu ist. Ändern sich die Signale von außen, muss darauf gegebenenfalls reagiert werden, um die eigenen Grenzen zu wahren. Wenn man unser Beispiel mit der Firma, die kabelgebundene Telefone herstellt, heranzieht, heißt das: Wenn man Schwierigkeiten hat, diese Telefone weiterhin zu verkaufen oder Mitarbeitende zu finden, die diese warten können, kann das bedeuteten, dass der Markt (also die Umwelt) inzwischen etwas anderes erwartet, und man muss sich darauf einstellen. Tut man das nicht, wird das Unternehmen pleitegehen und damit seine Grenzen zur Umwelt verlieren, da das Unternehmen sich auflösen muss.

Ein System bzw. ein Unternehmen muss die Umwelt genau beobachten, um Veränderungen wahrzunehmen, und gegebenenfalls darauf reagieren.

Dies geschieht nicht in einem direkten Kausalzusammenhang, sondern aufgrund des Blackbox-Prinzips hängt eine (mögliche) Reaktion davon ab, wie das System das Einwirken der Umwelt wahrnimmt und interpretiert. Das heißt, das System nimmt Impulse im Sinne von neutralen Daten auf und formt sie über Sinndeutung zu einer Information mit verwertbarem Inhalt um. Im Anschluss daran werden Handlungsentscheidungen getroffen.

Damit kommt der *Kommunikation* eine wichtige Bedeutung zu. Sie stellt einerseits Beziehungen zwischen den einzelnen Menschen im System her und ermöglicht so andererseits Interpretation. Es können Veränderungen der Umwelt in der Organisation wahrgenommen, über Beobachtungen gesprochen und diese gemeinsam reflektiert werden. Kommunikation und die Beziehungen zwischen den Individuen konstituieren und stabilisieren Systeme. Das einzelne Individuum hat ohne Kommunikation keine Relevanz für das System, weil es nicht zum Erhalt beiträgt. Dies ist z. B. ein interessanter Aspekt, wenn es darum geht, wie man Leute in Veränderungsprozessen „mitnimmt". Folgt man dieser Logik, muss zwingend mit so vielen Menschen wie möglich darüber geredet werden, sonst kann sich in einem System nichts verändern.

Mit der Kommunikation werden wichtige Entscheidungen getroffen. So z. B. was für das System relevant ist und was nicht. Und dann anschließend, was diese aufgenommene Information mit dem zu tun hat, wie man die Welt versteht und zum System passt. Man betreibt also ununterbrochene „Nabelschau". Dabei entsteht ein gemeinsames Verständnis von der Welt und dem eigenen Platz darin. Dieses *Selbstverständnis* bildet wiederum die Grundlage dafür, geltende Regeln für die gemeinsame Zusammenarbeit zu entwickeln, die sich mit der Zeit verselbstständigen, zunehmend nicht mehr hinterfragt werden und sich als Unternehmenskultur verfestigen.

Die Selbstbeobachtung und das Grundverständnis dienen als Grundlage für einen gemeinsamen Interpretationsrahmen, der bei Verstehen und Interpretieren von neuen Daten aus der Umwelt hilft. Dieser Rahmen stellt die Basis jeder Organisationskultur dar und ist auch einer oder vielleicht sogar der ausschließliche Treiber von Veränderung. Nur wenn das System für sich verstanden hat, dass die Umwelt sich verändert hat und es zum Überleben notwendig ist, sich neu darauf einzustellen, wird es sich verändern wollen und können.

Das System „konstruiert" seine eigene Wirklichkeit.

Hier verbindet sich das systemische Denken mit einem Zweig der Sozialpsychologie, der *Sozialkonstruktivismus* genannt wird. Ausgangspunkt ist hier die Überzeugung, dass dem Menschen die objektive Wirklichkeit verschlossen bleibt, da man nicht aus sich selbst heraustreten und die Welt betrachten kann, „wie sie wirklich ist". Man kann diese Überlegungen ein bisschen mit dem Film „Matrix" vergleichen: Menschen denken, sie leben Tag ein, Tag aus ein autonomes Leben und tatsächlich werden sie als Energieträger ausgebeutet. Ihr reales Leben lässt sie bewegungslos in einer Art von „Melkkapseln" dahinvegetieren, aber ihr Bewusstsein gaukelt ihnen alle Abschnitte eines erfüllten Lebens vor, von der Kindheit über Jugend bis ins Alter. In dem Film lässt sich nicht abschließend sagen, was objektiv gesehen die Wirklichkeit ist. Immer wieder wechselt der Interpretationsrahmen, der jeweils das Leben als „normaler" Mensch, die Kapseln oder doch die wenigen Revolutionäre, die dieser Ausbeutung ein Ende setzen wollen, als reine Computerfiktion erscheinen lässt.

Der Mensch hat bei allem, was er sieht und erlebt, das Problem, dass ihm nur seine eigenen Sinne dafür zur Verfügung stehen. So ist es einerseits Tatsache, dass wir nicht alles wahrnehmen können, wie z. B. ultraviolettes Licht, aber auch, dass wir durch unsere Erfahrungen so geprägt sind, dass wir alles in eine bestimmte Richtung interpretieren, wie das z. B. bei Verschwörungstheoretiker:innen der Fall ist. Das Ganze lässt sich mit einem Bild von Blinden illustrieren, die beauftragt werden, einen Elefanten zu beschreiben. Je nachdem, wo sie stehen, sehen sie andere Teile von dem Tier und kommen daher zu anderen Ergebnissen. Keiner kennt das Gesamtbild und daher denkt der eine, dass der Elefant wie eine Wand, der andere wie ein Speer, der dritte wie eine Schlange usw. ist (siehe Kasten „The Blind Man And The Elephant by John Godfrey Saxe (1873)“).

The Blind Man and the Elephant by John Godfrey Saxe (1873)

It was six men of Indostan, to learning much inclined,
who went to see the elephant (Though all of them were blind),
that each by observation, might satisfy his mind.

The first approached the elephant, and, happening to fall,
against his broad and sturdy side, at once began to bawl:
"God bless me! but the elephant, is nothing but a *wall*!"

The second feeling of the tusk, cried: "Ho! what have we here,
so very round and smooth and sharp? To me tis mighty clear,
this wonder of an elephant, is very like a *spear*!"

The third approached the animal, and, happening to take,
the squirming trunk within his hands, "I see," quoth he,
the elephant is very like a *snake*!"

The fourth reached out his eager hand, and felt about the knee:
"What most this wondrous beast is like, is mighty plain," quoth he;
"Tis clear enough the elephant is very like a *tree*."

The fifth, who chanced to touch the ear, Said; "E'en the blindest man
can tell what this resembles most; Deny the fact who can,
This marvel of an elephant, is very like a *fan*!"

The sixth no sooner had begun, about the beast to grope,
than, seizing on the swinging tail, that fell within his scope,
"I see," quothe he, "the elephant is very like a *rope*!"

And so these men of Indostan, disputed loud and long,
each in his own opinion, exceeding stiff and strong,
Though each was partly in the right, and all were in the wrong!

So, oft in theologic wars, the disputants, I ween,
tread on in utter ignorance, of what each other mean,
and prate about the elephant, not one of them has seen!

Bild erstellt mit Adobe Firefly basierend auf Angaben der Autorin.

So sind die Eindrücke eines Menschen immer schon durch die äußeren Rahmenbedingen (Möglichkeit der menschlichen Sinne, Standort des Beobachtenden, fehlende Vorkenntnisse, individuelle Erfahrungen …) gefiltert und bedürfen der *Interpretation*. Damit muss der Mensch Wirklichkeit erst „konstruieren" und für sich entwickeln. Doch das geschieht nicht im stillen Kämmerlein, sondern man macht das gemeinsam und im Austausch mit anderen. Vermutlich werden die Blinden kooperativ ein ganzheitlicheres Bild erarbeiten können, wie ein Elefant aussieht, als jeder für sich. Man schafft zusammen ein gemeinsames Verständnis davon, was man vor sich hat. Aber ob man damit alles abgedeckt hat oder das, was man entwickelt hat, der objektiven

Wirklichkeit entspricht, wird die Gruppe trotzdem nicht abschließend entscheiden können.

Durch dieses gemeinsame Erarbeiten verfestigt sich die Wirklichkeit für die beteiligten Menschen damit Schritt für Schritt im Sozialen und existiert auch außerhalb der konkreten Wahrnehmung eines Einzelnen. Wie man Dinge bespricht, ob es zielführender ist, sich gegenseitig zu duzen oder nicht, wer was auf welcher Hierarchieebene entscheiden darf, hat etwas damit zu tun, wie wir denken, wie Zusammenarbeiten gut funktioniert und was die Ziele der Organisation sind. Unsere Überzeugungen dazu sind davon geprägt, was wir bisher erlebt haben und was die anderen darüber denken. Man hat sich darauf geeinigt, wie man die *Arbeitswirklichkeit* gemeinsam versteht.

Menschen aus anderen Unternehmen können dies aufgrund eines anderen Hintergrunds oder von anderen Beobachtungen anderes sehen und werden darauf bestehen, dass ihr Verständnis genauso gut die Wirklichkeit beschreibt, wie der jeweils andere behauptet. Das Verständnis von Welt entsteht in einem System dadurch, dass man gemeinsam die Umwelt beobachtet und sich davon abgrenzt. Abgegrenzt wird mithilfe des gemeinsamen Interpretationsrahmens, also der sozial konstruierten Wirklichkeit, die in diesem konkreten Unternehmen für richtig erachtet wird. Ob die Welt wirklich so funktioniert, weiß keiner. Und da sozial konstruierte Wirklichkeit immer stark von den Zusammenhängen, zeitlichen Abfolgen und den individuellen Erfahrungen abhängt, können die Interpretationsergebnisse niemals überall gleich sein.

Jedes Unternehmen wird andere Dinge als wesentlich erachten, manche Dinge nicht bemerken oder andere überinterpretieren und damit jeweils zu anderen Ergebnissen kommen.

Man stößt auf ein Weltverständnis, das nicht ohne Weiteres geändert werden kann. Einfach zu behaupten, dass man sich in einem Umfeld der Siez-Kultur ab sofort duzt, bloß weil man dann besser zusammenarbeiten würde, passt nicht zu dem, wie man bisher gute Zusammenarbeit verstanden hat. Duzen war nicht Teil des bisherigen Interpretationsrahmens und wird daher als nicht angemessen wahrgenommen. So etwas kann nur Stück für Stück über neue Erfahrungen verifiziert werden und muss gut in Kommunikation eingebettet werden. Dass andere Unternehmen damit gute Erfahrungen gemacht haben, wird nur begrenzt als Argument helfen, da man sich ja als System als unterschieden von den anderen versteht.

Das führt zu dem größten Problem bei *Veränderungsprozessen*. Veränderung kann nur passieren, wenn sich die Organisation darauf einigt, dass das eigene Selbstverständnis auf neue Füße gestellt werden muss, weil man z. B. nicht mehr die richtigen Produkte (z. B. schurgebundene Telefone) anbietet oder es neue Arbeitsmittel gibt, die ein effizienteres Arbeiten ermöglichen. Man muss bereit sein, die „Zeichen der Zeit" erst einmal wahrzunehmen und dann für sich richtig zu interpretieren. Das widerstrebt einem System, da es zufrieden ist, eine Weltsicht gefunden zu haben, die das gemeinsame Arbeiten ermöglicht hat. „Never change a running system" wäre hier die zugrunde liegende Sorge. Wer weiß, was das alles an gemeinsamem Verständnis durcheinanderbringt und wie lange es dauert, bis man sich wieder auf etwas geeinigt hat?

Aus diesem Grund herrschen in Systemen *Beharrungskräfte* vor: Da man sich dadurch definiert, dass man anders ist als alle anderen (also als die Umwelt) und zusammen ein Wirklichkeitsverständnis entwickelt hat, das erst einmal funktioniert (hat), neigt das System und damit auch die Menschen dazu, nur noch das wahrzunehmen, was sie in dieser Weltsicht bestätigt. Selbst wenn man neue Arbeitsweisen identifiziert, werden sie schnell entweder als nicht für die eigene Organisation angemessen identifiziert oder in der Organisation so uminterpretiert, dass auch das Neue wie das Althergebrachte funktioniert.

Beobachtungen und deren Interpretation sind sowohl gefiltert von dem, was man bisher bereits kennt und beobachtet hat, als auch von dieser „Verfestigung" im eigenen System in Form von Organisationskultur. Man hat daher *„blinde Flecken"*. Man müsste sich erst außerhalb der eigenen beobachteten Wirklichkeit stellen, um zu bemerken, dass und was man selbst nicht alles wahrnimmt. Das bedeutet, dass es einen reflexiven Mechanismus geben muss, der es erlaubt, innezuhalten, das eigene Wirklichkeitsverständnis infrage zu stellen und sich neue Dinge dazu zu überlegen. Das ist für jeden Menschen erst einmal anstrengend, zumal diese Öffnung nicht nur auf der individuellen Ebene, sondern für das ganze System, also die Organisation geschehen muss. Es genügt nicht, wenn nur Einzelne einen Veränderungsbedarf sehen, sondern alle müssen das verstehen. Das Schlagwort hierfür ist individuelles und organisationales Lernen.

Entscheidend für die Wandlungsfähigkeit einer Organisation ist, wie gut sie in der Lage ist, neue Informationen, die gegen ihre sozialkonstruierte Wirklichkeit sprechen, in ihrem System wahrzunehmen und angemessen zu integrieren.

Idealtypisch können so Veränderungen mithilfe von *selbstkritischen Mechanismen* hinterfragt werden, um eine angemessene Reaktion darauf zu finden. Fehlt dieser Moment, wird die Störung bestenfalls zwar wahrgenommen, aber nur als reine Anomalie, und damit als nicht systemrelevant verworfen. Das hätte z. B. passieren können, wenn unsere Telefonfirma zwar bemerkt hätte, dass jetzt auch schnurlose Telefone angeboten werden, aber beschließt, dass dies nur ein nebenseitiger Hype ist, der bald wieder vorbeigeht (weil z. B. die Leute genervt sind, dass sie ihr Telefon nicht mehr finden).

In der systemischen Organisationsentwicklung wird eine Organisation als ein abgegrenztes System verstanden, das seine eigenen Logiken und Regeln, sein eigenes Wirklichkeitsverständnis ausgeprägt hat. Aus diesem Grund kann sie, anders als bei einem mechanistischen Verständnis von Organisation, nicht ohne Weiteres in ihrer inneren Funktionslogik verändert bzw. Weiterentwicklung „verordnet“ werden.

Ein System hat große Beharrungskräfte („Systemblindheit“) und es braucht einiges, dass es aus sich selbst heraus Veränderungsbedarf bemerkt. Dabei reicht es auch nicht, lediglich Informationen zu sammeln und sie in einen bekannten Zusammenhang zu stellen. Wenn es zu Veränderungen kommen soll, braucht es Impulse, die diese Beobachtung grundsätzlich infrage stellen, wie z. B. der Entstehungszusammenhang der Information zu bewerten ist, ob die Zusammenhänge richtig eingeordnet wurden oder welcher Umwelteinfluss für die Störung verantwortlich ist.

Schematisch lassen sich in unserem Organisationshaus die in Bild 1.4 dargestellten Wirkungsmechanismen feststellen.

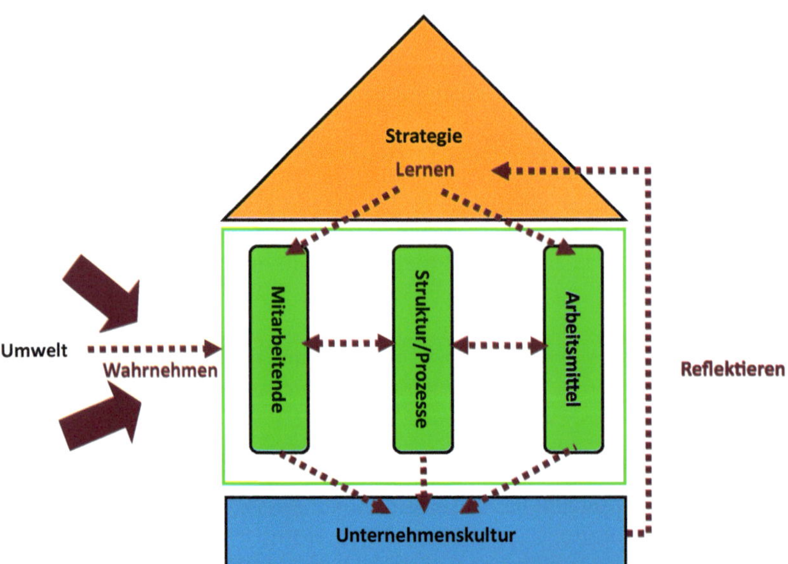

Bild 1.4 Das Organisationshaus: Veränderung umfasst alle Aspekte einer Organisation

Veränderungen in der Umwelt werden von einer Organisation über die Mitarbeitenden gemäß ihrem Wirklichkeitsverständnis wahrgenommen und gemäß ihrer Unternehmenskultur, also ihrem Fundament, auf dem alles ruht, interpretiert. Durch reflexive Mechanismen ist es in der Lage, eine angemessene Einordnung des Beobachtenden herzustellen. Lernt sie etwas Neues, das eine Veränderung im System verlangt, muss das alles umfassende Dach, die Strategie, angepasst werden.

Ein Strategiewechsel hat Auswirkungen auf die Säulen einer Organisation, die Mitarbeitenden, die Strukturen und Prozesse sowie die Arbeitsmittel. Das Zusammenarbeiten verändert sich und damit auch die Unternehmenskultur. Ein Kreislauf entsteht, der regelmäßig neuen Input aus der Umwelt braucht, weil er sonst nur Selbstbestätigung produziert.

Management Summary

Dass wir in einer komplexen und sich stark wandelnden Zeit leben, ist keine neue Erkenntnis. Zu allen Zeiten war es so, dass die Menschen immer wieder mit neuen Entwicklungen und Denkweisen (neue Kriegstechniken, Webstühle, Eisenbahn, aber auch politische Systeme oder Individualisierungskonzepte) konfrontiert wurden, die ihr Leben umgekrempelt haben. Wir Menschen können nur begrenzt gut damit umgehen, wenn sich Dinge grundlegend ändern. Unsere Erfahrungen und Überzeugungen haben uns, auch durch die Gespräche und den Austausch mit anderen, auf eine bestimmte Art und Weise geprägt, die man als Sozialkonstruktivismus bezeichnet.

Sozial konstruierte Wirklichkeit entsteht durch die Sinngebung von Erfahrungen, d. h. dadurch, dass man aus dem, was man bisher erlebt hat, Schlüsse auf die Welt allgemein zieht. Ändert sich die Welt, müssen wir uns neuorientieren und bisher Erarbeitetes über Bord werfen, was erst einmal verunsichert. Man muss neue Erfahrungen machen bzw. diese neu bewerten und neue Sinnzusammenhänge entwickeln. Das ist anstrengend und daher für Menschen nicht so einfach zu vollziehen.

Das gilt umso mehr, wenn wir mit anderen zusammenarbeiten wollen. Wir sind Lebewesen, die mit anderen interagieren, gerade im wirtschaftlichen Kontext, wenn also Dinge produziert oder Dienstleistungen angeboten werden. Menschen finden sich seit je her in einer Organisation zusammen, wenn sie ein gemeinsames Ziel haben und sich eine dafür geeignete Struktur geben, um arbeitsteilig dieses Ziel zu erreichen. Auch dabei entsteht eine eigene Sichtweise auf die Welt, die die jeweilige Organisation von anderen unterscheidet. Es grenzt sich als System vom Rest, der Umwelt, ab.

Einflüsse von außen können das Selbstverständnis eines Systems in vielfältiger Art und Weise beeinflussen – wenn das System bereit ist, sich diesen Einflüssen zu stellen. Wird Veränderungsbedarf erkannt, muss dieser ganzheitlich betrachtet werden: Die Zielsetzung in Form der Strategie einer Organisation muss neu ausgerichtet werden, was Auswirkungen hat auf die Mitarbeitenden, die Strukturen und Prozesse sowie die Arbeitsmittel, die eingesetzt werden. Die Unternehmenskultur entscheidet dabei, welche Einflüsse Eingang finden können und wie gut Wandel geschieht.

Man muss sich bewusst sein, dass sich eine Organisation, ein Unternehmen, in einem komplexen Umfeld bewegt, in dem es nicht mehr gut möglich ist, mit einfachen Mitteln Veränderungen herbeizuführen. Komplizierte Verhältnisse würden es noch mit dem nötigen Aufwand erlauben, stets die Kontrolle über die notwendigen Änderungen und deren Konsequenzen zu behalten. Komplexe Kontexte hingegen sind aufgrund ihrer unklaren Wirkverhältnisse der Kontrolle entzogen. Man kann sich nur langsam und durch Versuch und Irrtum der Zielperspektive annähern. Auch dabei gilt es, alle Dimensionen einer Organisation im Blick zu behalten, ansonsten sind die Beharrungskräfte zu stark.

Ziel muss es sein, die Organisation als Ganzes dazu zu befähigen, Veränderungsbedarf gut zu erkennen und für sich richtig zu verarbeiten. Sie muss eine lernbereite Haltung entwickeln und darf sich nicht vor ungewollten Effekten fürchten. Auch diese helfen, komplexe Verhältnisse besser zu verstehen und Neues auszuprobieren.

Literatur

Glasl, Friedrich; Kalcher, Trude; Piber, Hannes (Hrsg.): *Professionelle Prozessberatung. Das Trigon-Modell der sieben OE-Basisprozesse*, 4. Auflage, Bern: Haupt Verlag, 2020.

Glasl, Friedrich; Lievegoed, Bernard: *Dynamische Unternehmensentwicklung: Grundlagen für nachhaltiges Change Management*, 5. Auflage, Stuttgart, Verlag Freies Geistesleben, 2016.

Kühl, Stefan: *Organisationen*, Wiesbaden: VS Verlag für Sozialwissenschaften, 2011.

Maciejewski, Mariusz: *Metaverse*, Brüssel: European Parliament, 2023.

Moss Kanter, Rosabeth: „Innovation: The Classic Traps“, in: *Harvard Business Review*, 2006, 84(11), S. 72 – 83, 154.

Snowden, David J.; Boone, Mary E.: „A Leader's Framework for Decision Making“, in: *Harvard Business Review*, 2007, 85(11), S. 68 – 76, 149.

2 Qualität als Leitbild von Organisationsentwicklung

Warum sollte man sich im Kontext von Organisationsentwicklung mit dem Thema „Qualitätsmanagement“ beschäftigen? Natürlich braucht es auch in der professionellen Organisationsentwicklung einen Qualitätsanspruch und Mechanismen, die Qualität garantieren. Sei es durch Prüfpunkte im Prozess, die sicherstellen, dass man noch auf dem richtigen Weg ist, oder auch hinterher durch Befragungen bzw. gemeinsame „Lessons Learned“. Das ist hier nicht gemeint, sondern es geht darum, zu klären, ob die Beschäftigung mit Qualität als Katalysator, Schmiermittel, Vehikel dienen kann, um eine Organisation in eine Form der Reflexivität zu bringen, die es erlaubt, sowohl den Input aus der Umwelt ausreichend wahrzunehmen als auch über seinen eigenen Veränderungsbedarf auf allen Ebenen nachzudenken.

Qualitätsfragen können zum Treiber von Veränderungen werden.

Dabei muss zuerst das eigene Qualitätsverständnis in den Blick genommen werden. Ein Unternehmen produziert für einen bestimmten Markt. Dies gilt auch für Dienstleistungsunternehmen oder gemeinnützige Einrichtungen. Wenn es keinen Bedarf an ihrem Angebot, ihrer Leistung gäbe, würde es nicht existieren. Diese Leistung wird auf eine spezifische Art und Weise erbracht, die mit dem eigenen Weltverständnis und der Unternehmenskultur zusammenhängt. Das entstandene Produkt hat eine Qualität, die von anderen (dem Markt) beurteilt wird. So ist Qualität das entscheidende Kriterium für den Erfolg des Unternehmens, aber es ist auch ein Ausdruck dafür, was man denkt, wie man (zusammen)arbeitet und welches Ergebnis dies liefert.

Wenn man die Betrachtungsebenen von Qualität, Produktionsweise und Weltverständnis zusammenbringt, entsteht daraus eine Dynamik, die einer Organisation in der VUCA-Welt angemessen ist.

2.1 Das klassische Qualitätsmanagement und seine Grenzen

2.1.1 Grundlagen des klassischen Qualitätsmanagements

Qualität ist ein vielschichtiger Begriff. Intuitiv würden sich wohl die meisten von uns im Alltag zutrauen, „Qualitätsprodukte" von „Billigzeugs" unterscheiden zu können. Es gibt Theorien, die es als eine der Grundeigenschaften des Menschen ansehen, ständig Dinge miteinander zu vergleichen und zu bewerten. Man macht ständig einen Qualitätsabgleich mit den eigenen Vorstellungen.

Doch sobald es darum geht, sich mit anderen auf die zugrunde liegenden Kriterien zu einigen, wann ein Produkt als „qualitativ" gelten kann, gehen die Meinungen schnell auseinander. Geht es nur um Funktionalität? Oder auch um Ästhetik? Spielt der Preis dabei eine Rolle? Letzteres weist noch auf einen anderen Aspekt hin: Vielleicht gibt es eine Vorstellung von dem „idealen" Produkt, aber nicht immer ist man bereit, jede Summe dafür zu bezahlen. Das heißt, es kombiniert sich die Vorstellung von Qualität mit der Frage nach einem guten Preis-Leistungs-Verhältnis oder auch den aktuellen Lebensverhältnissen. Damit sind wir auch bei Fragen der Marktpositionierung: Was kann ich bei welchen Kostenaufwänden der Kundschaft versprechen? Wie individuell muss ich mein Angebot gestalten? Wie hoch kann ich meinen Profit ansetzen?

Gelingt es einer Organisation, Veränderungen an den Ansprüchen an die Qualität eines Produkts angemessen wahrzunehmen und zu interpretieren, lernt es Wesentliches über seinen Standort in der Welt und ob seine Interpretation davon noch passend ist.

Was macht Qualität aus? *„Im Geschäftsleben ist Qualität […] nicht Definitions-, sondern Verhandlungssache"* (Tilo Pfeifer, Robert Schmitt (2021, S. 18)). Die ISO-Norm 9000 bietet in der (aktuellen) Fassung von 2015 zum Qualitätsmanagement nicht viel mehr Füllung für den Begriff: „Grad, in dem ein Satz inhärente Merkmale eines Objekts Anforderungen erfüllt". „Merkmal" wird als „kennzeichnende Eigenschaft" beschrieben und „Anforderung" als „Erfordernis oder Erwartung, das oder die festgelegt, üblicherweise vorausgesetzt oder verpflichtend ist." Damit ist auch nichts anderes gesagt, als bereits formuliert wurde: Ein Objekt besitzt Qualität, wenn es bestimmte, vorher bekannte bzw. vereinbarte Erwartungen erfüllt.

Ein Produkt ist als „qualitativ" zu betrachten, wenn es bestimmte, ausformulierbare und messbare Kriterien erfüllt bzw. einen hohen Erfüllungsgrad davon mitbringt.

Woher kommen diese Anforderungen? Viele Definitionen reduzieren Anforderungen auf Kundenwünsche oder die Gebrauchstüchtigkeit. Diese Definitionen verkürzen, weil z. B. auch von gesellschaftlich-normativer Seite (wie Vorgaben zum Umweltschutz) Anforderungen an ein Produkt gestellt werden können. Was macht beispielsweise ein „gutes" Auto aus? Soll es möglichst schnell und leistungsstark oder verbrauchsschonend sein, im Idealfall elektrisch betrieben?

Qualität muss auch immer mit der Marktpositionierung, der Preisgestaltung und dem Markenbewusstsein verbunden werden. Qualität hängt auch davon ab, wie man als Marke wahrgenommen wird und was das Verkaufsversprechen ist, das mit dem eigenen Produkt verbunden ist. Bei Apple mit seinem Anspruch nach Produkten mit großer Funktionalität, Langlebigkeit und hohem ästhetischen Erscheinungsbild wird Qualität anders definiert als z. B. bei einer Marke, die besonders billige Smartphones anbieten möchte. Fairphone, das sich mit einem sehr nachhaltigen Produkt positioniert, hat eine andere Preisgestaltung als die beiden erstgenannten. Qualität bedeutet damit nicht nur, die Anforderungen an das konkrete Produkt zu erfüllen, sondern auch als Unternehmen als Ganzes ein Qualitätsversprechen abzugeben und sich von den Konkurrenten abzusetzen. Oder durch die systemische Brille: sich als System dadurch eine Existenzberechtigung zu geben, dass man sich von anderen Systemen unterscheidet.

Auch *historisch* lässt sich belegen, dass klassisches Qualitätsmanagement schon immer seine Aufgabe darin gesehen hat, dass Produkte bzw. Leistungen einem bestimmten Standard und damit auch einer klaren Erwartungshaltung entsprechen. Erste Ansätze dazu lassen sich bis ins Mittelalter zurückverfolgen, wo sich mit den Zünften die ersten allgemeinen Qualitätssicherungsinstanzen herausentwickelten. Indem sie sicherstellten, dass nur Mitglieder mit einer entsprechenden Ausbildung einen Beruf ausüben durften, konnten sie nicht nur die Anzahl der Gewerbetreibenden regulieren, sondern auch über die Ausbildung garantieren, dass Waren oder Dienstleistungen bestimmten Erwartungen entsprachen. In der weiteren Entwicklung gründeten diese Zünfte Prüfanstalten, die formalisiert einen allgemein anerkannten Qualitätsstandard bestätigten. Prüfsiegel, Eichungen etc. trugen genauso das Ihre bei wie die Etablierung eines entsprechenden Rechtssystems, das z. B. Fälschungen unter Strafe stellte.

Durch Industrialisierung und Massenfertigung verschob sich dann der Fokus weg von der individuellen Fertigung hin zur Qualitätssicherung von Produktionsmitteln wie z. B. durch Standardisierung von Fertigungsteilen – eine wichtige Grundlage für die Fließbandproduktion. Einheitliche, zum Teil schon international anerkannte Messsysteme wurden etabliert, um eine Vergleichbarkeit zwischen den hergestellten Produkten zu ermöglichen. Besonders die beiden Weltkriege – und damit zusammenhängend die Bestellung von Kriegsmaterialien durch die Armeen – führten dazu, dass ganze Regelwerke zur Qualitätssicherung inkl. Audits etc. Teil von Verträgen wurden.

Die Geschichte des Qualitätsmanagements ist entsprechend spätestens seit Ende des 19. Jahrhunderts eng mit der Industrialisierung in der westlichen, marktwirtschaftlich orientierten Welt verbunden. Wegbereiter waren Frederick W. Taylor mit seiner Idee der Arbeitsteilung und John Ford durch seine Ausrichtung der Arbeitsabläufe an Maschinenvorgängen. Ebenso gehört Walter A. Shewart dazu, der das Prinzip der Qualitätsregelkarte entwickelt hat und mithilfe der Phasen Fertigen – Prüfen – Auswerten – Regeln – Fertigen ... die Grundlagen für den sogenannten *PDCA-Zyklus* gelegt hat. Dieser Regelkreis wird eher mit dem Namen seines Schülers William Edwards Deming in Verbindung gebracht, der ihn durch seine langjährigen Schulungsaktivitäten in Japan bekannt gemacht hat.

Der PDCA-Zyklus beschreibt die Abfolge Plan (Planung), Do (Ausführen), Check (Überprüfen), Act (Verbessern).

Auch der PDCA-Zyklus steht auf dem Fundament der Anforderungen und den daraus abgeleiteten Qualitätszielen. Er stellt damit sicher, dass einmal vereinbarte Qualität auch kontinuierlich geliefert wird (Bild 2.1).

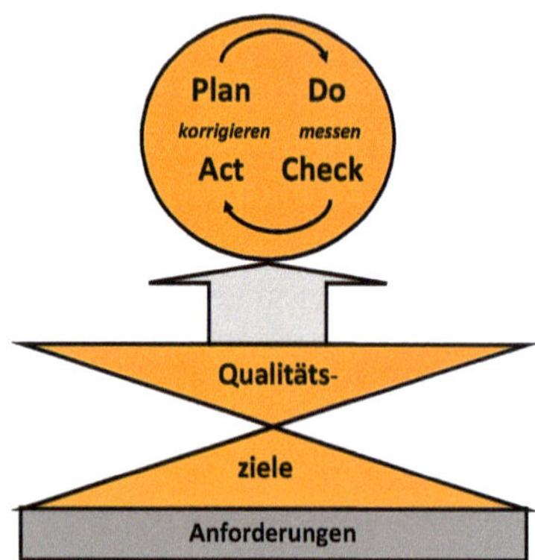

Bild 2.1
Basis des PDCA-Zyklus: Anforderungen und Qualitätsziele

Die Idee eines zyklischen Modells wurde in den 1980er-Jahren mithilfe von Analysen in japanischen Automobilunternehmen, namentlich Toyota, durch das Prinzip des kontinuierlichen Verbesserungsprozesses (KVP) erweitert. Das in Japan als „Kaizen" („das Gute verbessern") bezeichnete Prinzip versteht sich als eine ganzheitliche Vorgehensweise, um eine Organisation auf ein strukturierendes Prinzip auszurichten. Dem Qualitätsbegriff kommt eine zentrale Stellung zu: Effizienzsteigerung darf nicht auf Kosten der Qualität des Produkts gehen. Eine schlanke, d.h. auch in sich qualitative Produktion ohne unnötige Arbeitsschritte und allein ausgerichtet auf einen kostenbewussten Produktionsverlauf führt – so die Theorie – auch zur Qualitätsverbesserung.

Damit wurde der PDCA-Zyklus nicht mehr nur zur reinen Sicherung statischer Qualitätsziele verstanden, sondern er wird zu einer kontinuierlichen Aktivität ausgebaut, die die Qualität steigern soll. So kann es ein ursprüngliches Ziel sein, die Fehlerquote bei der Produktion unter 5 % zu halten. Qualitätssicherung bedeutet, dass man reagieren muss, sollte diese über 5 % steigen. Kontinuierliche Verbesserung bedeutet hingegen, dass man es durch Änderungen im Verfahren oder eine Neukalibrierung der Maschinen schafft, dauerhaft die Fehlerquote auf 4 % zu senken. Dies ist damit der neue Standard, auf dem aufgesetzt werden muss. Damit ist nicht nur eine Qualitätssicherung, sondern eine Qualitätssteigerung erreicht. Bild 2.2 veranschaulicht dieses Vorgehen.

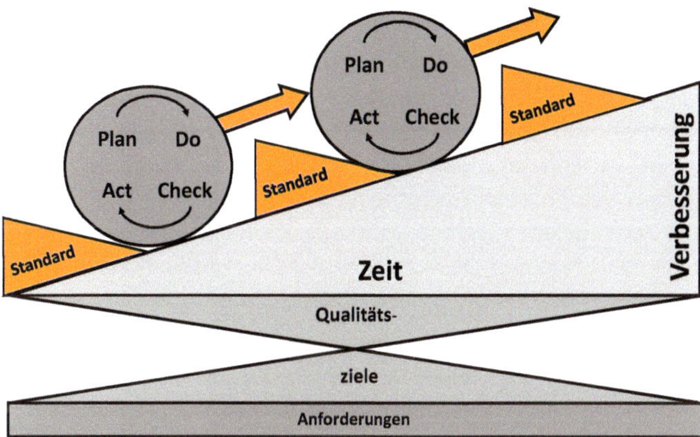

Bild 2.2 Qualitätssicherung und -steigerung mit dem PDCA-Zyklus

Traditionell wird Qualitätssicherung mit der industriellen Produktion verbunden. Weil viele Inspirationen dazu aus der Automobilindustrie stammen, gibt es ausgefeilte Systeme, die sich mit der Optimierung von Produktionslinien, einzelnen Maschinen bzw. Robotern, mit Warenhaltung oder Logistik beschäftigen. Messungen von harten Zahlen sind hier gut möglich und können zur Qualitätssicherung oder -verbesserung eingesetzt werden. Doch in Branchen, die nicht ausschließlich „Handfestes" ausliefern, sondern schwerer messbare Produkte wie Dienstleistungen, zeigen auf, dass diese traditionelle Sicht auf Qualitätsmanagement als Verbesserung einer Fertigungslinie nicht mehr ausreicht. Woran erkennt man Qualität in der Fußpflege oder im Bildungswesen? Hier kombinieren sich „harte Fakten" mit individuellen Dispositionen, Erfahrungen und Tagesform. Qualität wird somit schlechter messbar und damit auch weniger steuerbar, wie das Beispiel von IT-Services, also Dienstleistungen im IT-Bereich, mit seinen vielfältigen Angeboten wie die Bereitstellung von Hardware, aber auch von Programmen oder fortlaufenden Dienstleistungen wie Virenscanner deutlich macht (vgl. Kasten „Qualität im IT-Service-Management").

Qualität im IT-Service-Management

Folgende Produkte bzw. Dienstleistungen gibt es im Bereich der IT, die alle mit verschiedenen Qualitätsvorstellungen bewertet sind:

- Hardware (also Computer etc.)
- Infrastruktur (Netzwerke, Verbindungen)
- digitale Produkte (also Software)
- Bereitstellungsleistungen (z. B., individuelle Konfigurationen)
- unterstützende Hilfen (z. B. Helpdesk oder Angriffserkennung)

Ein Beispiel für eine Kombination aus diesen Leistungen wäre das Angebot für einen PC, der bereits Software aufgespielt hat und noch im Laden auch mit dem persönlichen E-Mail-Account und Kalender ausgestattet wird. In der weiteren Nutzung wird dazu ein Virenscanner angeboten, der regelmäßig mit den neuesten Erkenntnissen aktualisiert wird.

Bei IT-Services, die *Hardware* und *IT-Infrastruktur* betreffen, stehen qualitativ zumeist noch Erwartungen wie Langlebigkeit, Wertigkeit etc., wie man sie auch bei der klassischen industriellen Produktion kennt, im Vordergrund. Es gibt einen einmaligen Zustand bei Auslieferung, der qualitätsgesichert der Kundin oder dem Kunden übergeben werden kann. Doch sobald über Infrastruktur, wie z. B. Glasfaserkabel, auch Daten geliefert werden, muss diese Infrastruktur darüber hinaus fortlaufend überwacht werden. Dies kann ebenfalls mit klassischen Messmethoden bewerkstelligt werden.

Software und *Dienstleistungen* hingegen unterliegen nicht mehr der seriellen Fertigung bzw. werden oftmals eher subjektiv in ihrer Qualität eingeschätzt. Moderne, cloudbasierte Programme sind zum Teil individuell konfiguriert und es muss bei kontinuierlichen Updates garantiert werden, dass alle individuellen Einstellungen erhalten und nutzbar bleiben. Bei den damit zumeist einhergehenden Dienstleistungen, wie z. B. Anforderungsberatung oder Helpdesk, kommen außerdem Qualitätsaspekte hinzu, die nur noch wenig mit Produktionsqualität zu tun haben. Kommunikationsverhalten, Reaktionszeiten, kurz gesagt: Kundenzufriedenheit, sind hier die Faktoren, die über Qualität bestimmen.

Durch die Vielfältigkeit der verschiedenen Serviceleistungen ergeben sich auch größere Herausforderungen bei der *Messung und Kontrolle von Qualität.* So muss zwischen objektiven und subjektiven Qualitätsanforderungen unterschieden werden. Erstere kann man über klassische Kennzahlen messen, wie Datendurchsatz, Ausfallzeiten, Anrufe beim Helpdesk etc. Bei den subjektiven Kriterien zu „guter" Servicequalität rücken Zuverlässigkeit, Glaubwürdigkeit, Entgegenkommen, Kompetenz, Verständnis, Sicherheit und Kontakt in den Fokus der Betrachtung. Diese Art von Erwartungen sind oftmals nicht klar benannt und führen daher immer wieder zu Störungen in der Beziehung mit der Kundschaft. Messen lassen sie sich nur über Kundenzufriedenheitsbefragungen, die im Design anspruchsvoll sind.

Zudem gilt es, unterschiedliche Geschäftsbereiche im Blick zu behalten. Das eine ist die reine Produktion. Zwar stellen die meisten Anbieter von IT-Services ihre Hardware nicht selbst her, sondern sie beziehen sie von Lieferanten, was sie aber nicht der Notwendigkeit der Qualitätskontrolle vor Auslieferung enthebt. Im Betrieb muss sichergestellt sein, dass kontinuierliche Leistung erbracht wird, was eine besondere Form des *Monitorings* verlangt. Außerdem bedarf es noch besonderer Überwachung in der Entwicklung bzw. in den Projekten, da es aufgrund der heutigen Möglichkeiten im Softwarebereich, *regelmäßig neue Releases* direkt an die Kundschaft auszuliefern, keine strenge Trennung zwischen Fertigung und Auslieferung mehr gibt.

Gleichzeitig muss sichergestellt werden, dass jeweils die neu hinzugekommenen Produkte auch in ein technologisches Gesamtkonzept *(„Architektur")* passen und alle Komponenten unter allen denkbaren Umständen auch zukünftig zusammenspielen. Angesichts der zunehmenden Bedeutung der IT in allen Wirtschaftsbereichen und den vielen Schnittstellen zwischen dem IT-Unternehmen und seinen Kund:innen, Zulieferern etc. gewinnt das Thema *Informationssicherheit und Datenschutz* immer mehr an Bedeutung. Hier kommen besondere Ansprüche in Form von Zertifizierungen etc. hinzu.

Die eigene Produktion wird dabei nicht laufend mit den Anforderungen des Markts abgeglichen. Zumeist wird diese Frage an das Innovationsmanagement oder an den Vertrieb ausgelagert, in der Erwartung, dass diese schon neue Produkte liefern werden, die man dann als Qualitätsmanagement erneut qualitätssichern kann. Im klassischen Qualitätsmanagement geht es allein darum, einen in der Organisation einmal definierten Standard zu halten oder bestenfalls zukünftig zu übertreffen. Die Qualitätsziele bzw. die Überzeugungen und Grundlagen, auf denen diese beruhen, bleiben unhinterfragt bzw. werden in die Betrachtung nicht systematisch mit einbezogen.

Damit besteht die Gefahr, dass die Organisation bei ihrem Qualitätsmanagement nur mit sich selbst beschäftigt ist. Sie betreibt reine Selbstbeobachtung ohne die Möglichkeit, durch externe Impulse und die nötige kritische Reflexion zu bemerken, dass ihre ursprünglich gesetzten Ziele vielleicht nicht mehr den Anforderungen des Markts, der Umwelt, entsprechen. Dies wird auch noch dadurch verschärft, dass der wichtigste Standard, die ISO-Normfamilie 9000 bzw. die Zertifizierung nach ISO 9001, dieses Phänomen eher fördert.

2.1.2 Grundverständnis der ISO-Norm 9001

Bis in die 1970er-Jahre gab es noch einen großen Flickenteppich an internationalen, branchenbezogenen oder von großen Firmen herausgegebenen Regelwerke. Um mehr Vereinheitlichung und Transparenz zu ermöglichen, nahm sich 1977 die International Organization for Standardization (ISO) in Genf dieses Themas an und ab 1987 entstanden verschiedene Normen zu dem Thema „Qualitätsmanagement“. Diese erlebten immer wieder Modifikationen, die die jeweiligen Trends abbildeten. Aktuell sind folgende zwei ISO-Normen zentral:

- ISO 9000 [Qualitätsmanagementsysteme – Grundlagen und Begriffe]
- ISO 9001 [Qualitätsmanagementsysteme – Anforderungen]

Während die ISO-Norm 9000 Begriffsdefinitionen vorhält, stellt die ISO-Norm 9001 eine formale Norm dar, nach der man sich auch zertifizieren lassen kann. Die 9001er-Norm folgt einer klaren Struktur, die man als *„Harmonized Structure“ (HS)* bezeichnet und den PDCA-Zyklus abbildet (Bild 2.3).

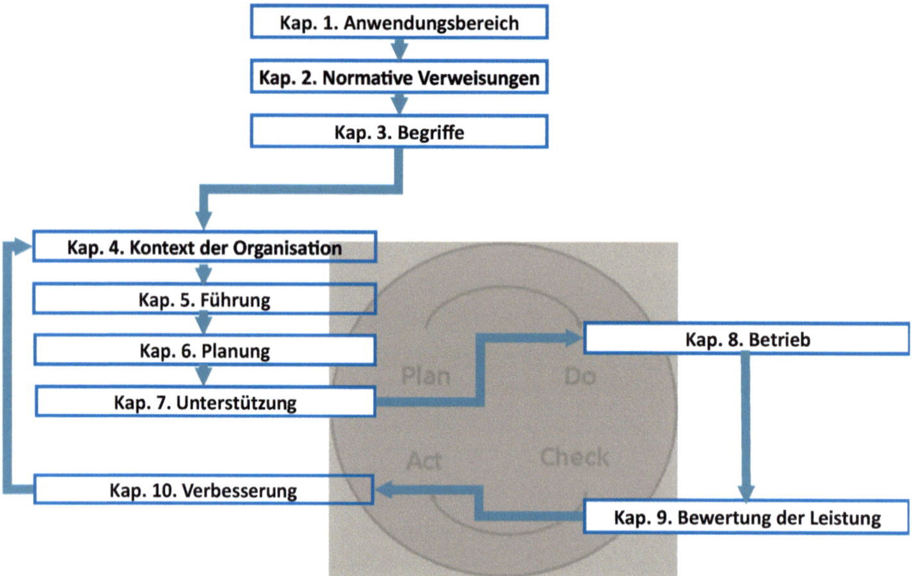

Bild 2.3 Harmonized Structure von ISO-Normen (siehe dazu *https://www.iso.org/management-system-standards.html*)

Indem die neueren ISO-Normen fast immer dieser Form folgen, wird Qualitätsmanagement zum Leitbild (fast) jeder beliebigen Normenfamilie. Die ISO-Norm 9001 macht keine konkreten inhaltlichen Vorgaben zum jeweiligen Vorgehen im Qualitätsmanagement, sondern gibt nur die Themen vor, um die sich gutes Qualitätsmanagement kümmern muss. Sie beschreibt das „Was“, nicht aber das „Wie“. So wird z. B. im Kapitel 5.1.2 Kundenorientierung gefordert, dass „die Anforderungen der Kunden und zutreffende gesetzliche sowie behördliche Anforderungen bestimmt, verstanden und beständig erfüllt werden“. Es werden keine weiteren Angaben dazu gemacht, wie das erfolgen könnte und was die inhaltlich abzudeckenden Themen sein könnten.

Eine ISO 9001-Zertifizierung ist möglich, indem man formal nachweist, dass man z. B. die Anforderungen der Kundschaft bestimmt und dokumentiert sowie gegebenenfalls auch bei der Qualitätssicherung berücksichtigt. Wie gut oder sinnvoll das geschieht, wird bei der Zertifizierung nicht hinterfragt. Das entspricht der Logik des Meta-Standards, als den die ISO die Norm sieht, und lässt damit den Unternehmen große Freiheit in der konkreten Ausgestaltung.

Diese Ansicht bedeutet, dass jedes Unternehmen für sich selbst definieren muss, was es unter Qualität versteht und wie es diese (dauerhaft) gewährleisten möchte. So ist jede Organisation aufgefordert, ein eigenes Verständnis vom Markt bzw. von der Umwelt zu entwickeln, daraus für sich stimmiges Qualitätsverständnis abzuleiten und ein zu ihrem Wirklichkeitsverständnis passendes Vorgehen zu wählen.

Dies lässt sich an einem Beispiel zeigen. Die ISO-Norm 9001 fordert sogenannte „dokumentierte Informationen" ein (Kapitel 7.5). Das meint u. a., dass alle Informationen dokumentiert werden, die „die Organisation als notwendig für die Wirksamkeit des Qualitätsmanagementsystems bestimmt hat". Doch genau darin steckt die Krux: Was erachtet eine Organisation als notwendig, um die Wirksamkeit des QM-Systems zu gewährleisten? Jeder kleinere Handstrich, wie das inzwischen im Gesundheitswesen gefordert wird? Oder doch nur das grobe Vorgehen im Sinne einer Prozessbeschreibung und dann noch gegebenenfalls eine Dokumentation, wenn sie vom geforderten Standard abweichen, wie das z. B. in einem eher handwerklich orientierten Betrieb der Fall sein kann?

Allein die Frage danach, was wichtige Information ist, die dokumentiert wird, ist also ein Lackmustest für das Wirklichkeitsverständnis einer Organisation. Welche Information dazugehört und wie diese dokumentiert wird (formale Datenbank, physisches Papier, automatisch, per Hand), muss intern verhandelt werden, um sich auf ein gemeinsames Vorgehen zu einigen.

Dasselbe gilt auch für andere Themen aus der ISO-Norm, die die Auseinandersetzung der Organisation mit ihrer Umwelt verlangt. So z. B. die Forderung nach einem wirksamen Risikomanagement (Normabschnitt 6.1). Ein strukturiertes Risikomanagement minimiert nicht nur allgemein die Gefahren für eine Organisation, sondern kann im Fall des Qualitätsmanagements als Entscheidungsgrundlage dienen, wo und zu welchem Zeitpunkt Qualitätsverbesserungen sinnvoll bzw. notwendig werden. Dies hilft zu priorisieren bzw. Qualitätsverbesserungsmaßnahmen nicht nur unter Effizienzgesichtspunkten, sondern im gesamten Return of Invest zu betrachten. Dies ist ein Teil der Selbstreflexion: Gesammelte Informationen werden mit dem eigenen Selbstverständnis von sich und der Umwelt abgeglichen und einer Bewertung unterzogen.

Auch ein Stakeholder-Management ist gefordert. Den Mitarbeitenden kommt eine besondere Bedeutung zu, da sie es sind, die in einem System die Selbstbeobachtung, die Reflexivität und das organisationale Lernen betreiben. In den Begriffsdefinitionen der ISO-Norm 9000 werden „Personen in einer Organisation" als eine der interessierten Parteien erwähnt, aber in der 9001-Norm wird nicht weiter auf sie eingegangen.

Es gibt zwar ein Kapitel zu Rollen, Verantwortlichkeiten und Befugnissen (Kapitel 5.3). Darin wird von der obersten Leitung verlangt, die entsprechenden Kompetenzen in der Organisation zu verteilen. Von einer besonderen Aufgabe jedes Mitarbeitenden, sich am Qualitätsmanagement zu beteiligen bzw. aktiv über Verbesserungen nachzudenken, findet sich nichts.

Wenn man gutes Qualitätsmanagement auch zur Weiterentwicklung einer Organisation nutzen möchte, müssen die Mitarbeitenden als diejenigen, die die Wirklichkeit einer Organisation schaffen und verändern können, in den Mittelpunkt gestellt werden.

Auch andere Aspekte der Norm, die eingefordert werden, wie eine ausdrückliche Strategie, ein klarer KVP-Prozess oder auch gutes Wissensmanagement fordern eine Organisation heraus, sich mit sich und der Umwelt strukturiert und regelmäßig auseinanderzusetzen. Abgesehen von dem geringen Fokus auf die eigenen Mitarbeitenden kann die 9001-Norm einer Organisation helfen, sich mit sich, der Umwelt und ihrem Platz darin zu beschäftigen. Dies gilt besonders für die Frage, ob man sich richtig aufgestellt hat oder ob es Veränderungen im Inneren geben muss, um den geänderten Anforderungen von außen weiterhin gerecht zu werden.

Mithilfe von Audits kann eine Organisation verstehen, dass sich Anforderungen und Erwartungen an sie geändert haben. Die ISO-Norm 9001 verlangt zwar keine offizielle Zertifizierung durch eine externe, dafür befugte Stelle. Dies regelt die spezifische Audit-Norm 19011. In der ISO 9001 wird in Abschnitt 9.2 jedoch vorgegeben, regelmäßige interne Audits durchzuführen.

Unter „Audit" versteht die Norm einen „systematische[n], unabhängige[n] und dokumentierte[n] Prozess zum Erlangen von objektiven Nachweisen und zu deren objektiver Auswertung, um zu bestimmen, inwiefern Auditkriterien [= Politiken, Verfahren, Anforderungen s. o.] erfüllt sind." Damit könnte in der Theorie das Nachdenken einer Organisation über sich selbst gefördert werden.

Die Durchführung eines Audits folgt einem klaren Verlauf: Zuerst müssen Auditziele und ein Auditteam festgelegt werden. Die zu überprüfende Einheit (ganze Organisation, einzelne Abteilung) bekommt dann die Möglichkeit, in einer Selbstdarstellung den Erfüllungsgrad der Auditziele darzulegen. Das Auditteam stellt Rückfragen bzw. prüft die Umsetzung. Es kommt zu einer Gesamtbewertung, die mit entsprechenden Handlungsempfehlungen versehen ist. In einem (internen oder externen) Audit muss eine Organisation damit sich selbst oder gegenüber Dritten Rede und Antwort stehen, warum sie was wie tut und ob dies den eigenen Qualitätsansprüchen entspricht. Sie muss ihre eigenen Regeln explizit machen.

Mit einem Audit führt eine Organisation eine Selbstreflexion durch.

Von der ISO-Norm 9001 wird allerdings eine „objektive Auswertung" gefordert. Dies ist jedoch nicht möglich, da eine objektive Wirklichkeit nicht zugänglich ist. Was passiert, ist, dass man sich mithilfe des Auditverfahrens eines gemeinsamen Interpretationsrahmens versichert. Dies ist auch gewünscht, denn nur durch den Abgleich der eigenen Weltsicht können Veränderungen wahrgenommen werden.

Geschieht das allein in einem internen Audit, besteht die Gefahr, dass die Beurteilung selbstreferenziell wird: Man bestätigt sich das bereits vorhandene Wissen. Blinde Flecken, die darauf hinweisen, dass die Organisation als Ganzes nicht mehr gut funktioniert, können so unter Umständen nicht erkannt werden.

Durch den gemeinsamen Abgleich könnten besser vorhandene Störungen im System identifiziert und Verbesserungsmaßnahmen eingeleitet werden. Ob diese aber über eine konkrete Effizienzsteigerung hinaus zu einer eventuell nötigen Organisationsentwicklung führen können, ist nicht sichergestellt. Das hängt davon ab, wie geübt man ist, Abweichungen im System wahrzunehmen und richtig zu interpretieren. Eine Beteiligung möglichst vieler Mitarbeitenden kann hierbei hilfreich sein.

Bei einem externen Audit wird zusätzlich die Möglichkeit zum Feedback durch Außenstehende, also der Umwelt, geschaffen. Dadurch, dass das Auditteam durch Externe besetzt ist, dringt die Umwelt in das System ein und stellt die dort funktionierenden Regeln und Funktionsweisen infrage. Das System wird zu einer Reaktion gezwungen, die eine Veränderung auslösen kann, unter der Voraussetzung, dass die Auditoren die richtigen Fragen stellen und die Organisation bereit ist, sich auf die Auditergebnisse einzulassen. Dies ist nicht selbstverständlich, da sie damit die bisherige Funktionsweise des Systems infrage stellt. Das kann auch zu Abwehrreaktionen führen („Die verstehen uns nicht richtig", „die haben doch keine Ahnung, wie wir wirklich arbeiten").

Die ISO-Norm betrachtet nicht nur das klassische Feld der Qualitätssicherung, sondern behandelt über Risiko- und Stakeholder-Management sowie des Instruments des Audits Aspekte, die eine Organisation über sich als Ganzes nachdenken lässt.

2.1.3 ISO-Norm als Treiber von Organisationsentwicklung?

Mit der Umsetzung der ISO-Norm 9001 werden folgende Ziele verfolgt (Kapitel 10 der Norm):

- Produkte und Dienstleistungen verbessern
- ungewünschte Auswirkungen korrigieren, verhindern und verringern
- Leistung und Wirksamkeit des QM-Systems verbessern

Ermöglicht die Umsetzung der ISO 9001 Qualitätssicherung und Qualitätssteigerung? Unabhängig von der großen Popularität, die eine ISO 9001-Zertifizierung hat, ist sich die Forschung schon seit den 1990er-Jahren des letzten Jahrhunderts nicht einig, ob eine Zertifizierung ein Garant für wenigstens diesen Mindestanspruch ist. Oftmals wird zwar bei der Implementierung eines QMS nach ISO 9001 ein qualitativer Sprung erreicht, aber dieser Effekt lässt sich häufig nicht dauerhaft aufrechterhalten.

Nur wenn ein Unternehmen aus eigenem Interesse an Qualitätsverbesserungen eine Zertifizierung anstrebt, können sich daraus innovative Impulse entwickeln, nicht aber, wenn diese nur durchgeführt werden, um sich einen Marktvorteil zu verschaffen.

Die entsprechenden Studien beziehen sich aber allein auf technische Innovationen. Ob daraus auch organisationale werden, wurde nicht betrachtet (Basak Manders, Henk J. de Vries et al. (2016) sowie Mate Damic, Dora Naletina et al. (2021)).

Wer kennt das Problem nicht, dass es zwar eine Abteilung „Qualitätsmanagement“ gibt, die unendlich viele Regeln und Vorgaben, aber doch am Ende nur Mehrarbeit und beileibe keine besseren Produktergebnisse generiert? Oftmals erscheinen solche Abteilungen viel zu weit weg von der Produktion bzw. den wertschöpfenden Aufgaben. Die vom QM gestellten Anforderungen erhöhen nur den Aufwand, aber verbessern im seltensten Fall den Output. Oder noch schlimmer: Um trotzdem Qualität zu generieren, schaffen sich die einzelnen Bereiche selbst Parallelregeln, die vielleicht denen helfen, die sie sich ausgedacht haben, aber im Ganzen nicht zusammenpassen.

Die Verbindung zwischen Qualitätsmanagement, Qualitätsverständnis und organisationaler Zusammenarbeit scheint gestört zu sein bzw. nicht dauerhaft aufrechterhalten werden können. Dies hat auch etwas mit der „Inhaltsleere“ der ISO-Norm zu tun. Wenn wenig konkret beschrieben wird, wie Qualität am besten zu managen ist, sondern nur, welche Themen dabei berücksichtigt werden müssen, hängt es davon ab, wie intensiv und kontinuierlich jede einzelne Organisation die Norm mit Leben erfüllt. Wenn es dort kein Verständnis davon gibt, dass Qualitätsmanagement konstant zu den Organisationszielen rückgekoppelt werden muss, bleibt es nur ein inhaltsleeres Ritual. Dies wird durch eine offizielle ISO 9001-Zertifizierung noch verschärft, da sich damit der Zielpunkt von QM verschiebt: Es geht immer weniger um die Produktqualität, sondern einzig allein darum, eine (Re-)Zertifizierung zu erhalten. Qualitätsmanagement geriert damit zum reinen Selbstzweck, die Organisationsziele geraten aus dem Blick.

Es ist zu einer *Abkopplung des „Subsystems Qualitätsmanagement“* vom restlichen Unternehmen gekommen. Die Gefahr droht, wenn Unternehmen größer werden. Sie differenzieren sich immer mehr in verschiedene Abteilungen und Bereiche aus. Dies kann z. B. regional sein (Europa-USA), nach Phasen ausgerichtet (Innovation-Produktion-Betrieb) oder auch thematisch (wie z. B. Personal- oder Finanzmanagement, dasselbe gilt für Qualitätsmanagement). Sind diese Teilbereiche nicht ausreichend miteinander zu einem Gesamtsystem verwoben, besteht die Gefahr, dass diese Subsysteme sich nicht mehr als Teil des größeren Ganzen betrachten.

Andere Subsysteme gelten bereits als reine Umwelt und damit von ihnen kategorisch unterschieden. Sie entwickeln ein Eigenleben, mit eigenem Wirklichkeitsverständnis und Regeln, die anders funktionieren als die des Gesamtsystems. Im Fall des Qualitätsmanagements hieße das, dass man sich dann mehr nach den Vorgaben der Zertifizierungsagentur ausrichtet als an denen der eigenen Organisation. Ziel eines solchen QM-Systems als Subsystem ist es dann nicht mehr, die Unternehmenszwecke dauerhaft sicherzustellen, sondern nur noch, die (Re-)Zertifizierung zu erhalten. Qualitätsmanagement wird so zum reinen Selbstzweck.

Die Abkoppelung von der Gesamtorganisation beschleunigt sich im Fall eines QM-Systems auch noch dadurch, dass die ISO-Norm wenig Vorgaben macht, die eine stärkere Verschränkung mit den anderen Teilbereichen einer Organisation notwendig machen würde. Das Subsystem wird damit für die Organisation zu reiner Umwelt, die auch nicht weiter wahrgenommen wird, solange sie keine massiven Störungen verursacht. Es darf also Regeln und Vorgaben für die Gesamtorganisation aufstellen, solange diese nicht zu sehr mit dem Organisationzweck kollidieren.

Erst, wenn z. B. eine Zertifizierung nicht erreicht wird, muss das Verhältnis zwischen Qualitätsmanagement und Organisation neu geklärt werden. Das sind die Gelegenheiten, bei denen die Gesamtorganisation wieder anfängt, über Qualität nachzudenken. Da sich aber die ISO 9001-Audits aufgrund der Ausgestaltung der Norm auf die Formalaspekte konzentriert, passiert das nicht so schnell. Gesamtorganisation und QM-System können damit lange Zeit unbehelligt nebeneinander koexistieren.

Die ISO 9001-Zertifizierung erfreut sich trotz dieser Schwächen und der geringen Effektivität weiterhin großer Beliebtheit (vgl. Bild 2.4). Dies hat auch etwas damit zu tun, dass man sich einen Marktvorteil davon verspricht, bzw. sonst bei Aufträgen nicht berücksichtigt werden würde. Das heißt, man lässt sich nicht aus Überzeugung zertifizieren, sondern aus opportunistischen Gründen. Daran ist erst einmal nichts auszusetzen: Wenn der Markt eine solche Zertifizierung fordert, sollte man diese auch bieten. Es stellt sich die Frage, ob der Markt auch erhält, was er sich davon verspricht: Qualitätsgarantien. Auch hier kann man eine Verselbstständigung beobachten: Da diese Erwartung nicht mehr hinterfragt wird, wird auch vonseiten des Markts die Zertifizierung zu einem reinen Selbstzweck. Es genügt, wenn diese vorliegt. Ob sie das nachweist, wofür sie ursprünglich entstanden ist – Qualität zu gewährleisten –, wird stillschweigend vorausgesetzt.

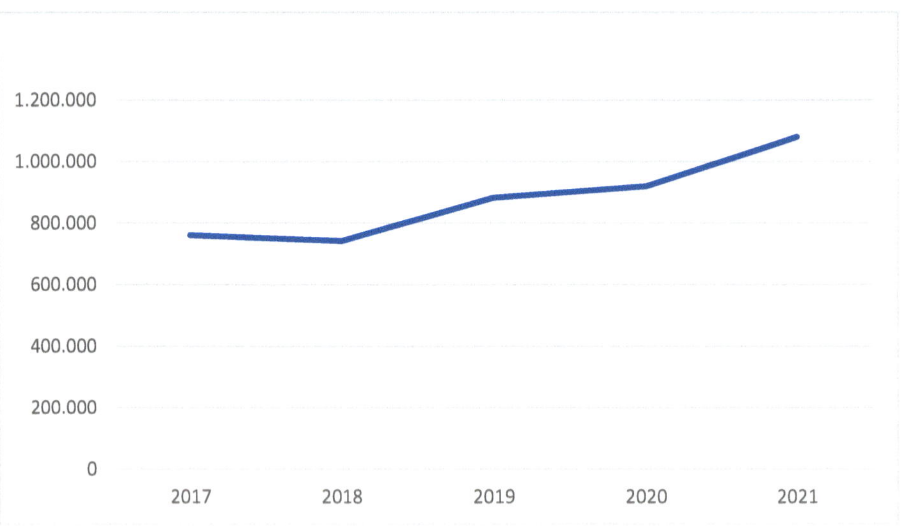

Bild 2.4 ISO 9001-Zertifizierungen weltweit (Quelle: *https://www.iso.org/the-iso-survey.html* vom 19. 09. 2023; *Anmerkung:* 2017 wurde das Zählsystem geändert, weswegen kein Vergleich mit den Jahren davor vorgenommen werden kann.)

Es gibt also einen doppelten blinden Fleck: innerhalb der Organisation, aber auch außerhalb in ihrer Umwelt. Damit wird eine Organisation über die Zertifizierung keine Impulse erhalten, dass es einen Änderungsbedarf im Vorgehen gibt. Es ist ein sich selbst stabilisierendes Konstrukt, bei dem beide Seiten mit dem Status quo zufrieden sind. Handlungsbedarf würde sich erst einstellen, wenn die Produktqualität so massiv unter das erwartbare Niveau sinkt, dass der Absatz wegbricht. Doch dann ist es meistens bereits zu spät, um rechtzeitig darauf zu reagieren. Von Organisationsveränderung im Sinne von wirklichen Neuerungen auch in der Produktgestaltung ist man noch Meilen entfernt.

Abschließend lassen sich somit Erkenntnisse aus der genauen Betrachtung der ISO-Norm 9001 und der damit möglichen Zertifizierung gewinnen:

- Die ISO-Norm 9001 definiert sich als Meta-Standard, der sich um das „Was“ und weniger um das „Wie“ kümmert. Die konkrete Ausgestaltung von Qualitätsmanagement muss jede Organisation für sich selbst leisten. Das kann dazu führen, dass Qualitätsmanagement nur zum *Formalakt* wird, dem es maximal gelingt, Qualitätssicherung zu betreiben. Dieses Ergebnis wird im Zweifel durch eine ISO 9001-Zertifizierung noch gestützt. Darüberhinausgehende Impulse sind dann weder vom Markt/von der Umwelt noch innerhalb des Unternehmens zu erwarten.
- Und selbst wenn eine Organisation es schafft, initial ein ganzheitliches, dem eigenen Wirklichkeitsverständnis entsprechendes Verständnis von Qualitätsmanagement zu entwickeln, ist das kein Garant für dauerhafte Qualitätssicherung, -steigerung oder Organisationsentwicklung. *Erstarrung* droht, wenn nicht regelmäßig

die Grundlagen für die konkrete Umsetzung des einmal etablierten QM-Systems hinterfragt werden. Es fehlt an Selbstreflexion. Qualitätsmanagement wird zu einer mechanischen Tätigkeit.

- Spätestens mit der Mechanisierung von Qualitätsmanagement droht die Gefahr der *Abkopplung* des QM-Systems vom Gesamtsystem. Dann geht es nur noch um das Durchführen von rituellen QS-Handlungen und bestenfalls noch um das Erbringen der notwendigen Nachweise für eine (Re-)Zertifizierung nach ISO 9001. Ob das einmal aufgesetzte QM-System das Potenzial entfaltet, das in ihm stecken könnte, wird nicht einmal mehr in Betracht gezogen. Schlimmstenfalls gerät Qualität damit komplett aus der Sicht der Unternehmensentwicklung.

Das bedeutet, dass der Erfolg von Qualitätsmanagement davon abhängt, dass man sich genügend Zeit zum Nachdenken darüber nimmt, warum man sich mit dem Thema beschäftigen möchte. Und das auch regelmäßig. Damit beruht dieser Erfolg weniger auf der Norm selbst, als auf einer Haltung heraus, warum diese wichtig sein könnte. Dies hat etwas mit dem Grundverständnis zu tun, warum und zu welchem Zweck man Qualitätsmanagement betreibt. Will man nur reine Qualitätssicherung erreichen und damit den Erwartungen des Markts an eine Zertifizierung entsprechen, genügt vermutlich ein relativ stumpfes Übertragen der in der ISO-Norm 9001 geforderten Mechanismen.

Will man Qualität als einen Hebel nehmen, immer besser zu werden, dann braucht es eine andere Haltung und andere Mechanismen, als sie eine Zertifizierung bieten kann.

2.2 Zukunftsfähiges Qualitätsverständnis

2.2.1 Neuere Entwicklungen im Qualitätsmanagement

Bereits in den 1990er-Jahren wurde offensichtlich, dass die ISO-Norm nicht nur Schwächen hat, was die Zielerreichung anbelangt, sondern auch einen hohen Aufwand in der Aufrechterhaltung und Zertifizierung bedeutet. Die Kostendiskussion war ein Grund, warum man sich in der Debatte noch anderen Modellen des Qualitätsmanagements zuwandte, die vielleicht erfolgversprechender bzw. kostenbewusster waren.

Die Analyse von erfolgreichen japanischen Autoherstellern hatte sich in dieser Hinsicht als besonders ergiebig gezeigt, da die Überlegungen zu einer kontinuierlichen Qualitätsverbesserung als eine *ganzheitliche(re) Aufgabe* verstanden wurden. Die grundlegende Idee war, mithilfe von systematischer Fehlersuche Fehler so früh wie möglich zu vermeiden und damit sowohl Kosten stärker zu reduzieren als auch Qualität zu steigern.

Während sich im europäischen/amerikanischen Umfeld Qualitätsmanagement auf Kontrolle und Qualitätssicherung in der konkreten Produktionslinie konzentrierte, öffnete sich durch diese Methoden der Blick auf andere Bereiche eines Unternehmens und das Fundament, auf dem es steht. Das Unternehmen als Ganzes gerät bei dem Thema Qualität zum Betrachtungsgegenstand (vgl. Kasten „Horizonterweiterung der Qualitätssicherung durch japanische Methoden").

Horizonterweiterung der Qualitätssicherung durch japanische Methoden

- *Lean Management* hat als Schwerpunkt Effektivitäts- und Effizienzaspekte im Fokus. Dabei konzentriert man sich auf die gesamte *Werkschöpfungskette*, daher auch z. B. auf Themen wie Lagerhaltung oder Logistik.
- *Six Sigma* legt den Fokus auf die Umsetzung von Verbesserungen durch *Projekte* mit einer eigenen Methodik, die auf einem erweiterten PDCA-Zyklus aufsetzt.
- *Company Wide Quality Control (CWQC)* fördert die *Einbeziehung aller Mitarbeitenden* aller Ebenen bei der Qualitätskontrolle.
- *Quality Function Deployment (QFD)* dient zur gezielten Umsetzung von *Kundenwünschen* im Produktentstehungsprozess.

Ein Element in der japanischen Herangehensweise ist die Überzeugung, dass sich Verbesserung immer und überall finden lassen kann sowie übergreifend eine Aufgabe aller ist. Qualitätsmanagement wird so zu einer Angelegenheit, die alle etwas angeht, und damit aus der Logik einer eigenen Abteilung, die von anderen Aufgaben getrennt arbeitet, befreit. Die Idee dahinter lautet: Diejenigen, die die Arbeit machen, wissen am besten, wo es zu Schwierigkeiten kommt und wie diese gut behoben werden können. Ein zentrales Qualitätsmanagementsystem managt vielleicht noch diesen Prozess, aber Verbesserung wird dezentralisiert und dorthin verlagert, wo die Verbesserung zu suchen ist.

Dieser Ansatz bedeutet, dass die jeweilige Abteilung oder Arbeitsgruppe zuerst einmal ein gemeinsames Bild davon erlangen muss, was die Aufgabe ist. Sie stellt damit ein gemeinsames Wirklichkeitsverständnis her. Danach wird darüber nachgedacht, was man daran verändern kann. Man betrachtet sich und sein Tun aus der Distanz und kommt damit in die Reflexion. Dies wird in den japanischen Unternehmen regelmäßig und aus verschiedenen Blickwinkeln heraus gemacht. Qualität ist damit etwas, was nicht von außen vorgegeben wird, sondern was sich inhärent aus dem eigenen Verständnis und Tun entwickelt.

Weltweit haben sich Systeme entwickelt, die verschiedene dieser Ansätze kombinieren und das Ziel verfolgen, Qualitätsmanagement als eine Optimierung der Produktion zu verstehen. Eines der bekanntesten Systeme ist in den USA das Modell des Total-Quality-Managements (TQM) bzw. in Europa das *Excellence-Modell der European*

Foundation for Quality Management (EFQM, *https://efqm.org/de*). Diese Modelle sind der „Kumulationspunkt“ der Qualitätsmanagementsysteme, weil sie einen ganzheitlichen Ansatz verfolgen.

So hat es sich das EFQM-Modell zum Ziel gemacht, die „Leistungsfähigkeit einer Organisation“ zu verbessern. Dabei wird eine Organisation als ein eigenes „Ökosystem“ verstanden, das vor der Herausforderung steht, das aktuelle Geschäft erfolgreich zu steuern und gleichzeitig Transformation erfolgreich umzusetzen. Damit erhebt, anders als noch die ISO-Norm 9001, das EFQM-Modell den Anspruch, Qualitätsmanagement zu nutzen, eine Organisation auch als Ganzes weiterzuentwickeln.

Die Faktoren, die dazu zusammenspielen müssen, lauten:

- Zweck, Vision und Strategie
- Organisationskultur und -führung
- Interessensgruppen einbinden
- Nachhaltigen Nutzen schaffen
- Leistungsfähigkeit und Transformation vorantreiben
- Wahrnehmungen der Interessensgruppen
- Strategie und leistungsbezogene Ergebnisse

Was an dieser Auflistung auffällt, ist, dass das Thema (Produkt-)Qualität nicht mehr auftaucht, wie auch ansonsten nirgendwo in den Unterlagen des EFQM. Das Modell hat einen „holistischen“ Anspruch, nämlich „Organisationen zu verbessern“, wie die Webseite verspricht. Damit verschiebt sich der Fokus des Managementsystems weg von der Produktqualität hin zur organisatorischen „Excellence“, also, wenn man in unserem Verständnis bleibt, Richtung Organisationsqualität.

Das EFQM-Modell bringt viele gute Elemente zur Verbesserung von Organisationen mit. Herzstück des Ansatzes ist eine organisationale Selbstbewertung nach einem festen Schema, das den Reifegrad bestimmen soll. Dies geschieht, indem die oben genannten Faktoren genauer betrachtet und nach einem Punkteschema bewertet werden. Dabei wird viel Wert auf die Beteiligung der Mitarbeitenden und auf das Schaffen der Grundlagen zur Organisationsentwicklung gelegt. Es genügt nicht mehr, Qualität als reine Produktqualität zu definieren, sondern sie muss weiter gefasst werden. Der Qualitätsbegriff wird offener interpretiert, als es die ISO-Norm 9001 vorgibt.

2009 hat dieses Konzept Einzug in die ISO-Norm 9004 erhalten. Der Ansatz ist gut geeignet, eine Organisation dazu zu veranlassen, regelmäßig über ihre eigene Systemlogik nachzudenken und abzuklären, ob diese noch zu den Erwartungen der Umwelt passt. Es betrachtete sowohl die Umwelt als auch die Einbindung der Mitarbeitenden in den Prozess und das Schaffen der Grundlagen zur Organisationentwicklung über organisationalem Lernen. Das geforderte Self-Assessment hat so das Potenzial zur Reflexion, denn es verlangt in strukturierter Form, dass über die eigenen Ziele nachgedacht wird und ob diese (noch) den Erwartungen der Umwelt entsprechen bzw. ob es Anpassungsbedarf gibt.

Der ganzheitliche Ansatz bedeutet einen höheren Implementierungsaufwand als ein reines QM-System. Es hat sich gezeigt, dass daran die Grundidee krankt: Sie ist zu ambitioniert, um nachhaltig Erfolg zu garantieren. Der hohe Aufwand, den das regelmäßige Self-Assessment verlangt, führt dazu, dass dieses ebenfalls initial zwar einen Erneuerungsschub verschafft, aber dieser nicht nachhaltig aufrechterhalten werden kann. Auch hier droht dieselbe Gefahr wie bei der ISO-Norm 9001. Nämlich, dass sie zur Routine verkrüppelt und damit nur das Ergebnis produzieren kann, das man vorher erwartet hat: dass alles schon so weit passt. Nachhaltige Reflexion, die regelmäßig passiert und die Organisation als Ganzes kontinuierlich verändern kann, geschieht auch so nicht.

Hilfreich für die hier zugrunde liegenden Überlegungen ist ein Nebenaspekt, und zwar das Vorgehen, das man zur Entwicklung des EFQM gewählt hat: Ziel war es nicht mehr, ein geschlossenes Managementsystem per Standardisierung zu entwickeln. Man hat sich im Rahmen dieser Modelle für den Ansatz entschieden, verschiedene *Best-Practice-Modelle* zu sammeln und daraus Erfolgsfaktoren zu identifizieren. Modelle wie das EFQM zeigen auf, was sich in der Praxis bewährt hat. Diese Praktiken werden als ein Framework aus bewährten Vorgehen zur Verfügung gestellt. Damit bietet es mehr Anschlussmöglichkeiten für die Fragestellung, wie man die unterschiedlichen Systemlogiken mit einem nachhaltigen Ansatz zusammenbringen kann.

Der Framework-Ansatz bringt einen psychologischen Vorteil: Anders als eine „Norm“ das tut, regelt ein Framework die Dinge nicht über mehr oder weniger inhaltlich gefüllte Standards, sondern es bietet eher Denkanstöße, die den konkreten Weg aufzeigen.

Jede Organisation muss für sich selbst entscheiden, was sie davon übernehmen kann und wie sie das Vorgehen auf ihr eigenes Selbstverständnis, also ihre eigene Wirklichkeit, übertragen kann. Damit wird neben dem „Was“ ein „Wie“ angeboten, und das Vorgehen flexibilisiert. Es entlässt das Unternehmen nicht aus der Pflicht, sich selbst Gedanken machen zu müssen. Damit geschieht eine doppelte Reflexion: Neben der Wahl der Mittel aus der eigenen Logik heraus erhält man durch einen Vergleich mit dem „marktüblichen“ Vorgehen auch eine Standortbestimmung der eigenen Sicht.

Noch besser ist dieser Effekt zu erreichen, wenn man kein so allgemeines Framework wie das EFQM-Modell zugrunde legt, sondern eher branchenspezifische Ansätze nützt, wie z. B. für das Gesundheitswesen eine KTQ-Zertifizierung („Kooperation für Transparenz und Qualität im Gesundheitswesen“). Oder das in der IT-Branche übliche Framework „ITIL“ (Information Technology Infrastructure Library), das IT-Management durch konkrete Rollenbeschreibungen und Abläufe mit einem starken qualitätsorientierten Fokus beschreibt. Allerdings sind diese Best-Practice-Ansätze ebenfalls vollumfänglich und werden oftmals nur in Teilen implementiert. Daher kommt es auch hier selten zu dauerhaften Qualitätsverbesserungen. Es gibt einen anderen Ansatz, der darauf vielleicht einen besseren Ausweg weist: die agile Softwareentwicklung.

2.2.2 Qualität im agilen Umfeld

Wenn man sich noch einmal die pragmatische Definition von Qualität aus Masings Grundlagenwerk in Erinnerung ruft („Im Geschäftsleben ist Qualität [...] nicht Definitions-, sondern Verhandlungssache"), dann beinhaltet diese Definition nicht nur, dass Qualität Anforderungen entsprechen muss, die zu irgendeinem Zeitpunkt fixiert wurden, sondern dass diese Anforderungen unter Umständen auch jederzeit neu verhandelt werden können. Qualitätsmanagement heißt dann nicht nur, dass ein Ist-Zustand mit einem vorher definierten Soll-Zustand verglichen und entsprechend gesteuert wird, sondern es kommt ein dynamisches, bewegliches Momentum dazu.

Diese Überlegungen hat sich besonders die Softwareentwicklung mit dem Konzept der *agilen Praktiken* zu eigen gemacht. Es hatte sich dort gezeigt, dass Produktentwicklung mit der sogenannten „Wasserfallmethode", bei der zu Beginn eines Projekts die Anforderungen mit der Kundin oder dem Kunden festgelegt und dann systematisch abgearbeitet werden, selten zufriedenstellende Ergebnisse produzierte. Zu lange Produktentwicklungszyklen, unzureichende Anforderungserhebung sowie Produktdesigns, die an den tatsächlichen Bedarfen der Kund:innen vorbeigingen, führten zu großen Akzeptanzproblemen bei der Kundschaft und Frustration bei den Programmierer:innen. Vor diesem Hintergrund veröffentlichten 17 renommierte Softwareprogrammierer 2001 das „agile Manifest", das neue Grundsätze für die Produktentwicklung definierte und die Kundi:nnen stärker in den Mittelpunkt rückte (siehe dazu *https://agilemanifesto.org*).

Die Forderung hinter dem Manifest war eine Flexibilisierung des Entwicklungsprozesses, der weniger vorherbestimmt ablaufen sollte und sich die Ergebnisse eher aus dem gesamten Prozess ergeben sollten. Parallel dazu und in der Folge kristallisierten sich verschiedene agile Arbeitsweisen heraus, die inzwischen über die reine Softwarenentwicklung bekannt geworden sind (vgl. Kasten „Agile Praktiken neben Scrum").

Agile Praktiken neben Scrum

- *Design Thinking:* In bewussten Schleifen von Theoriebildung, Prototyping und Kundenfeedback in eigener Geschwindigkeit arbeiten sich Designer:innen und Nutzer:innen an das Produktideal heran. Dabei soll der Prototyp schon so viele der zukünftigen Merkmale wie möglich visualisieren, um sicherzugehen, dass sich alle dasselbe unter dem Produkt vorstellen und auch die Funktionalitäten bereitgestellt werden können.
- *Kanban-Board:* Alle Arbeit wird auf einer Tafel visualisiert, die verschiedene Reifegrade („To-Do", „Doing", „Waiting for others", „Done") abbildet. Die Teammitglieder können selbstständig und nach klaren Regeln die Arbeit ziehen („Pull-Prinzip") und bekommen sie nicht mehr zugeschoben („Push-Prinzip"). Dabei dürfen nicht mehr als z. B. drei Aufgaben in „Doing" gebracht werden, um Arbeitsüberlastung und Fokusverlust zu vermeiden.
- *Kamishibai-Board:* Im Gegensatz zu Kanban ist diese Methode für wiederkehrende Aufgaben gedacht. Diese werden auf Karten mit einer grünen und einer roten Karte dargestellt, die den aktuellen Bearbeitungsstand widerspiegeln. Die Spalten teilen sich in den Frequenzen auf, in denen sie regelmäßig bearbeitet werden müssen („täglich", „wöchentlich", „monatlich" ...). Man betrachtet Kanban- und Kamishibai-Board am besten zusammen, um Arbeitsüberlastung zu vermeiden.
- *Extreme Programming:* Über Planungsspiele, ständiges Überarbeiten, Programmieren in Paaren und engen Kundenkontakt werden in Sprints auslieferbare Softwareprodukte entwickelt, die höhere Qualität und stärkeren Kundenfokus versprechen.

Mit der Methode „Scrum" als der bekanntesten agilen Praktik wurde diese Idee im Anschluss besonders populär und wird oftmals auch mit dem Begriff „agiles Arbeiten" gleichgesetzt: Ein festes, multifunktionales Team teilt sich die Arbeit selbstorganisiert ein und liefert in kleinen Arbeitsschleifen (Iteration bzw. „Sprint") von zwei bis vier Wochen sofort nutzbare Ergebnisse („Inkrement") an die Kund:innen (Bild 2.5). Ständiges Feedback von diesen sowie das Reflektieren auf die eigene Arbeitsweise ermöglichen ein kontinuierliches Lernen und Anpassen an immer wieder wechselnde Anforderungen. Im Gegensatz zum klassischen Projektmanagement gibt es dabei keine:n Projektmanager:in oder Abteilungsleiter:in, die die Arbeit steuern, sondern das Team bestimmt alleine, auf welche Art und Weise sowie mit welcher Arbeitslast sie die Sprints bewältigen wollen.

Das agile Arbeiten sieht Elemente vor, bei denen sich eine genauere Betrachtung hinsichtlich der Frage nach Qualität und Organisationsentwicklung lohnt. Diese sollen hier exemplarisch anhand der Scrum-Methodik aufgezeigt werden. Viele dieser Elemente lassen sich auch in anderen agilen Praktiken finden.

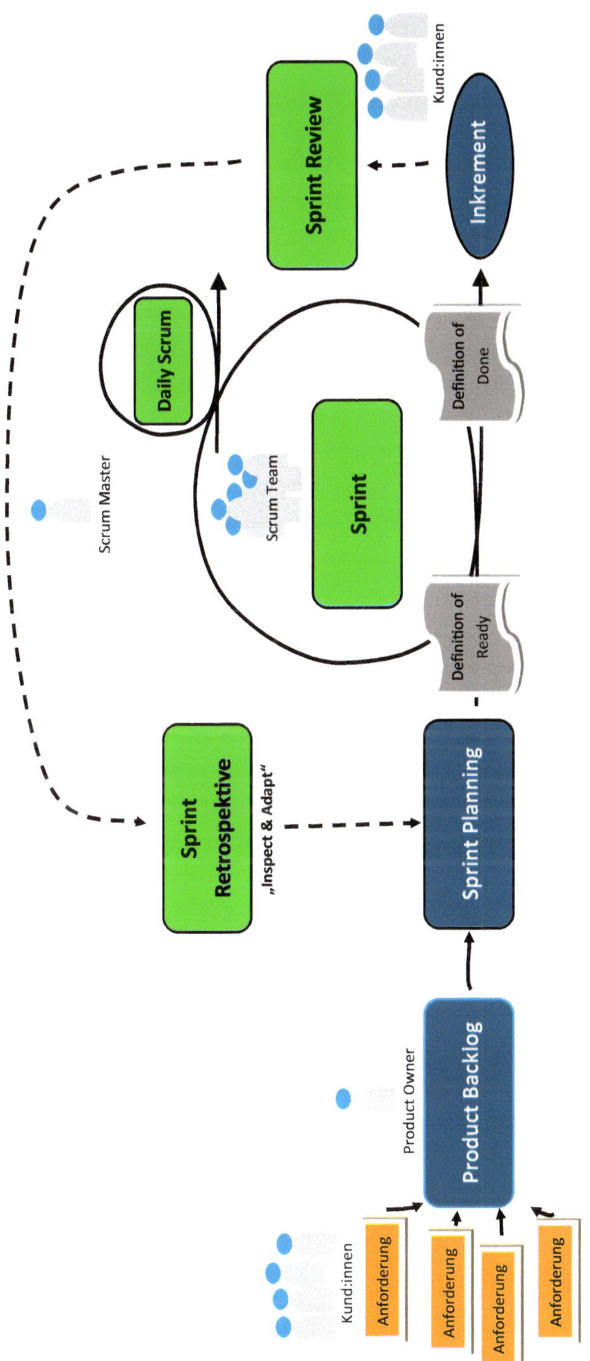

Bild 2.5 Selbstorganisiertes und strukturiertes Vorgehen bei Scrum

Scrum und die anderen agilen Ansätze haben besonders einen Anspruch ausgebaut: zu verstehen, was die Umwelt, vor allem die Kundschaft von einem Unternehmen will und erwartet. Man wählt dazu einen Ansatz, der viel radikaler ist, als die bisher dargestellten: Man macht die Kund:innen zum Teil des eigenen Systems. Dies geschieht mit ausdifferenzierten Verfahren, durch deren Hilfe mit der Kundin oder dem Kunden zusammen die Anforderungen ermittelt, aber auch danach auf ihre Konformität überprüft werden. Das heißt, das gesamte Qualitätsmanagement wird in *Kooperation mit Vertreter:innen der Umwelt* entwickelt und betrieben.

Die Softwareprogrammierung sollte bei Scrum dahingehend fokussiert werden, dass ein Team von maximal neun Personen so zusammengesetzt wird, dass es autark alle Aufgaben im Rahmen der Softwareentwicklung erledigen kann. Dazu gehören neben den Entwickler:innen auch Tester:innen und Leute, die die Software implementieren. Die Idee ist, dass das Team *selbstorganisiert* entscheidet, wie viel es in welcher Reihenfolge und mit welchem Vorgehen erledigt. Es wird ihnen nicht vorgegeben. Es gibt einen Product Owner, der als Mittler zwischen dem Team und den Kund:innen über die zu entwickelnden Funktionen entscheidet und diese priorisiert. Ein Scrum Master hilft dem Team bei der Selbstorganisation und der Beseitigung von möglichen Schwierigkeiten, auf die es dabei stößt.

Startpunkt für jede Produktentwicklung ist die *Anforderungserhebung*. Hierzu gibt es aus dem agilen Kontext ausgefeilte Verfahren, um diese im Rahmen einer Softwareentwicklung zu sammeln. Die Idee ist dabei, so viel wie möglich aus dem Arbeitszusammenhang der Kundschaft zu erfahren. Dazu bedient man sich eher erzählenden Momenten, um mehr Kontext zu bekommen und besser den Einsatz der Software zu verstehen. Anhand dessen werden gemeinsam die Kriterien entwickelt, die die Produktdefinition bestimmen und später die Qualitätsprüfungen vorgeben. Das System kann eine Vielzahl an Informationen aus der Umwelt sammeln, die weit über die konkrete Ausgestaltung des zukünftigen Produkts hinausgehen.

Aus den so gesammelten Erkenntnissen wird mit der Kundin oder dem Kunden das sogenannte *Backlog* entwickelt, das die Sammlung aller vorhandenen Anforderungen enthält. Dieses Backlog ist etwas, was im Fortlauf kontinuierlich verändert, neu priorisiert und erweitert wird. Mithilfe von verschiedenen Formaten wird weiter mit der Kundin oder dem Kunden daran gefeilt. Das heißt, die Anforderungen bleiben variabel und veränderbar. Das entspricht auch einem der zwölf Prinzipien, die das agile Manifest begleiten: „Heiße Anforderungsänderungen selbst spät in der Entwicklung willkommen. Agile Prozesse nutzen Veränderungen zum Wettbewerbsvorteil des Kunden."

Bevor nun eine Anforderung (oder ein Anforderungsbündel) in Arbeit genommen wird, muss dieses bereits einmal qualitätsgesichert werden mithilfe der sogenannten *Definition of Ready (DoR)*. Das Team hat sich zuvor Kriterien auf Vollständigkeit und Qualität gegeben, die als Checkliste fungieren, um zu entscheiden, ob schon alles bekannt und bedacht ist, bevor man in die Programmierung geht. In der Theorie darf nichts angefasst werden, das diesem Anspruch nicht genügt.

Festgehalten werden alle erarbeiteten Abnahmekriterien – intern wie extern – in der sogenannten *Definition of Done (DoD)*, was der zweiten Stufe der Qualitätssicherung dient. Der Scrum-Guide beschreibt diese wie folgt: Die „Definition of Done ist eine formale Beschreibung des Zustands des Inkrements, wenn es die für das Produkt erforderlichen Qualitätsmaßnahmen erfüllt." Nur, wenn das auszuliefernde Produktteil der zuvor entwickelten DoD entspricht, darf es an den oder die Kund:in übergeben werden.

Sie ist damit ein Steuerungsmittel in der Softwareentwicklung und das Zentrum des Qualitätsmanagements. Die DoD entsteht meist im jeweiligen Scrum-Team selbst. Neben den Kundenanforderungen sollen dort darüber hinaus unternehmensweite Standards oder auch sonst übliche Frameworks z. B. zum Testing berücksichtigt werden. Damit ergeben sich weitere Möglichkeiten der Durchlässigkeit zu den Zielen des Unternehmens und zur Umwelt hin.

Die DoD bestimmt, mit welchem Reifegrad das Inkrement an die Kund:innen übergeben werden kann. Danach folgt – als dritte Qualitätsstufe – ein *Review* mit den Kund:innen. Dabei wird ihnen das Inkrement vorgestellt und Verbesserungsvorschläge bzw. der nächste Weiterentwicklungsbedarf werden direkt aufgenommen. Das heißt, die Kund:innen werden sogleich auch in die Interpretation des eigenen Arbeitens mit einbezogen. Dem schließt sich sogleich die Planung (Sprint Planning) für das nächste Inkrement an, in dem bereits die Erfahrungen aus den vorangegangenen Sprints berücksichtigt werden.

Scrum bzw. das agile Vorgehen bekommt durch die besondere Art der Anforderungserhebung, aber auch durch die fortgesetzte Diskussion darüber mit der Kundschaft ein unmittelbares Feedback auf die eigene Arbeit und es wird eine hohe Durchlässigkeit zu seiner Umwelt hergestellt. Die Definition of Ready bestimmt den eigenen Qualitätsanspruch des Teams, bevor mit der Arbeit begonnen wird. Die Kund:innen definieren indirekt über die DoD, die mit ihnen im Laufe des Projekts weiterentwickelt wird, die Qualitätskriterien, an denen das auszuliefernde Produkt gemessen wird. Damit wird ein hoher Grad an Partizipation nicht nur der Mitarbeitenden, sondern auch der Kund:innen an der Interpretation dessen, was als qualitativ anzusehen ist, ermöglicht.

Anforderungen und die damit verbundenen Qualitätskriterien bleiben auch durch ein anderes Mittel dauerhaft verhandelbar: durch die in jeder Iteration stattfindende *Retrospektive*. In der Retrospektive steht die letzte Iteration hinsichtlich der gemeinsamen Zusammenarbeit auf dem Prüfstand. Das Team tauscht sich darüber aus, was gut, was schlecht lief, was sich bewährt hat. So wird z. B. besprochen, ob die Definition of Ready gewährleistet, dass nur ausreichend ausführlich beschriebene Anforderungen in die Arbeit aufgenommen wurden. Genauso kann kritisch hinterfragt werden, ob die Qualitätsziele in der DoD das richtige Ergebnis im Sinne der Kundenerwartung, aber auch hinsichtlich des eigenen Anspruchs erfüllt haben.

Zugleich dient die Retrospektive der Überprüfung, ob die Zusammenarbeit in der gewünschten Art und Weise gut geklappt hat und ob das Team in irgendeiner Weise am idealen Arbeiten gehindert wurde. Anders als zuvor, wird also nicht die Produktqualität in den Blick genommen, sondern die Prozessqualität. Alle Arten von klassischen Entscheidungshierarchien, die dazu führen, dass das Team nicht selbstorganisiert arbeiten kann, werden als hinderlich angesehen. Dasselbe gilt auch für konkrete Kolleg:innen, die ein qualitatives Arbeiten erschweren, einschließlich der eigenen Teammitglieder.

Es ist Aufgabe des Scrum Masters, solche Hindernisse aus dem Weg zu räumen und die Verfahren oder das Personal dahingehend zu ändern oder anzupassen, dass das Team zukünftig ungestörter arbeiten kann. Es gibt also eine dezidierte Rolle, die darauf achten soll, dass alle Rahmenbedingungen auf qualitatives Arbeiten ausgerichtet sind.

Ziel der Retrospektive ist es, mithilfe des Prinzips *„Inspect & Adapt“* schnelle Lernkurven zu generieren und bereits in der nächsten Iteration bessere Ergebnisse als bei der letzten liefern zu können. Was im Realen passieren kann, ist, dass Scrum-Teams zunehmend die vorgegebenen Hierarchien ignorieren, wenn diese sie am selbstorganisierten Arbeiten hindern. Stattdessen suchen sie sich ihre eigenen Netzwerke innerhalb der Organisation. Man entwickelt abgekapselte Systeme, die nach ihrer eigenen Logik – und nicht der der Organisation – agieren. Damit entsteht die Gefahr der Abtrennung eines Subsystems.

Dieser Effekt kann aber auch dazu führen, dass sich die Strukturen in einer Organisation verändern. Wenn man Scrum konsequent anwendet, ist es effektiv in seinem Output. Es können schnell an die Kund:innen sogenannte „minimum viable products“, also voll funktionsfähige Module, ausgeliefert werden, die meistens diesen auch helfen, im Fortgang besser zu artikulieren, was sie sich sonst noch so wünschen. Die Kundenzufriedenheit steigt.

Aus diesem Grund fängt in der Folge das Management an, darüber nachzudenken, wie man agile Prinzipien über die konkrete Produktentwicklung, also über die Projektarbeit hinaus, nutzbar machen kann. Man „agilisiert“ sich, indem man Grundprinzipien wie Sprints, tägliche Absprachen („Daily“) oder Retrospektiven einführt. Spätestens dann muss man auch von institutioneller Reflexion sprechen. Das heißt, aus den Lernergebnissen des Teams hinsichtlich „Inspect & Adapt“ werden Impulse generiert, die die Organisation als Ganzes zum Nachdenken, zum organisationalen Lernen und damit auch zur Veränderung führen.

Wie groß die Bedeutung dieser Impulse ist, lässt sich auch daran festmachen, dass es inzwischen eine Unmenge an Fachliteratur dazu gibt, wie die Adaption von agilen Prinzipien für ein ganzes Unternehmen gelingen kann. Dabei geht es um ein sogenanntes „Agile Mindset“, das weit über die klaren Vorgaben aus Scrum mit Sprint Planning, Definition of Done, Reviews und Retrospektiven hinausgeht.

Zu dieser Entwicklung hat auch die Auseinandersetzung mit Qualität – im Sinne der Rückkopplung von Anforderungen an das ausgelieferte Produkt – eine wesentliche Rolle gespielt. Qualitätskriterien werden entwickelt, die sich sowohl an der Geschäftsstrategie als auch den Kundenwünschen orientieren muss. Im Sinne unseres Qualitätshauses wird damit immer wieder das Dach (Strategie) betrachtet, und zwar aufgrund von Input von außen (der Umwelt).

Als zweiter Faktor kommt hinzu, dass das Team, in dem Anspruch selbstorganisiert zu sein, außerdem kontinuierlich gezwungen wird, nicht nur über die Produktqualität nachzudenken, sondern auch, ob die Zusammenarbeit (also die Prozesse), das Team (also die Mitarbeitenden) und auch seine Arbeitsmittel die richtigen sind bzw. richtig zum Einsatz kommen. Damit gelangen die Säulen unseres Qualitätshauses in den Blick. Und dadurch, dass nicht jeder für sich im stillen Kämmerlein handelt, sondern man miteinander darüber sprechen muss, verändert dies auch zum Dritten die Unternehmenskultur. Spätestens durch das „Inspect & Adapt“ und die Managementaufmerksamkeit ändert sich damit auch etwas in der Wirklichkeitswahrnehmung.

Damit nimmt das Qualitätsdenken Einfluss auf das Arbeiten in einem Unternehmen. Dieses Mal nicht als ein Managementsystem, das von oben entwickelt und nach unten getragen werden muss, sondern als ein *demokratisches Prinzip*, das von der Basis aus Einfluss auf das Management und auf die Gesamtorganisation haben kann. Beim Reden über den inneren Aufbau einer Organisation, also die drei Säulen Mitarbeitende, Prozesse und Arbeitsmittel, wird das Dach (Strategie) auf eine unternehmensspezifische, angemessene Art und Weise (also gemäß der Unternehmenskultur) auf organische Weise miteinander verbunden (Bild 2.6). (Anmerkung: Unser Qualitätshaus entspricht nicht dem House of Quality, das in der Methode Quality Function Deployment eine zentrale Rolle spielt.)

Das Organische zeigt sich auch daran, dass dieses Vorgehen kein einmaliges Ereignis bleibt. Durch die zentrale Logik, dass Anforderungen etwas Bewegliches sind, das niemals definitiv gesetzt, sondern ständig im Fluss ist und daher auch kontinuierlich mit der Kundin oder dem Kunden ausgehandelt werden muss, muss sich die Organisation immer wieder diese grundlegenden Fragen stellen. Nicht so vollumfassend und nicht standardisiert, wie das ein Framework in Gestalt eines EFQM verlangt. Aber es bedarf trotzdem eines Moments der Selbstreflexion und eines Abgleichs mit den Anforderungen aus der Umwelt.

Nachdenken über Qualität wird konkret und fließend.

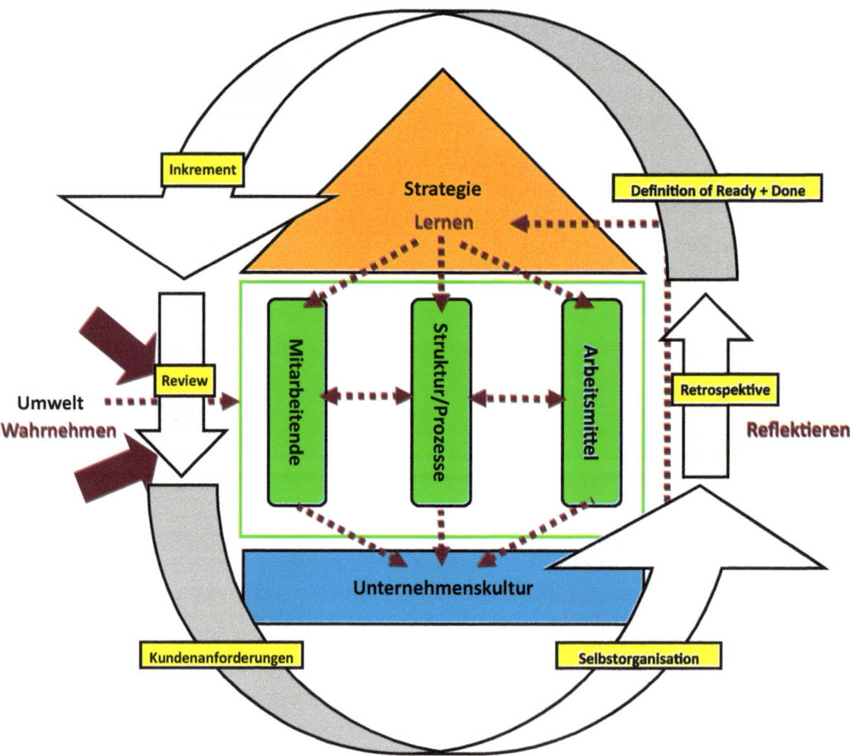

Bild 2.6 Qualitätsdenken mithilfe agiler Methoden

Aufgrund der besseren Ergebnisse hat sich das agile Vorgehen inzwischen in der Softwarebranche als das dominierende herausentwickelt. „Besser" bedeutet nicht unbedingt qualitativere Produkte in einem objektiven Sinn, sondern kundenorientierter und damit erfolgreicher auf dem Markt. Was in der Bewertung oftmals unberücksichtigt bleibt, sind Anforderungen, die sich nicht aus einem Kundenwunsch ableiten, sondern von rechtlicher/gesellschaftlicher Seite.

Manche verwechseln „agiles" mit schnellerem Arbeiten oder einem Arbeiten, das weniger Regeln kennt. Es geht darum, mehr in Bewegung zu kommen, weniger starr an einem Ziel festzuhalten, sondern flexibel von Phase zu Phase neu zu entscheiden, was gebraucht wird. So gibt es nicht einen festen Projektplan mit Pflichtenheft und Meilensteinen, sondern es wird zusammen mit den Kund:innen bzw. dem Product Owner von Iteration zu Iteration ausgehandelt, was und wie als Nächstes entwickelt wird.

„Agil" heißt , in Bewegung zu kommen und zu bleiben. Einen Flow zu generieren, der eine Dynamik entwickelt, die durch die kurzen Zyklen auch von vielen Erfolgserlebnissen geprägt ist.

Das Vorgehen, um diese verhandelbaren Ergebnisse zu produzieren, ist hingegen äußerst festgeschrieben. Es gibt präzise Angaben, wann was in welcher Besetzung und mit welchem Ergebnis zu tun ist. Man kann nicht von Iteration zu Iteration entscheiden, ob etwas ausgeliefert werden soll, ob man sich jeden Tag zur Abstimmung treffen möchte und ob man eine Retrospektive abhalten will. Beweglich ist damit nur der Output, nicht aber der Prozess an sich, dieser bleibt immer gleich.

Dies wird oft missachtet, wenn man das Vorgehen auf eine agile Methodik umstellt. Wenn man eine Methode wie Scrum nur ein „bisschen" einführt, kann sie nicht ihre Wirkung entfalten. Bewährte Verfahren werden über den Haufen geworfen, da man ja jetzt selbstorganisiert und flexibel seine Arbeitsweise gestalten möchte. Dabei wird unterschätzt, dass die formale Starrheit des Vorgehens Teil des Erfolgsrezepts ist, das bei fließenden Inhalten hilft, den Fokus nicht zu verlieren. Stattdessen kehrt Chaos ein, weil dann jede Art von Aktion langwierig ausdiskutiert werden muss. Die gewünschte Zielstrebigkeit und die erhofften Erfolge materialisieren sich wider Erwarten nicht, die Produktivität geht zurück.

Das, was sich für die Softwareentwicklung als erfolgreich erweist, lässt sich auch nicht ohne Schwierigkeiten auf andere Bereiche übertragen. Softwareprogrammierung funktioniert relativ autonom, da die Entwickler alles im virtuellen Raum entstehen lassen. Damit ist es gut möglich, selbstorganisierte Teams, die alle Fähigkeiten in sich vereinen, zu bilden. Das gilt auch beim sogenannten „Scrum of Scrums", das mehrere Scrumteams nebeneinander am selben Produkt arbeiten lässt. Bei einer Auto- oder Fregattenproduktion oder auch, wenn man Telefonkabel verlegt, schaut das anders aus. Hierbei müssen zu viele Gewerke zusammengebracht werden bzw. es ist nicht möglich, Zwischenergebnisse zur Auslieferung zu bestimmen. Das Team müsste dafür sehr groß sein, könnte bei der Selbstorganisation an seine Grenzen kommen oder hätte zu viele Abhängigkeiten zu anderen Teams. Ein autonomes Arbeiten ist dann nicht mehr möglich. Auch in diesem Fall wäre mit einer „Agilisierung" nichts gewonnen.

Auch von anderer Seite droht Gefahr: Selbst, wenn es gelingt, einzelne Abteilungen in einem Unternehmen zu „agilisieren", kann das zur Folge haben, dass sich agile Teams aufgrund der besonderen Arbeitsweise mit ihrer Selbstorganisation und Selbstgenügsamkeit zu einem Subsystem mit einer eigenen Gesetzmäßigkeit entwickeln. Es kann zu einer Abkoppelung und einem „Staat im Staate" kommen.

Viele Unternehmen bleiben in solchen Transformationen hin zu mehr Agilisierung aus diesen Gründen irgendwann stecken. Der gewünschte Erfolg setzt nicht ein und bisher gut laufende Prozesse sind so gestört, dass schlechtere Ergebnisse produziert werden als zuvor. Das Einzige, was eine Organisation in solchen Fällen lernt, ist, dass agiles Arbeiten nicht zielführend(er) ist. Man kehrt im besten Fall zu den bewährten Vorgehensmethoden zurück oder bleibt im Durcheinander stecken. Von großer Veränderung kann dann nicht gesprochen werden. Der Entscheidung, agile Methoden einzusetzen, ging keine vernünftige Reflexion voraus, sodass die Organisation kein

Grundverständnis entwickeln konnte, warum das Vorgehen für sie sinnvoll ist (oder auch nicht). Man ist einfach mal losgelaufen, ohne den Zielpunkt für sich festzulegen. Die komplette Agilisierung von bestehenden, traditionell arbeitenden Unternehmen gelingt daher nur selten.

Die agile Herangehensweise besitzt das Potenzial, über die Frage der Qualität zum Treiber von Organisationsentwicklung zu werden. Und zwar, weil es die Qualität von Produkten auf eine bewegliche Art zum integralen Bestandteil der täglichen Arbeit aller Mitarbeitenden macht.

2.2.3 Produkt- und Organisationsqualität vereint im Qualitätshaus

Bei der Entwicklung eines zukunftsfähigen Qualitätsmanagements geht es darum, die Verbindung von Produktqualität und Organisationsqualität auf eine neue Art und Weise zusammenzubringen, sodass das Nachdenken über das Produkt und das Zusammenarbeiten organisch und fließend dazu genutzt werden kann, Veränderungsbedarf zu identifizieren und angemessen zu kanalisieren.

Es geht dabei um eine bewusste und reflektierte Einstellung, aus der sich dann situationsbezogen und für jedes Unternehmen spezifische praktische Konsequenzen ergeben, die Qualität herstellen.

Ziel ist es, eine Organisation in „Bewegung" zu versetzen, einen Flow zu generieren, der sie beweglicher und flexibler macht. Wesentlich sind Prinzipien wie Selbstorganisation, kontinuierliche und strukturierte Selbstreflexion sowie Räume des persönlichen und institutionellen Lernens.

Daher erklären wir das Organisationshaus, wie in Kapitel 1 entwickelt, zugleich zu unserem Qualitätshaus, das eine ähnliche Dynamik, Alltagsbezug und Fluss entwickelt, wie das die agilen Methoden im Abschnitt 2.2.2 aufgezeigt haben. Gutes Qualitätsmanagement muss die Unternehmenskultur (das Fundament) genauso berücksichtigen wie die Strategie (das Dach), es muss durchlässig zur Umwelt sein und im Alltag die drei Säulen Mitarbeitende, Strukturen und Prozesse sowie Arbeitsmittel im Blick behalten. Es muss für einen kontinuierlichen Austausch im ganzen Qualitätshaus sorgen. Qualität ist das, was die Themen und Informationen von außen kanalisiert und durch das Haus spült (Bild 2.7).

Um über dieses Qualitätshaus Veränderungen zu ermöglichen, ist ein Verständnis von Qualität zentral, das über die Definition von Anforderungen an Produkten hinausgeht.

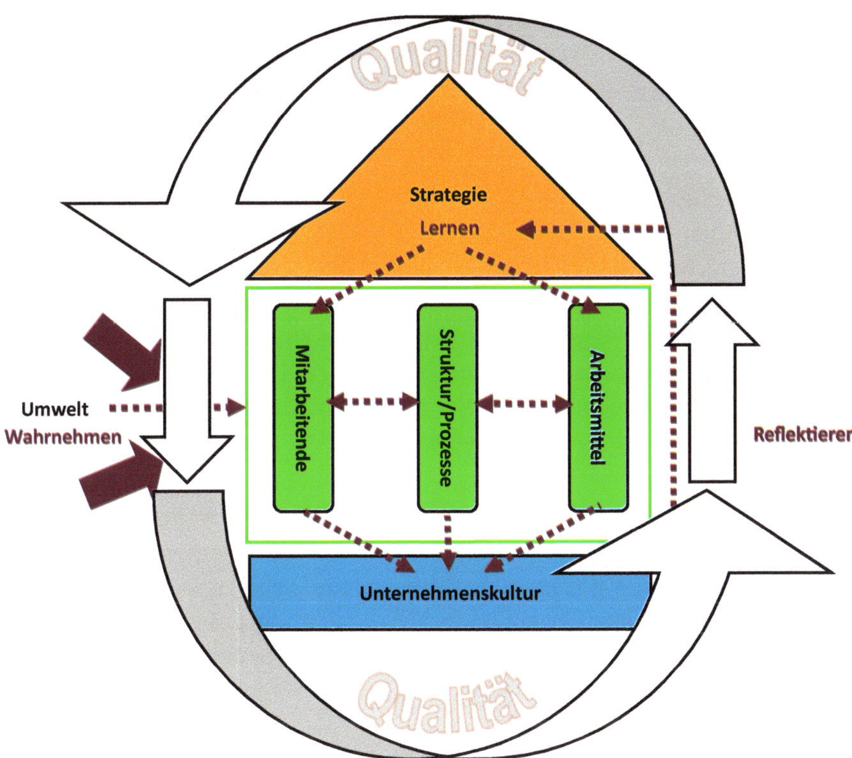

Bild 2.7 Das Organisationshaus wird zum Qualitätshaus: Im Zentrum stehen Qualitätsfragen

Zusammenarbeit wird zum zentralen Betrachtungsgegenstand von Qualität.

Es geht also nicht nur um das „Was“, sondern auch um das „Wie“. Das Sprechen über die Qualität der Zusammenarbeit bedeutet erst einmal keine Effizienzsteigerung, sondern das Synchronisieren des Verständnisses aller Beschäftigten eines Unternehmens. Erst wenn man sich einig ist, wie die einzelnen Mitglieder einer Organisation miteinander funktionieren und dies auf einer gemeinsamen Vorstellung der Zusammenhänge beruht, kann Qualität an Produkten entstehen.

Die Leitfrage lautet daher im Qualitätskontext immer: *Wie wollen wir qualitative Arbeitsergebnisse produzieren und woran werden wir erkennen, dass es uns gelungen ist?* Die Antwort darauf verbindet die Einigung auf die geforderten Eigenschaften des zu produzierenden Produkts bei gleichzeitiger Herstellung eines gemeinsamen Wirklichkeitsverständnisses. Es definiert die notwendigen Parameter und ermöglicht rückblickend die Überprüfung des Erfolgs sowie gegebenenfalls die Anpassung des vorher gemeinsam hergestellten Verständnisses. Auf der Ebene eines einzelnen Teams, aber auch auf der eines Bereichs oder Unternehmens kann abgeglichen werden, ob man dieselben Ziele hat und ob man sich einig ist, dass man diese auch erreicht hat.

Was bedeutet das für den Zusammenhang zwischen Qualitätsmanagement und Organisationsentwicklung? Ausgangspunkt der bisherigen Überlegungen war, dass Organisationsveränderung nur erfolgen kann, wenn eine Organisation als ein System verstanden wird, das über interne Aushandlungen seinen Platz in der Wirklichkeit und damit auch gegenüber der Umwelt findet. Gleichzeitig droht eine Distanzierung vom Rest der Welt, die die Gefahr mit sich bringt, Veränderungsbedarf aufgrund von neuen Rahmenbedingungen vonseiten des Markts oder sonstiger Stakeholder nicht rechtzeitig zu bemerken. Notwendiger Anpassungsbedarf im Inneren, sei es in Bezug auf die Produkte, die man ausliefert, hinsichtlich modernerer Fertigungsweisen oder gegenüber Zusammenarbeitsmodellen, wird so gegebenenfalls nicht wahr- oder ernstgenommen. Es geht also um die Rückkopplung zwischen Produktqualität und Veränderungsbedarf.

Ist eine ausreichende Öffnung gegeben, wird es möglich, dass ein System durch Kommunikation und damit erfolgende Selbstreflexion über das Sprechen über Qualität und damit die Erwartungen der Umwelt ein Verständnis zur Veränderung erlangt. Veränderung heißt, nicht nur einzelne Aspekte in einer Organisation anzupassen, sondern sich grundlegend neu in der Zusammenarbeit aufzustellen. Das heißt, was auch immer der Auslöser für den Veränderungsimpuls war, muss dazu genutzt werden, über das Fundament, also die Ziele, aber auch über die Säulen Mitarbeitende, Prozesse und Arbeitsmittel nachzudenken. Gleichzeitig muss sie dazu bereit sein, Veränderungen an der Unternehmenskultur zuzulassen bzw. kontrolliert herbeizuführen. Damit wird Organisationsqualität erreicht.

Grundannahmen

- Qualität wird als ein *Bindeglied* zwischen dem Ziel eines Unternehmens, ein Produkt einem Markt zur Verfügung zu stellen, und des Zusammenarbeitens in der Organisation verstanden. Es ermöglicht eine *Öffnung* des Unternehmens hin zur Umwelt (was sind die Anforderungen an unser Produkt?) und gleichzeitig in Bezug auf seine innere Verfasstheit (erreichen wir diese in unserem aktuellen Arbeitsmodell?).
- Um die gewünschte Verbindung zwischen Unternehmen und Markt über die Qualität zu erreichen, genügt es daher nicht, nur über die *Qualität der zu fertigenden Produkte* zu sprechen, sondern auch über die Art und Weise, wie diese erstellt werden, also auch über die *Qualität der Zusammenarbeit*.
- Veränderungen in einer Organisation lassen sich nicht befehlen, sondern geschehen, wenn das System insgesamt zu der Überzeugung gekommen ist, sich verändern zu wollen. Das geschieht über *Kommunikation*, diese muss am Fließen gehalten werden. Damit wird auch das Verständnis von *Qualität fließend*. Was heute als qualitativ verstanden wird, kann morgen anders definiert sein.

- Den Fluss erreicht man, indem man Qualitätsfragen über Ankerpunkte in den Arbeitsalltag integriert, beständig einfordert, kritisch hinterfragt und damit zu einem *Grundprinzip der Unternehmenskultur* macht.
- Qualitätsmanagementsysteme sind hierfür nur begrenzt zielführend, genauso wenig, wie Qualitätsfragen auf eine eigene Abteilung zu übertragen. Die Gefahr einer Abkapselung ist zu hoch. Es gilt, *Routine und Subsysteme zu vermeiden*.

Management Summary

Das Thema Qualität hat die Menschheit schon über Jahrhunderte beschäftigt, da spätestens mit der Entstehung von Tauschbeziehungen auch Erwartungen an ein Produkt Teil einer Geschäftsbeziehung werden. (Produkt-)Qualität ist etwas, was verhandelbar und variabel zu sehen ist. Wenn ein Produkt bestimmten, vorher vereinbarten Anforderungen bei entsprechendem Preis entspricht, findet es auch Absatz. Aus diesem Grund hat sich ein ausgeklügeltes System beruhend auf Messen, Vergleichen und gebildeten Mittelwerten entwickelt, das sicherstellen soll, dass ein Produkt auch bei fortlaufender Produktion immer denselben Standards entspricht.

Diese Form der Qualitätssicherung wurde in der Auseinandersetzung mit japanischen Praktiken dahingehend weiterentwickelt, dass man unter Kostengesichtspunkten die Produktion weiter verbessern kann, ohne bei der Qualität Abstriche machen zu müssen. Diese Verbesserungen erlauben gleichzeitig eine Verbesserung am Produkt. Man betrachtet dafür nicht mehr nur die reine Produktionsstrecke, sondern versucht, das ganze Unternehmen mit seinen Logistikketten, Projektmanagementmethoden und Rechnungswesen in den Blick zu nehmen.

Verbesserung schien damit in der gesamten Organisation möglich, allerdings immer noch mit dem Fokus auf bestehenden Produkten und eigenen Ansprüchen. Die klassische ISO 9001-Zertifizierung ist ein Ergebnis der vorgenannten Bemühungen. Sie listet die Themen wie Stakeholder- und Risikomanagement, Prozessbetrachtung im Ganzen oder die Rückkopplung mit der Strategie auf. Dabei bleibt es der Organisation selbst überlassen, diese inhaltlich zu füllen. So lässt sich weder Qualität dauerhaft sichern noch eine Organisation dazu bewegen, über ihre Ziele und Arbeitsweisen nachzudenken.

Um diese Fragen zu integrieren, wurden die Managementsysteme immer umfassender, um in große, komplexe Gebilde wie dem Total Quality Management bzw. dem European Framework of Quality Management zu münden. Sie setzen sich in der Tat zum Ziel, eine Organisation anzuregen, über sich selbst nachzudenken und auf unterschiedlichen Ebenen Veränderungsbedarf zu identifizieren. Solche Frameworks verlangen einen hohen Implementierungs- und Betriebsaufwand. Damit droht die Gefahr der Verselbständigung, dass sie sich als eigenes Subsystem von der Organisation entfernen, eigene Interessen verfolgen und so keinen Einfluss mehr auf die Ziele eines Unternehmens nehmen.

Daher sollte Qualität nicht in Form eines Managementsystems mit eigener Abteilung und Logiken entwickelt werden, sondern die Beschäftigung mit Qualität sollte so in den Alltag integriert werden, dass sie einen Leitfaden für das eigene Arbeiten darstellt. Wie das Beispiel Scrum zeigt, ist es möglich, Qualitätsfragen dafür zu nutzen, die eigene Arbeit zu strukturieren sowie diese regelmäßig kritisch zu hinterfragen. Dabei wird die erwartete Qualität nicht fest vorgegeben, sondern sie ist ebenfalls Teil der regelmäßigen Verhandlungen, was dazu führt, dass man sich in eine offenere Haltung gegenüber Veränderung begibt bzw. diese eingefordert wird.

Literatur

Damic, Mate; Naletina, Dora; Buntic, Luka: „Revisiting the Relationship Between Organizational Innovativeness and ISO 9001", in: *International Journal for Quality Research*, 2021, 15(3), S. 909 – 922.

Manders, Basak; de Vries, Henk J.; Blind, Knut: „ISO 9001 and product innovation. A literature review and research framework", in: *Technovation*, 2016, S. 41 – 55.

Pfeifer, Tilo; Schmitt, Robert (Hrsg.): *Masing Handbuch Qualitätsmanagement*, 7. Auflage, München: Hanser, 2021.

3 Die Umwelt verstehen und sich in die Organisation holen

Ein Unternehmen muss verstehen, was in der Umwelt passiert und darauf reagieren. Künstliche Intelligenz verändert beispielsweise die Erwartungshaltung von Stakeholdern, und nur diejenigen Unternehmen, die dies erkennen und deren Geschäftsmodelle sich entsprechend anpassen, haben eine Zukunftschance. Daher stellt sich die Frage, wie Impulse bzw. Veränderungen aus der Umwelt durch ein System wahrgenommen werden können (Bild 3.1). Dabei gilt es, verschiedene Interessensgruppen zu identifizieren, mit diesen ins Gespräch zu kommen und deren Input zu verstehen.

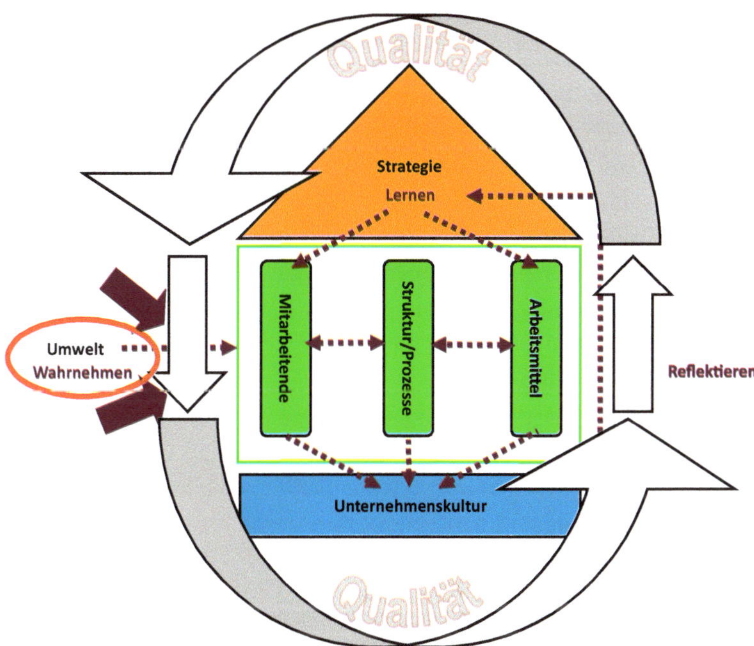

Bild 3.1 Die Umwelt verstehen und adäquat reagieren

3.1 Stakeholder-Management: Die Umwelt wahrnehmen

Das Managen von Stakeholdern ist eine Standardaufgabe jedes Unternehmens. Ein Unternehmen muss seine Kund:innen und alle anderen Gruppen kennen, die Einfluss auf seine Geschäfte nehmen (wollen). Man lässt sich von diesen Gruppen auch nicht einfach sagen, was man zu tun hat, sondern man geht in eine aktive Steuerung mit zwei Zielen: gutes Verständnis der Interessenslagen und proaktives Beeinflussen derselben.

Die Umwelt ist vom System verschieden, das System muss sich davon abgrenzen. Damit diese Abgrenzung sinnvoll geschehen kann, muss es sich der Umwelt gewahr werden und sie zu verstehen versuchen. Die Notwendigkeit zur Veränderung des eigenen Systems kann nur durch verändertes Verhalten der Stakeholder erkannt werden. Sie müssen richtig identifiziert, beobachtet und deren Verhalten muss passend interpretiert werden. Allerdings sollte man eingrenzen, was man beobachten möchte, wer als Stakeholder relevant ist und was dessen bzw. deren Interesse an dem Unternehmen sein dürfte. Es wird nicht möglich sein, alle und alles gleichermaßen zu beobachten. Es muss eine Auswahl getroffen werden.

In den deutschen Übersetzungen der ISO-Normen wird z.B. nicht von Stakeholdern gesprochen, sondern von „interessierten Parteien“. Das ist insofern nur teilweise eine gute Bezeichnung, weil „Interesse“ ein offener Begriff als „Stake“ ist. Im Englischen bedeutet „to have a stake in something“ einen Anteil oder Anspruch an etwas haben, man hat ein Investment gemacht. „Anspruch“ ist dabei nicht nur finanziell gemeint, sondern zielt auf etwas ab, was sich mit „Interesse“ nur begrenzt abbilden lässt: eine persönliche Bindung an eine Sache. Als Stakeholder ist man nicht nur daran interessiert, was ein Unternehmen so macht, sondern man ist (finanziell oder emotional) involviert.

Damit kommt ein Aspekt zum Tragen, der bei einer rein sachlichen Betrachtung des „Interesses“ nicht dem Verständnis diesem gerecht wird. Wir teilen nicht automatisch alle dieselbe Sicht auf Wirklichkeit. Wir müssen über Kommunikation ein gemeinsames Verständnis herstellen. Das heißt aber auch, wenn jemand, der als Stakeholder des Unternehmens betrachtet werden kann und enttäuscht von einem Unternehmen ist, dass dies ein Zeichen dafür sein kann, dass man nicht (mehr) dieselben Interessen oder dasselbe Wirklichkeitsverständnis teilt.

Es ist Aufgabe des Systems, mit der Umwelt so ausreichend zu kommunizieren, dass die eigene Verortung in dieser richtig eingeschätzt werden kann. Die Umwelt hat nur ein begrenztes Interesse an einem konkreten System. Erfüllt es nicht mehr seine Erwartungen, verliert es an Relevanz und wird ignoriert.

Ein Unternehmen muss sich die Umwelt in das Unternehmen holen, um das eigene Selbstverständnis mit dem seiner Stakeholder in Übereinstimmung zu bringen.

Was nicht zwingend heißt, dass man alles übernehmen muss, was von „Außen" kommt. Vielleicht gelingt es auch, die relevanten Stakeholder-Gruppen von der eigenen Wirklichkeit zu überzeugen. Stakeholder haben so nicht zwingend einen direkten Anspruch auf das Unternehmensergebnis, aber ihr Wirklichkeitsverständnis kann helfen, das Unternehmen zukunftsfähig aufzustellen.

3.1.1 Identifizieren der relevanten Stakeholder-Gruppen

Es kann zwischen zwei verschiedenen Stakeholder-Gruppen unterschieden werden: den *außenstehenden*, die entweder als Kund:innen, als Marktregulator oder aufgrund von anderen Notwendigkeiten ein Interesse (im Sinne eines „Stake") an einem Unternehmen haben. Dem steht die andere große Gruppe gegenüber: die Stakeholder, die im *Inneren* des Unternehmens sitzen, also die Eigentümer bzw. Eigentümerinnen und die Mitarbeitenden, die man noch weiter ausdifferenzieren kann in z. B. Management, Facharbeitskräfte und Hilfstätige oder auch in den Betriebsrat oder sonstige Interessensvertretungen wie Gleichstellungs- oder Behindertenbeauftragte. Die letzte Gruppe ist mehr oder weniger Teil des Systems und kann daher erst einmal nicht als Inputgeber aus der Umwelt verstanden werden.

Der Betriebswissenschaftler Edward R. E. Freeman (2010), einer der Begründer des strategischen Stakeholder-Managements, hat bereits in den 1980er-Jahren „Stakeholder" als eine Personengruppe oder Einzelpersonen definiert, die einen Einfluss haben oder die beeinflusst werden von dem erfolgreichen Erreichen der Ziele eines Unternehmens („Simply put, a stakeholder is any group or individual who can affect, or is affected by, the achievement of a corporation's purpose." S. VI). In seiner Definition geht es weniger um Anspruch als um Einfluss. Also Kund:innen, die ein Produkt kaufen – oder nicht. Es geht auch um direkte Einflussnahme, und zwar dergestalt, dass die Wünsche der Umwelt zu den eigenen Zielen werden. Man holt sich die Umwelt in das System herein und ermöglicht so Veränderungen im System. Damit muss der Stakeholder-Begriff so weit wie möglich gefasst sein, um alle Gruppen zu berücksichtigen, die irgendwie relevant sein könnten.

Wie man die externen Stakeholder gruppiert und klassifiziert, hängt vom Selbstverständnis eines Unternehmens ab. Allein den eigenen *Kundenstamm* kann man als eine geschlossene Stakeholder-Gruppe betrachten oder diesen in viele verschiedenen Untergruppen aufteilen. Wenn man sich z. B. Tesla anschaut, wird man dort mit einer homogeneren, wohlhabenden Kundengruppe rechnen als ein Autohersteller wie VW, der einen breiteren Kundenkreis über Singles, Familienväter und Campingbegeisterte zu seinem Interessiertenkreis zählt. Kunden und Kundinnen sind Stakeholder par excellence. Von ihnen hängt der Erfolg eines Unternehmens ab. Haben sie andere Vorstellungen davon, was sie von einem z. B. Autohersteller erwarten können, als man ihnen geben kann, ist das Ende eines Systems schon besiegelt.

Als zweite große externe Stakeholder-Gruppe können *Zulieferer*, Subunternehmen oder Dienstleister angesehen werden, die eine besondere Bindung an das Unternehmen haben. Sie sind im großen Maß am Wohlergehen des Unternehmens interessiert, da es ihre eigene Existenzgrundlage schafft. Das bedeutet im Umkehrschluss, dass sie auch die ersten sein werden, die sich nach anderen Geschäftspartnern und -partnerinnen umsehen, wenn sie Zweifel an der Zukunftsfähigkeit des aktuellen Geschäftspartners hegen. Sie müssen daher als besondere Impulsgeber für das Verständnis von Umwelt gesehen werden. Sie kennen das System teilweise von innen, müssen es aber – um das eigene Überleben zu sichern – ständig mit der Brille von „außen" bewerten.

In der Stakeholder-Literatur ist es umstritten, ob man noch eine dritte Gruppe dazuzählen darf: die *Mitbewerber:innen*. Diese Gruppe hat erst einmal kein Investment an einem Konkurrenten getätigt, sie hat keinen Anspruch an dessen Geschäftsentwicklung. Sie versucht diejenigen, die ein „berechtigtes Interesse" an diesem haben, für sich selbst zu interessieren und ihr Interesse umzuleiten. Mit dieser Gruppe konkurriert man also um dieselben Stakeholder. Mitbewerber:innen sind aber von besonderer Bedeutung: Man teilt sich mit dieser Gruppe in einem hohen Maße ein ähnliches Wirklichkeitsverständnis. Man nimmt daran Anteil, dass man ähnliche Grundprämissen hat, wie z. B., dass Autos etwas ist, das Menschen individuelle Mobilität (im Gegensatz zu Zuganbietern) verschafft, dass es für viele Spontanität und Selbstbestimmung bedeutet sowie dass es als ein Statussymbol verstanden werden kann.

Und trotzdem hat sich aus diesem Grundverständnis bereits eine Ausdifferenzierung ergeben, die zeigt, dass man trotz ähnlichem Wirklichkeitsverständnis auf unterschiedliche Positionierungen gekommen ist. Die einen bedienen eher einen Kundenstamm, der davon ausgeht, dass Autofahren etwas mit Freiheit und hohen Geschwindigkeiten zu tun hat. Die anderen konzentrieren sich darauf, dass sie sichere Fahrzeuge für Familien bereitstellen, weil der Schutz von Leben über alles geht. Damit hat sich ein Feld von Marktverständnis ergeben, das ebenfalls als System verstanden werden kann: Man hat sich darin eingerichtet, versteht, was die Umwelt von einem erwartet, und hat sich strategisch so zu seinem Mitbewerber ausgerichtet, dass alle darin ein Auskommen haben.

Gerät dieses Gleichgewicht aus den Fugen, weil z. B. ein Unternehmen einen kompletten Strategiewechsel vollzieht, sich aus Marksegmenten zurückzieht, neue hinzugewinnen möchte oder auf andere Technologien setzt, bedeutet das, dass diese Firma neue Erkenntnisse aus der Umwelt gewonnen hat, die ihr System zu Veränderungen veranlasst. Für das eigene Überleben ist es daher wichtig, dass man solche Entwicklungen gut beobachtet und versteht, ansonsten verpasst man den Anschluss.

Neben dem Markt gibt es noch andere, ebenfalls wichtige Player, die man kennen sollte. Dazu zählen Gruppen, die den Markt allgemein beeinflussen können, wie der Gesetzgeber, Umweltverbände oder Gewerkschaften. Auch diese Gruppen stehen im traditionellen Stakeholder-Management oftmals nicht im Fokus. Solche Gruppen müssen jedoch ausreichend bekannt sein. Sie haben zwar vielleicht keinen direkten Anspruch an das eigene Unternehmen, können aber Einfluss darauf nehmen, welche Ansprüche aktuell als legitim anzusehen sind bzw. zukünftig werden können. Sie gestalten also die Umwelt so maßgeblich mit, dass man als Unternehmen diese als Informationsgeber:in für den eigenen Veränderungsbedarf kennen muss.

Man kann sie übergreifend als *Makro-Umfeld* bezeichnen (Bild 3.2). Dieser Begriff beschreibt das größere Umfeld eines Unternehmens mit Einflussgebern, die nicht unmittelbar als Stakeholder eines einzelnen Unternehmens angesehen werden müssen, aber doch Forderungen an dieses formulieren können, die große Bedeutung für die Zukunft eines Unternehmens haben können (vgl. Kasten „Unternehmensumfeld verstehen").

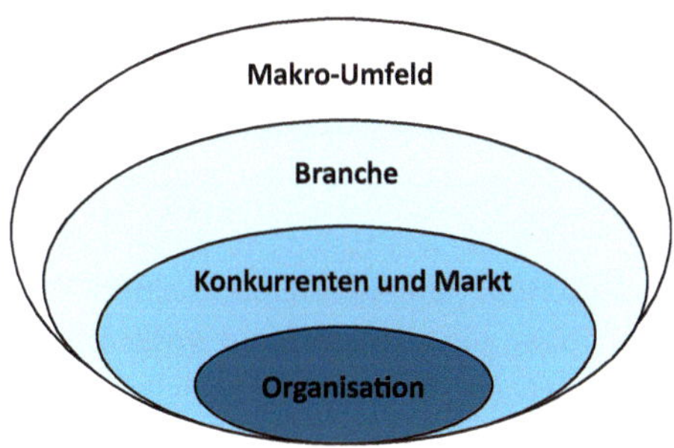

Bild 3.2
Umfeld einer Organisation (Gerry Johnson et al. (2018, S. 63))

Unternehmensumfeld verstehen

Um die richtigen Player im Makro-Umfeld zu identifizieren, empfiehlt es sich, eine PESTEL-Analyse durchzuführen. Das Akronym PESTEL steht für Einflüsse, denen ein Unternehmen ausgesetzt ist:

- **P**olitical (politisch): z. B. politische Systeme, die mehr oder weniger stabil sind, genauso wie einzelne Parteien, die auf dem lokalen Level z. B. eine Branche unterstützen oder eher verdammen …
- **E**conomical (ökonomisch): z. B. Inflation, lokale und bundesweite Steuervorgaben, Fachkräftemangel …
- **S**ocial (sozial): z. B. demografische Entwicklungen, Integration von Migrant:innen, flexiblere Arbeitsmodelle …
- **T**echnological (technisch): z. B. größere Entwicklungssprünge wie Künstliche Intelligenz, virtuelle Realitäten, Quantencomputing …
- **E**nvironmental (ökologisch): z. B. Maßnahmen gegen den Klimawandel, mehr Bioqualität, Wasserschutzvorgaben …
- **L**egal (rechtlich): Änderungen im Arbeitsrecht, Compliance- bzw. regulatorische Vorgaben, Steuerrecht …

Dabei gilt es im ersten Schritt die Themen zu identifizieren, die für ein Unternehmen relevant werden könnten, und in einem zweiten dazu passende Ansprechpartner:innen im Sinne von Stakeholdern zu benennen. Zumeist handelt es sich um Politiker:innen, Fachexpert:innen oder Lobbyist:innen.

Allen voran stehen staatliche Stellen, wie das Finanzamt oder noch weiter gefasst der Gesetzgeber, der Regeln zum Handeln und Marktverhalten festlegt. Darüber hinaus gibt es auch so etwas wie soziale und ökologisch interessierte Gruppen, die vielleicht nicht unmittelbar Einfluss nehmen, aber doch durch ihr Engagement den Markt mittelfristig verändern werden. Ein Beispiel in Bezug auf die Autobranche wären hier Klimaaktivist:innen, die durch ihr Lobbying zusammen mit Wissenschaftler:innen erfolgreich durchgesetzt haben, dass Verbrennermotoren ab 2035 nicht mehr produziert werden dürfen. Auch wenn der Entschluss dazu für die Automobilindustrie nicht überraschend kam – diejenigen Hersteller, die frühzeitig dieses Ziel wahrgenommen und für konsensfähig gehalten haben, haben nun die Nase vorn.

Aus verschiedenen Gründen hat – neben den Kund:innen – diese Gruppe an Stakeholdern in marktwirtschaftlich orientierten Ländern an Bedeutung gewonnen. Dies hat sowohl etwas mit der Globalisierung und der Möglichkeit der weltweiten Vernetzung zu tun und als auch mit einem geänderten Wertesystem bei Arbeitnehmenden und Kund:innen, die nicht mehr damit zufrieden sind, dass der Markt ihre wichtigsten Grundbedürfnisse erfüllt, sondern zunehmend auch soziale und ökologische Werte damit realisiert sehen wollen.

Die Stakeholder sollten nicht nur durch der Leitungsebene identifiziert werden. Will man den bestmöglichen Input aus der Umwelt über eine weitgehend vollständige Stakeholder-Übersicht, dann muss man diese möglichst umfassend identifizieren und klassifizieren (vgl. Kasten „Techniken zur Identifikation von Stakeholdern (Kombinationen möglich)“). Es sollten daher auch unterschiedliche Bereiche, Ebenen und Interessensgruppen innerhalb eines Unternehmens miteinbezogen werden. Denn diese haben verschiedenartigen Kontakt zu Gruppen aus der Umwelt.

Techniken zur Identifikation von Stakeholdern (Kombinationen möglich)

- *Befragungstechniken:* Über strukturierte Fragebögen und Interviews werden mit verschiedenen Wissensträgern systematisch die verschiedenen Interessiertengruppen identifiziert.
- *Kreativitätstechniken:* Mithilfe von Brainstorming oder Mindmapping wird eher assoziativ erarbeitet, welche Themen und Gruppen es zu berücksichtigen gilt.
- *Beobachtungstechniken:* Durch Feldbeobachtung oder exemplarische Verfahrensdurchsprachen werden Beteiligte von einzelnen Prozessen und Abläufen identifiziert.
- *Dokumentenzentrierte Techniken:* Durch das Studium vorhandene Dokumente wie Nutzerhandbücher, Datenbanken oder Verträge werden relevante Gruppen innerhalb und außerhalb eines Unternehmens gesammelt, mit denen zusammengearbeitet wird.

3.1.2 Strukturieren der Stakeholder-Gruppen

Hat man die Stakeholder identifiziert, kann im nächsten Schritt überlegt werden, wie man mit diesen in Verbindung stehen möchte. Das reicht vom reinen Beobachten, über das Angebot von Austauschformaten bis hin zu offiziellen Kooperationen. Jede dieser Verbindungsarten verlangt andere Kommunikationsformen, andere Themen, die es zu betrachten gilt und besondere Formate, wenn man gemeinsam an einem Wirklichkeitsverständnis arbeiten möchte. Grundlage dafür ist nicht nur gutes Verständnis der Stakeholder-Landschaft, sondern auch eine konkrete Priorisierung und Zuordnung, welches Vorgehen sich für welche Gruppe am besten eignet.

Die Erweiterung des Stakeholder-Gedankens kann große Implikationen auf das Stakeholder-Management haben. Als Beispiel soll hier die Stakeholder-Matrix von Ronald K. Mitchell, Bradley R. Agle, Donna J. Wood (1997) kurz dargestellt werden. Deren Konzept hat bis heute nicht an Bedeutung verloren und kann daher gut genutzt werden, die Schwächen aufzuzeigen, die sich daraus ergeben, den Stakeholder-Begriff zu eng zu fassen.

Der Verdienst von Ronald K. Mitchell, Bradley R. Agle und Donna J. Wood war, dass sie es ermöglicht haben, die Vielzahl an Stakeholdern in eine Typologie zu überführen, aus der sich dann ein sinnvolleres Priorisieren ergibt. Die Autoren unterscheiden drei Aspekte, die miteinander in Verbindung gebracht werden müssen:

- Einflussmacht (power to influence the firm)
- Anspruchslegitimität (legitimacy of the stakeholder's relationship with the firm)
- Anspruchsdringlichkeit (urgency of the stakeholder's claim)

Kombiniert man nun die drei Aspekte miteinander, ergeben sich acht verschiedene Kategorien an Stakeholdern, die es erlauben, die verschiedenen Gruppen besser voneinander zu unterscheiden (Bild 3.3).

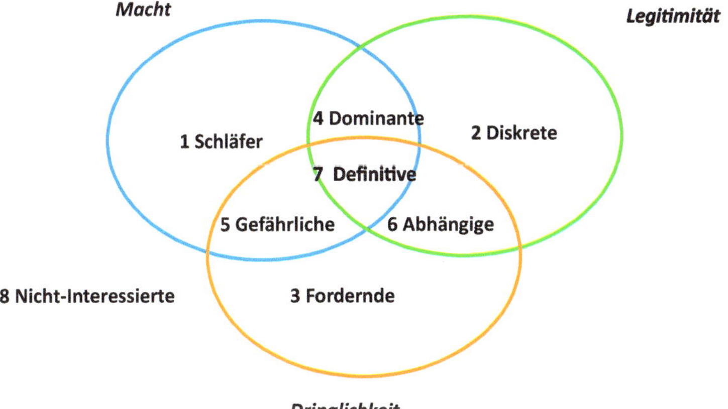

Bild 3.3 Stakeholder-Matrix (Ronald K. Mitchel, Bradley R. Agle et al. (1997, S. 874))

Folgende Charakterisierung ergibt sich aus Bild 3.3:

- Erste Gruppe: *Latente* Stakeholder (nur ein Kriterium ist erfüllt)
  - Schläfer („Dormant") Stakeholder: Macht
  - Diskrete („Discretionary") Stakeholder: Legitimität
  - Fordernde („Demanding") Stakeholder: Dringlichkeit

  Hier besteht zwar ein berechtigtes Interesse an einem Unternehmen, jedoch ist es nur von einem Faktor bestimmt, was bedeutet, diese Stakeholder werden auch nicht zu viel Einfluss auf die Geschicke nehmen wollen. Daher können diese weitgehend ignoriert werden.

- Zweite Gruppe: *Erwartungsvolle* Stakeholder (zwei Kriterien sind erfüllt)
  - Dominante („Dominant") Stakeholder: Macht und Legitimität
  - Gefährliche („Dangerous") Stakeholder: Macht und Dringlichkeit
  - Abhängige („Dependent") Stakeholder: Legitimität und Dringlichkeit

  Hierbei handelt es sich um Stakeholder, die eine konkrete Erwartungshaltung an ein Unternehmen artikulieren. Sie sind meist eindeutig bekannt und erwarten, dass ein Unternehmen ihre Interessen klar adressiert.

- Dritte Gruppe: *Dominante* Stakeholder
  - Definitive („Definitive") Stakeholder: Macht, Legitimität und Dringlichkeit

  Hierbei handelt es sich um eine Gruppe von Stakeholdern, die in jeglicher Hinsicht einen Anspruch gegenüber dem Unternehmen erheben können. Deren Interessen müssen nicht nur unbedingt bedacht werden, sondern sie sind so wichtig, dass sie die Unternehmensziele direkt beeinflussen können. Dies gilt z. B. für Gesellschafter:innen oder Investor:innen.

- *Nicht-Interessierte* („Nonstakeholder"): kein Kriterium erfüllt

Je mehr Aspekte ein Stakeholder auf sich vereint, umso höher muss er oder sie priorisiert werden und umso intensiver muss auch die Kommunikation mit diesem oder dieser ausgestaltet werden. Diese Zuordnungen sind nicht statisch, sondern müssen regelmäßig überprüft werden. Je nach politischer oder unternehmensstrategischer Entwicklung können Stakeholder, die initial als „eher unwichtig" angesehen wurden, in das Zentrum der Aufmerksamkeit rücken.

In dieser Matrix bleibt ein Faktor unberücksichtigt, der für die Zukunftsfähigkeit eines Unternehmens als Ziel essenziell ist: nämlich wie viel man von der jeweiligen Gruppe über das aktuelle Verständnis von Wirklichkeit erfahren kann. Denn in diesem Fall werden auch z. B. Nicht-Interessierte interessant: Warum haben sie kein Interesse an dem eigenen Unternehmen? An unserem Beispiel der Autobranche wären das z. B. klassische Fahrradfahrer oder Nutzer:innen des öffentlichen Nahverkehrs. Was ist für sie bei Mobilität wichtig und kann man Wege finden, was sie z. B. am Fahrrad schätzen (klein, beweglich, man findet immer einen Abstellplatz) für ein Auto umzuinterpretieren und den Smart zu erfinden?

Ein Desinteresse sagt viel darüber aus, ob man dabei ist an Relevanz zu verlieren oder ob sich die Erwartungshaltungen in der Gesellschaft, also der Umwelt, geändert haben.

Dasselbe gilt für die „schwierigen" Stakeholder, die Ansprüche an ein Unternehmen artikulieren, die dieses erst einmal zurückweisen möchte. Dies gilt insbesondere für Erwartungen, die im Gegensatz zum Unternehmensinteresse der Gewinnmaximierung stehen, also z. B. Forderungen nach schadstoffärmeren Verbrennungsmotoren oder der Umstieg auf reine Elektromobilität. Ein Autounternehmen muss diese Forderungen kennen und verstehen, um eine angemessene Reaktion darauf zu finden.

Richtiges Identifizieren und Interagieren mit Stakeholder-Gruppen bedeuten, sich gegen den eigenen Strich zu bürsten. Man darf nicht nur die Gruppen ins Auge nehmen, die Interessen verfolgen, die man selbst als legitim betrachtet. Dies wären Gruppen, die zwar zur Umwelt gehören, aber einen in der eigenen Weltsicht bestätigen. Austausch, Interaktion oder Zusammenarbeit bedeutet dann, dass man in seiner eigenen Blase bleibt. Es gilt aber, sich neue Sichtweisen anzuhören und intern zu reflektieren, bevor diese verworfen werden können. Sonst wird die Organisation wenige bis keine Impulse aus der Umwelt erhalten, die einen zur Veränderung animieren.

3.1.3 Mit Stakeholdern angemessen kommunizieren

In einem letzten Schritt muss nun überlegt werden, wie man mit dem Stakeholder interagieren möchte. Freeman nannte dazu vier Formen (S. 164–167). Als erste Form des Stakeholder-Managements schlägt er vor, nichts zu tun, also den betreffenden Stakeholder zu *ignorieren*, ähnlich wie das auch Ronald K. Mitchell, Bradley R. Agle und Donna J. Wood mit den niedrig priorisierten Gruppen vorgeschlagen haben. Es ist legitim, sich mit bestimmten Stakeholder-Gruppen nicht zu beschäftigen. Jede Interaktion – und sei sie auch nur eindimensional in Form von Generalstatements des Unternehmens an eine anonyme Öffentlichkeit – kostet Ressourcen. Man muss sich überlegen, mit welchen Gruppen man sich nicht weiter beschäftigen möchte. Aber vielleicht sind das dann genau diejenigen, mit denen man sich besonders auseinandersetzen sollte …

Die anderen drei Formen gehen von einer aktiven Kommunikation aus. Der als Nächstes von Freeman eingeführte *Public-Relations-Ansatz* ist darauf ausgelegt, als Unternehmen in der Öffentlichkeit wahrgenommen zu werden. Dabei geht es nicht nur um reine Werbemaßnahmen wie Plakate oder Anzeigen im Internet. Auch werbewirksame Veranstaltungen wie ein „Tag der offenen Tür", Sponsoring oder das Verteilen von „Give-Aways" auf der Straße dienen dazu, sich den relevanten Stakeholdern gegenüber im richtigen Licht darzustellen. Das Unternehmen teilt seine Sicht der Wirklichkeit und den Platz, den es sich selbst darin gibt, den anderen öffentlich mit. Oder wie Klaus Merten es formuliert: „Konstruktion wünschenswerter Wirklichkeiten durch Erzeugung und Befestigung von Images in der Öffentlichkeit" (Klaus Merten (1992, S. 44), weitere Beschreibung von PR siehe Kasten „Ziele im Public-Relations-Management").

Ziele im Public-Relations-Management

- *Adressierbarkeit:* grundlegende Selbstdarstellung, um über allgemeine Bekanntheit einer Organisation eine Verknüpfung von Selbstdarstellung und Wahrnehmung durch die Umwelt zur Anschlusskommunikation zu ermöglichen
- *Aufmerksamkeit:* strategische Selbstdarstellung im Rahmen öffentlicher Kommunikation, um organisationale Themen (Organisation und deren Leistungen) gezielt ein-, gegebenenfalls aber auch auszublenden
- *Bekanntheit:* positionierende Selbstdarstellung, um Einfluss auf die selektive Beobachtung und Behandlung organisationsbezogener Themen zu nehmen und bei der Umwelt gewünschte, positiv beurteilte Positionierungen von Organisation und Leistungen zu verankern
- *Verstehen:* gezielte Selbstdarstellung, um durch vertiefte Bekanntheit und Wissen ein gemeinsames Verstehen wechselseitiger Positionen und Sinndispositionen zu Themen und Problemen zu ermöglichen
- *Akzeptanz, Zustimmung, Präsenz:* auf Glaub- und Vertrauenswürdigkeit ausgerichtete Selbstdarstellung, um über gewährtes soziales Vertrauen die Wahrscheinlichkeit gewünschter Anschlusskommunikation bzw. gewünschten Anschlussverhaltens von Bezugsgruppen/Stakeholdern zu erhöhen

Das Problem, das sich mit diesem Ansatz stellt, ist, dass diese Form der Kommunikation nur in eine Richtung geht: vom Unternehmen in die Umwelt. Das hat schon Freeman kritisiert, der darauf hinweist, dass der Fokus von PR-Kampagnen das „Image" des Unternehmens sei, Das wäre zwar ein wichtiges Thema, aber dies heiße nicht automatisch, dass ein „gutes Image" auch die Ansprüche der Stakeholder träfe (S. 167). Also, ob die angesprochenen Gruppen die Meinung des Unternehmens dazu teilen. Es findet damit kein Abgleich zwischen den Erwartungshaltungen der Umwelt und dem System statt. Um das zu erreichen, kennt Freeman zwei weitere Formen, implizite und explizite Verhandlung.

Unter *impliziter Verhandlung* versteht Freeman, dass man bei strategischen Entscheidungen bewusst die Interessen der Stakeholder berücksichtigt und damit indirekt auf ihre Ansprüche eingeht. Das praktische Problem, das Freeman sieht, ist die Gefahr der Fehlinterpretation – da man den Stakeholder nicht direkt fragt, sondern nur dessen (soweit bekannten) Ansprüche berücksichtigt.

Das Unternehmen reproduziert in der impliziten Verhandlung nur sein eigenes Wirklichkeitsverständnis, von dem es nicht automatisch ausgehen kann, dass es sich mit dem seiner Stakeholder deckt. Wenn PR das Verkünden der eigenen Einschätzung nach außen ist, ist implizite Verhandlung das Umsetzen dieser Weltsicht im Inneren des Systems mithilfe der Strategie. Es handelt sich um zwei Seiten derselben Medaille. Da es keine Rückkopplung mit den Stakeholdern gibt, gibt es kein Feedback dazu, ob man die Dinge richtig eingeschätzt hat und – im Fall der Strategie – auch die richtigen Schlüsse daraus gezogen hat.

Stakeholder-Management, wenn es auch dazu dienen soll, mehr über die Anspruchsnehmer:innen, also die Umwelt zu erfahren, kann nicht nur heißen, theoretisch über Ansprüche aus der Umwelt zu philosophieren. Je nach konkretem Grund für die Anteilnahme („Stake") und je nach vorhandenen Kanälen muss bidirektional, also im Dialog kommuniziert und interagiert werden.

Freeman plädiert für die *explizite Verhandlung*, das direkte Einbeziehen von Stakeholdern in die eigenen Entscheidungsprozesse. Allerdings warnt er auch davor, dass der Aufwand nicht unterschätzt werden sollte.

Bevor man so weit ist, die Ansprüche seiner Stakeholder richtig zu verstehen, muss man erst einmal eine gemeinsame Basis für das Gespräch finden. Man muss ein von allen geteiltes Wirklichkeitsverständnis entwickeln. Es ist erst dann ein Verstehen der Erwartungen möglich, wenn dafür eine gemeinsame Gesprächsgrundlage geschaffen wurde. Erst, wenn man sich (halbwegs) sicher sein kann, dass man von demselben spricht, kann man die Ansprüche richtig bewerten.

Gelungene Zwei-Wege-Kommunikation herzustellen, ist nicht trivial und aufwendig. Reine Kundenbefragungen genügen beispielsweise nicht.

Solange man nicht im Dialog geklärt hat, was die gemeinsamen Grundannahmen von der Welt sind, bleibt es immer schwer, Feedback richtig einzuordnen.

Erschwerend kommt hinzu, dass es zwar der Sinn solcher Aktionen ist, die Ansprüche der Kund:innen besser kennenzulernen. Es sollte aber auch Zweck einer solchen Kommunikation sein, den anderen von der eigenen Sicht auf die Welt zu überzeugen. Schon allein deswegen muss dialogisch vorgegangen werden.

Bidirektionale Kommunikation kann auf zwei Wegen geschehen: gesteuert oder ungesteuert. Beides bietet eigene Chancen und Risiken:

- *Gesteuerte Kommunikation* bedeutet, dass man sich bewusst ausgewählte Stakeholder „ins Haus" holt (oder zu ihnen geht) und mit diesen ins Gespräch kommt. Das kann als Zielpunkt konkrete Fragen zu den Anforderungen an Produkte haben oder sich auch breiter um das Thema „Erwartungen für die Zukunft" drehen. Oder man schließt sich gleich zu Netzwerken zusammen, die dem allgemeinen (Fach-)Austausch oder der gegenseitigen Unterstützung z. B. zwischen verschiedenen Herstellern dienen (z. B. Interessensgruppen gegenüber der Politik). Wichtig bei dieser Form der Kommunikation ist, dass man sich bewusst die Gesprächspartner:innen sucht und entscheidet, wer dabei sein darf und wer nicht. Es birgt aber die Gefahr der Betriebsblindheit. Wenn man gezielt steuert, wer mit einem in den Dialog tritt, muss man sich bewusst sein, dass man wichtige Gruppen vergessen könnte bzw. dass gerade die marginalisierten Gruppen einem etwas über die eigenen blinden Flecken erzählen könnten.

- Unter *ungesteuerte Kommunikation* ist zu verstehen, dass man entweder beobachtet, was über einen gesagt wird, und sich dann dazu einmischt, oder aber Austauschformate anbietet, die man nicht mehr kontrolliert, sondern bei denen man jeden dazu einlädt, den das Thema interessiert. Beides ist systematisch erst gut machbar geworden über die neuen Möglichkeiten des Internets, namentlich der sozialen Medien. So kann man über den Unternehmenskanal auf Facebook, Instagram und Co. Themen gesteuert setzen, aber die Reaktionen und die Weiterverbreitung lassen sich vom Unternehmen nicht mehr kontrollieren und öffnen ein Tor zum Unbekannten. Noch offener wird es, wenn die Themen aus anderen Quellen stammen und dann in die Verbreitung gehen. Man kann sich am Austausch zwar noch irgendwie beteiligen, aber ob es gelingt, aus den Diskussionen ein gemeinsames Verständnis von der Wirklichkeit herzustellen, ist nicht mehr garantiert.

Die Ungesteuertheit bietet entsprechend die Möglichkeit, mit Personen und Gruppen ins Gespräch zu kommen, die man initial nicht als wesentliche Stakeholder identifiziert hat. Ein Hersteller von Gebissreinigungstabs kann z. B. erfahren, für was seine Tabs so alles eingesetzt werden (zur Vertreibung von Fruchtfliegen, zur Reinigung von Wasseraufsprudlern und anderer Haushaltsmittel, zur Entfernung von Schimmelbelägen, zum Wäschewaschen ...) und evtl. daraus eigene Produktlinien entwickeln. Hätte er dagegen nur selbst eine Fokusgruppe ausgewählt und diese befragt, wäre ihm das vermutlich entgangen.

Jede der Kommunikationsformen bietet damit die Möglichkeiten, mehr über die Ansprüche und das Wirklichkeitsverständnis der Stakeholder zu erfahren, aber es droht auch die Gefahr, sich in unendlichen Dialogen, Verständigungsformen und internen Abstimmungszyklen zu verlieren. Nicht immer lassen sich dazu auch noch die Gespräche steuern.

Ungesteuerte dialogische Kommunikation birgt die Gefahr, dass man sein Ziel nicht erreicht. Aus diesem Grund kommt einer strukturierten und gut mit Ressourcen ausgestatteten Kommunikationsabteilung immer größere Bedeutung zu.

Bevor es eine konkrete Strategie geben wird, muss klar sein,

- wer zu den Stakeholdern gehört,
- wie diese in der Relevanz einzuordnen sind und
- wie mit ihnen zu kommunizieren ist.

Was macht die Organisation, wenn sie sich dies überlegt? Sie stellt ein gemeinsames Wirklichkeitsverständnis her!

Eine solche Strategie sollte im größeren Kontext der Unternehmensstrategie entwickelt werden und konsistent mit der Kommunikation gegenüber den eigenen Mitarbeitenden sein. Aufgrund der direkten Reaktionsmöglichkeiten über die sozialen Medien nehmen sich diese genauso als Adressat:innen für die eigene Öffentlichkeitsarbeit wahr. Wenn also z. B. intern bekannt ist, dass die eigene Firma aktuell Schwierigkeiten mit der Einhaltung der Umweltstandards hat, kann nicht nach außen Werbung mit einem hohen ökologischen Bewusstsein gemacht werden. Das kann sowohl zu ungewünschten öffentlichen Reaktionen führen, aber auch intern zur Folge haben, dass andere kommunizierte Themen mit Skepsis betrachtet werden. Das gemeinsame Wirklichkeitsverständnis würde so auseinanderfallen, dass die Mitarbeitenden an der Glaubwürdigkeit des Unternehmens zweifeln.

Die Diskussionen um die wesentlichen Stakeholder und deren Behandlung sollte so breit wie möglich geführt werden. Nur so kann sichergestellt werden, dass niemand als Stakeholder vergessen wurde, aber auch, dass alle verstehen, warum das Beschäftigen mit der Umwelt wichtig ist. Gegebenenfalls kann im Zuge dessen auch verständlich gemacht werden, was die Überlegungen hinter einer PR-Strategie sein können, um „Querschläger" besser zu vermeiden.

3.2 Sich zur Umwelt öffnen und aus ihr lernen

Wie kann mit den relevanten Anspruchsgruppen ins Gespräch gekommen werden? Nachstehend einige Beispiele, wie ein Gespräch glücken kann. Dabei werden drei Themen genauer betrachtet: der Umgang mit Kundenanforderungen einschließlich gelungenes Innovationsmanagement, die Erweiterung des Anforderungsbegriffs um die Wertefrage und die strukturelle Öffnung des Systems durch Netzwerke.

3.2.1 Mehr Qualität im Anforderungs- und Innovationsmanagement

Kund:innen sind die offensichtlichsten Stakeholder eines Unternehmens und jedem Unternehmen ist klar, dass es diese gut kennen muss, um überleben zu können. Damit ist wieder die konkrete Rückbindung zum Qualitätsmanagement möglich. Man muss in Verhandlung, also in den Dialog, mit der Kundschaft gehen, um mehr über ihre Qualitätsansprüche zu erfahren.

Die IT-Branche ist, was Qualitätsansprüche anbelangt, eine besonders komplexe Branche. Qualitätserwartungen im Softwarebereich kranken aber noch an einem anderen Problem, das Hersteller von Haushaltsgeräten oder Anbieter von z. B. Wellnessprodukten so nicht haben: Die Möglichkeiten im Softwarebereich sind gefühlt unendlich und Funktionalitäten hängen in einer Art und Weise zusammen, die man als normaler Nutzer weder versteht noch vernünftig beschreiben könnte.

Es ist bei der Softwareentwicklung nicht sinnvoll, zuerst mit den Kund:innen über ein mögliches Produkt zu sprechen, das entsprechend zu entwickeln und dann zu sehen, ob die geforderten Funktionalitäten und Benutzerfreundlichkeit dem entsprechen, was der Kunde bzw. die Kundin sich ursprünglich erwartet hatte. Dies liegt u. a. daran, dass das Verständnis davon, warum was und wie bei einem Programm funktioniert, sich deutlich von dem unterscheidet, wie Kund:innen ein Produkt wahrnehmen und wie Programmierer:innen es verstehen.

Wenn Nutzende über eine Software sprechen, denken sie an das Aussehen, daran, was passiert, wenn sie wohin klicken, und wie lange sie brauchen, um die damit zu erledigenden Aufgaben fertigzustellen. Schlimmstenfalls denken sie auch daran, was nicht geht und welche „Tricks“ sie anwenden, um ein System zu überlisten. Programmierer:innen denken in der dahinterliegenden Struktur, wie einzelne Codekomponenten funktionieren und wie Abhängigkeiten zwischen verschiedenen Funktionalitäten und Datenströmen aussehen. Das sind unterschiedliche Welten, die erst einmal eine Übersetzung von dem einen in das andere benötigen. Die Wirklichkeitsvorstellungen passen nicht zusammen. Man spricht zwei so unterschiedliche Sprachen, dass es fast unmöglich ist, über das Reden darüber auf einen gemeinsamen Nenner zu kommen.

Erschwerend kommt hinzu, dass die Kund:innen ihre Erwartungen nur daran orientieren können, was sie schon kennen, und nicht an dem, was nun neu entwickelt werden soll. Es ist daher in einer Branche, bei der ständig neue Innovationen generiert, neue Nutzungsmöglichkeiten für bekannte Funktionalitäten gefunden werden und insgesamt Dinge schnell über die Änderung des äußeren Designs anders aussehen können, nicht hilfreich, wenn man sich vorab auf konkrete Anforderungen einigen muss. Der „normale“ Kunde kann weder die technischen Möglichkeiten überblicken, noch darauf aufbauend artikulieren, was er nun braucht. Die Folge davon war und ist, dass Anforderungen im Softwarebereich entweder nur diffus formuliert werden oder man sich auf Funktionalitäten einigt, die keine Verbesserungen bringen.

Gemäß dem Kano-Modell (vgl. Kasten „Kano-Modell der Anforderungen“) sind es die nicht artikulierten Wünsche, die über den (Miss-)Erfolg eines Produkts entscheiden. Also die, über die nicht gesprochen wird und die daher auch nicht mit dem gegenseitig vorhandenen Wirklichkeitsverständnis abgeglichen werden. Eine fatale Konstellation, die dazu geführt hat, dass der Frust im Bereich der Softwareentwicklung sowohl aufseiten der Kund:innen als auch der Programmierer:innen sehr hoch war und zu dem „agilen Manifest“ geführt hat. Zielpunkt dieses Manifests war entsprechend, das Programmieren so umzugestalten, dass man die Kundenwünsche besser verstehen und mit den Kund:innen iterativ, also in kleinen Entwicklungszyklen, das Produkt entwickelt.

Kano-Modell der Anforderungen

Das Kano-Modell (entwickelt in den 1970er-Jahren von dem Qualitätswissenschaftler Noriaki Kano) unterscheidet drei verschiedene Gruppen von Funktionalitäten bei Entwicklungsprojekten (mit Beispielen aus der Automobilentwicklung):

- *Basisfaktoren*
  Hierbei handelt es sich um Funktionalitäten, die Nutzer:innen – aufgrund von bereits in der Verwendung befindlichen Produkten – als selbstverständlich betrachten oder die darunterliegend gebraucht werden und nicht bekannt sind; Auto: hat ein Getriebe und eine Gangschaltung, hat einen Scheibenwischer, besitzt einen Bordcomputer und ein eingebautes Navi.
- *Leistungsfaktoren*
  Dies sind die Funktionalitäten, die neu beauftragt werden; Auto: kann zu einem Anhänger für ein zweites Auto umgebaut werden, ist selbstreinigend, im Bordcomputer können ganze Reisepläne hochgeladen und hintereinander abgerufen werden.
- *Begeisterungsfaktoren*
  Begeisterung rufen bei den Kund:innen Funktionalitäten hervor, wenn diese nicht erwartet werden, aber sich in der Nutzung als hilfreich erweisen; Auto: Es gibt nicht nur eine Umbaumöglichkeit zu einem Anhänger, sondern das Auto lässt sich umgebaut auch auf einen Gepäckträger eines anderen Autos laden, das Auto ist nicht nur selbstreinigend, sondern man kann auch die Farbe wechseln, der Bordcomputer erarbeitet mithilfe von KI individuelle Fahrtipps, die zu schöneren Routen führen.

Dazu sind mehrere Dinge zu berücksichtigen:

1. Was ein:e Kund:in als Basisfaktor erwartet, hängt vom jeweiligen *Arbeitskontext* ab. Oftmals werden in einem bestimmten Arbeitsumfeld Funktionalitäten benötigt, die sonst für dieses Programm nicht so relevant sind. Es gibt umgekehrt viele Funktionen, die die Nutzenden in ihrem Kontext nie verwenden. Man sollte sich daher die Arbeitsweise mit dem Produkt sowohl konkret erläutern lassen als auch die Nutzung selbst beobachten. Bestenfalls führt man im Anforderungskatalog auch alle Funktionalitäten auf, die zusätzlich zu den bestellten implementiert werden müssen, um sowohl die Vollständigkeit sicherzustellen als auch eine Kostentransparenz herzustellen.
2. Leistungsfaktoren sind deswegen etwas heikel, weil sowohl Kund:innen als auch Entwickler:innen dazu neigen, sich schnell in den Lösungsmöglichkeiten zu verlieren, statt das Problem ausreichend zu verstehen. Bei jeder Funktionalität muss gefragt werden: Welches *Problem* soll gelöst werden? Gibt es mehr als einen Lösungsweg dafür? So kann sichergestellt werden, dass nicht das Erste, was einem zu einem Thema einfällt, auch unmittelbar beauftragt wird, sondern auch Lösungen durch „Um-die-Ecke-denken“ gefunden werden.

3. Begeisterungsfaktoren sind oftmals das, was initial einen *Marktvorteil* bringt. Sie „mutieren" schnell zu Basisfaktoren, d. h., die Kund:innen erwarten diese auch in Nachfolgeprodukten, ohne dies zu artikulieren. Gleichzeitig besteht die unausgesprochene Hoffnung, dass sich auch in späteren Entwicklungszyklen solche unerwarteten Features einstellen. Das Entwicklungsteam sollte daher vorab überlegen, inwieweit es dieser Erwartungshaltung mit eigenen Ressourcen dauerhaft entsprechen möchte oder kann, bevor es solche unerwarteten Features anbietet.

Für Allgemeines zum Anforderungsmanagement vgl. Chris Rupp (2021).

Die Idee hinter den strukturiert ablaufenden, relativ kurzen Zyklen bei Scrum ist, dass man mit der Kundin oder dem Kunden kontinuierlich und schrittweise erarbeitet, was gebraucht wird. Das heißt, beide Seiten haben nicht den Anspruch, von Beginn an sagen zu können, wie das Endprodukt aussehen muss. Man einigt sich auf Funktionalitäten und fängt dann schnell an, erste Dinge umzusetzen.

Dabei passieren zwei Dinge, die die oben genannten Probleme besser in den Griff kriegen: Der/die Kund:in erhält sofort etwas, was er/sie ausprobieren kann. Das ermöglicht es, viel klarer zu artikulieren, was als Nächstes gewünscht ist. Man „hält" das Produkt schon in den Händen und kann daran auch zeigen, was einem gefällt und was nicht. Die Kund:innenen lernen von den Programmierer:innen, wie die Dinge dahinter zusammenhängen. Dadurch, dass sich die Funktionalitäten erst langsam, vor den Augen der Bestellenden, entfalten, werden Zusammenhänge klarer und es wird verständlicher, wie die Einzelteile zusammenhängen.

Durch praktisches Realisieren und kontinuierliches Reden darüber im Review und dem sogenannten Requirements Refinement, bei dem die nächsten umzusetzenden Anforderungen spezifiziert werden, nähern sich Kund:in und Programmierer:in in ihrer Sprache und damit ihrem Wirklichkeitsverständnis an. Man „versteht" einander besser und kann besser kommunizieren, was man vom anderen noch für Informationen braucht, um eine Entscheidung zu treffen.

Um sicherzustellen, dass man von demselben spricht, sind auch Methoden entwickelt worden, um angeleitet über die Anforderungen zu sprechen. Eine effektive Form ist es, Anforderungen auf eine formale Weise aufzunehmen. Dazu gibt es verschiedene, eher bildliche Methoden oder aber auch die Aufnahme in ganzen, klar strukturierten Sätzen (vgl. Kasten „Anforderungserhebung mit natürlicher Sprache"). Ziel ist es, sicherzustellen, dass man jeweils immer von demselben spricht und nichts ungesagt bleibt, was zum gemeinsamen Verständnis notwendig ist.

Anforderungserhebung mit natürlicher Sprache

1. Grammatik

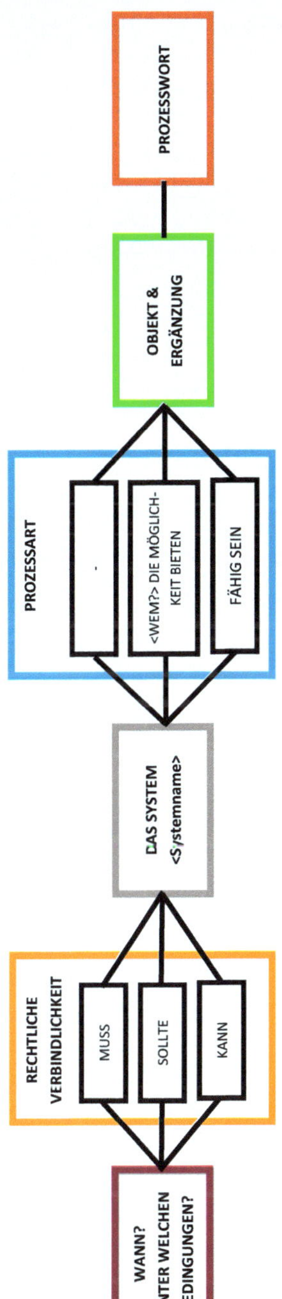

Bild 3.4
Mit logischem, grammatikalisch richtigem Satzbau zu mehr Verständnis

Logischer Aufbau:

1. **System** für die Erbringung der Aufgabe nennen
2. Vertragliche **Verbindlichkeit** definieren (MUSS = Pflichtanforderung, SOLLTE = Wunschanforderung, WIRD = Absicht (Ermöglichung für die Zukunft))
3. **Prozesswort** wählen (= eigentliche Funktion; keine Substantivierungen, sondern inhaltlich gefüllte Verben, nicht „machen", „stellen" etc.)
4. **Prozessart** beschreiben (= auslösender Moment, also ein anderes System, Nutzer:in, automatisch)
5. **Objekte** (= weitere Spezifikationen: was, in welchem Zustand)
6. **Bedingungen** formulieren (= wann muss Funktion möglich sein, unter welchen Bedingungen)

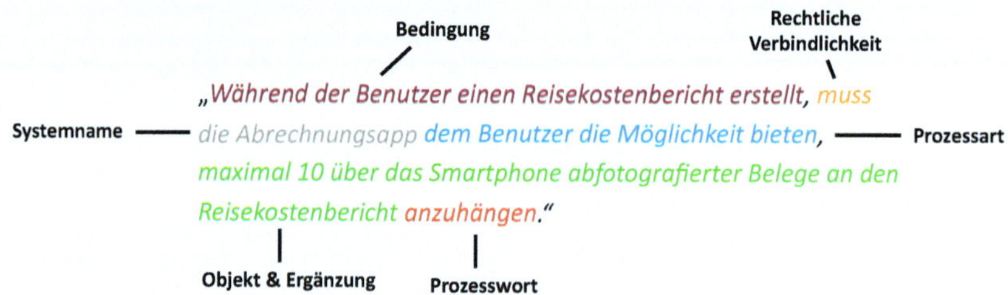

Bild 3.5 Beispiel eines grammatikalisch richtigen Satzes

2. Qualitätskriterien an Anforderungen

- **Eindeutig:** nur in einer Weise zu verstehen
- **Konsistent:** Es gibt keine Konflikte mit anderen Anforderungen.
- **Vollständig:** Es bedarf keiner weiteren Erläuterungen dazu; d. h., es ist in einer Weise beschrieben, dass auch die Prüfkriterien eindeutig davon ableitbar sind.
- **Nur immer eine Anforderung** pro Beschreibung: keine Kombinationssätze
- **Machbar:** Technische Realisationsmöglichkeit ist geprüft.
- **Traceable:** Anforderungen können auf Ausgangsvereinbarung zurückgeführt und weiterverfolgt werden (eindeutige ID!).
- **Überprüfbar:** Es gibt einen bereits bekannten Weg, wie überprüft werden kann, dass die Anforderung erfüllt wurde.

(Vgl. ISO/IEC/IEEE Norm 29148:2011)

Über die ISO-Norm hinaus sollten folgende Kriterien erfüllt sein:

- **Abgestimmt:** mit der Kundin oder dem Kunden und intern
- **Verständlich:** Alle Stakeholder verstehen dasselbe darunter.

Ein anderes Vorgehen ist es, über fiktive, aber typische Nutzer:innentypen *(„Personas")* ein besseres Verständnis davon zu entwickeln, wer mit der Software arbeiten möchte. Werden das technikaffine Millenniums sein oder Menschen mittleren Alters, die noch mit Schreibmaschine und Faxgerät aufgewachsen sind? Sind das Menschen, die gerne möglichst viel selbst einstellen wollen? Lesen sie gerne in der Freizeit oder schauen sie doch eher Filme an? Mit einem ganzheitlicheren Bild kristallisieren sich Anforderungen heraus, die man vorher nicht so artikulieren hätte können, wie z. B. in diesem Fall, dass man je nach Nutzertyp besser das Nutzerhandbuch als richtiges „Buch" oder doch besser als kleine YouTube-Filme entwickelt.

Unterlegt mit sogenannten *User Storys*, die beschreiben, wie diese Personen mit dem Produkt arbeiten, werden die Anforderungen erst richtig klar: Brauchen diese Personen ununterbrochen das Programm oder benutzen sie es nur einmal im Monat? Stehen die Bearbeitungsterminals in dunklen Lagerhallen oder sind extraschnelle Reaktionszeiten wesentlich, weil die Daten über Leib und Leben entscheiden? Diese Fragen ließen sich auch so stellen, aber die Erfahrung zeigt, dass dies nicht ausreichend geschieht.

Das hat damit zu tun, dass man unbewusst vieles voraussetzt, weil man sich die Dinge in der eigenen Welt so vorstellt. Dass das jeweilige Gegenüber dazu andere Erwartungen oder Bedürfnisse hat, fällt einem nicht ein. Würde man direkt z. B. nach der Helligkeit des Bildschirmdesigns fragen, würde vermutlich als Antwort kommen: „so halt, wie alle anderen Programme auch". Dass die einen dabei an die anderen Programme denken, die in der dunklen Lagerhalle laufen, würden die Fragesteller:innen vielleicht nicht merken. Personas und User Storys erzählen etwas von der Wirklichkeit des jeweils anderen und helfen so, den Kontext besser zu verstehen, ohne dass man vorher schon wüsste, welche Fragen man stellen muss. Man verschiebt damit im Sinne des Kano-Modells die Anforderungen aus dem unbewussten Bereich ins Bewusste.

Die Antworten haben großen Einfluss auf das technische Design und Aussehen („Look and Feel") einer Software. Je transparenter dies gemacht werden kann, umso klarer wird auch, worauf der Fokus bei der Programmierung gelegt werden muss. Dass dieser Ansatz inzwischen auch über die Softwareentwicklung hinaus gerne genutzt wird, zeigt eine weitere Methode, die auch gut in der physischen (im Gegensatz zur digitalen) Produktentwicklung eingesetzt werden kann.

Es gibt die berühmte Geschichte von Doug Dietz, Entwickler bei General Electric, der feststellen musste, dass das von ihm entworfene MRT für Kinder so angsteinflößend war, dass sie damit zumeist erst nach Verabreichung eines Beruhigungsmittels gescannt werden konnten. Durch enge Beobachtung des Spielverhaltens von Kindern und Austausch mit pädiatrischem Personal zeigte sich, dass es nicht, wie vermutet, der Lärm der Maschine war, was die Kinder abschreckte. Was sie so verängstigte, war das sterile Setting und die Erwachsenen, die so viel Aufhebens um die Röhre machten. Er entwickelte in vielen Schleifen ein Aufklebersystem, das das angsteinflößende Gerät z. B. in ein Raumschiff verwandelt. Die lauten Geräusche wurden zu Lärm beim Start uminterpretiert. Mit relativ geringen Mitteln wurde so aus einem für Kinder angsterfüllten Erlebnis ein aufregendes Abenteuer, das mit Freude verbunden war.

Dietz betrachtete das zu entwickelnde Produkt nicht mehr allein von der technischen Seite, sondern bezog die Lebenswelt seiner Nutzer:innen ein und arbeitete direkt mit ihnen. Er ging ebenfalls iterativ vor. Jede seiner Ideen wurde sogleich an Kindern ausprobiert, sodass deren Reaktionen unmittelbar in die Weiterentwicklung einfließen konnten. Dazu gab es einen regen Austausch mit interdisziplinären Experten. Auf diesen Erfahrungen aufbauend entwickelte er das Prinzip des *„Design Thinking*".

Wie Scrum arbeitet Design Thinking in Schleifen (Bild 3.6). Dabei werden jeweils neue Erkenntnisse auf die bisherigen Phasen zurückgespiegelt, um diese in die Weiterentwicklung einfließen zu lassen. Man kann also von einem in sich verschränkten Prozess sprechen, der sich in verschiedene Phasen aufteilt, die durch Schleifen miteinander verbunden sind.

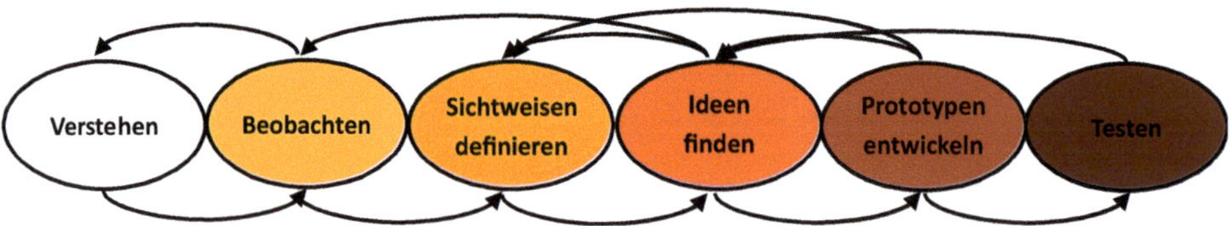

Bild 3.6 Die einzelnen Schritte des Design Thinkings

Die Phasen haben jeweils folgende Ziele:

1. *Verstehen:* Hier werden das Problem und sein Umfeld erfasst; dabei muss darauf geachtet werden, dass die Aufgabenstellung ausreichend präzise und (sprachlich) eindeutig formuliert ist, um nachfolgend zufriedenstellende Ergebnisse zu produzieren. Das Team sollte bereits hier interdisziplinär besetzt sein, um eine ausreichende Betrachtungstiefe zu ermöglichen.
2. *Beobachten:* Nutzende werden in ihrem Verhalten beobachtet. Hierbei gilt es, ein ausreichend diverses Sample an Nutzenden zu identifizieren, um die bekannten blinden Flecken zu vermeiden.
3. *Sichtweisen definieren:* Die aus der Beobachtung gewonnenen Ergebnisse werden zusammengefasst und interpretiert. Dazu werden verschiedene Personas und User Storys definiert und daraus entsteht eine idealtypische Beschreibung der Funktionalitäten des Produkts.
4. *Ideen finden:* An diesem zentralen Punkt müssen nun Lösungen für das vorher formulierte Problem gefunden werden, die aber zu den über Beobachtung identifizierten Verhaltensweisen der Nutzenden passen.
5. *Prototypen entwickeln:* Um weiter nahe an den praktischen Fragen zu bleiben, werden in dieser Phase bereits Prototypen entwickelt, die zum Teil noch rudimentär bis hin zu reinen Visualisierungen sein können.
6. *Testen:* Die entwickelten Prototypen werden Testpersonen zur Verfügung gestellt, die ihre Erfahrungen zurückspiegeln.

Spätestens mit der fünften und sechsten Phase wird auch der iterative Charakter klar: Um sinnvolle Ergebnisse aus der Testphase zu erhalten, muss man beobachten und daraus neue Sichtweisen generieren. Danach wird mit neuen Ideen der Prototyp weiterentwickelt und erneut getestet. Diese Schleifen können dazu führen, dass man nochmal in die Problemdefinition (Verstehen) zurückgehen muss. Es kann aber auch sein, dass man nur den Prototypen weiterentwickelt, um weitere Ideen auszuprobieren. Es entsteht ein Innovationsfluss, der zwischen Analyse, Ideengenerierung und Umsetzung pendelt.

Neben den Vorteilen eines solchen Vorgehens, nämlich ein besseres Verständnis von den Möglichkeiten des Produkts und den Bedürfnissen der Nutzenden herzustellen, bietet ein iteratives Vorgehen noch einen weiteren Vorteil: Es erlaubt die Annäherung an ein komplexes Thema im Sinne des „Cynefin-Modells“ (vgl. Abschnitt 1.1.3). Denn die Entwicklung von Produkten, die innovativ sein sollen, ist nicht mehr nur kompliziert. Das würde ja bedeuten, dass klar ist, wie die Dinge aussehen müssen. Die Zusammenhänge wären in diesem Fall bekannt, wenn auch so verwoben, dass sie erst mit Aufwand verstanden werden. Der Lösungsweg bei einer komplizierten Fragestellung kann damit stringent erarbeitet werden.

Das trifft auf komplexe Fragestellungen nicht mehr zu. Hier sind zumeist nicht mal mehr alle Faktoren bekannt, geschweige denn kann man nach der Analysephase gleich die Lösung benennen. Man muss sich dem Thema langsam annähern und mithilfe von Trial-and-Error an die einzelnen Lösungsaspekte „heranrobben“. Mit Methoden wie Design Thinking, Personas und User Storys macht man alle Dimensionen eines Themas sichtbar und baut in Schleifen ein gemeinsames Verständnis vom zukünftigen Produkt auf. Dabei ist in sich schon vorgesehen, dass man nicht zwingend gleich alle Abhängigkeiten überblickt. Man erarbeitet kleine Ergebnisse und schaut, ob es in die richtige Richtung geht – jederzeit bereit, die Richtung wieder zu ändern, wenn das Ergebnis den erarbeiteten Bedarfen doch nicht entspricht.

Qualität ist Verhandlungssache.

Auf die hier dargestellte Weise tritt man nun anders in die Verhandlung mit den Kund:innen. So gut wie nichts bleibt unausgesprochen, es müssen nicht aus dem allgemeinen Marktverhalten oder spekulativen Befragungen Qualitätsansprüche erraten werden, sondern man verhandelt – und einigt sich auf ein gemeinsames Produktverständnis.

Man holt sich so die Umwelt ins Haus und wird direkt mit den Erwartungen und Ansprüchen der Kund:innen konfrontiert, muss darauf reagieren und sein Wirklichkeitsverständnis daraufhin anpassen. Das hat auch Auswirkungen auf das innere Verständnis eines Systems. Die Menschen sind in diesem Prozess gezwungen, sich mit den Erwartungen aus der Umwelt auseinanderzusetzen und zu reflektieren, ob ihr Verständnis von sich und ihrem Platz in der Welt richtig verortet ist.

Ein solches Vorgehen hat auch Auswirkungen auf die Unternehmenskultur und damit darauf, wie man innerhalb des Systems arbeitet und denkt. Denn mit dem Vorgehen, sich die Umwelt ins Haus zu holen und mit diesen in kleinen Schleifen neue Dinge auszuprobieren, lernt das System neue Verhaltensweisen hinzu. Einerseits, mit Stakeholdern (extern wie intern) gut im Gespräch zu bleiben, und andererseits, dass es in Ordnung ist, sich iterativ an ein komplexes Thema heranzuwagen. In VUCA-Zeiten, in denen man nicht mehr auf Jahre hinaus die Strategie, geschweige denn die dafür notwendigen organisatorischen Veränderungen, vorausplanen kann, wird dem Unternehmen sowieso nichts anderes übrig bleiben, als sich in (agilen) Lernschleifen fortzuentwickeln.

An den Verhandlungen über Qualitätserwartungen lässt sich erkennen, wenn sich ein Unternehmen als Ganzes ändern muss.

„Agil" bedeutet nicht zufällig oder planlos. Ein Unternehmen kann nicht ständig und von heute auf morgen seine Richtung wechseln und sich komplett neu organisieren. Scrum oder Design Thinking tut das auch nicht. Es gibt von Anfang an eine Zielperspektive, sie ist nur zu Beginn nicht bis in alle Details ausgearbeitet. Das Vorgehen selbst ist gut organisiert. Durch das strukturierte, iterative Vorgehen in Verbindung mit dem direkten Dialog mit den Kund:innen bilden diese Methoden eine Inspirationsquelle, wie sich auch Organisationen weiterentwickeln können. Je mehr ein Unternehmen die Erfahrung macht, dass dieses Vorgehen von Erfolg gekrönt ist, umso stärker kann eine Organisation auch diese Erfahrungen nutzen, wenn es darum geht, im Inneren Veränderungen voranzubringen.

3.2.2 Offenheit zur Umwelt über Netzwerke herstellen

Bei agilem Vorgehen zur Produktentwicklung kann man von einer gesteuerten Stakeholder-Kommunikation sprechen. Das Unternehmen entscheidet, mit welchen Kund:innen man ins Gespräch geht und was mit ihnen entwickelt werden soll. Eine Möglichkeit, etwas weniger gesteuert mit der Umwelt zu kommunizieren, ist, fachliche Netzwerke zu etablieren, die entweder dem allgemeinen Austausch dienen oder themenbezogen einen bestimmten Fokus aufweisen.

Netzwerke unterscheiden sich von den sozialen Netzwerken, wie man sie im täglichen Leben kennt, dadurch, dass sie eine semi-formale Struktur haben, d. h., es kann nicht jeder daran teilhaben, sondern das Netzwerk entscheidet, wer dazugehört und wer nicht. Dabei gibt es auch verschiedene Verbindlichkeitsgrade von lose bis zu vertraglich fixiert. Ersterer wäre z. B. eine Austauschrunde über bestimmte Best-Practice-Themen, wie zur IT-Sicherheit in bestimmten Branchen. Am anderen Ende des Spektrums stehen formelle Kooperationsmodelle, bei denen man z. B. gemeinsam ein Produkt entwickelt, wie das VW mit Bosch vereinbart hat, um mithilfe einer gemeinsamen Softwareplattform das autonome Fahren voranzubringen. Dazwischen würde eine Arbeitsgemeinschaft aller Öffentlichen Nahverkehrsverbünde liegen, die sowohl zum allgemeinen Austausch dient als auch, um gemeinsame Interessen gegenüber der Politik zu artikulieren.

Netzwerke kann man entsprechend erst einmal pauschal mit jedem gründen. Jeder, mit dem man sich zusammentut, kann so zum Stakeholder werden. Man kann z. B. ein Netzwerk von sogenannten „Power Usern“ initiieren, um den fachlichen Austausch mit dem eigenen Produkt zu fördern. Damit gelänge der/die Kund:in wieder in den Fokus. Man kann sich aber auch regelmäßig mit seinen Lieferanten treffen, um bestimmte Themen bezüglich der Lieferketten genauer zu beleuchten und gemeinsam neue Zusammenarbeitsmodelle zu entwickeln. Beide Gruppen bieten den Vorteil, dass sie ein originäres Interesse an der Zukunftsfähigkeit des eigenen Unternehmens haben und daher auch aktiv an deren Fortentwicklung interessiert sind. Das macht den Austausch umso fruchtbarer, kann aber auch getrübt sein von einer unkritischen Übernahme der eigenen Prämissen.

Im Folgenden wollen wir uns auf eine besondere Stakeholder-Gruppe konzentrieren und anhand von zwei Beispielen von Netzwerken die Vor- und Nachteile eines Austauschs mit ihnen herausarbeiten. Auch wenn Mitbewerber:innen keinen direkten „Stake“ am eigenen Unternehmen haben, so erheben sie dennoch einen Anspruch auf einen ähnlichen Platz wie das eigene Unternehmen. Sie müssen sich also ähnlich zur Umwelt abgrenzen wie man selbst. Im schlechtesten Fall beanspruchen sie denselben Platz und man muss aufpassen, dass man ihnen gegenüber seine Berechtigungsgrundlage nicht verliert. Man tut also gut darin, diese kennenzulernen und auch deren Wirklichkeitsverständnis mit dem eigenen abzugleichen.

Beispiel „Open Innovation“

Der Wirtschaftswissenschaftler Henry W. Chesbrough (2006), auf den der Begriff *„Open Innovation“* zurückgeht, trägt mit diesem Konzept der Tatsache Rechnung, dass es in hochtechnologischen Branchen für eine Firma nicht mehr möglich und sinnvoll ist, alle notwendige Forschung und Entwicklung alleine zu realisieren. Während also früher die meisten Unternehmen alle nötigen Vorrecherchen, die Entwicklung bis zum Markteintritt eines neuen Produkts in den eigenen Forschungsabteilungen geleistet haben, plädiert er dafür, dass Firmen sich Teile dieser Arbeit über externe Quellen erschließen bzw. auch bereit sind, eigenes Wissen mit anderen zu teilen. Dabei bleibt es der jeweiligen Firma selbst überlassen, in welchen Bereichen und in welchem Ausmaß sie sich öffnen will. Chesbrough grenzt sich von anderen „Open“-Bewegungen ab: Es geht weniger um freien Zugang zu Wissen im Sinne einer gesellschaftspolitischen Forderung. Der marktwirtschaftliche Nutzen für das eigene Unternehmen muss bei der Entscheidung immer zwingend im Mittelpunkt stehen.

Entwicklungskosten lassen sich reduzieren und man bedient sich eines viel größeren Pools an „schlauen Köpfen“, wenn man Forschungsergebnisse jenseits der eigenen

Firmenlabors mit einbezieht. Nicht immer muss man dazu alle Erkenntnisse mit allen Netzwerkteilnehmer:innen gleichermaßen teilen. Manchmal geht es um die Verwertung von Wissen, das in einer Firma im Zuge eines Innovationsprozesses zwar entstanden ist, dort aber erst einmal als ein uninteressantes Abfallprodukt betrachtet wird. Teilt nun diese Firma diese Erkenntnisse mit anderen, besteht die Möglichkeit, dass neue Produktideen entstehen, die zwar für die Entdecker-Firma uninteressant waren, aber für eine andere Firma einen guten Anknüpfungspunkt bieten.

Schneller dürften Innovationen so vielleicht nicht werden. Denn der Austausch mit anderen Firmen sowie die weitere Entwicklung an dem Produkt werden durch dieses Vorgehen nicht einfacher. Trotzdem bleibt zu konstatieren, dass in technologieintensiven Branchen die Abhängigkeiten und Anforderungen an neue Erfindungen so groß sind, dass sie eine Firma alleine eher selten bewältigen kann. Konkrete Beispiele von Kooperation bei der Produkterstellung über die eigenen Firmengrenzen hinaus, also Open Innovation, können neue Wege eröffnen (vgl. Kasten „Open Innovation am Beispiel des High Tech Campus Eindhoven").

Open Innovation am Beispiel des High Tech Campus Eindhoven

1998 richtete der Elektronikhersteller Philips, der durch seine Haushalts-, aber auch medizinische Geräte bekannt ist, an seinem zentralen Standort in Eindhoven den „Philips High Tech Campus" ein, um seine eigenen Forschungs- und Entwicklungskapazitäten zu zentralisieren. 2003 öffnete sich die Forschungseinrichtung für andere Firmen und wurde in „High Tech Campus Eindhoven" umbenannt. Im Zuge dessen wurden Laboratorien, Reinräume und Testeinrichtungen für die Nutzung durch andere geöffnet. 2012 verkaufte Philips die Fazilitäten an einen Investor und ist seitdem nur noch wie andere Firmen Mieter auf dem Campus.

Der Campus erstreckt sich auf einem Quadratkilometer, worauf 45 000 qm Forschungseinrichtungen und 185 000 qm Büros zu finden sind. Außerdem gibt es dort ein Konferenzzentrum, Restaurants und Shops, die dazu einladen, sich miteinander auszutauschen. Aktuell sind dort 300 Firmen mit über 12 500 Forscher:innen, Investor:innen und Verwaltungsangestellten angesiedelt. 118 davon sind Start-ups, aber auch große Firmen wie das Chemieunternehmen BASF, verschiedene Technologiesparten von Siemens oder der Halbleiterhersteller Intel sind vor Ort.

Philips selbst schweigt sich darüber aus, ob und inwiefern es von dem offenen Setting, das der Campus bietet, profitiert. 2004 wurde das „MiPlaza" als ein zentrales Forschungshub mit Entwicklungs- und Reinräumen für alle angesiedelten Unternehmen geöffnet, das Austausch untereinander, aber auch direkten Zugang zu Forschungen und Know-how von Philips bietet. Bei einem Ranking von 2022 aller Patentanmeldungen innerhalb der EU liegt Eindhoven auf dem dritten Platz nach München und Paris. Die meisten stammen von Philips selbst. In der Medizintechnik nahm das Unternehmen weltweit den ersten Platz bei den Patenten ein.

Einige Links dazu (alle besucht am 08. 10. 2023): Webseite des Campus: *https://www.hightechcampus.com*; Interview zu Philips Verständnis von Open Innovation: *https://phys.org/news/2004-06-philips-state-of-the-art-cleanroom-facilities-high.html*; Patentanmeldungen: *https://www.omroepbrabant.nl/nieuws/4066271/eindhoven-en-slimme-uitvindingen-het-blijft-een-prima-combinatie*

Bei Kooperationen mit Konkurrent:innen entstehen nicht nur potenziell neue Produkte, sondern durch das Reden über den Markt, Kundschaft und neue Anforderungen entsteht auch eine Basis, um mehr über die Wirklichkeit, wie sie sich für den jeweils anderen darstellt, zu erfahren. In diesem Fall durch „Player", die sich um ähnliche Themen kümmern wie man selbst. Bei einem Abgleich kann man schnell viel über die Umwelt lernen. Im praktischen Doing wird erlebt, wie der Markt und man selbst darin gesehen wird. Zudem erfährt man, dass – obwohl man in derselben Branche arbeitet – die Vorstellungen von Zusammenarbeit unterschiedlich sein können. Die einen arbeiten vielleicht in einer hierarchischen Firma, wo alles von oben abgesegnet wird. Die anderen entscheiden hemdsärmelig, was die Sache deutlich beschleunigt, aber vielleicht auch die Verantwortung nicht klar regelt. Das regt an, sich zu überlegen, welches der Vorgehen besser für welche Situation geeignet ist und wie man vielleicht das „Beste aus beiden Welten" miteinander zusammenbringen kann. Man hat neben dem sachlichen Austausch auch einen darüber, wie Organisationen funktionieren. Das kann zum Nachdenken über die Mechanismen im eigenen Unternehmen anregen.

Solche Kooperationen bergen auch Gefahren. Eine zu enge Zusammenarbeit bedeutet, dass die Grenzen zwischen dem System und der Umwelt verschwimmen. Was macht das eigene System in der Abgrenzung zum anderen System aus, wenn man gemeinsam Produkte entwickelt? Aus diesem Grund erscheinen Kooperationen von Unternehmen, die verschiedene Märkte bedienen, sinnvoller, als wenn es sich um direkte Konkurrenten handelt – obwohl es im zweiten Fall mehr für die eigene Organisation zu lernen gäbe. Eine Kooperation zwischen VW und Bosch ist dadurch sinnvoll, eine zwischen VW und BMW könnte eher gefährlich werden.

Es besteht auch die Gefahr der Verwechslung der Systeme. Was in einem Unternehmen klappt, muss in einem anderen Unternehmen nicht ebenso erfolgreich sein. Denn auch wenn eine Organisation dasselbe Ziel hat, wird sie sich in den konkreten Mitarbeitenden, den Strukturen und Arbeitsmitteln unterscheiden. Sie wird in der Konsequenz auch eine andere Unternehmenskultur haben. Daher können erfolgreiche Maßnahmen aus dem einen Unternehmen nicht auf ein anderes übertragen werden. Abgrenzung gegenüber der Umwelt heißt in diesem Kontext daher auch, dass man die gemachten Lernerfahrungen z. B. im Rahmen einer gemeinsamen agilen Produktentwicklung im Netzwerk nicht einfach auf eigene, interne Projekte überträgt. Hier stößt man auf etablierte Strukturen, die – anders als in Kooperationen – nicht von Grund auf erst neu definiert werden können.

Man muss erst einmal intern erarbeiten, wie sich neue Erfahrungen in das Vorhandene einfügen. Dies geschieht dadurch, dass die neuen Erkenntnisse breit in ein Unternehmen getragen und dort diskutiert werden. Erst werden die Informationen aus der Umwelt in das System „gespült", sodass diese vernünftig aufgenommen und weiterverarbeitet werden können. Das System lernt erst jetzt richtig hinzu und entwickelt sich weiter.

Nur von „oben" zu diktieren, dass man zukünftig so arbeiten möchte, wie man das in dem Kooperationsprojekt gelernt hat, wird nicht funktionieren.

Beispiel „Interessenverbände"

Unternehmen können sich zu gemeinsamen *Interessensverbänden* gegenüber Dritten zusammenschließen. Lobbyverbände wie die der Autohersteller oder der kommunalen Krankenhäuser dienen dem Austausch untereinander, der mehr Informationen über das Arbeiten und Wirklichkeitsverständnis von potenziellen Konkurrent:innen erlaubt. Zugleich eröffnen sie aber auch die Gelegenheit, mit der Politik und anderen Wirtschaftsverbänden ins Gespräch zu kommen.

Das Gespräch mit der politischen Sphäre bietet ein großes Feld, Wirklichkeitsverständnis zu prägen und damit seinen eigenen Platz im Verhältnis zur Umwelt zu finden. Wenn bestimmte Autohersteller argumentieren, dass E-Fuels notwendig sind, um den Übergang von klassischen fossilen Verbrennern zu E-Autos zu ermöglichen, da sie eine Art „Zwischenstadium" darstellen, dann versuchen sie, eine bestimmte Art von Wirklichkeit zu definieren. Politik dient dazu, einen Konsens darüber herzustellen, wie die Zukunft aussehen könnte und wie darauf angemessen reagiert werden kann. Wenn es nun gelingt, aus der Binnenperspektive eines Unternehmens bzw. einer Branche diese Zukunft so zu skizzieren, dass das eigene Unternehmen sicher einen Platz darin hat, ist schon viel für das eigene Überleben getan.

Man bekommt außerdem viel direkter und schneller mit, wenn die Politik zu der Erkenntnis kommt, dass sich bestimmte Rahmenbedingungen ändern müssen. Das mag den Klimawandel und die Erkenntnis betreffen, dass fossile Verbrenner nicht mehr zeitgemäß sind, oder sich um Vorgaben zu Meldepflichten oder geänderte Zulassungsverfahren für neue Produkte handeln.

Politik prägt die Umwelt und muss gut beobachtet werden.

Je näher man ihr kommt, umso besser ist das für das eigene Wirklichkeitsverständnis. Das wissen auch Politiker:innen und man muss sich bewusst sein, dass eine solche Annäherung inhaltlich nicht immer von Erfolg gekrönt ist. Weil inzwischen jede Art von Interessensgruppe dies verstanden hat und daher der Versuch der Einflussnahme auf die Politik immer stärker wird, werden die Regeln dazu immer strenger.

Wird im Namen einer Branche argumentiert, erhöht dies die Wahrscheinlichkeit von der Politik, gehört zu werden.

Außerdem repräsentieren die Parteien verschiedene Wirklichkeitsverständnisse, die miteinander konkurrieren. Vielleicht ist man sich beispielsweise noch einig, dass die

Klimakrise real ist und bekämpft werden muss, aber die zu ergreifenden Maßnahmen spiegeln verschiedene Weltsichten wider, die belegen, dass es für komplexe Probleme nicht nur die *eine* Lösung gibt. Damit sieht man sich dort mit einem Dilemma konfrontiert, das man bewusst reflektieren muss: Intuitiv würde man sich als System am ehesten an die politische Richtung wenden, die die eigene Weltsicht bestätigt. Eigene Weltsicht heißt meist auch: die am wenigsten Veränderung von einem verlangt. Systeme sind träge und an keiner Veränderung interessiert. Wenn es also eine Partei gibt, die einem bestätigt, dass man als Unternehmen schon alles richtig macht, wird diese als die angesehen, die auch die Wirklichkeit am besten verstanden hat.

Dies muss aber nicht zwingend richtig sein. Auch hier gilt wieder: Die Auseinandersetzung mit den Denkrichtungen, die die eigene Weltsicht nicht bestätigen, könnte neue Impulse geben. Am sinnvollsten beschäftigt man sich daher mit unterschiedlichen politischen Richtungen, diskutiert mit Politiker:innen verschiedener Couleur und setzt sich auch mit Parteiprogrammen auseinander, die einem nicht so zusagen.

3.2.3 Mehr über gesellschaftliche Werte sprechen

Die Beschäftigung mit der Politik eröffnet nicht nur die Perspektive darauf, wie zukünftig die rechtlichen Strukturen, in denen sich ein Unternehmen bewegen muss, verändern können, sondern auch auf die darunterliegenden Werte und moralischen Vorstellungen in einer Gesellschaft. „Wert" ist ein Begriff, den man erst einmal von ähnlichen Begriffen wie „Bedürfnisse" oder „Einstellungen" abgrenzen muss. Während Bedürfnisse eher individuell und Einstellungen eher themengebunden zu verstehen sind, werden Werte fundamentaler als eine Form der moralischen, kollektiven Grundhaltung gesehen.

Der Soziologe Clyde Kluckhohn (1951) hat „Wert" als „das, was wünschenswert" erscheint („desirable", S. 395), definiert. Werte haben seiner Auffassung nach Einfluss auf die Auswahl der vorhandenen Handlungsweisen, Mittel und Ziele einer Aktion. Werte beinhalten nicht nur Ziele, die eine Gesellschaft als erstrebenswert erachten, sondern auch die Mittel und Wege, um diese zu erreichen. Wenn also gesellschaftliche Werte betrachtet werden, dann geht es darum, was die Ziele sein sollen, auf die die Gesellschaft hinarbeiten kann, und welche Mittel dafür als legitim ansehen werden, um diese zu erreichen.

Welche gesellschaftliche Gesamtvorstellungen von Zukunft, die die Grundlage für einzelne Binnenperspektiven wie die einer Kundschaft, Marktkonkurrent:innen oder einzelnen politischen Parteien darstellen, spielen eine Rolle?

Der Zusammenhalt einer Gesellschaft ist davon geprägt, welchen Werten welche Bedeutung zugesprochen werden.

In der Demokratie geht es immer wieder um die Aushandlung dieser grundlegenden Werte. Jede Art von System, das sich als Teil dieser Gesellschaft versteht, muss diese Werte kennen und zum großen Teil akzeptieren, sonst wird es von seiner Umwelt als irrelevant angesehen und versinkt in der Bedeutungslosigkeit (wie auch sich ein Staat auflöst, wenn zu wenige Gruppen dieselben Werte teilen).

Grundwerte in der westlichen, kapitalistischen Welt waren finanzielle Sicherheit und Wohlstand für alle. Ziel jeder Politik war und ist auch weiterhin, diese Werte zu unterstützen und zu fördern. Allerdings kann man Verschiebungen feststellen, die die VUCA-Welt ins Spiel bringt. Die Zeiten vor den Weltkriegen, aber noch bis zu dem 1950er-Jahren, waren in der „normalen" Bevölkerung von einem Gefühl des Mangels geprägt. Es ging entweder ums Überleben oder darum, genug zu essen und einen sicheren Platz zum Schlafen zu haben. Werte wie Sicherheit, körperliches Wohlbefinden und Ordnung waren wesentlich. Um diese zu erhalten, war man noch bis weit in die 1960er-Jahre bereit, sich einem kollektiven Gemeinschaftssinn unterzuordnen, der es weder erlaubte, vorhandene Strukturen zu hinterfragen, noch sein persönliches Wohlbefinden über das der Gemeinschaft zu stellen.

Große empirische Studien konnten in den 1970er-Jahren belegen, dass sich die Erwartungen an die Politik langsam verschoben. Die 1950er- und 1960er-Jahre brachten Wohlstand auch für die ärmeren Bevölkerungsschichten, der es erlaubte, sich mit anderen Dingen als dem reinen Überleben zu beschäftigen. Es trat ein Wandel ein, der bis heute noch anhält. Menschen wollen nicht mehr nur sicher, satt und warm leben, sie wollen sich auch in kultureller, sozialer, religiöser oder sexueller Hinsicht entfalten dürfen. Minderheiten fordern mehr Rechte für sich ein und allgemein werden gesetzte Normen kritisch hinterfragt.

Ein Unternehmen muss sich bewusst sein, dass die Ausprägungen der Stakeholder-Gruppen diverser geworden sind, als es früher der Fall war, und diese auch mit erhöhten Ansprüchen an einen herantreten.

Das Schlagwort, wie man als Unternehmen diesen Entwicklungen begegnet, lautet *„Corporate Social Responsibility" (CSR)*, also gesellschaftliche Unternehmensverantwortung. Die Idee dahinter ist, dass Unternehmen sich mehr oder weniger freiwillig sozialen Belangen und moralischen Verantwortlichkeiten stellen und ihr Handeln nicht mehr allein der Gewinnmaximierung unterwerfen. Es geht um eine ganzheitliche Form von Nachhaltigkeit, die die Dimensionen „Ökologie", „Soziales" und „Wirtschaft" umfassen soll. Die Forderung lautet, so zu wirtschaften, dass nicht nur das einzelne Unternehmen wächst und gedeiht, sondern die ganze Gesellschaft (vgl. dazu Kasten „Drei-Säulen-Modell der nachhaltigen Entwicklung"). Dies kann als eine der grundlegendsten Erweiterungen der gesellschaftlichen Werte der Nachkriegszeit angesehen werden.

Drei-Säulen-Modell der nachhaltigen Entwicklung

Das Modell entstand bereits in den 1990er-Jahren und beschreibt die Notwendigkeit, Nachhaltigkeit ganzheitlich zu denken. 1998 verwendete die Enquete-Kommission „Schutz des Menschen und der Umwelt" des Bundestags das Modell (Bild 3.7):

- *Soziale Nachhaltigkeit:* Ein Staat oder eine Gesellschaft sollte so organisiert sein, dass sich die sozialen Spannungen in Grenzen halten und Konflikte nicht eskalieren, sondern auf friedlichem und zivilem Wege ausgetragen werden können.
- *Wirtschaftliche Nachhaltigkeit:* Eine Gesellschaft sollte wirtschaftlich nicht über ihre Verhältnisse leben, da dies zwangsläufig zu Einbußen der nachfolgenden Generationen führen würde.
- *Ökologische Nachhaltigkeit:* Ökologisch nachhaltig ist eine Lebensweise, die die natürlichen Lebensgrundlagen nur in dem Maße beansprucht, wie diese sich regenerieren können.

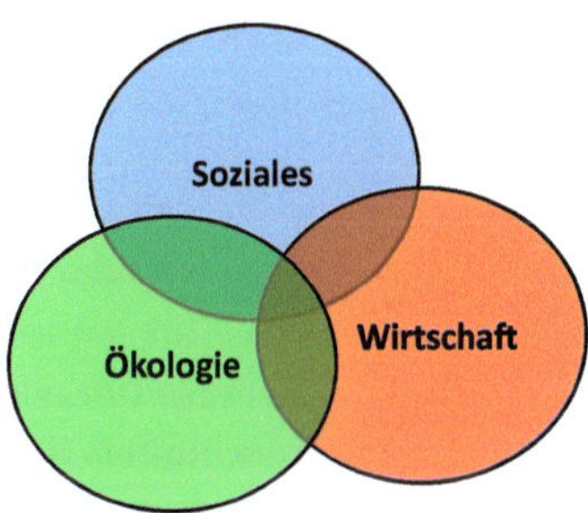

Bild 3.7
Drei Säulen der nachhaltigen Entwicklung

Die Grundidee ist, dass nachhaltige Entwicklung nur möglich ist, wenn alle drei Säulen der Gesellschaft mitbedacht bzw. ausreichend nachhaltig ausgeprägt werden. Ein mögliches Gegenmodell sieht dagegen vor, einen der drei Aspekte (z. B. Ökologie) vor allen anderen zu priorisieren. Dies wird im Drei-Säulen-Modell abgelehnt, da man davon ausgeht, dass die drei Bereiche zu sehr miteinander verwoben sind, als das es genügen würde, sich nur auf einen von ihnen zu konzentrieren.

Das Drei-Säulen-Modell ist als eine Absage gegen das Argument zu verstehen, dass sich mit reiner wirtschaftlicher Prosperität auch sozialer Aufstieg bzw. Gleichheit und ein nachhaltiger Umweltschutz einstellen würde. Es gibt Kritik dahingehend, dass bei dem Modell ignoriert werde, dass die Umwelt die Ressource ist, auf die Menschen und Ökonomie erst ihre Aktivitäten aufbauen können. Ihr sei also Vorrang einzuräumen. Gleichzeitig wird auch kritisiert, dass das Modell zu idealtypisch ist und in der Operationalisierung, also den konkreten Entscheidungen, trotzdem ein Aspekt priorisiert werden müsste.

Siehe dazu auch Michael Hauff (2021).

Damit wird eine Durchlässigkeit zwischen System und Umwelt verlangt, die erst einmal gegen die Logik eines Systems arbeitet: Ein System grenzt sich von der Umwelt dadurch ab, dass es sich als von ihr unterschiedlich betrachtet. Es entwickelt eigene Handlungslogiken (vielleicht auch Werte), die zunächst dem eigenen Überleben dienen. Das Wohlergehen der Umwelt ist für das System erst einmal uninteressant. Allerdings ist die Stabilität der Umwelt auch ein Garant für die eigene Existenz.

Postmaterialistische Werte sind Werte jenseits der physischen, materialistischen Werte (Ronald Inglehart (1971)).

Schon seit frühester Zeit waren Handeltreibende bzw. Unternehmen daran interessiert, eher in stabilen Gesellschaften zu existieren, wo Mord und Totschlag nicht an der Tagesordnung war und man z. B. seine Waren sicher von einer Stadt zur anderen transportieren konnte. In den politischen Wissenschaften wird daher auch die Gründung des Nationalstaats eng mit der Entstehung des Kapitalismus verbunden: Ökonomische Interessen lassen sich besser mit einem funktionierenden Staat, der ein Gewaltmonopol hat und bei Rechtstreitigkeiten urteilt, verfolgen. Werte wie Sicherheit, Ordnung und Wohlstand reflektieren sich daher in System wie Umwelt.

Im postmaterialistischen Zeitalter werden die Anforderungen an ein System komplexer. Es geht nicht nur darum, dass die Umwelt so ausgestaltet ist, dass man darin als System sicher agieren kann, sondern nun stellt die Umwelt auch Ansprüche an ein System, die weit über das Einhalten der rechtlichen Rahmenbedingungen hinausgehen. Sie verlangt, selbstlos Werte anderer in den Blick zu nehmen.

Beispielsweise wird gefordert, dass Lieferketten frei von sozialen Ungerechtigkeiten sein müssen, oder aber, dass man klimaneutral wirtschaftet.

Das stellt einen Paradigmenwechsel dar, der noch nicht abgeschlossen ist. Die ursprüngliche Logik eines Systems war ein eher auf die Gegenwart orientiertes Verhalten: Man beobachtete die Umwelt und richtete sich so aus, dass das eigene Überleben in dieser möglich war. Während des materialistischen Wirtschaftswachstums funktionierte dies über Jahrhunderte ausgezeichnet. Das eigene Ziel der Gewinnorientierung korrespondierte mit dem gesellschaftlichen Ziel des sozialen Wohlstands und der Stabilität. Die Unternehmen/Systeme, die in der Lage waren, aktuelle Bedürfnisse des Markts zu befriedigen, konnten so gut überleben und prosperieren.

Solange man davon ausgehen durfte, dass wirtschaftliches Wachstum jederzeit möglich ist, war dies für das eigene Überleben auch ein legitimes Vorgehen. Systeme haben erst einmal niemand anderen als sich selbst gegenüber eine (moralische) Verpflichtung. Im Zeitalter des Klimawandels und der Überbevölkerung mit seinen Wanderungsbewegungen funktionieren solche kurzfristigen Überlebensstrategien aber nicht mehr. Wenn es der globalen Weltgesellschaft nicht gelingt, das Grundprinzip der globalen Ausbeutung zu beenden, könnten die Veränderungen so massiv werden, dass ein System nicht mehr in der Lage ist, sich an diese Veränderungen angemessen anzupassen. Klimakatastrophen und politische Unruhen aufgrund von großen Flüchtlingsströmen könnten dafür sorgen, dass dem System die eigene Existenzgrundlage entzogen wird.

VUCA, also das Fließende und Unberechenbare der Entwicklungen, würde in einem solchen Szenario heißen, dass die Sachlage nicht mehr nur unübersichtlich wird und sich schnell ändern kann, sondern es könnte bedeuten, dass sich kurzfristig sämtliche Rahmenbedingungen ändern – sei es durch eine Klimakatastrophe, einen Putsch, durch zu große soziale Verwerfungen oder weil das Gesundheitssystem bei der nächsten Pandemie überfordert ist. Aus komplexen Situationen würden zunehmend nur noch chaotische und damit unkontrollierbare werden, schlimmstenfalls auf globaler Ebene.

Es kann sich heutzutage kein System leisten, nur an das eigene Überleben zu denken. Es muss sich über die Beschäftigung mit moralischen Ansprüchen - sei es durch die Politik bereits in Gesetze gegossene, wie z. B. das „Lieferkettengesetz", oder aber aufgrund von moralischen Forderungen durch die Kund:innen nach ökologischen Standards - mit Fragen auseinandersetzen, die das eigene Wachstum eher behindern. Ein System muss daher viel Mühe aufwenden, um zu verstehen, dass die Auseinandersetzung mit solchen Themen langfristig das eigene Überleben sichert.

Diese Interpretation ist auch deshalb wichtig, um sich gegen die Vorstellung abzugrenzen, dass es genügt, CSR aus Marketinggründen zu betreiben. Man kann die Position vertreten, dass man sich einen Marktvorteil gegenüber der Konkurrenz sichert, wenn man auf den Zug des nachhaltigen Wertebewusstseins aufspringt. Dies mag kurzfristig stimmen, aber wenn man soziale und ökologische Verantwortung als reine Marketingstrategie betreibt, wird man als System dauerhaft nicht überleben, da die Umwelt sich zu stark verändert.

Neben dem Aspekt des Postmaterialismus als gesamtgesellschaftliches Phänomen gibt es noch eine individualistische Betrachtungsebene, die ebenfalls im Rahmen des Themas „Wertewandel" in der westlichen Welt betrachtet werden muss. Aufgrund des veränderten Fokus auf die *persönliche Selbstentfaltung* fordern in vielen Bereichen Minderheiten ein stärkeres Gehör. Sie wollen in ihren eigenen Bedürfnissen besser wahrgenommen und gegebenenfalls auch besonders gefördert werden. Normativen Bildern, wie die des heterosexuellen Paars, des christlichen Jahreszyklus mit Weihnachten, Ostern und Pfingsten, werden buntere Bilder gegenübergestellt, bei denen Menschen mit Behinderungen, unterschiedlicher sexueller Orientierung, verschiedener oder keiner religiösen Bindung und unterschiedlicher Hautfarbe gemeinsam miteinander die Gesellschaft prägen.

Dies bedeutet für eine Gesellschaft große Aushandlungen, die mit eigenen Konflikten und Wertediskussionen einhergehen. Diese Selbstbestimmung führt dazu, dass die Welt bunter wird, aber für ein System auch weniger überblickbar. Ein klassisches Beispiel ist die Werbung. Werbung beruht darauf, dass ein System seine Umwelt ausreichend genug kennt und versteht, was es für Angebote machen muss, um für Käufer:innen hervorzustechen.

Für z. B. eine Waschmittelfirma war das früher einfach: Adressatinnen waren Hausfrauen, die sich darüber definierten, dass sie den gesellschaftlichen Ansprüchen an einen sauberen Haushalt gerecht wurden. Inzwischen muss man aber sicherstellen, dass das Produkt nicht nur sauber wäscht, sondern auch noch ökologisch unbedenklich ist. Es muss gleichzeitig für viele verschiedene Stoffarten und -farben funktionieren, weswegen man Bunt-, Weiß-, Schwarz-, Woll- und Feinwaschpulver anbietet. Auch die gestresste Geschäftsfrau (oder der gestresste Geschäftsmann) muss schnell und zuverlässig ohne viel Schnickschnack eine Wäsche waschen können. Hierfür gibt es inzwischen nicht nur Pulver, sondern flüssiges Waschmittel oder Tabs. Mit jedem dieser Angebote versucht man, eine bestimmte Gruppe anzusprechen und seine eigene Nische zu finden. Der Markt und damit das Marketing werden fragmentierter.

Werbung sowie andere Interaktionen mit der Umwelt werden anspruchsvoller. Gleichzeitig entwickeln sich so auch neue Nischen, die es verschiedenen Unternehmen erlauben, sich einen Platz auf dem Markt zu verschaffen, den es in einer früheren, an Vereinheitlichung orientierten Welt nicht gegeben hätte. Doch für ein System ist es nicht trivial, ein ausreichend gutes Verständnis von diesen diversen Ansprüchen zu entwickeln.

Durch verschiedene Stakeholder-Aktivitäten ergeben sich Möglichkeiten, mehr über die unterschiedlichen Werte und Ansprüche aus der Umwelt zu erfahren.

Diese Sichtweisen werden immer zersplitterter und bereiten damit immer noch mehr Aufwände, um sie zu identifizieren und sich mit ihnen zu beschäftigen. Dies muss daher genug verstanden und gesteuert werden, um nicht zum reinen Selbstzweck zu verkommen.

Qualitätsmanagement im Sinne des Managements der Erwartungen einer Umwelt an das eigene Unternehmen darf angesichts des postmaterialistischen Wertewandels nicht mehr nur rein materielle Ansprüche im Auge behalten. Qualität bedeutet in einer postmaterialistischen Zeit auch, dass ein Produkt dem Anspruch auf moralische Integrität gerecht wird. Verbunden mit materiellen Rahmenbedingungen wie z. B. erhöhte Produktionskosten aufgrund von ökologischen und sozialen Anforderungen wird die Definition des erwünschten Qualitätsniveaus nicht einfacher.

3.3 Personalgewinnung und Diversität

3.3.1 Veränderungsbereitschaft durch Diversität

Anders als früher, wo sich Unternehmen darauf konzentrieren mussten, aus einer Vielzahl an Bewerbenden den oder die Richtigen zu identifizieren (Schlagwort: Assessment-Center), muss man jetzt in vielen Branchen froh sein, wenn Bewerbungen eingehen. Man kann sich nicht den Luxus leisten, dann auch noch entscheiden zu wollen, wie denn ein:e Kandidat:in aussehen muss, die oder der zu einem „passt". Man muss sich „öffnen" – ob man will oder nicht.

Will man sich die Umwelt in ihrer ganzen Buntheit und damit Diffusität ins Unternehmen holen, muss man Diversity aus einem anderen Verständnis heraus für wichtig erachten und fördern. Die Logik lautet dann nicht, dass man neue, „fremdere" Kulturen ins Unternehmen holt, da man sonst seine Stellen nicht besetzt bekommt.

Man muss sich als Unternehmen öffnen, um als Organisation die nötige Flexibilität gegenüber Veränderungsbedarf aus der Umwelt zu bekommen. Die Herausforderung ist, genau für die attraktiv zu werden, die nicht hundertprozentig zu dem Unternehmen „passen", sondern dieses durch alternative Denkweisen und neue Impulse bereichern können.

Unternehmen neigen beim Recruiting zur „Gravitation", wie das der Psychologe Friedemann W. Nerdinger (2019) nennt. Das Konzept besagt, dass Menschen mit bestimmten Merkmalen zu Organisationen, die ihnen ähnlich sind, „gravitieren" bzw. von ihnen bevorzugt ausgewählt werden. Ein System neigt dazu, sich selbst zu reproduzieren bzw. Leute zu bevorzugen, die ihr Wirklichkeitsverständnis teilen. Wenn man also im Bewerbungsgespräch jemanden trifft, der dieselben Wörter verwendet und sich so benimmt, wie man das selbst tut, hat man das Gefühl, dass dieser Mensch auch gut ins Unternehmen passen wird.

„Homogenität" erscheint in einem Unternehmen erst einmal deswegen erstrebenswert, weil damit erwartet werden kann, dass Zusammenarbeit reibungslos abläuft und Konflikte ausbleiben. Menschen, die als fremd bzw. nicht dazugehörig gelten, werden hingegen als Problem angesehen, da man ihnen unterstellt, dass sie das Unternehmen nicht „verstehen" würden und daher nur mit Mühen produktiv zu bekommen sind. So entsteht Reibungsverlust, den es zu vermeiden gilt.

Diversity ist das Gegenkonzept zur Gravitation. Der Begriff selbst wird in der Fachwelt heiß diskutiert, vor allem, wer oder was dazu zählt und was nicht. Für das Folgende braucht es keine klare Abgrenzung, sondern man kann sich an einer relativ offenen Definition von Diversität orientieren, wie sie der Soziologe Merlin Schaeffer (2016, S. 47) verwendet:

> *„Die meisten Menschen werden ein intuitives Verständnis davon haben, was Diversität ist. Diversität wird tendenziell verstanden als Verschiedenartigkeit der Teile einer Menge, wie etwa die Verschiedenartigkeit von Angestellten einer Firma. Diversität ist also das Gegenteil von Homogenität. Welche Eigenschaften hierbei gesellschaftlich relevant sind, ist sozial-historisch kontingent; heutzutage etwa Sprache, Nationalität und Migrationshintergrund, Religion, Geschlecht oder Alter.“*

Es muss ein gemeinsames Verständnis darüber hergestellt werden, was als „wahr“ und „richtig“ angesehen werden kann. Doch dieses gemeinsame Verständnis ist an Zeit und Ort gebunden und wird in Königsberg des 18. Jahrhunderts andere Gestalt annehmen wie in Neu-Delhi des 21. Jahrhunderts. Entsprechend kann auch das, was als Abweichung angesehen wurde, je nach Ort und Zeit sehr unterschiedlich angesehen werden. Jedes Unternehmen muss für sich selbst herausfinden, was die Norm darstellt und wo die Abweichungen zu finden sind. In dem einen Unternehmen könnte dann der Fokus mehr auf das Alter oder Geschlecht und in dem anderen auf Bildung oder kulturellem Hintergrund liegen.

Um daher sagen zu können, was als „normal“ anzusehen ist, braucht es zuerst einmal ein Grundverständnis für die soziale Struktur der eigenen Belegschaft. Lee Gardenswartz, Anita Rowe (2008) sprechen von den vier Schichten der „Diversität“ (Bild 3.8):

- *Persönlichkeit*

  Sie macht den Kern unseres Seins aus und bestimmt unsere Einzigartigkeit.

- *Innere Dimension*

  Hierbei handelt es sich um primäre Faktoren, auf die wir erst einmal keinen Einfluss hatten, da wir dort „hineingeboren“ wurden.

- *Äußere Dimension*

  Sie ist ein Ergebnis unserer Sozialisation und Lebenserfahrung.

- *Organisationale Dimension*

  Die letzte Schicht verortet uns im Gefüge des Unternehmens und dem konkreten Arbeitsumfeld.

Mithilfe der verschiedenen Schichten lassen sich nicht nur die Faktoren von Diversität gut greifen, sondern sie erlauben es auch, zu sehen, wo es eventuell Gemeinsamkeiten zwischen zwei Gruppen gibt, die sich vielleicht nur in einem signifikanten Merkmal (z. B. Hautfarbe) unterscheiden.

Mithilfe von Auswertungen aus den Personalakten und Befragungen lassen sich Unterscheidungskriterien identifizieren und entsprechend gruppieren. Je homogener ein Faktor im Unternehmen besetzt ist, mit umso geringerem Verständnis kann gerechnet werden, wenn ein einzelner Mensch von dieser Norm abweicht. In einem Unternehmen müssen nicht jeweils alle der genannten Faktoren ausgewertet werden. Allerdings könnten die Themen, die man erst einmal als irrelevant betrachtet, auch die sein, die es lohnt, sich genauer anzusehen ...

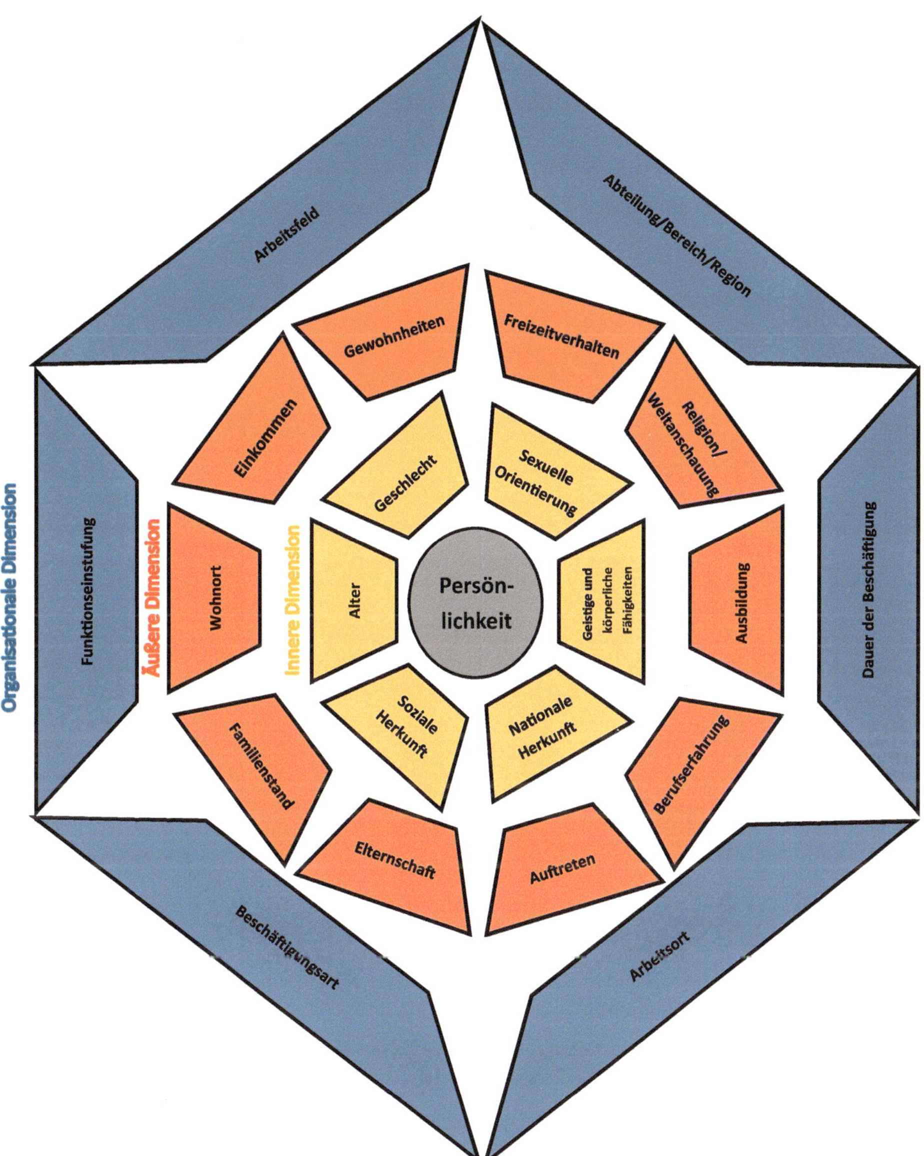

Bild 3.8 Die vier Schichten der Diversität (Lee Gardenswartz, Anita Rowe (2008, S. 31 – 33))

Hat man damit den Status quo erfasst, macht es wenig Sinn, feste Quoten zu etablieren, welche und wie viel „Andersheit" nun dem Unternehmen „zugeführt" werden sollte. Damit würde man das Recruiting angesichts der aktuellen Arbeitsmarktlage klar überfordern. Jedoch erlauben es die Kenntnisse darüber, wo es mehr homogene Besetzungen und wo es zu bestimmten Themen mehr Diversität gibt, bewusster über

Recruiting und Beförderungsmechanismen nachzudenken. Gleichzeitig geht es darum, insgesamt im Unternehmen mehr Sensibilität darüber herzustellen, dass das, was man selbst für „normal" hält, nicht für alle die Norm darstellt. Es geht um die Vermittlung einer allgemeinen interkulturellen Kompetenz, die weit darüber hinaus geht, dass man Muslim:innen die Möglichkeit gibt, den Ramadan angemessen begehen zu können (vgl. Kasten „Kulturstandards als Schlüssel zur interkulturellen Kompetenz").

Kulturstandards als Schlüssel zur interkulturellen Kompetenz

Der Begriff „Kulturstandards" entstand in den 1990er-Jahren im Kontext von multinationalen Konzernen und deren Schwierigkeiten, eine gemeinsame Unternehmenskultur zu entwickeln. Das Konzept geht davon aus, dass jede Kultur/Nation eigene Normen und Maßstäbe in Bezug auf bestimmte *kulturelle Dimensionen* aufweist. Konflikte zwischen Repräsentanten verschiedener Kulturen lassen sich oftmals auf grundlegende Unterschiede in diesen Maßstäben zurückführen: Da man nicht dasselbe Wirklichkeitsverständnis teilt, kommt es zu verschiedenen Interpretationen von Handlungen, die zu Missverständnissen führen.

Kulturstandards können hier als *Orientierungssystem* dienen und erlauben es, verschiedene Verhaltensweisen besser hinsichtlich deren sozialen Normen zu vergleichen, weil damit ein konkretes „Raster" vorliegt, um Kulturen in Bezug auf ihren Erwartungshorizont zu beschreiben. Verbunden mit diesem Konzept ist der Aufruf, sich mit den jeweils vorherrschenden Standards zu beschäftigen, wenn man z. B. in das Land reist bzw. Menschen mit anderen kulturellen Hintergrund verstärkt gewinnen möchte.

In solchen *Stereotypisierungen* liegt eine Gefahr, da Individuen immer auch eigene Erfahrungen haben und daher selten Standards in Reinform entsprechen. Noch komplizierter wird die Sache, wenn man sich mit Menschen beschäftigt, die bereits in zweiter oder dritter Generation im eigenen Land leben. Ihre Erfahrungen stellen oft eine Gemengelage aus der Kultur der Elterngeneration und der von Deutschland dar.

Darüber hinaus muss man konsternieren, dass auch Nationen in der Lage sind, sich kulturell zu verändern, wie das Beispiel Irland zeigt. War es ursprünglich aufgrund des Einflusses der katholischen Kirche eines der konservativsten Länder Europas, hat es inzwischen ein sehr liberales Abtreibungsrecht und erlaubt die gleichgeschlechtliche Ehe. Ungeachtet dessen lassen sich statistische Korrelationen zwischen bestimmten Verhaltensstandards und nationaler Zugehörigkeit feststellen.

Kulturstandards sollten daher nicht als allgemeingültige Aussagen zu Menschen aus einem bestimmten Kulturkreis verstanden werden, sondern als eine Einordnungshilfe dafür, wenn es zu Konflikten zwischen Menschen bei verschiedenen kulturellen Hintergründen kommt. Das Ordnungssystem muss im jeweiligen Kontext kritisch reflektiert werden, kann aber helfen, das Problem zu benennen und damit auch „bearbeitbar" zu machen.

Folgende *Dimensionen* können hierfür herangezogen werden:

- *Individuelle vs. kollektive Orientierung*
  Hier steht im Mittelpunkt, wie groß der individuelle Handlungs- und Entscheidungsraum davon abhängt, was die Gruppe wünscht, also z. B. welche Rolle die Meinung der Familie bei der Berufswahl spielt.
- *Grad der Machtdistanz*
  Hierbei geht es darum, wie groß die Akzeptanz in der Bevölkerung ist, wenn Macht ungleich verteilt ist. Das bezieht sich beispielsweise auf die Frage, wie hierarchisch ein Unternehmen aufgebaut ist und was für Entscheidungsspielräume dem Einzelnen zugestanden werden.
- *Unsicherheitsvermeidung*
  Dies betrifft die Risikobereitschaft in einer Kultur, also ob man sich an Bewährtem orientiert oder bereit ist, auch mal etwas auszuprobieren. Dies erklärt vielleicht, warum viele neue Managementmethoden aus den USA stammen: Hier dürfte die Bereitschaft, mit der Tradition zu brechen, höher sein als in Deutschland.
- *Maskulinität vs. Feminität*
  Dabei geht es um die Überzeugung, dass es Unterschiede zwischen den Geschlechtern gibt, die auch legitim sind und daher Geltung haben, oder ob es Ziel einer Gesellschaft sein muss, diese zu überwinden. Ersteres geht meistens einher mit einer Unterdrückung von Frauen, wie man sie aus der klassischen Machismo-Kultur in Südamerika kennt.
- *Langzeit- und Kurzzeitorientierung*
  Bei dieser Dimension geht es um die eigene Verortung in der Zeitachse: Wie wichtig ist bei den Entscheidungen die Vergangenheit, das Jetzt oder die Zukunft? Manche Menschen leben eher von einem Tag auf den anderen, Langzeitplanungen spielen keine große Rolle, während in anderen Kulturen Kurzfristziele immer in den Kontext der Langfristplanungen gestellt werden müssen.
- *Sachorientierung vs. Beziehungsorientierung*
  Bei der Beziehungsorientierung hat der Aufbau von (guten) Beziehungen Vorrang vor dem persönlichen Vorteil, bzw. vor sachlichen Zielen. In diesem Fall wird mehr Aufwand in soziale Interaktion gesteckt und Geschäftsfragen werden dem Kennenlernen untergeordnet. Deutsche haben z. B. den Ruf, sehr sachorientiert zu sein, was in anderen Kulturen als Unhöflichkeit ausgelegt wird, da zu wenig Zeit in den Beziehungsaufbau investiert wird. Eng verwandt mit dieser Frage ist auch, wie viel Ausdruck von Gefühl in einer Gesellschaft als akzeptabel angesehen wird.
- *Direkte vs. indirekte Kommunikation*
  Dies steht in Verbindung mit der vorherigen Dimension: Wie deutlich werden Dinge angesprochen bzw. wie sehr muss man versuchen, die Nachrichten zu „verpacken“? Auch hier kann es zu großen Missverständnis kommen, wenn die einen nur kompliziert und über Umwege ihre Probleme ansprechen, während die anderen erwarten, dass „Tacheles“ gesprochen wird.

- *Leistungsorientierung*
  Hierbei geht es darum, inwieweit von der Gesellschaft Leistungsbereitschaft belohnt wird. Dieser Aspekt wird oft als einer der Gründe für das Versagen von kommunistischen Gesellschaften angesehen, da sich hier (gemäß der Ideologie) die persönliche Leistung nur bedingt individuell auszahlte.

Vgl. Geert Hofstede, Gert J. Hofstede, Michael Minkov (2017).

Andersheit stellt erst einmal eine Irritation für ein System dar, denn sie stellt infrage, was als sozial „normal" vereinbart wurde. Begegnet man Fremdheit nur außerhalb des eigenen Systems, also in der Umwelt, kann man das noch als irrelevant abtun und muss sich nicht damit beschäftigen. Man hat dann aber auch keinen Sensor dafür, was sich in der Umwelt verändert haben könnte. Wenn man sich aber diese Fremdheit ins eigene Unternehmen holt, müssen bisher implizit als richtig erachtete Wahrheiten aufgrund der anderen kulturellen Erfahrungen hinterfragt, erklärt und neu verhandelt werden. Man muss sich viel öfter über die Wirklichkeit verständigen, als wenn man schon von vornherein denselben „Background" hat.

Dass strategisches Diversity Management Zeit und Geld kostet, wird hier nicht in Abrede gestellt. Allerdings kann diese Irritation durch Andersartigkeit auch zum Vorteil der Organisation werden, wenn es nicht allein bei der Störung selbst bleibt, sondern wenn den Beteiligten auch die Möglichkeit gegeben wird, diese wahrzunehmen und gemeinsam zu besprechen. Im besten Fall werden dann solche Impulse nicht mehr als Bedrohung angesehen, sondern können mithilfe der bereits entwickelten Kompetenzen reflektiert und je nach Ergebnis zum eigenen Wirklichkeitsverständnis hinzugefügt werden. Innovationskraft heißt dann Reflexionsfähigkeit und Veränderungswille auf sowohl individueller als auch organisationaler Ebene. Es besteht damit auch ein enger Zusammenhang zwischen Diversity Management und allgemeinem Human Resource Management in Bezug auf Personalauswahl, Abteilungszuschnitte und Onboarding-Prozesse.

Recruiting-Offensiven, die gezielt „untypische" Bevölkerungsgruppen ansprechen, und besondere Onboarding-Programme, die darauf abzielen, nicht „denen" zu sagen, wie es „hier" läuft, sondern die bereits zu Beginn einen offenen Dialog erlauben, und ein geeignetes Schulungsangebot zur Vermittlung von mehr interkultureller Kompetenz sind wichtige Aspekte eines auf mehr Diversität ausgerichteten Unternehmens. Ziel muss sein, alle neuen und alten Mitarbeitenden dazu zu befähigen, sich ihrer eigenen kulturellen Begrenztheit im Klaren zu werden und Irritationen durch Fremdheit als solches wahrzunehmen, angemessen zu artikulieren und verhandeln zu können. Gelingt es einem Unternehmen, Fremdheitserfahrungen im Arbeitsalltag so zu ermöglichen, dass die Mitarbeitenden immer wieder über ihr gemeinsames Arbeiten reflektieren, ohne gleich alle Grundannahmen ständig infrage stellen zu müssen, ist eine Erweiterung bzw. Öffnung eines zu Homogenität und Geschlossenheit tendierenden Systems möglich.

3.3.2 Recruiting bei Arbeitskräftemangel

Im Zeitalter des demografischen Wandels stellt die Besetzung von freien Stellen jedes Unternehmen vor Herausforderungen. Man muss um die Kräfte inzwischen werben und sich als Arbeitgeber so attraktiv wie möglich darstellen. „Employer Branding" ist hier das Schlagwort.

Will man sich nicht nur als attraktiver Arbeitgeber darstellen, sondern auch dafür sorgen, eine große Breite an Interessierten anzusprechen, muss man sich fragen, welche Kanäle und aus welcher Perspektive heraus Recruiting und Employer Branding am besten passieren kann.

Die Antwort lautet: vor allem indirekt. Was ist damit gemeint? Die direkte Perspektive wäre, zu sagen, man muss sich als ein diverser Arbeitgeber positionieren und entsprechende Werbekampagnen in den Medien fahren, um zu zeigen, dass man eine heterogene Belegschaft wünscht und anstrebt. Und man muss schauen, dass die Werbeanzeigen so divers wie möglich formuliert sind, damit sich alle angesprochen fühlen. Dabei hilft es, sich z. B. Feedback zu Werbeanzeigen von Gruppen zu holen, die man erst einmal nicht so im Visier hat. Vielleicht kann man über die deutsche Sprachgrenze hinausgehen, um auch Bewerberinnen und Bewerber aus dem Migrationsumfeld anzusprechen. Diese Mittel sind wichtig und sollten von keinem Arbeitgeber ignoriert werden.

Der gewünschte Effekt lässt sich jedoch verstärken, wenn man sich zweier indirekter Mittel behilft: Intermediäre und Blind Auditions.

Employer Branding durch Intermediäre

Solange nur der Arbeitgeber selbst von sich als diversen Arbeitgeber berichtet ohne sichtbare Zeichen dafür, dass diese auch vorhanden ist, wirken solche Kampagnen aufgesetzt und gewollt. Es muss sichergestellt werden, dass dies auch durch glaubhafte Zeugnisse unterfüttert wird. Dies kann gelingen, wenn man sich der mehr ungesteuerten Kommunikation über Social Media bedient.

Das Besondere an Social Media ist, dass die Kommunikation nicht wie bei der eigenen Webseite nur monodirektional durch das Unternehmen funktioniert. Der Mehrwert dieser Kommunikationsform ist, dass Inhalte von anderen aufgegriffen, kommentiert und weiterverbreitet werden. Dies birgt die „Gefahr", dass das Unternehmen nicht mehr allein über die Verbreitung bestimmen kann. Allerdings kann es auch dazu dienen, mithilfe von „Intermediären", also Mittler:innen, die Glaubwürdigkeit der Inhalte stark zu erhöhen.

Wenn man eine diverse Belegschaft hat, die das eigene Unternehmen gut und als Arbeitgeber interessant findet, sollte man daher die eigenen Mitarbeitenden dazu animieren, davon zu erzählen. Man stellt spannende Geschichten aus dem (diversen) Arbeitsalltag in den klassischen Recruiting-Medien wie Xing oder LinkedIn zur Verfügung und animiert die Mitarbeitenden dazu, diese auch zu teilen. Man verliert die Kontrolle über das Gesagte, gewinnt aber an Glaubwürdigkeit hinzu.

Die vom Unternehmen geteilten Geschichten sollten von konkreten Arbeitserfolgen oder dem offenen und toleranten Miteinander in einem modernen Arbeitsumfeld erzählen. Das Erzählte muss erst einmal die eigenen Mitarbeitenden ansprechen, sie müssen sich darin wiederfinden und stolz sein, ein Teil einer solchen Organisation zu sein. Das bedeutet, dass die Geschichten auch der Wahrnehmung dieser entsprechen müssen. Die eigenen Mitarbeitenden können diese sonst sofort entlarven. Erkennen sich die Mitarbeitenden darin wieder, erzählen sie gerne davon, da es ein Leichtes ist, einen solchen Social-Media-Eintrag zu liken oder zu retweeten.

Gleichzeitig empfiehlt es sich, interne Kampagnen zu starten, die die Leute dazu auffordern, ihre eigenen Geschichten bzw. die vom Unternehmen bereits publizierten Themen selbst weiterzuverbreiten. Im Sinne der Glaubwürdigkeit darf das aber nicht unter Zwang geschehen. Stößt man hier auf Widerstände, kann man diese als einen Indikator sehen, dass die eigene Wahrnehmung vom Unternehmen nicht der entspricht, die andere davon haben. Auch dies kann einen Erkenntnisgewinn bringen. Gelingt es, kongruent zu kommunizieren, erhält das Image des Unternehmens mehr Glaubwürdigkeit.

Blind Auditions

Während man mit Likes der eigenen Mitarbeitenden beim Recruiting „über Bande" spielt und damit indirekt mehr Vertrauenswürdigkeit nach außen gewinnt, dient das Prinzip der „Blind Auditions" eher dazu, nicht ununterbrochen über Diversity nachzudenken, sondern dieser eher über indirekte Mittel eine Chance zu geben. Fokus ist hier der Auswahlprozess bei den Bewerbungen.

Der Begriff „Blind Auditions" ist bekannt geworden durch die Castingshow „Voice of Germany", die sich seit 2011 als ein bewusstes Gegenkonzept zu „Deutschland sucht den Superstar" positioniert hat, indem sie gezielt Menschen eine Bühne geben wollte, die nicht den gängigen äußerlichen Klischees entsprechen. Die Macher:innen der Show haben dort zu Beginn der Auswahlphase Blind Auditions eingeführt, bei denen die Jury mit dem Rücken zur Bühne das Vorsingen hört. Erst, wenn sie den oder die Singende:n interessant genug finden und sich für sie oder ihn entschieden haben, dürfen sie sich umdrehen. Es soll also allein um die Performance gehen und nicht um das Aussehen, um nicht vorschnell ein Urteil zu fällen.

Dieses Prinzip kann man inzwischen auch im Recruiting finden. Hierbei gibt es verschiedene Ideen und Ansätze, um zu verhindern, dass die Auswählenden zu viel Hintergrundwissen von Bewerbenden erhalten, um sogenannten „Racial Biases", also kulturelle Vorurteile, zu verhindern. So kann vermieden werden, dass man sich nicht ausreichend mit den konkreten Bewerbern auseinandersetzt, weil man diese zu vorschnell in eine Schublade steckt (vgl. Kasten „Racial Bias im Recruiting").

Racial Bias im Recruiting

- Unbewusste Vorurteile gegenüber marginalisierten Gruppen
  Menschen, die einer Minderheit angehören, werden automatisch als (noch) fremd(er) angesehen. Man traut ihnen nicht zu, sich in die Mehrheitskultur angemessen zu integrieren.
- Gravitationseffekt
  Wesenszüge oder auch Meinungen, die einem selbst zu eigen sind, werden an anderen als sympathisch wahrgenommen. Dabei gilt auch: Solange man an sich selbst keinen Veränderungsbedarf identifiziert hat, ist man auch gewillt, an anderen problematische Wesenszüge zu entschuldigen.
- Der erste Eindruck zählt
  Oftmals entscheidet der erste Eindruck über alle weiteren Bewertungen zu einer Person. Kombiniert sich das mit Vorurteilen gegenüber z. B. fremdländischem Aussehen, haben Bewerber keine Chance, aus der „Schublade", in der sie gelandet sind, zu entkommen.
- Einzelaspekte werden überbewertet
  Ein Persönlichkeitsaspekt überlagert alle anderen. Auch hier gilt: Wird ein:e Bewerber:in als fremd eingestuft, werden nur noch weitere Wesenszüge wahrgenommen, die ebenfalls als fremd angesehen werden, auch wenn ansonsten kulturell keine großen Unterschiede festzustellen sind.
- Falscher Zusammenhang zwischen Eigenschaften und Kompetenz
  Es werden falsche gedankliche Verbindungen hergestellt, die Kausalität mit Korrelation verwechselt. Selbst, wenn es häufiger vorkommt, dass Frauen aufgrund von familiären Pflichten öfter in der Arbeit fehlen, ist es nicht zwingend zu erwarten, dass das auch bei einer konkreten Bewerberin der Fall ist.
- Bewerber:innen werden nicht aufgrund ihrer Leistung beurteilt, sondern wie sie im Vergleich mit Mitbewerber:innen aufgetreten sind:
  Waren davor Bewerber:innen eingeladen, die vermeintlich gut passen, man selbst hat aber z. B. erst einmal einen fremderen Eindruck gemacht, landet man/frau am unteren Ende der Kandidat:innen-Reihung, als wenn der Fall umgekehrt gelaufen wäre.

2018 wurden die Ergebnisse einer größeren Testreihe des Wissenschaftszentrums Berlin für Sozialforschung veröffentlicht, bei denen auf reale Stellenanzeigen in acht Ausbildungsberufen Bewerbungen verschickt wurden, die in Bezug auf Herkunft, Religionszugehörigkeit und Geschlecht und Bild variierten. Auch unterschieden sich die Bewerbungen hinsichtlich Noten, Referenzschreiben und aktuelle vertragliche Bindung. Hier Ergebnisse daraus:

- Positive Rückmeldung mit deutschem Namen: 60 %, mit *Migrationshintergrund*: 51 % (besonders auffällig bei Bewerber:innen aus Albanien, Marokko, Äthiopien, Dominikanische Republik und der Türkei)
- Keine Varianz zwischen keiner und einer christlichen *Religionszugehörigkeit*, aber ein Unterschied von 9 %-Punkten bei muslimischer und christlicher Religionszugehörigkeit. Keine Varianz bei hinduistischer oder buddhistischer Zugehörigkeit.

- Ein ausländischer Bewerbungsname plus ein Bewerbungsbild mit schwarzem *Phänotyp* reduzierte die Rückmeldewahrscheinlichkeit um 7 %-Punkte, bei deutschen Namen immerhin noch um 4 %-Punkten. Bei Bewerber:innen mit asiatischem Phänotyp lag der Unterschied bei 5 %.
- Die Rückmeldungsquote mit 57 % zu 51 % in Bezug auf das *Geschlecht* war für weibliche Bewerberinnen besser als für die männlichen Mitkonkurrenten.
- Gleichzeitig konnte kein signifikanter Unterschied bei der Frage nach der *Eignung* also bei besonders guten Noten, guten Referenzschreiben oder unbefristeten Verträgen festgestellt werden, was die Diskriminierung umso stärker wirksam werden lässt.

Quelle: Ruud Koopmans, Susanne Veit, Ruta Yemane (2018).

Viele Unternehmen verlangen bei den Bewerbungen aus diesem Grund inzwischen keine Fotos oder die Angabe eines Geburtsdatums mehr. Außerdem gibt es Software, die alle Bewerbungen anonymisiert, um nicht über Namen auf einen bestimmten Migrationshintergrund schließen zu können.

Der Versuch, die gesamte Bewerber:innenauswahl einer Software zu überlassen, hat allerdings den gegenteiligen Effekt. Aufgrund der Tatsache, dass sie von Menschen programmiert wurde bzw. von ihnen lernt, verstärken sich oftmals klassische Vorurteile. Von einer „objektiveren" Auswahl kann so keine Rede sein.

Im Alltag dürfte es so gut wie unmöglich sein, alle individuellen Hinweise auf einen Menschen aus seinem Lebenslauf zu entfernen, ohne diesen damit auch gleichzeitig ununterscheidbar von den anderen zu machen. Kindererziehungszeiten lassen eher auf Frauen schließen, ausländische Schulzeugnisse auf einen Menschen mit Migrationshintergrund. Jemand mit viel Berufserfahrung ist unvermeidlich älter als jemand mit weniger. Wenn man all dies entfernt, bleibt nur eine Masse an gleichförmigen Menschen, die uninteressant und ununterscheidbar sind. Auch das ist nicht zielführend.

Das Bewerbungsverfahren sollte so ausgestaltet werden, dass es in einer ersten Runde weniger um die Person als um Erfahrung und Skills geht. Hier können Anonymisierungen helfen. In einem nächsten Schritt wäre es dann eher die Frage, was so jemand jenseits der konkreten beruflichen Skills evtl. mitbringt, weil er anders ist. Oder: Warum sollte man Interesse an jemandem haben, der schon von vornherein 100 % zum Unternehmen passt, wenn man doch Veränderungsbereitschaft sucht?

Damit rücken Quereinsteiger:innen in den Blick. Sie haben durch ihren Lebenslauf bewiesen, dass sie sich verändern und aufgrund ihres Hintergrunds neues, anderes Wissen in ein Unternehmen hereintragen können. Migrationshintergrund, Fremdheitserfahrungen, Ausgrenzungen prägen außerdem den Blick dafür, wie „Normalität" entsteht und wie wenig sie die Wirklichkeit in all ihren Facetten abbilden kann. Aber auch bei Menschen, die erst einmal wenig offensichtliche Veränderungserfahrungen mitbringen, kann man über geschickte Fragen herausfinden, wie reflektiert sie gegenüber ihren eigenen Erfahrungen, neuen Situationen oder geänderten Rahmenbedingungen sind (vgl. Kasten „Offenheit und Veränderungsbereitschaft im Bewerbungsgespräch identifizieren“).

Offenheit und Veränderungsbereitschaft im Bewerbungsgespräch identifizieren

Folgende Fragen können helfen aufzuzeigen, wie gut Kandidat:innen auf Unvorhergesehenes oder Neues reagieren können:

- *Veränderungsbereitschaft*
  Wann haben sich zum letzten Mal bei Ihnen beruflich oder privat die Rahmenbedingungen grundlegend geändert? Wie haben Sie darauf reagiert? Wie bewerten Sie Ihr Verhalten dazu im Nachhinein?
- *Offenheit* für Neues, Bereitschaft zu lernen
  Was waren die letzten beiden Themen, in die Sie sich aus eigenem Interesse eingearbeitet haben? Wie sind Sie vorgegangen? Was hat Sie daran interessiert?
- *Innovationsbereitschaft*
  Bitte berichten Sie von einer oder zwei Situationen, in denen Sie ein Problem in einer neuen oder ungewöhnlichen Art und Weise lösen mussten. Weshalb war dies notwendig? Was war das Ergebnis?
- *Reflexive Fähigkeiten*
  Beschreiben Sie ein Projekt oder eine komplexere Aufgabe, in die Sie sich intensiv hineindenken mussten. Was war das für eine Aufgabe? Wie sind Sie vorgegangen, um die Informationen zu verstehen und zu durchdringen? Wie bewerten Sie Ihr Vorgehen?
- *Eigeninitiative*
  Bitte berichten Sie von ein bis zwei Situationen, in denen Sie selbst ohne Aufforderung aktiv wurden, um ein Problem zu lösen. Weshalb war dies notwendig? Was war das Ergebnis?

Inspiriert von: *https://blog.jobchannel.ch/5-zu-beachtende-potenzialfaktoren-im-recruiting* vom 08.10.2023

Die Idee dahinter ist entsprechend, nicht nach Kandidat:innen zu suchen, die entweder besonders „passend“ oder besonders „anders“ sind, sondern die beweisen können, dass sie ein großes Maß an Adaptionsfähigkeit und bewusstem Hinterfragen der eigenen Haltung mitbringen. Denn solche Mitarbeitenden können sich dann sowohl auf ein neues Unternehmen als auch auf Veränderungen gut einstellen und sind bereit, ihre eigenen Wirklichkeitsvorstellungen zu hinterfragen. Das alles vorausgesetzt, dass sie auch das nötige Fachwissen mitbringen, wobei man auch hier großzügiger sein kann, wenn man weiß, dass sich der/die Kandidat:in leicht in neue Dinge einarbeiten kann.

Vielfalt in einem Unternehmen ist zentral und ein Unternehmen muss verstehen, was es von der Umwelt unterscheidet, aber auch, was es für diese interessant macht. Nur dann kann es sicherstellen, auch in der Zukunft relevant zu bleiben.

Das Reden über Qualität kann ein Verbinder von verschiedenen Themen sein. Diversität ist gewünscht, um einen größtmöglichen Anschluss an die Umwelt herzustellen. Das gemeinsame Beschäftigen und Reden über Qualität erlaubt es, gemeinsam zu lernen und sich weiterzuentwickeln. Qualität gibt dem Input von außen somit eine Zielrichtung nach innen. Die Mitarbeitenden sind dafür das Medium. Je diverser sie aufgestellt sind und je mehr sie über Qualität sprechen dürfen bzw. sollen, umso besser gelingt die Übersetzungsleistung.

Management Summary

Jedes System existiert erst einmal unabhängig von seiner Umwelt. Es hat seine eigenen Erklärungen, wie die Welt funktioniert, weiß, wie man Dinge zu erledigen hat, produziert Waren und Angebote, die den eigenen Qualitätsansprüchen genügen. Damit ist das System erst mal sich selbst genug. Es braucht weder neuen Input noch muss es von selbst Ideen zur Entwicklung generieren. Das funktioniert so lange gut, wie die Umweltbedingungen, in denen sich das System etabliert hat, stabil bleiben. Ändern sich diese, tut ein System gut daran, dies mitzubekommen und seine innere Verfasstheit kritisch zu hinterfragen. Denn auch wenn ein System mit sich selbst zufrieden ist, kann es nur existieren, wenn die Umwelt einen Platz für das System sieht.

Umweltbedingungen können sich auf verschiedene Art und Weisen ändern. Am offensichtlichsten dadurch, dass die eigenen Kund:innen neue Wünsche und Anforderungen entwickeln. Dies könnte passieren, wenn neue Technologien auf den Markt kommen, aber auch, wenn sich Werte wandeln und z. B. soziale Forderungen an ein Produkt in den Fokus geraten. Bekommt ein System dies nicht mit, wird es mittelfristig seinen Platz in der Gesellschaft verlieren.

Hierfür braucht es ein gutes Stakeholder-Management, das sowohl alle kennt, die ein Interesse, einen Anspruch an das Unternehmen haben, als auch versteht, was genau das spezifische Interesse ist. Dabei wird für einen sehr weiten Stakeholder-Begriff plädiert. Denn die Gruppen, die erst einmal nicht gut anschlussfähig an das eigene Weltbild erscheinen, sind unter Umständen diejenigen, die mehr über den Wandel der Interessen berichten können. Es gilt, sich auf die Suche nach den eigenen blinden Flecken zu machen. Dabei geht es nicht nur um die Erwartungen an die eigenen Produkte, sondern auch darum, zu verstehen, wie Zusammenarbeit und ein zukunftsfähiges Wirtschaften aussehen könnten.

Es gilt, von den Kund:innen selbst zu lernen, deren Erwartungen und Wünsche in einem so frühen Stadium zu erkennen und vielleicht mit ihnen zusammen zu erarbeiten, dass man diese optimal erfüllen kann. Aber auch andere Stakeholder prägen Vorstellungen von idealen Produkten. Sowohl Marktkonkurrenten, aber auch die Politik und breitere Öffentlichkeit haben Ideen davon, was in Zukunft gebraucht wird und wie wir zusammenarbeiten wollen. Gelingt es, dies alles als System ausreichend zu verstehen, so lassen sich auch klare Qualitätsansprüche an die eigenen (zukünftigen) Produkte artikulieren. Man stellt so sicher, dass diese nicht nur den eigenen Vorstellungen, sondern auch denen der Umwelt entsprechen.

Wichtig ist die Art und Weise, wie mit den Stakeholdern kommuniziert wird. Man kann seine Sicht auf die Welt in Form von PR-Kampagnen, Jahresberichten und Strategiepapieren verkünden. Das mag an der einen oder anderen Stelle für Reaktionen sorgen, aber an sich kommt damit kein Dialog zustande. Damit entfällt die Möglichkeit, mehr über andere Sichten und Denkweisen zu erfahren. Besser ist es, in einen Dialog zu treten, entweder gesteuert, indem man sich gezielt Gesprächspartner:innen sucht, oder indem man offene Austauschformate wählt, wie z. B. Social-Media-Plattformen, bei denen jede:r willkommen ist, seine/ihre Meinung mitzuteilen. Bidirektionale Kommunikation ist betreuungsintensiver und schlechter steuerbar, weswegen gut überlegt sein will, mit welchen Themen man in den Dialog treten möchte.

So holt man sich den Input nicht nur von „außen" ab, sondern gleich ins Unternehmen rein. Entweder, indem man Kund:innen und andere Stakeholder einlädt, über die Produkte gemeinsam nachzudenken, oder aber, indem man Netzwerke und Kooperationen bildet, um Sachen gemeinsam zu erarbeiten. Oder man lädt verschiedene Blicke auf die Welt in Form von unterschiedlich denkenden Mitarbeitenden ins Haus ein. Die Diskussion um Qualität kann so nur gehaltvoller werden und auch sicherstellen, dass die Bereitschaft vorhanden ist, gegebenenfalls am eigenen Arbeiten etwas zu ändern, um diesen Qualitätsvorstellungen zu entsprechen. Dafür ist eine offene Kultur im eigenen Haus notwendig, um auch diejenigen gut integrieren zu können, die vermeintlich nicht so gut hineinpassen.

Literatur

Chesbrough, Henry W.: „Open innovation. A new paradigm for understanding industrial innovation", in: Vanhaverbeke, W.; West, J. (Hg.): *Open innovation: researching a new paradigm*, Oxford Univ. Press, 2006, S. 1 – 12.

Freeman, R. Edward: *Strategic Management. A Stakeholder Approach*, Cambridge: Cambridge University Press, 2010.

Gardenswartz, Lee; Rowe, Anita: *Diverse Teams at Work. Capitalizing on the Power of Diversity*, Alexandria: Society for Human Resource Management, 2008.

Hauff, Michael: *Nachhaltige Entwicklung. Grundlagen und Umsetzung*, 3. Auflage, Berlin: De Gruyter, 2021.

Hofstede, Geert; Hofstede, Gert Jan; Minkov, Michael: *Lokales Denken, globales Handeln. Interkulturelle Zusammenarbeit und globales Management*, 6. Auflage, München: dtv, 2017.

Inglehart, Ronald: „The Silent Revolution in Europe: Intergenerational Change in Post-Industrial Societies", in: *American Political Science Review*, 1971, 65(4), S. 991 – 1017.

Johnson, Gerry et al.: *Strategisches Management. Eine Einführung*, 11. Auflage, Hallbergmoos: Pearson, 2018.

Kluckhohn, Clyde: „Values and value-orientations in the theory of action. An exploration in definition and classification", in: Parsons, T.; Shils, E. (Hrsg.): *Toward a General Theory of Action*, Boston: Harvard University Press, 1951, S. 388 – 433.

Koopmans, Ruud; Veit, Susanne; Yemane, Ruta: „Ethnische Hierarchien in der Bewerberauswahl: Ein Feldexperiment zu den Ursachen von Arbeitsmarktdiskriminierung", Discussion Paper, Nr. SP VI 2018-104, Berlin: Wissenschaftszentrum Berlin für Sozialforschung, 2018.

Merten, Klaus: „Begriff und Funktion der Public Relations“, in: *prmagazin* 11, 1992, S. 35 – 46.

Mitchell, Ronald K.; Agle, Bradley R.; Wood, Donna J.: „Toward a Theory of Stakeholder Identification and Salience. Defining the Principle of Who and What Really Counts“, in: *The Academy of Management Review*, 1997, 22(4), S. 853 – 886.

Nerdinger, Friedemann W.: „Gravitation und organisationale Sozialisation“, in: Nerdinger, F. W.; Blickle, G.; Schaper, N. (Hrsg.): *Arbeits- und Organisationspsychologie*, Berlin: Springer, 2019, S. 81 – 94.

Röttger, Ulrike (Hrsg.): *Theorien der Public Relations*, 2. Auflage, Wiesbaden: VS Verlag für Sozialwissenschaften, 2009.

Rupp, Chris: *Requirements-Engineering und -Management*, 7. Auflage, München: Hanser, 2021.

Schaeffer, Merlin: „Diversity erfassen: Statistische Diversitätsindizes“, in: Genkova, P.; Ringeisen, T. (Hrsg.): *Handbuch Diversity Kompetenz*, Berlin: Springer, 2016, S. 47 – 60.

Szyszka, Peter: „Organisation und Kommunikation. Integrativer Ansatz einer Theorie zu Public Relations und Public Relations-Management“, in: Röttger, U. (Hrsg.): *Theorien der Public Relations*, Wiesbaden: VS Verlag für Sozialwissenschaften, 2009, S. 135 – 150.

4 Unternehmenskultur verstehen und Veränderungen ermöglichen

Auch wenn man bereit ist, die Anforderungen aus der Umwelt zu hören und zu verstehen, braucht es mehr, um Veränderungsbedarf zu identifizieren und bereit zu sein, diesen auch umzusetzen. Das Fundament, auf dem ein System, ein Unternehmen seine Regeln zur Welt, zu guter Zusammenarbeit und qualitativen Produkten aufgebaut hat, stellt die Unternehmenskultur dar. Sie ist das „Herz", die emotionale Lage, während die Strategie eher die Kopfseite bzw. das Rationale einer Organisation darstellt. Will man in einer Organisation etwas ändern, muss man beim Herz beginnen, weil sonst alle Kopfentscheidungen an Widerständen und Unwillen scheitern werden. In diesem Kapitel geht es darum, wie Unternehmenskultur funktioniert und wie man diese möglichst offen für Neues gestalten kann. In unserem Qualitätshaus bildet die Unternehmenskultur das Fundament (Bild 4.1).

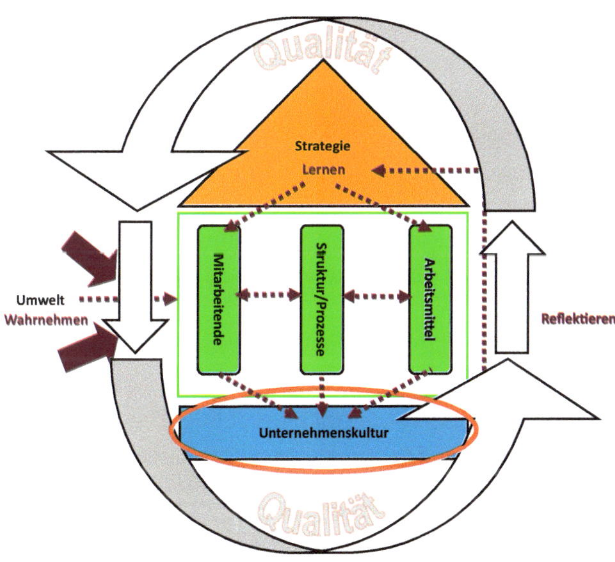

Bild 4.1 Die Unternehmenskultur – das Fundament des Qualitätshauses

Dabei liegt der Fokus darauf, aus welchen Schichten eine Unternehmenskultur besteht, was diese für Unterschiede in der Organisationsausprägung annehmen (Abschnitt 4.1) und wie man die so entstandenen Muster besser sichtbar und besprechbar machen kann (Abschnitt 4.2). Führung kommt hier eine besondere Rolle zu, weswegen dieser ein eigener Abschnitt gewidmet ist (Abschnitt 4.3).

4.1 Unternehmenskultur als Fundament der Organisation

4.1.1 Was ist Unternehmenskultur?

„Mia san mia", sagen die (FC) Bayern, „– und schreiben uns ‚uns'". Der auf den ersten Blick etwas redundante – und damit wenig erklärende – Satz beschreibt sehr gut, was Unternehmenskultur im Kern ausmacht:

- ein grundlegendes *Gefühl*,
- das sich nur *vage verbal* beschreiben lässt,
- das aber alle verstehen, die *dazugehören*, und damit
- oftmals in *Abgrenzung* zu anderen gebraucht wird.

Kultur ist eine Mischung aus allgemeinen Umgangsformen, wie also Dinge erledigt werden, wie kommuniziert wird oder welche Feste gefeiert werden. Und sie steht auch dafür, welche Werte diesen Handlungen zugrunde liegen. Was also die Überzeugungen sind, deren Ausdruck besagte Vorgehensweisen dann sind. Also was z. B. im Umgang miteinander zielführende Handlungsweisen sind („ITler schreiben nicht gerne, wenn Du also was willst, musst Du anrufen.") oder auch, was Menschen motiviert („Die Leute wollen nicht von oben herab befohlen bekommen, was zu tun ist, sondern mitbestimmen.").

Das Qualitätshaus steht auf der Unternehmenskultur und seine Maße und Dimensionen bestimmen die Größe und Dimensionen des Gebäudes. Dieses Fundament ist dafür zuständig, dass die Säulen (Mitarbeitende, Struktur/Prozesse und Arbeitsmittel) die Strategie tragen können. Es definiert, wer und was darin wohnt und wer und was aber auch nicht. Gibt es keine gemeinsame Unternehmenskultur, kommt es laufend zu Konflikten, die Organisation wird arbeitsunfähig, weil es kein übergeordnetes Verständnis der Ziele und zur Vorgehensweise gibt. Das Haus fällt auseinander und verliert seine Grenzen zur Umwelt.

Der Psychologe Edgar Schein, der sich grundlegend mit dem Thema beschäftigt hat, hat diesen Gesamtzusammenhang in seinem Buch „Organisationskultur und Leadership" zusammengefasst:

„Die Kultur einer Gruppe kann als die Ansammlung gemeinsamen Lernens dieser Gruppe definiert werden, die Probleme der externen Anpassung und der internen Integration; das, was gut funktioniert hat, um gültig zu sein, wird neuen Gruppenmitgliedern gelehrt, was richtig ist, und was sie in Bezug auf solche Probleme wahrnehmen, denken und fühlen sollen. Diese Summe von Gelerntem stellt ein Muster oder System von Überzeugungen dar, von Werten und Verhaltensregeln, die als so grundlegend empfunden werden, dass sie schließlich aus der Bewusstheit verschwinden."

Edgar H. Schein (2018, S. 5)

In dieser Definition stecken viele Aspekte drin, die sich lohnen, genauer zu betrachten:

- *„Kultur ist [...] die Ansammlung gemeinsamen Lernens dieser Gruppe"*

  Das Zentrale ist die Gruppe und nicht der einzelne Mensch. Gruppen entstehen durch Abgrenzung zu anderen, die nicht dazugehören (dürfen). Als neues Thema kommt nun hinzu, dass diese Gruppe gemeinsam lernt. Welche Erfahrungen auch immer die innere Logik einer Gruppe geprägt hat und auch weiterhin prägt, sie lässt sich auch verlernen, bzw. umprägen.

- *„Probleme der externen Anpassung und der internen Integration"*

  Diesen etwas kryptischen Teil der Definition könnte man wie folgt verstehen: Die Gruppe lernt dadurch, dass sie sich an externe Umstände (= Umwelt) anpasst und die dafür nötige Veränderungsbereitschaft dadurch schafft, dass sie im Inneren des Systems diese Veränderungserkenntnisse integriert. Auch wenn diese Interpretation vermutlich von Schein nicht vollkommen abgelehnt wird, meint er allerdings damit etwas anderes.

  Wie er weiter ausführt, wird oft der Fehler gemacht, Führung in zwei getrennte Aufgaben zu unterteilen: einerseits dafür zu sorgen, dass bestimmte Ergebnisse („externe Anpassungen") geliefert werden, und andererseits für einen guten Zusammenhalt im Team („interne Integration") zu sorgen. Doch spätestens mit dem Konzept des „sozio-technischen Systems" (vgl. Abschnitt 1.2.1) wurde gezeigt: Man kann das eine vom anderen nicht trennen. Die Qualität davon, „was" zu erledigen ist, hängt vom „wie" ab und muss daher zusammen gedacht werden. So wird das auch von Schein gesehen.

  Es braucht ausreichendes Bewusstsein darüber, wer man als Gruppe ist und wie man zusammenarbeiten möchte, um sich auch einig darüber zu sein, was man (im Sinne der Qualität) als Arbeitsergebnis abliefern möchte.

Man wird nicht gute Qualität erreichen, wenn man sich nur mit technischen Produktionsweisen beschäftigt. Man muss sich auch um die Menschen kümmern, die diese benutzen.

- *„Das, was gut funktioniert hat, [...] wird neuen Gruppenmitgliedern gelehrt"*

  Man kann nur einer Gruppe, einem System angehören, wenn man dessen innere Funktionslogik versteht und für sich als weitgehend richtig anerkannt hat. Es geht um ein gemeinsames Wirklichkeitsverständnis, das es herzustellen gilt. Was Schein hier zusätzlich anspricht, ist die Notwendigkeit, Neuhinzukommenden das Grundverständnis des Systems auch aktiv näherzubringen. Er stellt heraus, dass Unternehmenskultur etwas ist, was man neuen Mitgliedern „beibringt". Das ist sozusagen unvermeidlich. Gelingt dies nicht, werden sich die neuen Mitarbeitenden nicht zurechtfinden und entweder nie produktiv werden oder dem Unternehmen in kürzester Zeit den Rücken kehren.

  Damit kommt dem Thema Sozialisation, also der eigenen kulturellen Prägung, große Bedeutung zu. Eine Organisation sollte sich dieser Mechanismen aktiv bedienen und nicht darauf hoffen, dass eine solche Sozialisation im Sinne der Prägung auf die Unternehmenskultur von alleine geschieht.

- *„Diese Summe von Gelehrtem stellt ein Muster oder System von Überzeugungen [...] dar, die als so grundlegend empfunden werden, dass sie schließlich aus dem Bewusstsein verschwinden"*

  Damit stößt Schein zum Kern des Problems vor: Auch wenn man Unternehmenskultur aktiv prägen und Neuhinzukommenden mit auf den Weg geben kann, es handelt sich um ein Konstrukt, dass eher im Unterbewusstsein seine Wirkung entfaltet. Sobald sich eine Gruppe gefunden und ein allgemeines Wirklichkeitsverständnis entwickelt hat, wird sie dessen Grundlagen, die zu dieser Prägung geführt haben, vergessen.

  Das Vergessen ist der Tatsache geschuldet, dass ein System nur dauerhaft funktionieren kann, wenn es nicht ständig genau diese Grundlagen – also das Fundament – des eigenen Entstehens und Denkens infrage stellt. Man hat zusammen eine Arbeits- und Denkweise gefunden, die offensichtlich gut funktioniert und sich als tragfähig erwiesen hat, und damit ist der Prozess der Angleichung und Abstimmung erst einmal abgeschlossen. Es ist genau dieses Vergessen bzw. die mangelnde Zugänglichkeit zu den zugrunde liegenden Überzeugungen, die es so schwer machen, neue Impulse aufzugreifen und zu erkennen, dass die ursprünglich dahinterstehenden Gedanken nicht mehr richtig sind.

Aus Scheins Definition lassen sich Schlüsse ziehen:

- Jede Unternehmenskultur ist einmalig und repräsentiert Abgrenzungen des Systems zur Umwelt. Sie ist damit für Fremde nicht unmittelbar verständlich oder nachahmbar. Neue Mitglieder eines Systems müssen bewusst in eine Organisation integriert werden. Diese stellen auch eine Möglichkeit dar, mit einem unverstellten Blick darauf zu schauen und Dinge zu hinterfragen. Neue Impulse können in ein Unternehmen gelangen (vgl. Abschnitt 3.3.2).

- Unternehmenskultur ist der Steuerung entzogen, weil sie ins Unterbewusste gewandert ist. Sie prägt zwar Handlungen, wird aber nicht mehr hinterfragt. Die Dinge sind so, wie sie sind („Das haben wir schon immer so gemacht.“). Das macht es besonders schwer, Veränderungsbedarf zu erkennen und darauf zu reagieren. Unternehmenskultur muss damit wieder ins Bewusstsein geholt werden, um sie auf den Prüfstand stellen und evtl. weiterentwickeln zu können.
- Das Thema Qualität kann hierzu ein Hebel sein. Sie verbindet die Frage, *was* man zusammen als Ergebnisse erarbeiten möchte/soll, damit, *wie* man zusammenarbeitet. Wie zur Genese von Qualitätsmanagement in Abschnitt 2.2.1 beschrieben wurde, hat man sich auch dort schon lange von der Idee verabschiedet, nur über Produktqualität nachzudenken. Warum? Weil, wie Schein sagen würde, es sich um ein sozio-technisches System handelt, in dem man Arbeitsergebnisse und Arbeitsweisen nicht voneinander trennen kann. Wenn man es also schafft, kontinuierlich über Produktqualität nachzudenken, und kritisch hinterfragt, warum Dinge auf eine bestimmte Art und Weise erledigt werden, holt man die unbewussten Grundlagen an die Oberfläche und kann sie genauer betrachten.
- Input aus der Umwelt kann dann helfen, die richtigen Schlüsse aus diesen Betrachtungen zu ziehen. Man muss also bereit sein, auch zu hören, wenn andere – Systemfremde – erzählen, wie Dinge woanders erledigt werden. Und man muss bereit sein, auch mal etwas Neues auszuprobieren und daran zu lernen. Ob es funktioniert, lässt sich anhand der Qualität der Arbeitsergebnisse messen. Wichtig ist aber, dass diese Qualitätsfragen dazu führen, über Unternehmenskultur nachzudenken

Wie lässt sich Unternehmenskultur erkennen und beschreiben? Schein unterscheidet dafür drei „Ebenen der Analyse“ (S. 14 – 25):

- *Artefakte*, also die sicht- und spürbaren Ausdrucksformen der Kultur wie Logo, Büroräume, alles Schriftliche sind die äußeren Zeichen einer Unternehmenskultur. Sie sind klar erkennbar und können interpretiert werden. Wie hierarchisch ist die Organisation organisiert und wie werden Dinge entschieden? Mit was wird wie Werbung gemacht? Welche Dinge werden dokumentiert, welche nicht? Herrscht eine Siez- oder Duzkultur vor? …

  Schein betont hier, dass man das alles zwar gut beobachten kann, aber nur wenig richtig interpretieren. Denn aus der reinen Beobachtung lässt sich noch nicht genau erklären, warum die Dinge so sind, wie sie sind. Wobei sich, das sei trotzdem angemerkt, Muster abzeichnen können, die Zusammenhänge herstellen, z. B. zwischen einer hierarchischen Struktur und einem hohen Formalisierungsgrad, wie er in Behörden oft zu finden ist.
- Solche Muster können bereits überleiten zu *Überzeugungen* bzw. Werten, deren Ausdruck die Artefakte sind. Hinter einer starken Bürokratisierung steckt z. B. oftmals die Vorstellung, dass, wenn man die Leute dazu zwingt, alles zu dokumentie-

ren, man sicherstellt, dass nichts vergessen und fair entschieden wird. Es handelt sich hierbei also um Wenn-dann-Zusammenhänge, die entweder aufgrund von logischen Überlegungen oder (gemeinsamer) Erfahrung entstanden sind und empirisch auch irgendwann einmal weitgehend validiert wurden. Ein solches gemeinsames Verständnis von Kausalitäten lässt sich erfragen und kann damit dem externen Beobachter zugänglich gemacht werden.

Manchmal unterscheiden sich die gelebten Überzeugungen von denen, die von der Unternehmensleitung als erwünscht propagiert werden. So z. B., wenn ständig die formal vorgegebenen Entscheidungswege umgangen und die Dinge per Zuruf entschieden werden. Jegliche Diskrepanz, die entdeckt wird, wäre schon ein guter Anknüpfungspunkt für eine Organisationsentwicklung, da sich das Selbstverständnis des oberen Managements nicht mit dem deckt, wie die Mitarbeitenden die Realität für sich interpretieren und erleben. Das Geflecht aus den gelebten Wenn-dann-Ketten ergibt ein gutes Gesamtbild eines gemeinsamen Grundverständnisses. Dieses Bild erklärt somit die Gesamtorganisation in ihrer Faktizität.

- Was hier aber noch fehlt und auch nur schlecht erfragt werden kann, sind die dahinterliegenden *Annahmen* dazu, wie das menschliche Miteinander funktioniert. Dabei handelt sich um eine weitere Grundschicht, die tief in das (gemeinsame) Wirklichkeitsverständnis hineinreicht und fast ausschließlich unbewusst als Grundlage dient. Dabei geht es um das prinzipielle Menschenbild und Vorstellungen des gemeinsamen Miteinanders. Ein zentrales Thema wäre hier z. B. ob man der Überzeugung ist, dass Menschen mit Zuckerbrot und Peitsche dazu bewogen werden müssen, gute Arbeit zu leisten, oder ob es eher wichtig ist, ihnen ein gemeinsames Ziel und das Gefühl der Zugehörigkeit zu geben. Oder auch, ob es einen Unterschied macht, ob die Arbeit von einer Frau oder von einem Mann erledigt wird.

  Jeder Mensch trägt solche Grundannahmen in sich, aber kann diese nur schwer verbal in ein Gesamtbild packen. Der Grund dafür ist, dass man diese schon sehr lange für sich erarbeitet hat und/oder für sich oft genug als richtig erlebt hat. Man erklärt sie zu einem Grundgesetz und stellt sie nicht mehr infrage. Es sind diese Grundannahmen, die großen Einfluss auf die Veränderungsbereitschaft haben. Wenn man z. B. in einem traditionellen Haushalt aufgewachsen ist und für sich gelernt hat, dass es Frauenarbeit wie Haushalt oder Pflege gibt, wird es schwer, von so jemandem Akzeptanz für eine offensive Gleichstellungsquote zu bekommen. Besagte Menschen haben aus ihrer Sicht die Sorge, dass Frauen nicht entsprechend ihren Fähigkeiten eingesetzt werden und damit das Unternehmen Schaden nehmen könnte. Das würden sie vielleicht nicht so deutlich artikulieren, weil sie schon verstanden haben, dass es die Lage auf dem Arbeitsmarkt nötig macht, mehr Frauen eine Chance zu geben. Aber es kann zu einem Verhalten gegenüber weiblichen Führungskräften führen, die die Zusammenarbeit schwer macht.

Will man nun bis auf den Grund von solchen Überzeugungen und Annahmen kommen, genügt es nicht, externe Berater:innen kommen zu lassen und diese durch das Haus zu schicken, um „die“ Unternehmenskultur zu ermitteln. Sie können sich nur auf die sichtbaren Zeichen, also Artefakte, berufen wie z. B. Organigramm, Bilanz, Managemententscheidungen und gegebenenfalls noch die Mitarbeitenden dazu interviewen, aber sie werden nicht die dahinter liegende Kultur zu greifen bekommen.

Um besser zu verstehen, wie eine Organisation „tickt“, braucht es eine Methode, die die vielen impliziten Grundannahmen und Regeln offensichtlich macht. Dies kann aber nur die Organisation selbst leisten, da sie allein Zugriff auf das spezielle Wirklichkeitsverständnis und die daraus resultierende Unternehmenskultur hat. Es muss eine *„Selbstdiagnose“* durchgeführt werden, die es zum Ziel hat, den Zustand der Organisation auf Kulturebene bewusst und damit beschreibbar zu machen. Dies gelingt mithilfe eines Vorgehens, das auf dem Prinzip des hermeneutischen Zirkels (vgl. Kasten „Der hermeneutische Zirkel“) beruht.

Der hermeneutische Zirkel

Der hermeneutische Zirkel ist ein Begriff aus der Erkenntnistheorie. Der Begriff „Hermeneutik“ kommt aus dem Griechischen und heißt „erklären“ bzw. „auslegen“. Es geht um den Widerspruch, der entsteht, wenn man sich einem (komplizierteren) Problem nähert: Man muss es vorher verstanden haben, um zu wissen, wie man es zerlegen muss. Dies kann nur über eine Kreisbewegung bewältigt werden: Man nutzt das vorhandene Vorwissen, um einen ersten Zugang zu erhalten (Bild 4.2). Aufgrund der Erkenntnisse, die sich durch diese Herangehensweise bilden, kann das eigene Wissen erweitert werden. Daraufhin kann man sich dem Thema erneut nähern, dieses Mal mit einem erweiterten Vorwissen, das neue Erkenntnisse verschafft. So werden immer neue Verständnisebenen erarbeitet. Darin ist auch implizit enthalten, dass man das Problem nie vollständig durchdringt, sondern sich in der Theorie in einer ewigen Kreisbewegung nur annähern kann. Es handelt sich also um ein iteratives Vorgehen, das – wie beim Scrum – zu einem immer höheren Reifegrad der Erkenntnis führt.

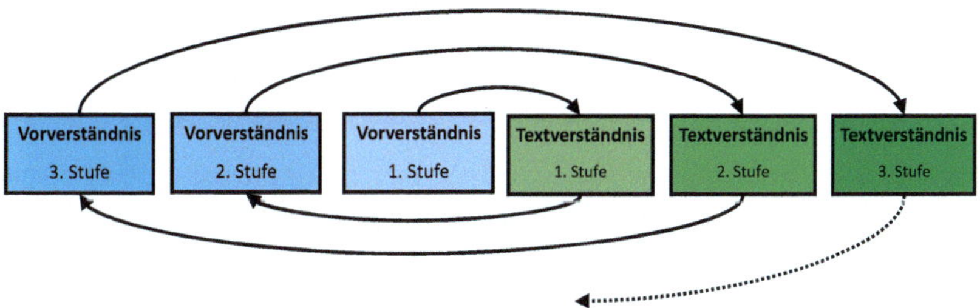

Bild 4.2 Zirkulärer Erkenntnisgewinn

Zuerst muss man also Hypothesen zu dem gefragten Thema entwickeln und auf dieser Grundlage einen Startpunkt schaffen. Dies kann bei einem Text bedeuten, dass man mitberücksichtigt, welche biografischen Kenntnisse man über den Autor oder der Autorin hat oder zu welcher Zeit der Text geschrieben wurde, um Begriffe richtig deuten zu können. Oder bei einer Analyse einer Unternehmenskultur zieht man bei der Ausformulierung einer ersten Befragung in Betracht, welche formalen Strukturen man vorgefunden hat, und stellt betreffende Fragen, die abklopfen, ob die eigene Wahrnehmung richtig war. Man benutzt also das, was man vor sich sieht, um tiefer bohren zu können. Erlauben es die so gewonnenen Antworten, das Thema besser zu greifen als vorher, ist man dann in der Lage, vertiefende Fragen an den Text bzw. die Mitarbeitenden zu stellen ...

Mit dem hermeneutischen Zirkel nähert man sich keiner „objektiven" Sicht an, sondern kann nur immer mehr Erkenntnisse im Kontext des jeweiligen Systems sammeln. Ziel ist es, der Organisation zu ermöglichen, das eigene Selbstverständnis ins Bewusstsein zu bringen. Um das zu erreichen, bedient man sich beispielsweise der sogenannten Survey-Feedback-Methode. Man stellt den Mitgliedern einer Organisation Fragen zum gemeinsamen Arbeiten etc. und überlässt dann die Interpretation denen, die die Daten geliefert haben.

Die Grundposition ist damit eine verstehende Haltung, die eine Interpretation von menschlichem Handeln in einer Organisation durch Sprechen darüber ermöglicht und anstrebt. Dies ist auch die einzig sinnvolle Möglichkeit, ein System dazu zu bewegen, Unbewusstes explizit zu machen und über Veränderungsbedarf nachzudenken. Im Sinne des hermeneutischen Zirkels sollte darüber hinaus davon ausgegangen werden, dass nicht auf Anhieb gleich alle Themen ausreichend gut beantwortet werden können. Es entsteht eine Kreisbewegung aus (Vor-)Verständnis – Hypothesenbildung – Eigeninterpretation, die es erlaubt, sich langsam einem gemeinsamen Bild anzunähern, das immer klarer zu Tage tritt.

Bei der Organisationsdiagnose versucht man, fast vollständig in die Organisation „einzutauchen". Es geht darum, diese zum Sprechen über sich selbst zu bringen. Damit wird sichergestellt, dass die Interpretation in einer Sprache geschieht, die zu dem Wirklichkeitsverständnis der Organisation passt. Das Sprechen über das Beobachtete bleibt für alle anschlussfähig und man erkennt sich darin wieder.

Über die vergangenen Jahrzehnte wurde immer wieder Kritik an einem solchen partizipativen Vorgehen geäußert. Die Frage nach blinden Flecken und verborgenem Wissen, Macht in Diskursen und auch der Instrumentalisierung durch eine nur symbolische Beteiligung der Betroffenen zeigen die Grenzen eines solchen Zugangs auf. Mit diesem Vorgehen kann nicht der Anspruch von neutraler Analyse erhoben werden. Dadurch, dass die Organisationsmitglieder an der Interpretation des Vorgefundenen beteiligt sind, werden diese auch nur die Dinge problematisieren, die für sie wichtig erscheinen.

Um fokussiert zu bleiben, wird empfohlen, keine pauschale Betrachtung durchzuführen, über die gesamte Organisation hinweg und z. B. das gemeinsame Zusammenarbeiten, hierarchische Vorstellungen und Diversitätserfahrungen zu thematisieren. Damit überfordert man die Beteiligten und die Gespräche über die Unternehmenskultur drohen zu zerfransen. Zu empfehlen sind Fragen zu Qualitätsvorstellungen und woran sich Qualität in der eigenen Arbeit manifestiert. Qualitätsfragen verbinden von vornherein das Thema Arbeitsergebnisse mit Zusammenarbeit. Das Sprechen über Dinge, die jeder wahrnehmen kann, erlaubt auf die darunterliegenden Überzeugungen zu gelangen, nämlich wie ein gutes Miteinander auszusehen hat, damit diese Ergebnisse bestimmten Vorstellungen entsprechen.

Mögliche Fragen könnten entsprechend lauten:

- Wer sind unsere (internen) Kund:innen? Was leisten wir für ihre Aufgaben? Was erwarten sie von uns?
- Was sind unsere eigenen Erwartungen an unsere Arbeitsergebnisse? Welches Qualitätsverständnis steht dahinter? Gibt es Unterschiede zu den Erwartungen unserer Stakeholder?
- Wie arbeiten wir aktuell zusammen? Sind wir damit zufrieden? Wenn nicht: Warum sind wir unzufrieden mit dem Zusammenspiel oder den Ergebnissen?
- Was brauchen wir, dass wir regelmäßig diese guten Ergebnisse erzielen können? Was hält uns davon ab, diese (aktuell) zu leisten?
- Wie lauten unsere Regeln für ein gutes Zusammenarbeiten?

Im weiteren Sprechen darüber empfiehlt es sich, die Ergebnisse nicht nur festzuhalten und im Sinne des zirkulären Vorgehens zunehmend detaillierter zu besprechen, sondern ein Gesamtbild entstehen zu lassen, das es erlaubt, bestimmte Einordnungen zu machen: So wird es möglich zu überlegen, ob die so ermittelte, gelebte Kultur auch zu den strategischen Zielen passt, also z. B. ob die Befragungen auch eine angemessen demokratische Entscheidungskultur für ein agiles Arbeiten vorweist. Dies lässt sich z. B. durch ein Culture Mapping erreichen, wie es Knut Bleicher bereits in den 1990er-Jahren getan hat (vgl. Kasten „Culture Mapping nach Kurt Bleicher").

Culture Mapping nach Kurt Bleicher

Durch eine Einschätzung in acht Kulturdimensionen ergibt sich ein Bild bezüglich der Frage, ob die Unternehmenskultur eher von Vertrauen oder eher von Misstrauen geprägt ist. Je nachdem, wie man sich in den hier aufgeführten acht Kulturdimensionen eher verortet (offen – geschlossen, änderungsfreundlich – änderungsfeindlich etc.), ergibt sich ein Gesamtbild davon, wie man sich die Zusammenarbeit untereinander vorstellt. Grob kann man zwischen einer Misstrauenskultur, die von Stabilisierungs- und Formalisierungsprozessen sowie einer starken Struktur geprägt ist, und einer Vertrauenskultur unterscheiden, die eher flexibel, entformalisiert und selbstorganisiert funktioniert (Bild 4.3).

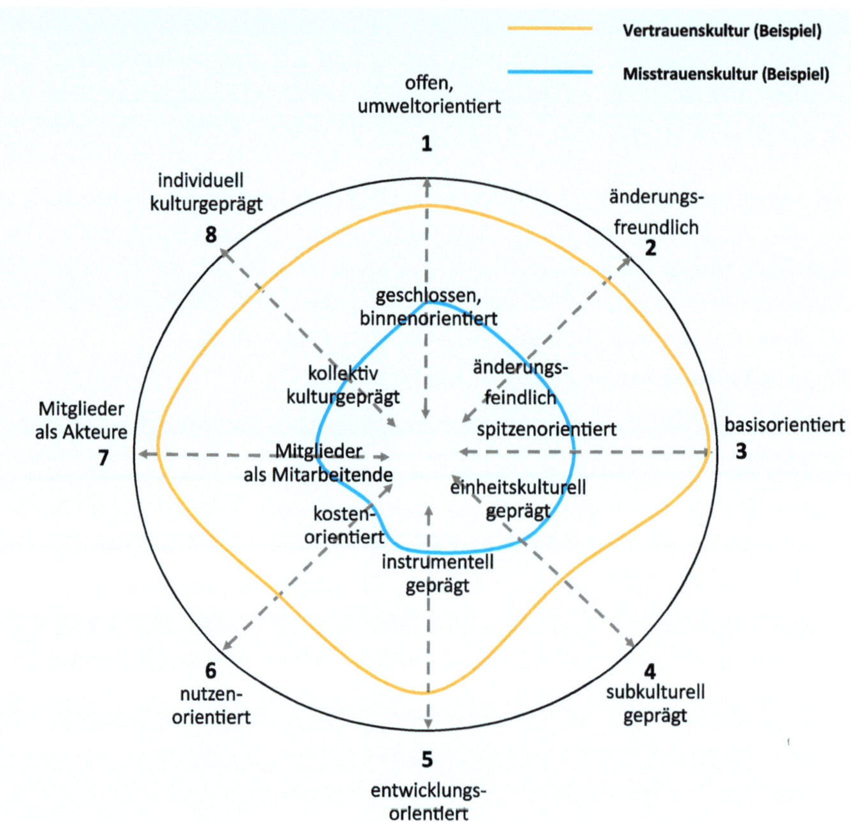

Bild 4.3 Zwischen Vertrauen und Misstrauen (Knut Bleicher (1991, S. 747 – 757))

Bei der Erstellung einer solchen kulturellen „Landkarte" ist es wichtig, die Interpretation der ermittelten Daten nicht nur einer bestimmten Gruppe von Menschen (z. B. der Leitungsebene) zu überlassen. Im Sinne des Bilds der Blinden, die jeweils einen anderen Teil des Elefanten versuchen zu beschreiben, wird es auch in einem Unternehmen unterschiedliche Interpretationsschwerpunkte geben. Ein Accounter wird die Inhalte von Außenkommunikation anders interpretieren als eine Produktdesignerin. Sprechen nun beide und vielleicht gemeinsam über z. B. die Art und Weise, wie aktuell für das Unternehmen Werbung gemacht wird, wird man trotzdem gemeinsame Aspekte finden, die dann im Sinne der Unternehmenskultur interpretiert werden können.

Das Einbeziehen der Betroffenen verlangt von allen Beteiligten (Diagnostiker:in wie Organisationsmitglied) bei der Interpretation der Daten, über ihre eigene Motivation und Position nachzudenken. Allein durch die Vorbereitungen, die Erhebung der Daten und die gemeinsame Interpretation wird bereits Veränderungsbereitschaft angestoßen und ermöglicht.

Es ist eine Frage der Unternehmenskultur, ob ein solches Vorgehen denkbar und umsetzbar ist. Je nach Organisationstyp kann es zu weit weg von den Menschen sein, dass man in einem eher demokratischen, iterativen Prozess versucht, mehr über sich selbst herauszufinden. In einem streng hierarchischen Unternehmen, mit einer starken Führungsebene, vielleicht einem Gründer als Geschäftsführer, der bisher alles im Alleingang entschieden hat, werden sowohl die mittlere Managementebene als auch die Mitarbeitenden eher überfordert sein, wenn man von ihnen offenes Sprechen und Eigeninitiative einfordert.

4.1.2 Typologie von Organisationen und ihre Veränderungsbereitschaft

Der Versuch, auf schematische Art und Weise Unternehmenskultur zu beschreiben, widerspricht zwar unserem Verständnis von Organisationen, aber es lassen sich wiederkehrende Muster in der Ausgestaltung von Organisationen wiederfinden, die Aussagen zur Unternehmenskultur und auch Veränderungsbereitschaft innerhalb einer solchen Organisation erlauben. Organisationen folgen meistens einer bestimmten Grundausrichtung, die bereits helfen kann, zu schauen, wo die wesentlichen Entscheider:innen und Beeinflusser:innen von Veränderung sitzen könnten. Je nachdem, wie wichtig die Verwaltung angesehen wird, oder ob man eher Top-down oder dezentral arbeitet, hat das Auswirkungen darauf, wie und wo man mit Veränderung beginnen muss.

Der kanadische Ökonom Henry Mintzberg hat sich z. B. mit seinen „Konfigurationen" von Organisationen an eine solche Typologie gewagt, die hier aufgegriffen werden soll, da sie Anknüpfungspunkte bietet. Dabei bediente sich Mintzberg eines besonderen Strukturmodells von Organisationen, das es erlaubt, bestimmte Organisationseinheiten zu identifizieren und als besondere Player im Zusammenspiel zu betrachten (vgl. Kasten „Zusammenspiel verschiedener Einheiten in einer Organisation"). Je nach Organisationstyp bzw. Konfigurationen dieser Einheiten zueinander ergibt sich so eine andere Kultur des eigenen Selbstverständnisses und der Zusammenarbeit.

Zusammenspiel verschiedener Einheiten in einer Organisation

Für Henry Mintzberg besteht das Management einer Organisation aus verschiedenen Komponenten, die im Zusammenspiel betrachtet werden müssen. Folgende Komponenten sieht er in verschiedenen Kombinationen (Bild 4.4):

- Im *operativen Kern* wird die Wertschöpfung erbracht, also Produkte hergestellt oder Dienstleistungen erbracht.
- Die *strategische Spitze* dient zur Gesamtsteuerung, also der Vorstand, Geschäftsführung o. Ä.

- Darunter befindet sich ein *mittleres Linienmanagement*, das als verlängerter Arm die strategischen Aufgaben nach „unten", zum operativen Kern hin, übersetzt.
- Daneben braucht es meist noch eine *Technostruktur*, die die Kontrolle und Planung der Organisation übernimmt.
- Außerdem helfen *unterstützende Einheiten*, die durch spezielle Dienstleistungen wie Kantine, Fuhrpark oder Personalabteilung für eine Entlastung der anderen Einheiten sorgen.

Eingerahmt ist das Ganze, laut Mintzberg, von einer *„Ideologie"*, die nichts anderes als nach unserem Verständnis die Unternehmenskultur darstellt. Seine Definition dazu lautet: „Die Ideologie umfaßt die Traditionen und Überzeugungen einer Organisation, die sie von anderen unterscheiden und Leben in das Strukturskelett bringen."

Für ihn fügen sich diese Einzelteile in ein fast wörtlich zu verstehendes organisches Bild zusammen, das durch ein jeweils besonderes Zusammenspiel dieser Einheiten geprägt ist. Aus den möglichen Konfigurationen hat er Grundtypen von Organisationen entwickelt.

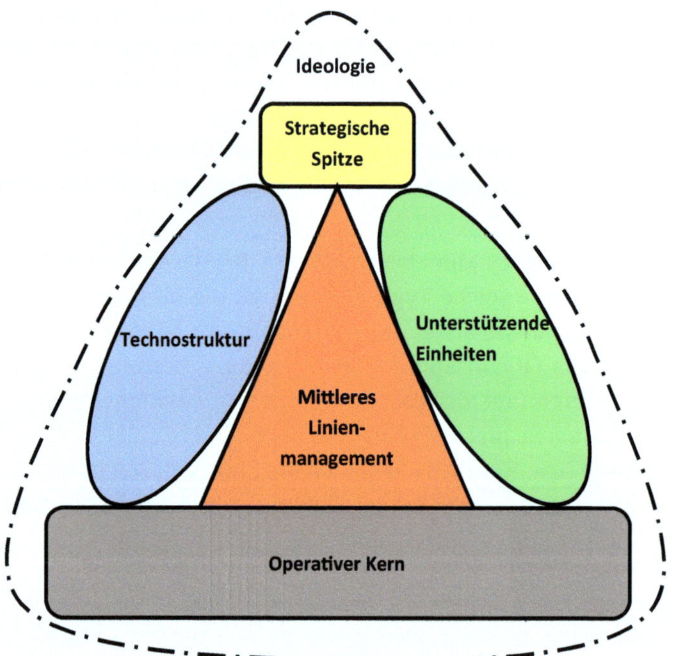

Bild 4.4 Die Komponenten einer Organisation (Henry Mintzberg (1983 und 1991))

Siehe Henry Mintzberg (1991, S. 109 f.) sowie Henry Mintzberg (1983).

Nach Mintzberg gibt es insgesamt sechs Konfigurationsarten von Organisationen, die besonders häufig zu finden sind:

- Die *unternehmerische Organisation*

  Hier gibt es an der Spitze meist eine Gründerfigur, die vieles noch selbst steuert. Die Abläufe sind relativ zentralisiert, die Techno- und unterstützenden Strukturen sind wenig ausgeprägt und haben sich eher informell herausentwickelt. Die Arbeitsabläufe zwischen dem mittleren Management und den operativen Einheiten sind daher auch nicht fein aufeinander abgestimmt, sondern man interagiert nach Bedarf miteinander. Man legt Wert auf ein familiäres Miteinander, was dazu führt, dass es wenig Konfliktbereitschaft und damit auch Veränderungskultur gibt – außer, wenn dies von der Gründerfigur selbst auf den Weg gebracht wird.

- Die *Maschinenorganisation*

  Hier ist das Unternehmen wie eine Maschine aufgebaut: Die einzelnen Abteilungen werden als Zahnräder verstanden, die klar geregelt ineinandergreifen sollen und durch eine eindeutige Hierarchie gesteuert werden. Die mittlere Managementebene spielt als Vermittler zwischen der strategischen Führung und der Belegschaft eine zentrale Rolle. Es gibt einen ausgeprägten Glauben in die Wirksamkeit der richtigen Arbeitsmittel und Standardisierungen. Auch hier kann man nur wenig Bereitschaft zur Veränderung feststellen, weil ein Neujustieren an der einen Stelle automatisch ein Nachjustieren an allen anderen mit sich bringt. Man will keinen „Sand“ ins Getriebe bringen und es gibt keine Mechanismen, die ein gemeinschaftliches Aushandeln bei Meinungsverschiedenheiten erlauben.

- Die *diversifizierte Organisation*

  In dieser Organisationskultur sind die Abteilungen bzw. Bereiche weniger als Maschine zueinander ausgerichtet, sondern sie werden als eigenständige Einheiten, die nur lose miteinander verbunden sind, verstanden. Die einzelnen Bereiche neigen dazu, sich abzukapseln und ein Eigenleben zu entwickeln, was auch zu einer diversifizierten Unternehmenskultur führt. Was in dem einen Bereich als effektiv und richtig angesehen wird, muss nicht unbedingt im anderen Bereich genauso verstanden werden. Veränderungsbedarf kann so zwar in einem Teil eines Unternehmens gesehen und umgesetzt werden, wird aber in den anderen Teilen erst einmal nicht als relevant und als „Abweichlertum“ gesehen. Zentrale Veränderungsthemen lassen sich fast nicht gleichartig in den einzelnen Bereichen umsetzen.

- Die *Organisation der Professionals bzw. Experten*

  Bei einer Expertenorganisation funktioniert die Hierarchie nicht so vollumfänglich, wie das in anderen Organisationen üblich ist, da diejenigen, die die Wertschöpfung erbringen, also die operativen Einheiten, inhaltlich zumeist viel besser Bescheid wissen als das obere Management. Die Geschäftspolitik der Leitung interessiert sie weniger als das eigene Berufsethos. Um hier gegenzusteuern, wird mithilfe der

Technostruktur gearbeitet, d. h. mit starker Bürokratie. Trotzdem zeigen sich solche Institutionen (wie z. B. Universitäten oder Krankenhäuser) als relativ resilient bzw. anpassungsfähig, da man den einzelnen Expertengruppen erlaubt, sich selbst zu organisieren, bzw. sie bei Veränderungsprozessen einbindet, da man ohne sie diese nicht realisieren kann.

- Die *innovative Organisation*

  Eine solche Organisation ist von Projekten, also Neuerungen, getrieben. Die Strukturen richten sich immer wieder neu aus, die Techno- und stützenden Einheiten sind dazu da, diese ständigen Veränderungen zu moderieren. Strategische Entscheidungen werden oft demokratisch zusammen mit operativen Einheiten und dem mittleren Management getroffen, da es viele Experten für die Projektarbeit braucht und sich alle regelmäßig auf neue Arbeitsformen einstellen müssen. Mintzberg nannte diese Konfigurationsform die „Struktur unseres Zeitalters“ (S. 206) und begründet das u. a. damit, dass sie zu „Umwelten, die zunehmend komplexer wurden und zunehmend auf Innovationen beharren“ (S. 218) passen. Entsprechend bietet sie viele strukturelle Gegebenheiten, um auf Veränderungsbedarf schnell reagieren zu können.

Mintzberg hat des Weiteren noch den Typus der „missionarischen Organisation“ identifiziert, die aber eher „quer“ zu den anderen Typen liegt und die Bedeutung von Unternehmenskultur bzw. „Ideologie“, wie er es nennt, falsch interpretiert. Seiner Meinung nach handelt es sich dann um eine missionarische Organisation, wenn die Ideologie so die Überhand gewinnt, dass sich alle Mitglieder der Organisation nur noch diesem ideellen Ziel verpflichtet sehen. Als Beispiel nennt er hier z. B. eine Gesellschaft, die es sich zum Ziel gemacht hat, Kinderlähmung zu bekämpfen oder die den Genuss von Alkohol verbieten will. Oftmals sind diese Organisationen zentralistisch organisiert, die Abgrenzung zur Umwelt ist bewusst. Veränderungen dürften in einer solchen Organisation schwer herbeizuführen sein, da diese immer ein Infragestellen der dahinterstehenden Ideologie und damit den Kern einer Organisation bedeuten würde.

Nach Mintzberg kommt es oftmals zu einer Überlagerung eines der anderen Organisationstypen, sodass sich eine Mischform einstellt, die je nach Typ bestimmte Effekte produziert. Das Konstrukt einer besonders durch seine Ideologie geprägten Organisation gibt es jedoch nicht. Was stimmt, ist, dass eine Organisation ihr Ziel mehr ökonomisch, also gewinnorientiert, definieren und eine andere sich eher auf ein nobleres Ziel wie die Volksgesundheit hin ausrichten kann. Aber zu behaupten, nur in letzterem Fall würde sich daraus ein spezieller Organisationstyp ergeben, scheint nicht gerechtfertigt zu sein. Eine Umweltorganisation kann sowohl als Maschinenorganisation wie auch als innovative Organisation strukturiert sein. Aus diesem Grund ist auch die Wahl des Wortes „Ideologie“ statt Unternehmenskultur irreführend.

Die anderen fünf Typen (unternehmerische, Maschinen-, diversifizierte, Experten- oder innovative Organisation) hingegen ergeben ein Raster, an dem man bis heute die meisten Organisationen ausrichten kann.

In einer unternehmerisch geführten Organisation ist es unumgänglich, dass jede Veränderung durch den Unternehmenspatron initiiert und vorangetrieben wird. Da die ganze Organisation auf ihn ausgerichtet ist, muss der Impuls von ihm kommen. Der Veränderungsprozess kann und soll integrativ, also unter Einbezug aller, geschehen, aber es darf nicht in Zweifel gezogen werden, dass es sein Projekt ist und bleibt.

Anders in einer Expertenorganisation: Wenn hier der Eindruck entstünde, dass es sich um ein Vorhaben „von oben" handelt, werden die einzelnen Arbeitsbereiche in die Totalverweigerung gehen. Da sie davon ausgehen, dass die zentrale Leitung keine Ahnung davon hat, wie die Arbeit zu erledigen ist, werden sie auch keine Impulse von dort aufnehmen. Hier gilt es daher, die führenden Köpfe in den einzelnen Expertenkreisen für das Thema zu begeistern und zu Multiplikator:innen zu machen. Dasselbe ließe sich vonseiten der Bürokratie bzw. der Technostruktur sagen: Je nachdem, welche Bedeutung eine Organisation diesen Einheiten zuspricht, muss man diese einbinden bzw. zum Treiber des Vorhabens machen.

Wenn von einem Organisationstyp zu einem anderen gewechselt wird, weil man z. B. verstanden hat, dass man mit einer Maschinenorganisation nicht ausreichend flexibel aufgestellt ist und sich daher Richtung innovativer Organisation bewegen möchte, bedeutet dies einen radikalen Kulturwandel, der mit sehr viel Aufwand und Überzeugungsarbeit verbunden ist.

Unternehmenskultur ist der bestimmende Anteil ist, wie ein Unternehmen „tickt". Sie ist aber auch schwer zu fassen und noch schwerer zu beeinflussen. Das bekannte Sprichwort, dass Kultur Strategie zum Frühstück esse, wie das Peter Drucker angeblich mal sagte, veranschaulicht dies: Will man etwas bewusst gestalten, genügt es nicht, sich etwas Neues auszudenken, sondern man muss auch verstehen, welche Kräfte und Überzeugungen in einem Unternehmen wirken. Eine Strategie, die nicht auf dem vorhandenen Fundament aufbaut, ist zum Scheitern verdammt. Wer sich die eigene Kultur bewusst macht, kann damit arbeiten und gegebenenfalls auch Veränderungen anstoßen.

4.2 Mit Unternehmenskultur aktiv arbeiten

Bei dem bewussten Einsatz der Unternehmenskultur sind zwei Perspektiven relevant: dem Willkommenheißen von neuen Mitarbeitenden und deren Einführung in die vorhandene Unternehmenskultur sowie die Ausformulierung einer strategisch entwickelten Corporate Identity als (Ziel-)Bild, das Dinge greifbar macht.

4.2.1 Berufliche Sozialisation: Einführung neuer Mitglieder in die Wirklichkeitswelt der Organisation

Unter Sozialisation wird der Anpassungsprozess verstanden, den der einzelne Mensch durchläuft, um den Erfordernissen seines Umfelds gerecht zu werden. Zentral ist, zu verstehen, wie die Welt funktioniert, welchen Platz man darin hat, wie man mit anderen interagiert und auf welche Werte man sich stützen kann. Es geht damit darum, ein funktionierendes Wirklichkeitsverständnis aufzubauen und dafür angemessene Verhaltensweisen zu entwickeln. Ziel ist es dabei, den einzelnen Menschen zu einem ausreichend sozialen Wesen zu formen, das in die Gemeinschaft eingebunden ist und darin einen bestimmten Platz einnimmt.

Dies geschieht in Phasen und mit unterschiedlichen Vorstellungen von „Gemeinschaft“. Während in der primären Phase das häusliche Umfeld und die Eltern die Sozialisation wesentlich bestimmen, wird der Horizont in der sekundären Phase durch weitere gesellschaftliche Instanzen erweitert: Kindergarten, Schule, Vereine, Peer Groups etc. nehmen zunehmend Einfluss auf die Entwicklung. Die tertiäre Sozialisation rundet dann im Erwachsenenalter über private Beziehungen und durch das berufliche Umfeld die personale Sozialisation ab.

Ob diese Art von sozialer Entwicklung jemals abgeschlossen sein kann, ist umstritten. Die einen sagen, dass man ab ungefähr 30 Jahren nur noch begrenzt sein Wirklichkeitsverständnis erweitert oder ändern kann, andere sagen, das sei bis ins hohe Alter möglich. Vermutlich liegt die Wahrheit dazwischen: Bestimmte Grundüberzeugungen und Verhaltensweisen werden zumeist schon im frühen Kindes- und Jugendalter ausgeprägt. Will man aber dem erwachsenen Menschen nicht die Möglichkeit dazuzulernen absprechen, muss davon ausgegangen werden, dass auch später noch neue Verhaltensweisen und Überzeugungen entwickelt werden können. Forschungen zur „Neuroplastizität“ von Gehirnen deuten in diese Richtung.

Menschliche Neuroplastizität

Das menschliche Gehirn verfügt über schätzungsweise 80 bis 100 Milliarden Nervenzellen, wobei jede Nervenzelle ca. 10 000 Verbindungen (Synapsen) zu anderen Nervenzellen hat. Eine durch Erfahrung ausgelöste Veränderung dieses Nervennetzes bezeichnet man als Neuroplastizität oder auch *Gehirnplastizität* bzw. neuronale Plastizität. Lange war umstritten, ob sich ein Gehirn eher daraus entwickelt, welche genetische Grunddisposition der jeweilige Mensch hat oder welchen Umwelteinflüssen er ausgesetzt ist. Inzwischen hat sich eine ausgleichende Position herausentwickelt, die besagt, dass einige genetische Grundbedingungen als gegeben betrachtet werden müssen und einige Bereiche sich schlechter weiterentwickeln lassen als andere. Neuroplastizität lässt im Alter nach. Trotzdem ist der Mensch in der Lage, aufgrund von Lernerfahrungen das Netzwerk auch als Erwachsener in seinem Gehirn *„auszubauen“*.

So wurde z. B. bei dem Vergleich zwischen Expert:innen (z. B. Berufsmusiker:innen) und Laien (Hobbymusiker:innen) erhebliche Unterschiede in bestimmten Gehirnbereichen festgestellt, die für die Verarbeitung von Tönen zuständig sind. Das kann bedeuten, dass das *Volumen* zugenommen hat oder die *Dichte* der neuronalen Verbindungen und Knotenpunkte. Denselben Effekt konnte man beobachten, wenn Menschen eine Zeitlang eine bestimmte Aktivität (z. B. Jonglieren) trainierten. Auch hier vergrößerte bzw. verdichtete sich das Gehirn. Außerdem „baute" sich das Netz dahingehend um, dass es effizienter (unter Nutzung weniger Verbindungen) arbeitete, die Struktur der Vernetzung sich änderte oder der Denkprozess weniger bewusst ablief.

Im Rahmen der Studien zu neuronalen Netzen hat sich auch gezeigt, dass das Gehirn bei neu hereinkommenden Informationen immer erst einmal die *eigene Erinnerung* abruft, um Vorhersagen über das weitere Geschehen zu generieren. „Insofern funktioniert das Gehirn wie eine Vorhersagemaschine, wobei die Vorhersagen vom jeweiligen Aktivierungszustand des Gehirns abhängen." (S. 231). Ein weiterer Beleg dafür, dass die Menschen ihre Handlungsweise immer mit dem synchronisieren, was sie bereits gelernt haben, und dies als Interpretationsrahmen für neue Eindrücke nutzen.

Quelle: Lutz Jäncke (2014)

Würde man nicht von einer Lernbereitschaft auch im Erwachsenenalter ausgehen, wäre es nicht möglich, dass das gemeinsame Sprechen und das daraus resultierende Lernen dazu beitragen, dass sich Organisationen weiterentwickeln. Organisationen bestehen aus Menschen, die individuell und kollektiv dazulernen können müssen. Sonst hat diese Organisation keine Chance. Mit zunehmendem Alter wird es schwieriger bzw. kontextabhängiger, was und wie viel erwachsene Menschen hinzulernen können. Bestimmte Voraussetzungen müssen gegeben sein (siehe Abschnitt 5.1.1).

Berufliche Sozialisation bedeutet zwei Dinge: Sozialisation für den Beruf und Sozialisation im Beruf. Während die Sozialisation für den Beruf durch das Elternhaus, Schule, Studium bzw. konkrete Berufsausbildung geschieht, passiert Sozialisation im Beruf durch das On-Boarding und dann die reale Ausübung. In diesem Fall kann man auch von betrieblicher Sozialisation sprechen.

Betriebliche Sozialisation soll in einer Onboarding-Phase dazu dienen, neue Mitarbeitende in den Betrieb einzuführen, sie somit zu einem „Mitglied" einer Organisation zu machen. Nimmt man ernst, was in Abschnitt 3.3.2 ausgeführt wurde, darf dahinter nicht die Idee stehen, den neu hinzugekommenen Menschen möglichst schnell auf die vorhandene Unternehmenskultur einzuschwören. Diese Phase des Kennenlernens sollte so ausgestaltet sein, dass es zu einem gegenseitigen Anpassungsvorgang kommt, damit das System auch durch neue Sichtweisen aus der Umwelt sein Wirklichkeitsverständnis aktualisieren kann.

Die richtigen Methoden zu finden, um einem neuen Kandidaten alles Wichtige aus dem Unternehmen mitzugeben, ist alles andere als trivial (vgl. Kasten „Tipps zum digitalen

Onboarding“). Wesentlich ist die Verbindung zwischen der Eingliederung von neuen Mitarbeitenden in die vorhandene Unternehmenskultur und den Veränderungsimpulsen, die vielleicht daraus entstehen können.

Tipps zum digitalen Onboarding

- *Funktionierendes Equipment:* Wenn der digitale Austausch der (fast) ausschließliche Kontaktpunkt in das Unternehmen ist, ist es essenziell, dass hier keine Abstriche gemacht werden. Sowohl muss sichergestellt werden, dass schon ab Tag 1 alles funktioniert, als auch, dass die Ausstattung keine Wünsche offenlässt. Ist dies nicht der Fall, kann sich der Frust schnell auch auf die Arbeitsbereitschaft auswirken.
- *Willkommenspaket nach Hause schicken:* Es ist schwieriger, eine emotionale Bindung zu einem Unternehmen herzustellen, wenn man dieses physisch nicht wahrnimmt und sich nicht als Teil einer Gruppe fühlt. Dies kann aufgefangen werden, wenn der/die neue Kolleg:in bereits zu Beginn einen Willkommensgruß nach Hause erhält, der mit z. B. einer Tasse, Schlüsselanhänger oder Trinkflasche symbolisiert, jetzt Teil eines größeren Ganzen geworden zu sein.
- *Direkte Rückkopplungsmechanismen etablieren:* Weil die Flurgespräche fehlen, muss die Führungskraft aktiv und nahe an dem/der neuen Mitarbeitenden dranbleiben. Regelmäßige virtuelle 1-1-Treffen, bei denen sowohl sachliche Fragen beantwortet werden als auch über Befindlichkeiten gesprochen werden kann, sind hierfür essenziell. Hilfreich ist es, eine:n konkrete:n Ansprechpartner:in als „Buddy“ zu etablieren, der für Alltagsfragen zur Verfügung steht. Wenn möglich, sollte zu Beginn wie auch während der Probezeit ein persönliches Treffen eingeplant werden, um sicherzustellen, dass über die digitalen Kanäle keine Zwischentöne verloren gehen.
- *Mehr Zeit nehmen:* Vieles passiert im „klassischen“ Onboarding über Gespräche in der Kaffeeküche oder Beobachtung bei der konkreten Arbeit. Da dies remote weniger möglich ist, muss mehr Zeit für bewusste Informationsübermittlung eingeplant werden. Dies kann auch z. B. durch einen „virtuellen Kaffee“ mit den direkten Kolleg:innen, also einem informellen Format, geschehen. Der/die neue Kolleg:in braucht mehr Zeit, um voll einsatzfähig zu werden.
- *Gut strukturiertes und übersichtliches Intranet:* Je besser die Informationen dort vorliegen, umso eher kann sich der/die neue Mitarbeitende selbstständig in Dinge einarbeiten. Wenn man hingegen immer erst jemanden fragen muss, wird es schwierig, aus dem Homeoffice die richtigen Leute zu identifizieren und auch noch ansprechen zu können.

Beim Onboarding muss man sich bewusst sein, welche Bedeutung symbolische Handlungen haben, da sie den Deutungshorizont für die unbewussten Überzeugungen definieren. Dies beginnt bereits vor dem ersten Arbeitstag, also z. B. ob die zukünftige Führungskraft sich nach der Vertragsunterzeichnung nochmal bei einem meldet und einem mitteilt, dass er sich auf die Zusammenarbeit freue oder dass man bereits erste

Vorkehrungen für ihn getroffen habe (z. B. Arbeitsplatz eingerichtet). Das setzt sich am ersten Arbeitstag fort (wie viel Zeit nimmt man sich für den/die Neue:n, gibt es ein Infopaket oder bekommt man wenigstens das Intranet erklärt etc.) und endet mit offiziellen Ritualen, die einen zu einem „vollwertigen" Mitglied machen, was meist nach Ende der Probezeit in Form eines Feedbackgesprächs geschieht.

Was dahinter steht, ist die Vermittlung der vorhandenen Unternehmenskultur durch bewusste und unbewusste Akte, die darauf einwirken, ob sich ein neuer Kollege, eine neue Kollegin in diesen Handlungen wiederfinden kann, also sie versteht und auch so interpretiert, wie sie im Sinne der Unternehmenskultur gemeint sind. Da wäre die fachliche Seite, aber nicht nur.

Will man das Erlernen bzw. das bewusste Kennenlernen der vorhandenen Unternehmenskultur gezielt ausgestalten, dann gilt es beim Onboarding, auch das Verstehen und Annehmen der vorhandenen kulturellen Regeln in den Blick zu nehmen. Dafür wurde inzwischen Neu-Deutsch der Begriff des „Cultureboarding" geprägt, also der Versuch, durch symbolische und explizite Handlungen die Unternehmenskultur zu verdeutlichen und zu thematisieren. Es ist Aufgabe des Corporate Identity Management, hierfür die geeigneten Mittel zu generieren (vgl. Abschnitt 4.2.2). Dies kann ein Einführungsblock bei der Veranstaltung für neue Mitarbeitende sein oder ein Willkommenspaket, das sachliche Infos (wie beantrage ich Urlaub, wie melde ich mich krank, wie geht das mit der Altersvorsorge, was wird für Eltern mit kleinen Kindern geboten?) mit entsprechenden Formulierungen und Bildern begleitet. *Themen der Fürsorge* vermitteln stark, welche Grundwerte im sozialen Miteinander ein Unternehmen für wichtig erachtet.

Bei der Integration, hier verstanden als Wirklichkeits- und Handlungsabgleich, hilft es auch sehr, bei jeder Form von Vorstellen und Einführen den *jeweiligen Kontext explizit* zu machen. Damit muss die Onboarding-Kandidatin nicht für sich alleine die Handlung interpretieren, sondern kann ihr Verständnis mit dem des Unternehmens abgleichen. Dies geschieht z. B., wenn man erklärt, wie die Arbeitsplatzaufteilung in den Räumen gedacht ist oder warum welche Regeltermine stattfinden, statt alles nur herzuzeigen oder weiterzuleiten.

Das Credo lautet hier: besser alles mindestens einmal, wenn nicht öfter erklären. Auch die Dinge, die selbstverständlich sein müssten. Denn Letztere sind oft ein Ergebnis von unbewussten Überzeugungen, die zwar im Unternehmen keiner mehr infrage stellt, aber aufgrund der gemeinsamen Sozialisation entstanden sind. Neue haben darauf keinen Zugriff und brauchen daher diesen Kontext. Wenn nicht erklärt wird, warum etwas so ist, wie es ist, macht sich jeder irgendeinen Reim darauf, es kann aber zu keiner Synchronisation, also Angleichung, kommen.

Das *gemeinsame Sprechen darüber* erlaubt es dem/der neu Hinzugekommene:n, die Erklärung infrage zu stellen. Spätestens, wenn die Antwort, warum etwas so ist, wie es ist, lautet „weil das schon immer so war", ist der richtige Zeitpunkt gekommen, genauer darüber nachzudenken. Gegebenenfalls fällt einem vermutlich schon etwas mehr dazu ein und es ist unerheblich, ob das der ursprüngliche Grund dafür war, aber es repräsentiert die aktuell gültige Weltsicht. Wenn beim Nachdenken klar wird, dass es keinen sachlichen Grund mehr für das gibt, wie es gerade ist, kommt man an den Punkt, das Faktische auch infrage stellen zu können.

Ein solches Infragestellen muss nicht bei allem und jedem passieren. Nicht immer lohnt es sich, darüber nachzudenken, warum in jedem Büro ein Drucker steht. Aber bei passender Gelegenheit lässt sich darüber nachdenken, ob a) noch jedes Büro einen Drucker braucht (also, wie viel man noch ausdrucken muss) und b) ob die wirklich, auch aus Luftverschmutzungsgründen, im selben Raum wie die Arbeitsplätze stehen müssen. Meist fallen solche Sachen Neuhinzugekommenen auf, weil sie noch in der Phase des Verstehen-Wollens sind. Man sollte sich das zunutze machen, indem man den darüber gemeinsam spricht. Über die trivialen, den Alltag strukturierenden Sachen, denn sie machen den größeren, unbewussten Teil der Unternehmenskultur aus.

Die Ermutigung, solche Dinge infrage zu stellen und selbst kritisch zu hinterfragen, was alles erklärungsbedürftig ist, wird erst durch die richtige Kultur möglich. Ist diese nicht vorhanden, macht es wenig Sinn, extra bewusste Momente beim Onboarding von neuen Mitarbeitenden zu implementieren.

Das Onboarding muss zur jeweiligen Unternehmenskultur passen, man kann nicht dort irgendwelche Werte vermitteln wollen, die im Unternehmen nicht gelebt werden.

Es lohnt sich, sowohl in Bezug auf Sozialisation als auch das In-Frage-Stellen von Althergebrachtem nicht nur über ein gutes (kulturelles) On-Boarding nachzudenken. Auch interne Wechsel oder Praktika im Sinne von Job-Shadowing können hier einiges leisten. Es kann damit weniger zur Silobildung einzelner Subsysteme kommen und die Konfrontation mit dem Weltbild der Nachbarabteilung bietet vielleicht bereits neue Erkenntnisse für das eigene Arbeiten.

Gelingt es nicht, eine Synchronisierung zwischen den Vorstellungen des/der neuen Kolleg:in und der vorhandenen Unternehmenskultur herbeizuführen, wird es auch zu keiner dauerhaften Bindung zum Unternehmen kommen. Dies lässt sich z. B. daran sehen, dass es immer mehr Menschen gibt, die bereits in den ersten 100 Tagen eine neue Stelle kündigen (vgl. Kasten „Gründe für Kündigungen innerhalb von 100 Tagen").

Gründe für Kündigungen innerhalb von 100 Tagen

Der Anbieter einer Bewerbungsmanagementsoftware, softgarden, führte 2022 eine Umfrage unter 2160 „Kandidaten direkt aus dem Bewerbungsprozess" durch (laut Interview mit dem CEO Mathias Saatkorn in: *https://www.saatkorn.com/onboarding-softgarden-studie* vom 14. 10. 2023). Dabei konnte eine ähnliche Studie von 2018 als Vergleich herangezogen werden (Bild 4.5).

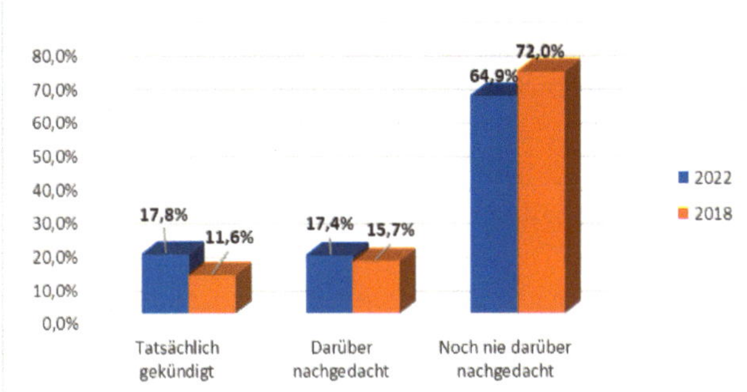

Bild 4.5 Kündigung in den ersten 100 Tagen

Gründe für die Kündigung:

- Schlechter/inexistenter Onboarding-Prozess
- Nicht erfüllte Erwartungen aus der Bewerbungsphase
- Schwierigkeiten mit dem/der Vorgesetzten

Quelle: *https://go.softgarden.com/l/900541/2022-05-30/24l8s/900541/1653919106HB5TVSU5/2022_Onboarding_Reloaded_softgarden.pdf* (nach Anmeldung am 14. 10. 2023)

4.2.2 Unternehmenskultur mit Corporate Identity greifbar machen

Unternehmenskultur ist zum Teil ein eher unterbewusstes Phänomen. Auch die Komplexität der Zusammenhänge in einer Organisation gibt Hinweise darauf, dass eine Änderung in der Unternehmenskultur – selbst, wenn es gelingt, bestimmte, unerwünschte Phänomene bewusst zu machen – nur schwer von oben herab befohlen werden kann. Gleichzeitig ist es auch nicht richtig, zu denken, dass Unternehmenskultur wie die Natur eigene Gesetze hat, die man nicht beeinflussen könnte.

Das Wort „Kultur“ kommt ursprünglich aus der Landwirtschaft und bedeutet die Pflege des Ackers. Unternehmenskultur ist – wie der konkrete Boden – da und ist auch erst einmal unabhängig davon, was der einzelne Mensch gerne hätte. Aber es ist auch etwas, das man nicht in Ruhe lassen sollte, denn dann würde irgendwas wachsen, das im schlimmsten Fall nicht einmal nutzbar wäre. Wenn man aber das Feld bearbeitet, kann man zwar nicht ändern, welche Grundvoraussetzungen der Boden mitbringt oder wie die klimatischen Bedingungen am konkreten Standort aussehen, aber man kann die Voraussetzungen schaffen, das Bestmögliche aus diesen Vorbedingungen zu machen. Man gibt also Impulse, „beackert“ die Themen und lässt die Dinge auf dem so bestellten Feld wachsen. Dabei wird vielleicht nicht genau das in der Menge herauskommen, was man sich vorher vorgestellt hat, aber man überlässt das Feld nicht nur dem Unkraut. Ein Weg dazu können das gezielte Erarbeiten und Realisieren einer „Corporate Identity“, also einer Unternehmensidentität, darstellen.

Die konkrete Ausformulierung einer solchen Corporate Identity hat in der gängigen Literatur zwei Zielrichtungen: Die eine geht nach „außen“ und hat die Umwelt zum Ziel. Wie präsentiere ich mich als Unternehmen, für was steht es und was können die Menschen von einem erwarten? Diese Fragen sind dann eng mit dem öffentlichen Image verbunden, das eine Firma hat oder haben will. Dieser Teil ist wichtig, um sich gegenüber der Umwelt sinnvoll abzugrenzen und darzustellen, warum man eine Berechtigung als System hat.

Gleichzeitig gibt es eine Binnenperspektive von Corporate Identity, die genau diese Berechtigung nach innen trägt. Sie vermittelt Sinnzusammenhänge für die eigene Organisation und ein Grundverständnis für das gemeinsame Zusammenarbeiten. CI stellt so ein Identifikationsangebot für alle dar, um ein Gefühl des Gemeinsamen herzustellen. Sie ist die gestalterische Antwort auf die vorhandene Unternehmenskultur. Auch hier werden die zentralen Fragen nach der Qualität formuliert: „Was sind unsere Erwartungen an unsere Produkte?“ und „Wie wollen wir zusammenarbeiten“? Was man in einem Corporate-Identity-Vorhaben versucht, zu identifizieren und strategisch einzusetzen, ist das Ausformulieren des eigenen Qualitätsverständnisses.

Die Kombination aus Qualität des Produkts und Qualität der Zusammenarbeit ergibt das Spezifische in einem Unternehmen. Daher sollten diese beiden Fragen auch in den Mittelpunkt bei der Entwicklung einer Corporate Identity stehen.

Laut dem Unternehmensberater Roland Bickmann (1999) folgt die Entwicklung einer Corporate Identity einem Stufenmodell mit folgenden Stationen und Themen, die es zu berücksichtigen gilt:

1. *Vision:* Orientierung an den bisherigen Erfahrungen, aufbauend auf der vorhandenen Unternehmenskultur, bisher vorhandene Strategien und Mitbewerber mitberücksichtigen, Entwicklungstendenzen in der Umwelt miteinbeziehen
2. *Leitbild:* ausgerichtet an der Vision und den Ansprüchen der Stakeholder, Ausformulierung der Grundorientierungen in Bezug auf Gewinn, Marktstellung, Wettbewerb und technischer Fortschritt
3. *Führungsgrundsätze:* beleuchten die Grundsicht auf den Menschen im Unternehmen, enthalten Aussagen zur Kooperation, Kommunikation und Information, Regelungen zur Führungs- und Arbeitsorganisation sowie der internen Personalrekrutierung und allgemeine Aussagen zum Führungsverhalten
4. *Event-Driven Management:* Symbolische Handlungen, die Zukunftsorientierung und Aufbruchsstimmung ausstrahlen und ein Wir-Gefühl generieren, müssen zu Leitbild und Führungsgrundsätzen passen
5. *Corporate Language:* Sprache als Beleg für Unternehmensidentität oder „Kulturindikator“, offen oder geschlossen gegenüber Nicht-Zugehörigen (z. B. über Kürzel oder Neologismen), spiegelt unmittelbar die gelebten Werte wider

6. *Corporate Marketing:* auf Außenwirkung angelegt, muss mit der internen Unternehmenskultur korrespondieren und zur Vision passen, dient zur Profilierung über die konkreten Produkte hinaus, Vorbild und Anspruch zugleich

7. *Corporate Design:* visuelle Übersetzung der Identität, es geht um den Wiedererkennungswert, der Gefühle auslösen soll, die zur Vision passen müssen, Design als langfristiges Kommunikationsmittel muss bewusst gepflegt und weiterentwickelt werden

8. *Corporate Controlling:* Abgleich von Soll zu Ist, Ausgangspunkt ist die Vision; das Leitbild wird dahingehend überprüft, ob Führungskultur und Corporate Language die gewünschten Werte transportieren; Anpassung der Corporate Identity bei zu großem Mismatch

Bei den Themen Corporate Design bzw. Marketing wird versucht, aktiv die gewünschten Werte in sichtbare Artefakte (z. B. Schriftgestaltung, Logo ...) zu gießen und zu kommunizieren. Es sind die allerletzten Schritte, bevor man im Sinne eines PDCA-Zyklus beginnt, die Wirksamkeit der Maßnahmen zu überprüfen. Davor müssen die darunterliegenden Überzeugungen entwickelt werden. Erst dann ist es möglich, eine überzeugende Marke nach außen zu tragen und diese mit Leben zu füllen (vgl. Kasten „Die fünf wichtigsten Eigenschaften eines guten Corporate Brandings – am Beispiel von Apple“).

Die fünf wichtigsten Eigenschaften eines guten Corporate Brandings – am Beispiel von Apple

- *Unterscheidbar*
  Das, was die Firma ihren Kund:innen bietet, muss gegenüber den Produkten von anderen Anbietern herausstechen. Apple macht dies, indem es sich gegenüber Mitkonkurrent:innen wie Samsung im Mobilbereich oder Microsoft bei dem Betriebssystem als stylischer, nachhaltiger und kreativer positioniert. Besonders ihr innovatives Vorgehen durch die Etablierung vollkommen neuer Geräte, wie z. B. des iPods als multifunktionales MP3-Gerät oder des iPhones als erstes Smartphone, bleibt den Menschen in Erinnerung.
- *Relevant*
  Dies ist sowohl für die interne als auch externe Wahrnehmung wesentlich: Apple-Produkte haben eine Bestimmung: die Welt besser zu machen. Dies kann man z. B. an der eigenen Rubrik „Apple Stories“ auf der Apple-Webseite sehen *(https://www.apple.com/newsroom/apple-stories)*. Dort berichten „Creators, developers, and innovators“, wie sie die Welt mithilfe von Apple-Technologie verbessert haben.
- *Flexibel und erweiterbar*
  Eine gute Marke muss sowohl über alle Medien hinweg platzierbar sein, was bei den digitalen Produkten von Apple weniger ein Problem ist als vielleicht für eine Firma, die Abflussreinigungen durchführt. Aber eine Marke muss erweiterbar auf neue Produkte sein, d. h., auch innovative Erweiterungen des Angebots müssen zu dem ursprünglich gesetzten Ziel passen. Auch das erfüllt Apple, weil Teil ihres Kerns genau diese Innovationsbereitschaft ist. Die Community erwartet regelmäßig neue Erfindungen.

- *Einprägsam*
  Jede Marke muss einen Wiedererkennungswert haben. Das ist Apple mit seinem Logo, dem angebissenen Apfel, gelungen. Aber das Unternehmen achtet insbesondere auch darauf, dass es sowohl ein klares Produktdesign hat als auch Usability. Daher erkennen die Menschen sowohl die Produkte wieder als auch sind sie als Nutzer:innen in der Lage, neue Geräte intuitiv sofort zu bedienen.
- *Konsistent*
  Die Glaubwürdigkeit einer Marke hängt auch davon ab, wie eine Firma für sich selbst glaubhaft diese lebt und auch weiterentwickeln kann. Wenn alle zwei Jahre ein Re-Branding erfolgt, lässt das den Verdacht aufkommen, dass man sich nicht bemüht hat, die eigene Wahrnehmung mit der des Marktes in Übereinstimmung zu bringen. Die Kernelemente von Apples Corporate Identity sind bereits seit der Firmengründung 1976 vorhanden. Sie werden bis heute gelebt und haben sich dennoch flexibel angesichts diverser Technologieschübe weiterentwickelt.

Die aktive Gestaltung von Corporate Identity bedeutet, das zu tun, was für jede Art von Veränderung wichtig ist: sich erst einmal bewusst zu machen, wo man steht bzw. wohin man sich entwickeln will. Mithilfe einer Vision, eines Leitbilds und daraus abgeleiteten Führungsgrundsätzen lässt sich ein Zielbild entwickeln, was als Abstimmung zwischen dem, was man denkt, was die Umwelt braucht und dem, wie man bereit ist, diesen Bedarf zu befriedigen, verstanden werden kann. Es geht damit um die Strategie und Ziele des Unternehmens.

Bickmann plädiert dafür, die so entwickelten Werte mithilfe von *symbolischen bzw. rituellen Handlungen* zu stärken. Die Idee dahinter ist, Ereignisse zu gestalten, die zwar auch inhaltlicher Natur sein können (Workshops, Jahresversammlung etc.), die aber bewusst dazu genutzt werden, „Zeichen" hinsichtlich der Kultur zu setzen. Wo sitzt der Vorstandsvorsitzende? Auf einer Ehrentribüne oder irgendwo unter dem „Volk"? Trägt die Leitungsebene Krawatte oder lassen sich alle Duzen? Wofür bekommen Kolleg:innen eine Ehrung? Für lange Betriebszugehörigkeit oder für herausragende Verdienste?

Menschen nehmen solche Handlungen wahr und interpretieren sie automatisch gemäß ihrem Wirklichkeitsverständnis. Wenn man z. B. ein hierarchisch geprägter Mensch ist, ist man eher irritiert, wenn die Vorstandsvorsitzende nicht die angemessene Würdigung in Form eines Ehrenplatzes bekommt. Möchte man aber genau ein solches hierarchisches Denken aufbrechen, können solche symbolischen Handlungen, wie das Hinsetzen mitten unter den normalen Mitarbeitenden, als Anregung dienen, über das eigene Wirklichkeitsverständnis nachzudenken und es mit anderen abzugleichen (siehe auch Abschnitt 4.3.1).

Führungskräfte sollten sich Gedanken darüber machen, wie sie von anderen bzw. von ihren Mitarbeitenden wahrgenommen werden. Der Mensch neigt dazu, hinter allem und jedem etwas hineininterpretieren zu wollen. „Sinnsuche" ist eine Grundeigenschaft, die nicht abzustellen ist. Dies sollte man sich zunutze machen, weil solche symbolischen Handlungen affirmativ wirken, also als Bestätigung des Gesagten eingesetzt werden können.

Daher sollte eine gemeinsame Sprache verwendet werden. Sprache formt unsere Vorstellung von Wirklichkeit. Durch das bewusste Einsetzen von Wörtern kann man der Vorstellung von Wirklichkeit eine bestimmte Richtung geben. Wird im Unternehmen gegendert bzw. über andere Kulturen wertschätzend gesprochen? Wählt man einen eher familiären, kollegialen Ton oder verwendet man gerne Anglizismen, um hipper zu sein? Dies alles sind Hinweise darauf, wohin sich das gemeinsame Wirklichkeitsverständnis im besten Fall entwickeln lässt.

Dabei gibt es zwei Ebenen zu beachten: die individuelle und die kollektive. Denn vielleicht gelingt es dem Einzelnen, im Sprechen und Handeln noch kongruent zu bleiben, aber der Leitungsebene als Ganzes nicht, d. h., jeder sendet andere Werte aus. In diesem Fall kann daraus auch kein ganzheitliches, gemeinsames Verständnis im Sinne einer Corporate Identity entstehen. Bevor man auch nur versuchen kann, über die Beeinflussung der Unternehmenskultur als Ganzes nachzudenken, muss es gelingen, die Führungskräfte für das gewünschte Zielbild zu begeistern und ihnen das Rüstzeug mitzugeben, angemessen aufzutreten. Schulungen, Austausche, gutes Einbinden und Informieren sind hier essenziell.

Eine kohärente Corporate Identity lässt sich nicht im stillen Kämmerlein erarbeiten. Unternehmenskultur ist etwas, das alle einschließt, von allen geprägt wird und alle beeinflusst. Wenn man bereit ist, in die bewusste Gestaltung der Kultur gehen zu wollen, muss man erst einmal ein gutes Verständnis davon entwickeln, wie die aktuelle Lage einzuschätzen ist, und ein Zielbild entwickeln, das auch Chancen darauf hat, verstanden und zum Leben erweckt zu werden.

Der Prozess zur Entwicklung und Implementierung muss partizipativ und transparent geschehen. Nur so bekommt man eine realistische Einschätzung vom Ist-Stand (und nicht nur die schöngeredete Sicht eines Vorstands) und entwickelt auch die richtigen Werkzeuge, Symbole, Sprachbilder, um das Zielbild in das kollektive Bewusstsein zu überführen.

Laut Bickmann basiert die Corporate Identity auf der Unternehmenskultur und beinhaltet „die Art und Weise, in der sich das Unternehmen nach innen und außen verhält. Die kulturelle Ausrichtung und das Auftreten sind widerspruchsfrei und konsistent." (S. 97) Corporate Identity wird damit zum verlängerten Arm von Veränderungsarbeit, denn wenn man den Anspruch hat, sowohl das Auftreten nach innen und außen zu synchronisieren sowie widerspruchsfrei und konsistent zu gestalten, bleibt es nicht aus, über Diskrepanzen zu sprechen. Zwei Perspektiven gilt es zu unterscheiden. Die eine ist der Widerspruch *zwischen Sprechen und Handeln*. Man kann nicht von mehr Beteiligungskultur sprechen und dann die Entscheidungen trotzdem im oberen Management ohne Einbezug von anderen fällen.

Die andere Perspektive ist die *Innen- und Außensicht*, z. B., wenn das eigene Corporate-Identity-Verständnis davon ausgeht, dass man eine gute Konfliktkultur vorweisen kann und entsprechende Verhaltensweisen vorgibt (z. B. wertschätzende, offene Gesprächskultur), man aber nach außen versucht, ein Bild zu erzeugen, das von reiner Harmonie und Konfliktlosigkeit geprägt ist. Entweder, man findet Konflikte schwierig und möchte nicht, dass diese bekannt werden, dann kann man diese aber auch nicht als strukturgebend in der eigenen Organisation proklamieren. Oder man will Diskussionen im Haus, dann kann man nicht nach außen so tun, als ob es solche nicht gäbe.

Wie es zu solchen Diskrepanzen kommen kann, kann als Gesprächsgrundlage für weitere Themen dienen: kann es daran liegen, dass man zwar intellektuell verstanden hat, dass Konflikte auch etwas Konstruktives haben, aber trotzdem eher daran glaubt, dass Harmonie nach außen Verlässlichkeit ausstrahlt und damit Vertrauen schafft? Welche Grundannahmen prägen diese Haltungen und wie können wir diese besser zu einem einheitlichen Ganzen verbinden? Mit solchen Fragen werden die Voraussetzungen für ein bewusstes Gestalten der Unternehmenskultur und für Veränderung geschaffen.

Je mehr Kongruenz zwischen dem inneren und äußeren Bild besteht, umso stärker wird die Bindung sowohl der eigenen Mitarbeitenden als auch der anderen Stakeholder an das Unternehmen.

Das Erarbeiten und das In-die-Organisation-Tragen von Corporate Identity dienen dem Bewusstmachen und dem Ausformulieren eines Wunschbilds für das Unternehmen, aber es deckt auch die Spannungen auf, die sich zwischen Ideal und Wirklichkeit ergeben. Um diese Spannungen bearbeiten zu können, muss im Management, in der Führungsriege eine angemessene Offenheit vorliegen, Unbehagen, Diskrepanzerfahrungen und Änderungsbedarf zu artikulieren. Führungskräften kommt so eine doppelte Aufgabe zu: Unternehmenskultur bewusst zu gestalten und Kommunikation auf allen Ebenen frei fließen zu lassen.

4.3 Gestaltungsräume schaffen: Rolle der Führung

4.3.1 Theorie X oder Y? Menschenbild und Führungsprinzipien

Wie wir im Führungskontext mit Menschen umgehen, hat viel mit der allgemeinen Unternehmenskultur zu tun, der zumeist (unterbewusst) ein klares Menschenbild zugrunde liegt. Denn, um Fragen wie: „Was motiviert einen Menschen?“, „Wie kann ich ihn oder sie begeistern und wie kann ich sicher sein, dass er bzw. sie sich dabei größtmöglich anstrengt?“ beantworten zu können, muss eine gute Führungskraft eine Idee davon haben, wie Menschen im Arbeitskontext „ticken“, was ihnen wichtig ist und wie man eine tragfähige (Arbeits-)Beziehung zu ihnen aufbaut.

Douglas M. McGregor (1957), Hochschulprofessor am Massachusetts Institute of Technology, hat in einem Artikel über die „Human Side of Enterprise“ einen Ansatz erarbeitet, der zwei entgegengesetzte Konzepte identifiziert. Konkret greift er in seinem Artikel das in der Nachkriegszeit übliche „Carrot and Stick“-Vorgehen an, das Mitarbeitende als widerständig, unwillig und faul ansieht. Aufgabe des Managements sei es in dieser Welt, die McGregor als *„Theorie X“* bezeichnet, die Mitarbeitenden wie Esel mit entsprechenden finanziellen Angeboten („Carrot“) und Drohungen („Stick“) vor sich herzutreiben und so dazu zu bringen, die notwendigen Arbeiten zu verrichten. Wenn man mit einem solchen Menschenbild arbeite, so McGregor, würden Methoden zur Mitarbeiterführung angewandt, die auf extrinsische, durch die Führungskraft induzierte, Motivation setzen. Man nennt dies *„transaktionale“ Führung*, weil es um eine Handelsbeziehung geht: „Ich gebe Dir Geld, dafür bekomme ich Arbeitsergebnisse.“

McGregor argumentiert, dass dieses Vorgehen vielleicht funktioniert, wenn es für die/den Mitarbeitende:n nur darum geht, genug für Essen und Wohnen, also die Basisbedürfnisse, zu verdienen. Das war z. B. in der Frühphase der Industrialisierung noch der Fall, wo die Menschen keine andere Wahl hatten, als (unter menschenverachtenden Bedingungen) an Fließbändern in Fabriken zu arbeiten. Sobald aber der/die Mitarbeitende über diese existenzielle Lage hinausgekommen ist – was in einer Industriegesellschaft wie der unseren bzw. in einer sozialen Marktwirtschaft für den größeren Teil der Arbeitsbevölkerung als gegeben zu betrachten ist – dann genügt das nicht mehr, um Menschen zum (guten) Arbeiten zu motivieren. Der Anspruch sei dann, nicht mehr nur genug Geld zum Überleben zu verdienen, sondern Sinn im eigenen Tun zu finden bzw. sich selbst durch Arbeit zu verwirklichen. Es braucht intrinsische Motivation, also aus eigenem Antrieb heraus.

Wenn man nun versucht, Menschen, die in der Arbeit nach Selbstverwirklichung suchen, mit der Carrot-and-Stick-Methode zu motivieren, dann dreht sich die Ursache-Wirkungs-Beziehung um: Mitarbeitende sind nicht über Härte oder rein finanzielle Anreize zu begeistern, aber wenn nur extrinsische Anreizsysteme zur Führung angewendet werden, wandeln sich die Mitarbeitenden zu genau diesen störrischen, uninteressierten Arbeitenden, die die Führungskraft als gegeben und unveränderbar ansieht. Damit wird eine falsche Menschensicht zu einer sich selbst erfüllenden Prophezeiung. Die Führungskraft sieht sich durch das Verhalten in ihrem Weltbild bestätigt und hat keinen Grund, ihre Einstellung und damit ihr Verhalten den Mitarbeitenden gegenüber zu ändern.

McGregor stellt mit seiner „*Theorie Y*" dieser Ansicht ein Gegenmodell gegenüber. Seiner Ansicht nach ist es die Aufgabe des Managements, dem/der Mitarbeitenden zu helfen, eine höhere Stufe der Selbstverwirklichung zu finden. Wenn das gelinge, werden die Aufgaben, die diesen Menschen übertragen werden, mit höherer Qualität verrichtet, weil sie die Arbeit aus eigenem Interesse gut erledigen wollen. Es wird zu ihrem eigenen Vorhaben und damit sind sie intrinsisch motiviert.

Menschen suchen nach Sinn im Leben und Arbeit sollte ihnen dazu ein Angebot machen.

Gegner dieser These mögen einwenden, dass es zwar im Allgemeinen schon stimmen möge, dass Menschen motivierter ihre Arbeit erledigen, wenn sie sich in ihrer Persönlichkeitsentwicklung gefördert sehen. Allerdings werde es immer wieder Menschen geben, die diesen Anspruch nicht so ausgeprägt verfolgten und froh seien, wenn sie konkret gesagt bekämen, was und wie etwas zu erledigen sei. McGregor hält hier dagegen, dass dies eine Fehlwahrnehmung auf beiden Seiten sei. Jeder Mensch sei grundsätzlich daran interessiert, selbstbestimmt zu arbeiten, aber eine auf Theorie X ausgelegte Managementstruktur kann zur Folge haben, dass die Arbeitenden selbst die Meinung entwickeln, dass eine andere Art der Führungskultur nicht möglich sei, womit wir wieder bei der selbsterfüllenden Prophezeiung gelandet wären.

Unabhängig davon, woher die Motivation zur Erledigung einer Aufgabe kommt: Nur wenn ein Mensch ein Eigeninteresse entwickelt, die Aufgabe (gut) zu lösen, ist er auch bereit, über Qualität nachzudenken und zu lernen. Nur so kann er – im Sinne der zukunftsfähigen Organisation – das Seine dazu beitragen, dass ein Unternehmen sich auch mit neuen Herausforderungen und geänderten Rahmenbedingungen angemessen auseinandersetzt. Ansonsten sind Mitarbeitende nur eine Gruppe von Lemmingen, die den Führungskräften gedankenlos hinterherlaufen – keine guten Voraussetzungen, dazuzulernen und sich weiterzuentwickeln. Schon aus diesem Grund sollte vorwiegend mit einem von Theorie Y inspirierten Führungsansatz gearbeitet werden.

Die in Tabelle 4.1 aufgeführte Gegenüberstellung von verschiedenen Sichtweisen auf die Aufgabe einer Führungskraft und ihr Verständnis über die Motivationslage ihrer Mitarbeitenden darf nicht als Schwarz-Weiß-Bild und als der Beweis gesehen werden, dass nur mit der Theorie Y die richtigen Ergebnisse erreicht werden. Sie soll die Haltung offenlegen, auch wenn die Überlegungen evtl. in vergleichbare Maßnahmen münden.

Will man also zeitgemäß und auf Grundlage eines Menschenbilds gemäß der Theorie Y führen, muss aus einer „transaktionalen" eine *„transformationale" Führung* werden.

Tabelle 4.1 Theorie X und Theorie Y – eine Frage der Haltung

Theorie X	Theorie Y
Wenn die Menschen eine Wahl hätten, würden sie nicht zur Arbeit kommen.	Wenn man ihnen die richtige Aufgabe gibt und ihre Existenz gesichert ist, würden Menschen auch arbeiten, wenn sie kein Geld dafür bekämen.
Ein Motivator für die Menschen ist es, einen krisensicheren, unkündbaren Job zu haben.	Ein Motivator für die Menschen ist es, einen Job zu haben, der zukunftsfähig ist und Möglichkeiten zur Weiterentwicklung besitzt.
Mitarbeitende lassen sich vor allem durch Gehaltserhöhung oder Statussymbole motivieren.	Mitarbeitende lassen sich neben monetären Anreizen durch für sie interessante Aufgaben und angemessene Wertschätzung motivieren.
Nicht alle Menschen sind intelligent genug, um kompliziertere Aufgaben alleine zu lösen.	Mit der richtigen Aufgabenstellung und ausreichendem Know-how können die meisten Menschen selbstständig arbeiten.
Die Aufgabe einer Führungskraft ist es, u. a. die Durchführung und Erledigung von Aufgaben zu kontrollieren, um gegensteuern zu können, wenn sie nicht angemessen bearbeitet werden.	Eine Führungskraft muss sicherstellen, dass eine Aufgabe zufriedenstellend erledigt wird. Auf welche Art und Weise dies geschieht, liegt in der Verantwortung des Mitarbeitenden.
Gute Arbeit erkennt man an einer sauberen Aufgabenbeschreibung und deren exakter Abarbeitung.	Gute Arbeit funktioniert wie ein Hobby: Das Hinarbeiten auf ein klares Ziel macht zufrieden und die Zeit vergeht im Flug.
Eine Führungskraft trägt die Gesamtverantwortung für die Aufgaben seines Teams.	Eine Führungskraft trägt die Gesamtverantwortung für ein Team und muss sicherstellen, dass es alle Ressourcen zur Verfügung hat, um die gesteckten Ziele gut zu erreichen.
Aufgaben im Team werden durch die Führungskraft entsprechend des vorliegenden Kenntnisstands und der Kompetenzen vergeben.	Die Lösung von Aufgaben wird durch das Team erarbeitet und selbstständig entsprechend den vorhandenen Interessen und Talenten aufgeteilt.
Mitarbeiterentwicklung heißt, klares Feedback zu geben, welche Verhaltensweisen angemessen sind und wo man sich eine Änderung erwartet.	Mitarbeiterentwicklung heißt, den Mitarbeitenden in seinen Stärken und Interessen zu verstehen und ihm dazu Weiterentwicklungsmöglichkeiten anzubieten.

4.3.2 Transformationale und dienende Führung

Folgende Faktoren müssen beachtet werden, damit Führung transformational wird:

Ergebnisse vorgeben

In einer Welt der Theorie Y ist es wichtig, dass den Mitarbeitenden nicht gesagt wird, „wie" sie etwas zu erledigen haben, sondern nur, was das Ergebnis dieser Arbeit sein muss. Sie möchten selbst entscheiden, auf welche Art und Weise sie die Aufgabe bewältigen. Daher darf die Übertragung von Arbeitsaufgaben nicht durch konkrete Arbeitsanweisungen erfolgen, sondern durch allgemeine Ergebnisvorgaben. Dadurch, dass die Mitarbeitenden verstehen, was zu tun ist, und sich einen eigenen Lösungsweg dafür überlegen, erhält die Arbeit Zufriedenheit und Sinn. Arbeitsziele müssen daher auch zusammen mit ihnen erarbeitet werden, damit sie das erwartete Ergebnis verstehen und sich eine passende Abarbeitung überlegen können.

Neben der größeren Motivation, die so erreicht wird, ist dieses Vorgehen auch deshalb sinnvoll, weil angesichts der Kompliziertheit vieler Aufgaben die Führungskraft nicht genau sagen kann, wie Dinge zu erledigen sind. Besonders, wenn es sich um neue Aufgaben handelt, für die es noch keine Routine gibt. Sie muss darauf vertrauen können, dass die Mitarbeitenden aufgrund ihrer Fachexpertise, aber auch ihrer Vernetzung in der Wissensgemeinschaft alle Ressourcen selbst kennt oder sich beschafft, die zur Lösung des Problems gebraucht werden. Die Mitarbeitenden erfahren so auch Vertrauen, was sie in ihrem Selbstverständnis bestärkt und sie herausfordert, ihr Bestes zu geben.

Zielvisionen vermitteln

Mitarbeitende der Theorie Y wollen verstehen, was ihr Beitrag zum großen Ganzen ist. Nur wenn sie das Gefühl haben, mit ihrer Arbeit das Unternehmen voranzubringen, sind sie auch bereit, das Ihre zum Gelingen beizutragen. Sie erhalten das Gefühl, für das Gesamtgelingen wichtig zu sein („Selbstwirksamkeit") und gebraucht zu werden.

Jeder Mitarbeitende sollte die Vision eines Unternehmens gut verstehen. Denn nur dann sind alle in der Lage, die gestellten Ziele auch im Sinn der Unternehmensvision zu erfüllen. Und diese bieten den Rahmen, neue Erfahrungen und Irritationen im Sinne dieser Vision in das eigene Lernen zu integrieren – also sich bei der Reflexion und der Suche nach einer Lösung für ein Problem die Frage zu stellen, wie mit Blick auf das Gesamtziel und nicht nur aus der eigenen Perspektive darauf reagiert werden soll.

Eine der Zielperspektiven muss sein, dass man als Abteilung, als Unternehmen, qualitativ arbeiten möchte, verbunden mit einer immer wiederkehrenden Frage nach dem, was „Qualität" für die jeweilige Abteilung heißt, und zwar sowohl im Kontext der Produktergebnisse als auch des gemeinsamen Zusammenarbeitens. Qualität sollte einer der Orientierungs- und Fixpunkte für das alltägliche Arbeiten werden, über das dann auch immer wieder und auf reflexive Art gesprochen wird.

Persönliche Weiterentwicklung ermöglichen

Es ist Aufgabe einer transformationalen Führungskraft, zeitliche und methodische Möglichkeiten zur persönlichen Weiterentwicklung über z. B. Weiterbildungsangebote und die Mitarbeit in Fachkreisen zu schaffen. Die Mitarbeitenden erfahren damit Wertschätzung, außerdem erhalten sie die Möglichkeit an ihrer Selbstverwirklichung zu arbeiten, was einen Motivator in der Theorie Y darstellt.

Neben der Bereitstellung von individuellen Lern- und Entwicklungsmöglichkeiten ist es Aufgabe einer Führungskraft, selbst neue Impulse in ihrer Abteilung mithilfe von Input durch Externe, Erprobungen von neuen Verfahren oder der Durchführung von Lessons Learned zu setzen. Damit wird die Weiterentwicklung auf Abteilungsebene angeregt. Dabei kann es sich nur um Angebote handeln. Ob und wie diese Impulse umgesetzt werden, bleibt im Sinne der Selbstorganisation und -verwirklichung den Mitarbeitenden überlassen. Wenn keine dieser Anregungen aufgegriffen wird, ist das ein sicheres Signal an die Führungskraft, dass die Entwicklungsbereitschaft der Abteilung nicht besonders hoch ist. Hier gilt es, Gegenmaßnahmen, evtl. mit externer Hilfe, zu ergreifen.

Auch eine Führungskraft muss bereit sein dazuzulernen. Weder kann es die Erwartungshaltung noch die Zielvorstellung sein, dass sie auf alle Fragen, die an sie gerichtet werden, immer eine Antwort parat hat. Es ist wichtig und als gewünscht anzusehen, zu kommunizieren, wenn man selbst noch „dazulernen" muss. Sei es, indem man sich erst einmal ein Bild davon macht, sich externe Hilfe holt oder die Lösung mit dem Team zusammen erarbeitet. Führungskräfte, die im Zeitalter von VUCA noch der Meinung sind, alle Antworten bereits zu kennen, überfordern sich und es legt den Verdacht nahe, dass sie selbst keine Kompetenz zur Selbstreflexion und zum kritischen Hinterfragen des eigenen Wirklichkeitsverständnisses mitbringen. Schlechte Voraussetzungen, um eine lernende Organisation zu schaffen! Nichtwissen ist keine Schwäche, sondern der Startpunkt für die persönliche Weiterentwicklung. Eine Führungskraft muss bereit sein – auch im Sinne eines Vorbilds –, sich Unwissenheit einzugestehen und Lernbedarf zu artikulieren.

Mitarbeitende als Individuum wahrnehmen

Was als Klammer über diesen Merkmalen der transformationalen Führung steht, ist, dass jeder Mitarbeitende als Individuum und als solches jeweils von den anderen unterschiedlich zu behandeln ist. Wenn Mitarbeitende dann ihr Bestes geben, wenn sie in der Arbeit Selbstverwirklichung sehen, müssen sie daher auch jeweils in ihrem individuellen Sein angesprochen und gefördert werden. Es geht darum, Stärken zu stärken und nicht Schwächen zu beheben. Auch im Sinne der Lernmöglichkeiten muss ein Mitarbeitender in seinen persönlichen Interessen gefördert werden. Ihn hingegen „umerziehen“ zu wollen, wird auf große Widerstände stoßen und zu keinem Erfolg führen.

Jeder Mitarbeitende muss „verstanden“ werden, es müssen individuelle Kommunikationsformen entwickelt und Motivation jeweils anders geschaffen werden. Das ist anspruchsvoll und zeitraubend. Das heißt in der logischen Konsequenz, dass von einer Führungskraft auch aus diesem Grund nicht (mehr) erwartet werden kann, dass sie gleichzeitig in der Lage ist, die Arbeit ihrer Mitarbeitenden in allen Details zu verstehen und gegebenenfalls selbst zu erledigen. Dafür bleibt weder die Zeit noch ist dies notwendig. Wenn man sich sicher sein kann, dass die Mitarbeitenden die Unternehmensziele und -visionen richtig verstanden und ein klares Qualitätsverständnis entwickelt haben sowie über ein ausreichendes Skillset und Wissensnetzwerk verfügen, um die Aufgabe zu erfüllen, braucht es das auch nicht mehr. Es macht die Organisation beweglicher, weil so kein starres Delegationsprinzip mehr notwendig wird, das darum bemüht sein muss, jeweils „Top-down“ die Arbeitsweisen auf neue Gegebenheiten einzustellen. Geänderte – auf eine neue Situation angepasste – Vorgehen auf der Arbeitsebene werden sich von selbst ergeben.

Dienende Führung leben

Wenn die Führungskräfte nur noch Ziele und Visionen vorgeben, dann ist ihre Aufgabe, dass die Mitarbeitenden bestmöglich darin unterstützt werden, ihre Arbeit auf die ihnen angemessene Art und Weise zu erledigen. Dies wird in der Literatur mit dem Begriff der „Servant Leadership“, also der dienenden Führung, verbunden.

Wenn man die Grundidee der dienenden Führung ernst nimmt, dann kippen viele der Ansprüche an eine Führungskraft ins Gegenteil um: Nun ist nicht mehr die Führungskraft der wesentliche Wissensträger und seinem Team immer ein Schritt voraus. Es wird davon ausgegangen, dass das Team alles Know-how besitzt, um die Aufgaben zu verstehen und zu erfüllen. Oder noch viel wahrscheinlicher: Aufgrund der Komplexität und/oder Neuheit der Aufgabe, weiß keiner so wirklich, was zu tun ist, aber man ist als Team bereit, die nächsten Schritte zu gehen, Erfahrungen zu sammeln, einen Lösungsweg zu entwickeln. Eine Führungskraft kann hier keine besondere Leitfunktion mehr übernehmen.

Es wird dann zur Aufgabe der Führungskraft, dafür zu sorgen, dass das Team die ihm gestellten Aufgaben in bestmöglicher Weise bewältigt. Leitung bedeutet dann nicht mehr Anleitung, sondern Leitplanken setzen, wie z. B. die Ziel- bzw. Qualitätsvorstellungen mitzugeben und dafür zu sorgen, dass ein ausreichende und breite Skill-Abdeckung im Team vorliegt. Führung heißt nicht mehr, zu kontrollieren, ob das Angeschaffte auch erledigt wird, sondern Hindernisse, die das konzentrierte Arbeiten an den gestellten Aufgaben stören, aus dem Weg zu räumen. Die Führungskraft muss also dafür sorgen, dass es dem Team gut geht und nicht, dass sie selbst gut dasteht. Die

Führungskraft „dient“ damit dem Team und nicht umgekehrt. Scrum, z. B., hat dieser Aufgabe eine eigene Rolle zugewiesen (Scrum Master) und auch sonst die hier aufgeführten Themen auf besonders radikale Weise durchbuchstabiert (vgl. Kasten „Agiles Mindset – mehr als nur Scrum“).

Agiles Mindset – mehr als nur Scrum

Agil wird oftmals mit Scrum und einer speziellen Arbeitsweise im Projektkontext gleichgesetzt. Dies ist aber nur zum Teil richtig. Beim Thema „Agilität“ geht es um mehr als um eine besondere Form der Projektarbeit, mit eigenen Formaten und Ritualen. Es geht um eine andere Haltung zu der Frage, wie man zusammenarbeiten möchte. Es geht um die Ermöglichung von mehr Beweglichkeit und Dynamik (vgl. Abschnitt 2.2.2). Dieser Aspekt wird oft mit dem Begriff „agiles Mindset“ verbunden und steht eng in Verbindung zu einer transformationalen Zusammenarbeit. Dies soll anhand von Scrum-Prinzipien dargestellt werden:

a) *Transformationales Führungsverständnis:* Verteilung von Führungsaufgaben zwischen Scrum Master und Product Owner
   Bei Scrum gibt es einen Product Owner, der als Auftraggeber angesehen wird. Er bzw. sie stellt die inhaltlichen Anforderungen an die Arbeitsergebnisse („als Nächstes möchte ich eine Druckfunktion erhalten“), hat aber nur begrenzt Einfluss auf die Erledigung dieser Aufgabe. Er bzw. sie muss darauf vertrauen, dass das Team selbstständig weiß, wie es zum gewünschten Arbeitsergebnis kommt. Der Product Owner ist damit für die Vision und Zielvorgabe, nicht aber für die Umsetzung zuständig.
   Der Scrum Master erfüllt die Aufgabe eines Servant Leader. Er bzw. sie muss das Team zusammenhalten, dafür Sorge tragen, dass die Aufgabe verstanden wurde bzw. dass alle benötigten Informationen vorliegen und dass die Erledigung innerhalb eines gemeinsam entwickelten Verfahrens ausgeplant wird. Er bzw. sie mischt sich nicht in die fachliche Realisierung ein, sondern sorgt nur für einen strukturierten Rahmen. Gibt es Hindernisse – sei es im Team oder durch externe Einflüsse –, ist es seine bzw. ihre Aufgabe, diese aus dem Weg zu räumen.
b) *Eigenverantwortung:* crossfunktionales und selbstorganisiertes Team
   Das Team muss sich selbst organisieren und sich selbst genügen. Es muss die Aufgabe verstehen und dann gemeinsam überlegen, wie diese am besten zu erledigen ist. Dabei reicht es nicht, Leute zu haben, die das Arbeitsergebnis produzieren. Es braucht im Team auch Tester:innen und Implementierer:innen, um sicherzustellen, dass ein funktionsfähiges Inkrement in der versprochenen Zeit ausgeliefert wird. Die Teams können ihre Arbeit selbst aufteilen. Sie entscheiden pro Sprint über das „Was“, das „Wie viel auf einmal“ und das „Wie“ – im Rahmen der Zielperspektiven, die der Product Owner ihnen gibt. Sie agieren dennoch autonom und nicht durch eine Führungskraft gesteuert.

c) *Qualitätsverständnis:* Definition of Ready und Done
Jedes Team und für jedes Inkrement muss das Team auf Grundlage der Vorgaben des Product Owner festlegen, welche Qualitätskriterien es seinem Arbeiten zugrunde legt. Die Definition of Ready (DoR) legt fest, welche Informationen und Vorarbeiten vorliegen müssen, damit die Arbeit gestartet werden kann. Die Definition of Done (DoD) legt fest, was zu erfüllen ist, damit diese als abgeschlossen gelten kann. Beides kann nur auf Grundlage der Produktvision und der gesetzten Aufgabe geschehen und muss die allgemeinen Unternehmens- und Qualitätsziele berücksichtigen. Durch Ausformulieren einer DoR und DoD muss sich das Team also reflexiv zur gestellten Aufgabe und den Unternehmenszielen verhalten.

d) *Kontinuierliches Lernen:* Reviews & Retrospektiven
Während die DoR und DoD die Schaffung einer theoretischen Grundlage für das eigene Arbeiten darstellen, sind die Formate „Review" und „Retrospektive" in Scrum für den Reality Check zuständig. Im Review wird mit der Kundin oder dem Kunden zusammen geprüft, ob das Inkrement, das auf Grundlage der DoD ausgeliefert wurde, auch den Kundenansprüchen genügt. Es besteht damit eine direkte Rückkopplung zwischen Qualitätsanspruch und Kundenerwartung.
Die beim Review erhaltene Rückmeldung wird dann dazu genutzt, in der Retrospektive das eigene Arbeiten und die daraus resultierenden Ergebnisse kritisch zu hinterfragen. Das Team muss sich reflexiv mit seinen eigenen Ansprüchen auseinandersetzen und gegebenenfalls etwas an der Zusammenarbeit oder seinen Qualitätskontrollen (DoR und DoD) ändern, um zu besseren Ergebnissen zu kommen. Review und Retrospektive fordern also mit dem dort zugrunde gelegten Prinzip von „Inspect & Adapt" für jeden Zyklus einen Moment der Reflexion und des Lernens ein. Es ist Aufgabe des Scrum Masters, dafür zu sorgen, dass dies nicht nur ein hohles Ritual, sondern gelebte Praxis wird.

Hierarchisches Denken funktioniert in einem solchen Szenario nicht mehr. Führung kann dann nur noch im Dialog mit dem Team geleistet werden. Widerstände in den eigenen Reihen müssen als Signal verstanden werden, dass es Zielkonflikte gibt, die aufgearbeitet werden müssen. „Durchregieren" ist keine Option, weil sonst nur die Produktivität des Teams vermindert wird und nicht mehr alle an einem Strang ziehen.

Vom einzelnen Mitarbeitenden wird mehr erwartet. Konnte man in einem „Theorie X"-geleiteten, hierarchisch denkenden Unternehmen seinen Verstand am Werkstor abgeben, wird nun verlangt, dass jeder zu allen Themen eine Meinung hat, diese auch einbringt und gegebenenfalls gegen Widerstände verteidigt. Die Mitarbeitenden müssen selbstständig entscheiden, wie sie ihre Aufgaben erledigen, sich melden, wenn sie Schwierigkeiten erfahren, und kooperativ mit ihrer Führungskraft die Abteilungsziele erarbeiten. Vielen Menschen fällt das schwer, da sie anders sozialisiert wurden. Einen dienenden Führungsstil sehen sie nicht als Chance zur Selbstverwirklichung, sondern er wird von ihnen als Schwäche der Führung verstanden. Sie müssen lernen, mehr Verantwortung für ihr eigenes Tun zu übernehmen, und Bereitschaft zeigen, immer weiter lernen zu wollen. Das ist anstrengend.

Mit der transformationalen Führung wird damit von beiden Seiten eine andere Haltung erwartet, als das früher der Fall war. Nicht allen – Führungskräfte wie Teammitgliedern – gelingt diese Umstellung ohne Weiteres. Es muss individuell betrachtet werden, wer was braucht und wie man ihn auf einen Lernpfad bringen kann, der es ihm erlaubt, in dieser neuen Form der Zusammenarbeit anzukommen und sie für sich als gewinnbringend zu erachten (vgl. dazu auch Abschnitt 7.1.2). Das braucht Zeit und viel Einfühlungsvermögen.

Offene und an Neuem interessierte Unternehmenskultur implementieren

Die Werte eines Unternehmens bzw. das Selbstverständnis darüber, wie man zusammenarbeiten möchte, wie man Entscheidungen herbeiführt, was man dem Einzelnen zutraut und was man wie erledigt sehen möchte, ist essenziell dafür, ob und wie moderne, transformationale Führung gelebt werden kann. Jede Führungskraft muss individuell diese Werte leben. Aber ob und gegen welche Widerstände sie das tun kann bzw. muss, hängt davon ab, wie allgemein das Verständnis in einem Unternehmen ist, was gute Führung und angemessenes Management bedeutet. Denn nur, wenn man bewusst bereit ist, an dieser Kultur zu arbeiten, können neue Formen der Führung ausprobiert werden.

Bei all der Freiheit, die sich so für den einzelnen Mitarbeitenden bzw. für das Team ergibt, kann außerdem eine solche Unternehmenskultur dazu genutzt werden, dass die Mitarbeitenden auf ein gemeinsames Ziel in Qualität hinarbeiten. Eine transformationale Arbeitsweise verlangt dazu zu allererst, dass dieses Ziel – ausformuliert in einer Strategie – gemeinschaftlich erarbeitet wird. Sind die Ziele einmal verstanden, wird Qualität zu einer *„Übersetzungshilfe"* für den Alltag, indem sie Überlegungen nach dem „Was" mit dem „Wie" verbindet.

Dazu werden klare Qualitätsvorstellungen benötigt, die ausreichend kommuniziert bzw. verstanden werden. Diese könnten z. B. lauten: „Unsere Time-to-Market liegt 15 % über der der Mitbewerber." Oder: „Alle Produkte, die wir ausliefern, müssen mindestens ein konkretes, benennbares Problem bei Kunden lösen." Über die transformationale Führung muss dann allen Mitarbeitenden vermittelt werden, dass es zum eigenverantwortlichen Arbeiten gehört, dass Jede:r Einzelne immer wieder darüber nachdenkt, was diese Qualitätsvorstellungen mit dem eigenen Arbeiten zu tun haben. Hierfür eignen sich Instrumente wie „Objectives and Key Results" (OKRs; siehe Abschnitt 6.3.1). Dies gilt besonders für Bereiche, die nicht unmittelbar an der Herstellung des auszuliefernden Produkts arbeiten. Die stützenden, intern zuliefernden Abteilungen müssen sich der Frage stellen, was sie zur ausreichenden Qualität in der Wertschöpfung beitragen können.

Das Überlegen darüber stellt eine Transferleistung dar, die verlangt, dass man sowohl das dahinterstehende Qualitätsziel versteht als auch überlegt, wie dieses auf die eigene Arbeit übertragen werden kann. So wäre z. B. entsprechend der Unternehmensziele die Entscheidung, dass man sich selbst auch Durchlaufzeiten für die Lieferung eines Arbeitsergebnisses an eine andere Abteilung gibt, so wie das auch gegenüber den Kund:innen gefordert ist. Dasselbe gilt für die Überlegung, ob dieses Arbeitsergebnis das Problem bei der entgegennehmenden Abteilung löst.

Die Auseinandersetzung mit den Qualitätszielen muss im Team erfolgen. Nur so können tragfähige Ideen entwickelt und Weiterentwicklung in der Organisation ermöglicht werden. Durch ein solches Vorgehen werden Mitarbeitende in ihrer Eigenverantwortung gestärkt und eine gemeinsame Zielvorstellung im Sinne eines strategischen Qualitätsbilds ermöglicht. Qualität ist damit Vision und Handlungsanleitung, die zum Navigationssystem für die Mitarbeitenden durch die tägliche Arbeit wird. Die Führungskraft steuert den Prozess, nicht die Erkenntnisse, bei den Mitarbeitenden.

Management Summary

Unternehmenskultur ist wie der berüchtigte Pudding, den man versucht, an die Wand zu nageln: Es gibt zwar offensichtliche Dinge wie eine bestimmte Art, miteinander zu sprechen oder Hierarchie zu leben, aber warum das so ist und nicht anders, kann selten genau begründet werden. Die Mitglieder einer Organisation können sich darin bewegen und sie „verstehen“ – auch wenn sie sie selbst nicht komplett beschreiben können.

Das hat damit zu tun, dass die Unternehmenskultur etwas ist, was von den einzelnen Mitarbeitenden abgekoppelt ist. Sie hat sich über die Zeit aus bestimmten Gründen entwickelt, aber weil Menschen kommen und gehen, werden diese vergessen oder aus dem Bewusstsein gestrichen, da es nichts ist, was man zur Alltagsbewältigung im Kopf behalten müsste. Es prägen sich unterschiedliche Organisationsformen aus – kein Unternehmen gleicht einem anderen, was eine Abgrenzung zur Umwelt darstellt.

Kommt man als Außenstehender hinzu, muss man diese Kultur und das unternehmensspezifische Denken erst kennenlernen. Auf keinen Fall darf man denken, dass man schon wüsste, was die Kolleg:innen mit bestimmten Worten und Handlungen meinen. Sie verbinden oftmals andere Ideen damit und will man sie verstehen, muss das dahinterliegende Wirklichkeitsverständnis offengelegt werden. Fragen hilft, aber es ist auch Aufgabe eines guten Onboardings, diese vermeintlichen Selbstverständlichkeiten explizit zu machen.

Im Idealfall ergeben sich Möglichkeiten, Dinge auch kritisch zu hinterfragen bzw. herauszufinden, dass sich diese unhinterfragten Selbstverständlichkeiten vielleicht schon längt überholt haben. So oder so: Neue Mitarbeitende müssen sich in den vorhandenen Kontext einfinden können und man muss ihre, erst einmal fremde, Sichtweise willkommen heißen, wenn man mehr über sich selbst erfahren möchte.

Ein zweiter Weg, sich stärker mit sich und seiner Kultur zu beschäftigen, ist, die eigene Unternehmenskultur mithilfe einer Corporate-Identity-Strategie explizit zu machen. Reden über das eigene Selbstverständnis, wer man sein möchte und was die eigene Existenzberechtigung auch gegenüber einem Markt, einer Gesellschaft, der Umwelt ausmacht, stößt in den Kern der Unternehmenskultur und der Reflexionsmöglichkeiten darüber vor. Dabei muss das Bild von außen mit dem eigenen übereinstimmen, sonst gerät man in Rechtfertigungsschwierigkeiten sowohl der Umwelt als auch den eigenen Mitarbeitenden gegenüber. Ehrlichkeit ist hier wichtig, weil auch nur so Erkenntnisse erwachsen können, die zu Veränderungen führen.

Es bedarf eines anderen Führungsverständnisses, das sich mehr aus den Ideen der dienenden Führung und agilen Prinzipien als aus reinen Transaktionen („Geld gegen Arbeit") speist. Das Grundkonzept ist das der transformationalen Führung, das über klare Zielbilder und Offenheit im Vorgehen die Freiräume schafft, die dafür sorgen, dass sich die Mitarbeitenden auf ihre spezifische Art und Weise mit den Aufgaben identifizieren. Erst dann wird es möglich, dass Dinge kritisch hinterfragt werden und neue Arbeitsweisen entstehen können.

Literatur

Bickmann, Roland: *Chance: Identität. Impulse für das Management von Komplexität*, Berlin: Springer, 1999.

Bleicher, Knut: *Organisation: Strategien – Strukturen – Kulturen*, 2. Auflage, Wiesbaden: Springer Gabler, 1991.

Herget, Josef: *Strategic Culture Hacks*, Berlin: Springer, 2023

Jäncke, Lutz: „Das plastische Hirn", in: *Lernen und Lernstörungen*, 2014, 3(4), S. 227 – 235.

McGregor, Douglas M.: „The Human Side of Enterprise", in: *Management Review*, 1957, 46(11), S. 22 – 34.

Mintzberg, Henry: *Mintzberg über Management. Führung und Organisation. Mythos und Realität*, Wiesbaden: Gabler, 1991.

Mintzberg, Henry: *Structure in fives. Designing Effective Organizations*, Englewood Cliffs, N. J.: Prentice-Hall, 1983.

Schein, Edgar H.: *Organisationskultur und Leadership*, 5. Auflage, München: Verlag Franz Vahlen, 2018.

5 Entwicklungsräume durch mehr Reflexivität

Wie schaffen es Menschen, neue Erkenntnisse aus Erfahrungen zu sammeln und wie kann es einer Organisation gelingen, als Ganzes hinzuzulernen? Unternehmenskultur, als das weitgehend unbewusste Verständnis eines Systems, kann hier entweder hilfreich oder hemmend sein, je nachdem, welche Grundprämissen zugrunde liegen. Bereitschaft und Fähigkeit zur Reflexion sind hier, genauso wie Veränderungsbereitschaft und Weiterentwicklung, die zentralen Aspekte. In diesem Kapitel 5 geht es also darum, wie neue Erkenntnisse in einem Unternehmen entstehen können. Bild 5.1 liefert einen entsprechenden Überblick.

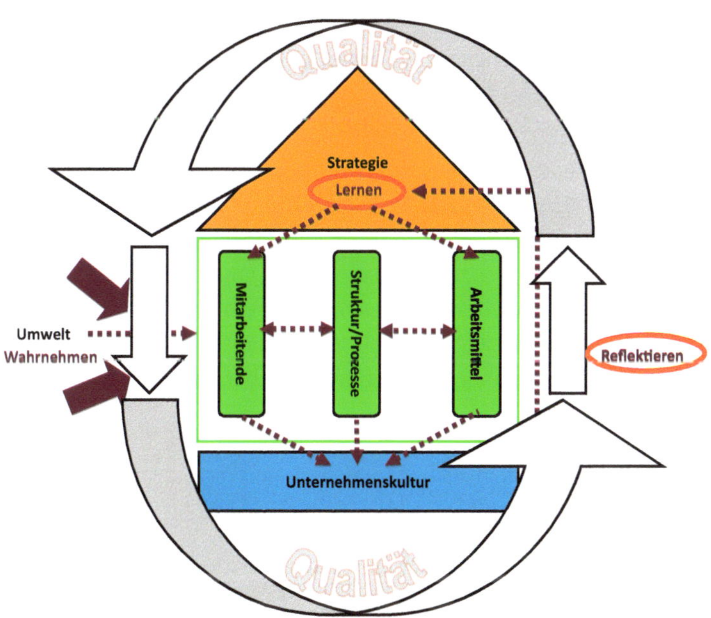

Bild 5.1 Reflexion und Lernen im Unternehmen

Mithilfe von Fremdheitserfahrungen und Fragen nach dem qualitativen Zusammenarbeiten können neue Anstöße entstehen, die einzelne Menschen – oder auch eine Organisation – dazu zu bewegen, Bewährtes über Bord zu werfen und Neues ausprobieren zu wollen (siehe auch Abschnitt 4.3.1).

Solche Vorgänge werden auch mit den Begriffen „Reflexivität" und „Lernen" verbunden. In diesem Kapitel werden diese beiden Begriffe etwas genauer in den Fokus genommen und es wird der Frage nachgegangen, wie neues Verhalten bei erwachsenen Menschen möglich wird, wie Lernen unterstützt werden kann (Abschnitt 5.1) und was es bedeutet, zu der Erkenntnis zu gelangen, etwas am eigenen Verhalten ändern zu müssen (Abschnitt 5.2). Abschließend gilt es zu betrachten, wie die gewonnenen Erkenntnisse zu Veränderungen in einer Organisation genutzt werden können (Abschnitt 5.3).

5.1 Aktive Lernkultur und Wissensmanagement

Die Zukunftsforschung ist sich weitgehend einig: Die digitale Transformation wird nicht dafür sorgen, dass zukünftig alle Menschen von Maschinen ersetzt werden. Allerdings werden sich durch die zunehmende Digitalisierung und Automatisierung die Arbeitsplatzgestaltung, das Arbeiten an sich und die Anforderungen an die Arbeitenden ändern: Routineaufgaben wie Nutzer:innenanfragen, Versandbestellungen oder komplexe, aber standardisierbare Produktionsabläufe werden voraussichtlich von Computern und Robotern übernommen. Aber auch anspruchsvollere Arbeiten, die bisher Wissensarbeiter:innen dadurch leisten, dass sie auf Grundlage bestehender Vorgehen neue Anwendungsfälle entwickeln, könnten bald von Künstlicher Intelligenz übernommen werden.

Kreative und kombinatorische Aufgaben, die Abstimmungen zwischen verschiedenen Einheiten bedürfen, werden hingegen auf absehbare Zeit weiterhin nur durch Menschen erledigt werden können. Letztere Aufgabe wird an Bedeutung zunehmen, da sie die Grundlage für das automatisierte Abarbeiten durch Maschinen bildet. Außerdem bedarf es vermehrt Kontrollfunktionen, wenn die Arbeit von Computern erledigt wird. Künstliche Wesen können uns vielleicht viel Arbeit abnehmen, aber es braucht gleichzeitig viele Menschen, die diesen sagen, was sie zu tun haben. Das grundlegende Arbeiten wird sich mit der Digitalisierung also verändern, aber die Arbeit wird uns deswegen nicht ausgehen.

Will man das eigene Unternehmen zukunftsorientiert aufstellen, muss auf gut ausgebildete, vernetzt denkende und qualitätsorientierte Mitarbeitende gesetzt werden.

Nur so können aus dem komplexen Zusammenspiel zwischen Menschen und Computern gute Produkte effizient hergestellt werden. Bringt man das zusammen mit der rasenden Geschwindigkeit, mit der sich der technologische Wandel allgemein vollziehen wird, ist schnell eingängig, dass dem beruflichen Lernen eine herausragende Rolle zukommen wird. Dies gilt umso mehr, wenn man sich bewusst macht, dass angesichts des Fachkräftemangels ein beliebiger Austausch von Fachpersonal nicht mehr möglich ist.

5.1.1 Individuelles Lernen im erwachsenen Alter

Damit zukunftsorientiertes Lernen gelingt, muss betriebliche Weiterbildung anders gedacht werden, als das noch vor ein paar Jahrzehnten der Fall war. Zwei Dinge sind miteinander zu verbinden, die bisher getrennt gedacht wurden: fachliches Lernen und Weiterentwickeln des eigenen oder kollektiven Wirklichkeitsverständnisses. Für die Veränderungsbereitschaft ist Letzteres wesentlich, allerdings lässt sich das eine vom anderen nicht trennen.

In der betrieblichen Bildung wird oftmals strikt zwischen den beiden Aspekten unterschieden: Da kann man als Mitarbeitende:r entweder eine fachliche Fortbildung besuchen oder einen Kurs zum Konfliktmanagement im Team. Die Frage nach der Qualität verbindet Themen des fachlichen Arbeitens mit den Fragen, warum bestimmte Dinge so und nicht anders gemacht werden, also Produktqualität und Qualität der Zusammenarbeit, Fachinhalte mit sozialer Interaktion. Bei der Frage nach Lern- und Reflexionsbereitschaft kann nicht mehr weiter zwischen diesen beiden Aspekten unterschieden werden. Das eine bietet immer den Impuls für das andere. Dies gelingt dadurch, dass man betriebliche Bildung stärker kompetenzorientiert aufbaut.

„Kompetenz“ kann verstanden werden als Fähigkeit zur Selbstorganisation, Persönlichkeitsbildung und Problemlösung. Lernen bedeutet damit weniger das konkrete Wissen darüber, was zu tun ist, als die Fähigkeit, aus bisher Erlerntem selbst abzuleiten, wie mit neuen Herausforderungen umzugehen ist. Mitarbeitende werden dazu befähigt, sich selbstständig das aktuell benötigte Fachwissen anzueignen, es anzuwenden und auf Grundlage ihrer bisherigen Erfahrung zu adaptieren. Lernen ist damit nicht mehr auf konkrete Fähigkeiten konzentriert, sondern wird ganzheitlicher und somit anspruchsvoller.

Zugleich werden die Grundlagen für eine sich dauerhaft weiterentwickelnde Organisation geschaffen. Dazu müssen neben fachlichen Kompetenzen auch Veränderungskompetenzen erworben werden. Neben einer grundlegenden Lernkompetenz, d. h. zu wissen, wann, warum und wie man lernen möchte, beinhaltet das die Kompetenz zur Vernetzung, zur Bindung an eine Unternehmenskultur und Teamkompetenz. Der/die Einzelne soll also nicht nur für sich, sondern für die ganze Organisation lernen.

„Klassische“ Lerntheorien, wie z. B. die behavioristische, konnten zwar zeigen, dass nicht nur dem sprichwörtlichen „Pawlowschen Hund“, sondern auch dem Menschen durch ständige Wiederholungen, gepaart mit Belohnungen bzw. Strafen, Arbeitsroutinen beigebracht werden können. Das funktioniert nur bei einfachen, eher mechanischen Arbeiten, wie sie früher am Fließband zu finden waren. Komplexere Aufgaben, die eine allgemeine Problemlösungskompetenz verlangen und deren Abarbeiten nur bis zu einem bestimmten Grad standardisierbar ist, wie z. B. die Fehlersuche in der Produktion, können so nicht bewältigt werden. Ein einfaches Abrufen von bereits gelerntem Verhalten führt hier ins Leere bzw. ist im Zweifel der Grund für den Fehler.

Entsprechend darf bei komplexeren oder neuen Fragestellungen nicht von einem zu mechanistischen Bild des Lernens ausgegangen werden. Die internen Muster, die hinter der Aneignung von neuen Erkenntnissen stehen, müssen berücksichtigt werden (siehe auch Abschnitt 1.2.2). Menschen finden ihren Platz in der Wirklichkeit und dem Leben dadurch, dass sie laufend Beobachtungen machen und sie in Bezug zu ihren bisherigen Erfahrungen setzen. Sie versuchen, dem Erlebten einen „Sinn“ zu geben und Kausalitäten herzustellen („weil das und das so war, kam es zu der und der Reaktion“). Damit „konstruieren“ sie ihre eigene Wirklichkeit. Gegebenenfalls gleichen sie diese noch mit den Erfahrungen anderer Menschen ab. Aufbauend auf diesen individuellen Erfahrungen werden Schlussfolgerungen gezogen, die bei erneutem Auftreten der Situation ein darauf abgestimmtes Verhalten ermöglichen.

So lernt z. B. ein Kind früh und manchmal auch recht leidvoll, dass eine Herdplatte, auf der Essen erhitzt wurde, für eine ganze Weile nicht angefasst werden sollte, ansonsten drohen Verbrennungen. Auf dieser Lernerfahrung aufbauend werden „Verhaltensschemata“ („fasse keine Herdplatte an, die angeschaltet ist bzw. vor Kurzem an war“) entwickelt, die es dem Menschen erlauben, bei vergleichbaren Situationen auf (erfolgreiche) Verhaltensmuster zurückzugreifen. Bei unbekannten Situationen werden die bekannten Muster so lange variiert, bis sich auch hier ein Erfolg einstellt (z. B. Übertragung auf das Grillen und den Grillrost). Das Kind lernt so – aufbauend auf seinen bisherigen Erfahrungen – bei jeder neuen Situation sachlich etwas hinzu und erweitert sein Verhaltensrepertoire.

Die Grundlagen für die meisten Verhaltensmuster werden in der Kindheit gelegt und sind im späteren Verlauf nur noch schwer zu korrigieren. Je älter der Mensch wird, umso mehr Erfahrungen haben ihn in seinem Weltbild gefestigt und bestätigt. Neue Erkenntnisse haben es immer schwerer, wahrgenommen und integriert zu werden. Auch dies kann an dem Beispiel „heiße Herdplatte“ veranschaulicht werden: Die heutigen Induktionsherde bieten den großen Vorteil, dass sie keine Wärme mehr abgeben, wenn kein Topf darauf steht. Nur die Glasplatte darüber braucht eine Weile, bis sie sich abkühlt. Ein großer Sicherheitsaspekt, der die Sorge bezüglich Unfällen am Herd reduzieren sollte. Doch trauen Sie sich als Erwachsener, der mit dem Wissen um heiße Herdplatten groß geworden ist, bald auf eine solche Herdplatte zu fassen? Wohl eher nicht, denn zu tief ist die Angst eingeprägt, dass das gefährlich sei. Es ist also nicht trivial, solche Muster zu ändern – selbst, wenn man intellektuell verstanden hat, dass eine Verhaltensänderung angemessen wäre. Noch viel schwieriger wird es bei Situationen, die komplexer sind, wie z. B. wenn der Absatz eines Produkts einbricht.

Weiterentwicklung oder der Erwerb von neuen Kompetenzen ist nur möglich auf Grundlage bereits in der Kindheit erworbener Denkmuster.

Denkmuster können zwar erweitert werden, aber man kann nicht von Erwachsenen verlangen, plötzlich Verhaltensweisen anzunehmen, die entgegen ihren eigenen Erfahrungen stehen. Neben der Erläuterung, wie Induktionsherde funktionieren, werden sie ihr Verhalten gegenüber Herdplatten meist nur ändern, wenn sie auch die entsprechende sensorische Erfahrung machen können. Dazu sind sie aber nur bereit, wenn es einen Grund gibt, sich dieses Wissen anzueignen. Es muss sich also um ein Thema handeln, das er/sie als relevant betrachtet, und es muss ein Eigeninteresse geben, das eigene Weltverständnis zu erweitern. Ansonsten werden solche „Störungen" wahlweise nicht wahrgenommen oder falsch eingeordnet.

Eine Führungskraft kann Lernen nicht anordnen, sondern muss den Mitarbeitenden kontinuierlich die Bedeutung von neuem Wissen und Veränderung erklären und die Verbindung zu den anstehenden Aufgaben herstellen.

Ein klassisches Beispiel sind neue Arbeitsweisen, die sich durch die Digitalisierung von Abläufen ergeben. Wenn die davon betroffenen Mitarbeitenden verstanden haben, dass Digitalisierung auch eine Veränderung in ihrem bisherigen Arbeiten bedeutet, sind sie bereit zu überlegen, was sie zukünftig durch den Computer „erledigen" lassen können. Wenn sie dagegen der Meinung sind, dass das nur „alter Wein in neuen Schläuchen" ist und sich an ihrem Vorgehen nichts ändern muss (also ihre bisherigen Erfahrungen ausreichen), werden sie sich nicht damit beschäftigen wollen. Sie gehen in eine Verweigerungshaltung und verlangen, dass die digitalisierten Abläufe dem traditionellen, lange erlernten Arbeiten entsprechen müssen. Eine effektivere oder effizientere Arbeitsweise, wie man sie sich durch die Digitalisierung erhofft, kann sich so nicht einstellen.

Für den einzelnen Menschen kommt neben ausreichender Motivation auch der richtigen *Lernumgebung* bzw. den Lernformen große Bedeutung zu. Traditionelles Lernen findet in einem Lernumfeld wie Schulungsraum oder E-Learning-Kurs statt. Dabei fehlt es aber oft am nötigen Praxistransfer, also die Rückbindung an Fragestellungen, die den Geschulten beschäftigen. Diese Rückbindung ist aber sowohl für die Motivation (Verbindung zu der eigenen Wirklichkeit) als auch für die zum Lernen nötigen praktischen Erfahrungen (Änderung des eigenen Wirklichkeitsverständnisses anhand neuer Erfahrungen) notwendig.

Informelles Lernen hingegen ist in einem konkreten Arbeitskontext situiert. Die Mitarbeitenden suchen selbst die Gelegenheit und Fragestellung, anhand derer sie lernen wollen, z. B. durch „Lessons Learned" am Ende eines Projekts oder das gemeinsame Erarbeiten einer Problemlösungsmatrix, um einen wiederkehrenden Fehler in der Produktion zu identifizieren.

Informelles Lernen ist direkt an Arbeitsprozesse gebunden. Der Auslöser für den Wunsch zu lernen kann die Unzufriedenheit damit sein, wie aktuell die Arbeitsergebnisse aussehen.

Man erfährt eine Diskrepanz zwischen dem eigenen Wirklichkeitsverständnis und dem konkreten Erleben dieser Wirklichkeit. Es entsteht eine Irritation, wie sie sich auch einstellt, wenn Fremde das eigene Arbeiten hinterfragen. Man sucht daher nach einem Weg, beides wieder in den Einklang zu bringen, indem man der Sache „auf den Grund geht" und damit neue Erfahrungen macht, die die Erfahrungslücke schließt. Daher ist die Frage nach den Qualitätserwartungen so fruchtbar: Damit werden beide Perspektiven verbunden und abgeglichen.

Das informelle Lernen ist gegenüber dem Schulungsraum zu bevorzugen (vgl. Bild 5.2). Es ermöglicht eine direkte Anbindung an die normalen, betrieblichen Arbeitsprozesse. Die Lernenden sind sofort am Thema interessiert und können somit die eigene Problemlösungskompetenz unmittelbar erweitern. Sie erwerben damit kein rein theoretisches Wissen, das schlecht zu merken ist, sondern sie haben schon ihre Verhaltensweise auf die neuen Erkenntnisse ausgerichtet. Bei dieser Form des Lernens wird daher auch von *selbstgesteuertem Lernen* gesprochen, da der/die Lernende sich bewusst für einen passenden Rahmen entscheidet.

Wichtig für das selbstgesteuerte Lernen ist es, eigene Ziele zu definieren, um nicht wahllos Informationen zu sammeln, sondern Wissen aufzubauen. Je bewusster der Lernprozess angegangen wird, desto gewinnbringender ist er. Lernwillige sollten sich daher regelmäßig selbst Ziele setzen und diese systematisch verfolgen. Ansonsten gelingen nur „Zufallsfunde", ohne Garantie dafür, dass sich beim nächsten Problem wieder eine gute Lösung finden lässt. Hierbei kann ein Lern-Canvas helfen (Bild 5.3).

Mithilfe eines Canvas kann ein Thema/Vorhaben/Bereich systematisch durchdacht und erarbeitet werden. Es ermöglicht, sich über die eigenen Ziele, das geplante Vorgehen und mögliche Hindernisse klar zu werden. Dies kann alleine oder in der Gruppe geschehen. Es handelt sich um ein „lebendes" Objekt, das zu bestimmten wichtigen Wegmarken befüllt, überarbeitet oder neu aufgesetzt wird. Die Felder können individuell angepasst bzw. sukzessive ergänzt werden.

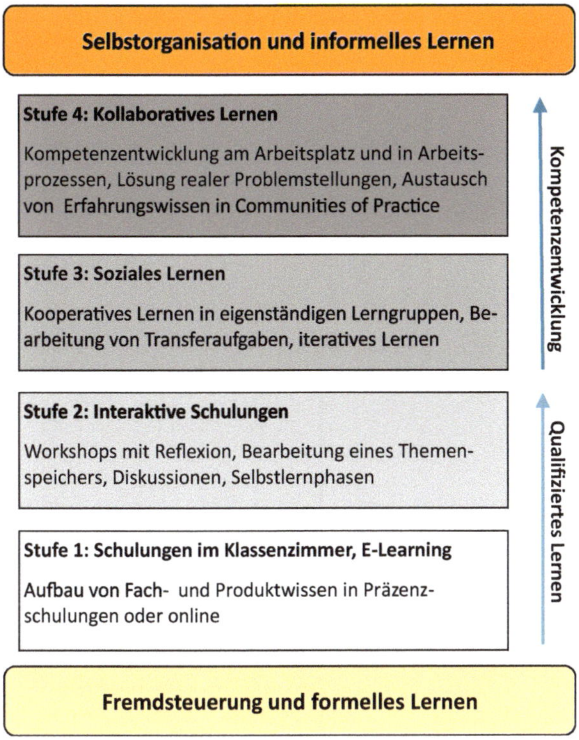

Selbstorganisation und informelles Lernen

Stufe 4: Kollaboratives Lernen
Kompetenzentwicklung am Arbeitsplatz und in Arbeitsprozessen, Lösung realer Problemstellungen, Austausch von Erfahrungswissen in Communities of Practice

Stufe 3: Soziales Lernen
Kooperatives Lernen in eigenständigen Lerngruppen, Bearbeitung von Transferaufgaben, iteratives Lernen

Stufe 2: Interaktive Schulungen
Workshops mit Reflexion, Bearbeitung eines Themenspeichers, Diskussionen, Selbstlernphasen

Stufe 1: Schulungen im Klassenzimmer, E-Learning
Aufbau von Fach- und Produktwissen in Präzenzschulungen oder online

Kompetenzentwicklung
Qualifiziertes Lernen

Fremdsteuerung und formelles Lernen

Bild 5.2 Hierarchie der Lernformen und Kompetenzentwicklung (John Erpenbeck et al. (2006, S. 71))

Erfolgreiches Lernen braucht:

- Die richtige *Haltung*: Die einzelnen Mitarbeitenden müssen bereit und interessiert sein, Neues zu erlernen.
- Die passenden *Lernkompetenzen*: Es müssen die Fähigkeiten und Fertigkeiten vorhanden sind, Neues wahrzunehmen, mit den eigenen Erfahrungen zu vergleichen und daraus die richtigen Schlüsse zu ziehen.
- Einen ausreichenden *Wissenspool*: Es müssen die nötigen Informationsquellen, Methoden und Formate bereitgestellt werden, um an neues Wissen zu gelangen.

Die richtige Lernhaltung und die passenden Lernkompetenzen müssen Mitarbeitende (gegebenenfalls mit Unterstützung) selbst erarbeiten. Ein auf Offenheit angelegtes Arbeitsumfeld z. B. durch eine bewusst divers besetzte Belegschaft kann helfen. Aufgabe von Führung bzw. Management ist es, die nötigen Ressourcen im Sinne von Zeit, Expert:innen und Wissensquellen zur Verfügung zu stellen. Damit kommt dem Wissensmanagement eine große Bedeutung zu.

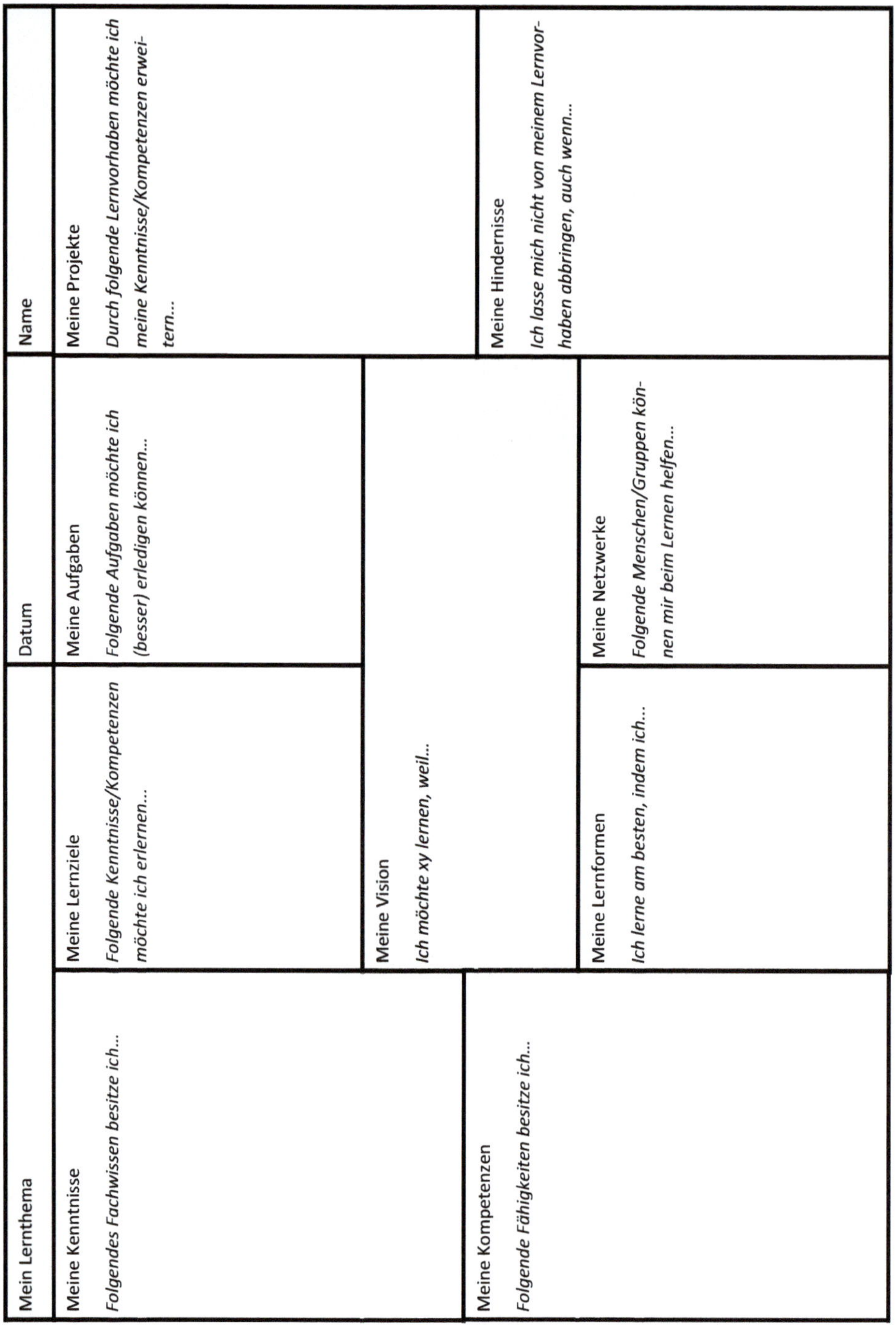

Mein Lernthema | Datum | Name

Meine Kenntnisse
Folgendes Fachwissen besitze ich…

Meine Lernziele
Folgende Kenntnisse/Kompetenzen möchte ich erlernen…

Meine Aufgaben
Folgende Aufgaben möchte ich (besser) erledigen können…

Meine Projekte
Durch folgende Lernvorhaben möchte ich meine Kenntnisse/Kompetenzen erweitern…

Meine Vision
Ich möchte xy lernen, weil…

Meine Kompetenzen
Folgende Fähigkeiten besitze ich…

Meine Lernformen
Ich lerne am besten, indem ich…

Meine Netzwerke
Folgende Menschen/Gruppen können mir beim Lernen helfen…

Meine Hindernisse
Ich lasse mich nicht von meinem Lernvorhaben abbringen, auch wenn…

Bild 5.3 Lern-Canvas: Systematisches Vorgehen

5.1.2 Wissensmanagement für das richtige Lernen

Sowohl für den Alltag als auch in vielen beruflichen Fragen mangelt es nicht an Wissen. Allerdings besteht das Problem genau darin: Wie finde ich angesichts der vielfältigen Wissensquellen die richtige für die Fragestellung? Und wie finde ich darin auch noch für den konkreten Anwendungsfall passende Antworten?

Dazu muss der Unterschied zwischen Daten, Information und Wissen verstanden werden. *Daten* sind Zahlen oder Buchstaben, die aus irgendeinem Grund gesammelt wurden, also z. B. Datumsangaben. Diese werden erst dann zu einer *Information*, wenn sie einen Kontext erhalten. Im vorliegenden Fall wäre das, zu welchem Anlass und Zweck die Datumsangaben erhoben wurden. So könnte es sich beispielsweise um Geburtstage von Kund:innen handeln, die standardmäßig bei der Registrierung auf der Webseite erfasst wurden. Aber auch damit kann noch nicht viel angefangen werden, solange diese nicht in einen Sinnzusammenhang gestellt, also interpretiert werden. Erst dann kann man von *Wissen* sprechen. Im Fall der erhobenen Geburtsdaten könnte man das Durchschnittsalter des eigenen Kundenstamms ermitteln. Damit erhält man eine Erkenntnis, die sich für die eigenen Ziele einsetzen lässt, z. B. für ein altersgruppenspezifisches Marketing.

Das alleinige Sammeln von Daten und Informationen bringt nichts, wenn nicht eine Einordnung in den eigenen Verständnishorizont vorgenommen bzw. eine Verbindung zu einer konkreten Fragestellung hergestellt wird.

Gutes Wissensmanagement muss darauf achten, nicht wahllos Daten und Informationen zur Verfügung zu stellen, sondern eine Struktur bieten, die ein Einordnen erleichtert und intuitiv zu nutzen ist. Die Wissensorganisation muss für das jeweilige Unternehmen spezifisch funktionieren, um dem dortigen Selbstverständnis, der vorherrschenden Denkweise und damit dem gültigen Wirklichkeitsverständnis zu entsprechen.

Es kann zwischen zwei verschiedenen Formen von Wissen unterschieden werden. Es gibt *explizites Wissen*, das formal aufgeschrieben werden kann und damit jedem unmittelbar zugänglich ist. Arbeitsanweisungen, Telefonverzeichnisse, Organigramme, Glossare funktionieren nach diesem Prinzip. Wie aber vermutlich jede:r Arbeitende bestätigen kann, stellt das nicht das gesamte Wissen eines Unternehmens dar. Viel hilfreicher als das in den offiziellen Quellen verfasste Wissen ist oftmals das nicht fixierte, nur informell vorhandene, *implizite Wissen*. Wissen, das man nicht offiziell wissen muss, sondern Wissen, wie es „tatsächlich" gelebt wird. Wahlweise geht es um versteckte Machtzentren („wenn Du zu dem/der gehst, geht es gleich viel schneller"), Abkürzungen („das Formular brauchst Du nicht, danach hat mich noch nie jemand gefragt") oder aktuellere Informationen („das haben sie im letzten Jahr abgeschafft, aber keiner hat sich die Mühe gemacht, die Beschreibung zu aktualisieren").

Damit stößt Wissensmanagement, das sich darum bemüht, alles Wissen in einer Organisation schriftlich zu sammeln, an seine Grenzen, da

- schriftliches Wissen schnell veraltet, gerade in Zeiten, die durch kontinuierlichen Wandel geprägt sind,
- schriftliches Wissen aus verschiedenen Gründen (Macht, Desinteresse, Komplexität) nicht die realen Gegebenheiten abbildet,
- das Aufschreiben von Wissen immer einer Logik folgen muss, die entweder nicht zwingend der Logik der Nutzenden entspricht oder aber nicht alle Fälle, für die es gebraucht wird, abdecken kann.

Es ist nicht überflüssig, in einem Unternehmen bestimmte Vorgänge schriftlich festzuhalten, sei es formalisiert in Form von Arbeitsanweisungen oder im Sinne eines Wissenspools in verschiedenen Informationskanälen wie Intranet, Schulungsunterlagen oder Datenbanken. Aber dabei kann ein Unternehmen in VUCA-Zeiten nicht stehenbleiben.

Ein Unternehmen muss dafür sorgen, dass implizites Wissen leicht(er) verfügbar gemacht wird.

Traditionell wird bei Darstellungen zum Wissensmanagement daher darauf hingearbeitet, aus implizitem Wissen explizites zu machen, um die Diskrepanz zu beheben. Dafür geeignete Maßnahmen wären neben der Pflicht, alle Vorgabedokumente einmal pro Jahr zu überarbeiten, mithilfe von Befragungen von Mitarbeitenden und gezielten Offboarding-Prozessen implizites Wissen abzufragen oder durch die Schaffung von Datenbanken mit Ergebnissen aus z. B. Lessons-Learned-Workshops besser abrufbar zu machen.

Dies ist nicht ausreichend, um für alle potenziell denkbaren Fragestellungen, einen jeweils passenden Wahrnehmungs- und Interpretationsrahmen für neue Informationen zu schaffen.

Der Schwerpunkt eines zukunftsfähigen Wissensmanagements muss darin liegen, dass Informationen weniger fixiert als vielmehr fließend gehalten werden.

Das heißt immer noch nicht, dass ein Unternehmen auf ein formales Vorgabe- und Dokumentationswesen verzichten sollte. In Bereichen, die z. B. die Compliance oder Arbeitssicherheit betreffen, muss über offizielle und schriftlich fixierte Ausführungen sichergestellt sein, dass Wissen explizit vorliegt, um Missverständnisse zu vermeiden.

Dennoch muss ein zukunftsfähiges Unternehmen verstehen, dass implizites Wissen kein Problem ist, das es zu bekämpfen gilt, sondern dass es Teil der Lösung ist. In einer hochkomplexen Arbeitswelt mit immer neuen Fragestellungen muss jeder Mitarbeitende als Wissensträger:in angesehen werden. Er bzw. sie muss verstehen, dass ein Teil des Arbeitsauftrags lautet, über das eigene Arbeiten und Vorgehen mit anderen zu sprechen und zu erfahren, wie sie Dinge sehen und erledigen. Wissenssilos müssen aufgebrochen werden, indem alle motiviert werden, ihr Wissen zu teilen. Nur so kann sichergestellt werden, dass das jeweils nötige Wissen fließt und neue Denkweisen hinzukommen können. Es muss eine Offenheit gelebt werden, die es erlaubt, bisheriges Wissen infrage stellen zu dürfen bzw. zu modifizieren, wenn neue Erkenntnisse auftauchen. Der Wissensaustausch muss also antihierarchisch, divers und auch dezentral organisiert sein.

Soziale Netzwerke, kollaborative Plattformen und Community of Practice (siehe dazu den Kasten „Community of Practice als Lernforum") ermöglichen ein Umfeld, das informelles Lernen unterstützt: Nebenbei und doch zielgerichtet kann man sich schnell auf betriebseigenen Plattformen oder im gesamten Internet mit Gleichgesinnten und Spezialist:innen zu jedem beliebigen Thema austauschen. Expert:innen für konkrete Fragestellungen lassen sich schnell finden, gemeinsame Lernzirkel etablieren oder man kann die eigene Blase verlassen und neues Denken kennenlernen. Solche selbstorganisierten Lern- und Austauschformate können ad-hoc oder auch vom Unternehmen initiiert entstehen.

Community of Practice als Lernforum

Communities of Practice sind Arbeitsgruppen, die selbstorganisiert und aus eigenem Interesse zu einem Thema oder zur Lösung einer Aufgabe zusammenkommen und sich darüber austauschen. Die Teilnehmenden sind zumeist Praktiker:innen. Die Gruppe trifft sich regelmäßig (physisch oder virtuell). Die Sitzungen werden jeweils von einem Gruppenmitglied vorbereitet, es gibt eine Tagesordnung und eine Moderation.

Lernen geschieht dadurch, dass man Erkenntnisse mit anderen teilt, offene Fragen aufbauend auf den eigenen Erfahrungen diskutiert oder eine neue Lösungsidee für ein Problem entwickelt. Es funktioniert als Netzwerk, das hilft, bei konkreten Themen Ansprechpartner:innen mit dem nötigen Know-how zu finden.

Erfolgsfaktoren für Communities of Practice

- Um die Begeisterung der Teilnehmenden sicherzustellen, muss das Thema gut ausgewählt sein und regelmäßig reflektiert werden. Wissensträger:innen müssen systematisch identifiziert und eingebunden werden. Um Silobildung zu vermeiden und verschiedene Perspektiven zu ermöglichen, sollte die Gruppe ausreichend divers besetzt sein.
- Gruppenarbeit verlangt Menschen, die bereit sind, auch die „langweiligen" Aufgaben zu erledigen, wie Einladungen zu versenden, eine Agenda aufzustellen oder zu protokollieren. Es braucht Klarheit darüber, wie diese Aufgaben verteilt sind, und auch Konsequenz in der Einhaltung dieser Verabredungen.

- Es gibt nichts Schlimmeres als Sitzungen, die unvorbereitet und ziellos sind. Es lohnt sich daher, eine Organisationsform zu finden, die sowohl die Last auf so viele Schultern wie möglich verteilt als auch eine ausreichend interessante Agenda generiert, um eine regelmäßige Teilnahme zu garantieren. Die Inhalte richten sich ausschließlich an den Interessen der Gruppe und nicht an denen von Externen (Management) aus.

Mehr Informationen zu Communities of Practice findet man unter *https://www.communityofpractice.ca*.

Wissensaustausch und -erwerb wird so zu einer äußerst sozialen Angelegenheit, die ein Unternehmen fördern, aber niemals einfordern kann. Es gilt das „Gesetz der Füße“: Wenn keiner kommt, sind das Interesse und die Notwendigkeit, sich damit zu beschäftigen, nicht groß genug. Bleibt es trotz solcher Angebote bei Silodenken und Verweigerung, gilt es kritisch zu hinterfragen, ob das Problem eher ein organisatorisches (z. B. wird nicht ausreichend Zeit zur Verfügung gestellt), ein thematisches (falsches Thema, falsche Besetzung) oder ein kulturelles (keine ausreichende Lernkultur) ist. Gegebenenfalls kann hier gegengesteuert werden, aber erzwingen lässt sich eine produktive Teilnahme nicht. Wissensaustausch und Lernen muss aus eigenem Interesse erfolgen, sonst finden sie nicht statt.

Wenn die Mitarbeitenden selbst nicht den Willen haben, dazuzulernen, gegebenenfalls Überkommenes über Bord zu werfen, und den Mut aufbringen, Neues auszuprobieren, kann noch so gelungenes Wissensmanagement nicht dafür sorgen, dass dies auf individueller Ebene gelingt und noch viel weniger in der Organisation als Ganzes.

Lernen und geeignete Lernmöglichkeiten sind integraler Bestandteil einer zukunftsfähigen, qualitativen Unternehmenskultur.

Neue Impulse können nur auf fruchtbaren Boden fallen, wenn die Mitarbeitenden bereit sind, darüber nachzudenken, was sie aus der Konfrontation mit Andersdenkenden für sich herausziehen können. Der Austausch muss in einen Erkenntnisgewinn münden. Ein weiteres Argument für ein dialogisches, fluides Wissensmanagement ist: Der Austausch mit anderen ermöglicht erst ein gemeinsames Lernen, wie es für eine Organisation notwendig wird, da es ihr nicht genügen kann, wenn nur Einzelne für sich etwas Neues erfahren.

5.1.3 Organisationales Lernen ermöglichen

Ziel im Sinne einer zukunftsfähigen Organisation muss es sein, dass nicht nur das Individuum für sich Handlungsbedarf identifiziert, weil sich Grundbedingungen ändern (sich z. B. Qualitätsansprüche verschieben), sondern dass sich alle gemeinsam auf diesen Handlungsbedarf einigen. Es hilft z. B. nichts, wenn das Management oder einzelne Mitarbeitende verstanden haben, dass Digitalisierung auch geänderte Abläufe bedeutet. Digitalisierung verändert die Arbeitsabfolgen aller Beteiligten, entsprechend müssen sich auch alle Beteiligten einig sein, was das Ziel sein soll. Die Erarbeitung der neuen Abläufe, die notwendigen Anforderungen an das Tool wie auch das Testen werden zusammen unternommen. Damit wird Lernen auf eine höhere Ebene, die der Gemeinschaft, gehoben.

Dabei geht es – neben der Überzeugungsarbeit – um die Verknüpfung von individuellen Kompetenzen zu einem organisationalen Kompetenzgeflecht, das sich ebenfalls kontinuierlich weiterentwickelt. Lernen muss dafür von den konkret handelnden Personen abgetrennt werden können – es entsteht eine spezifische Lernkultur im Unternehmen, die Anregungen bietet, sich auch individuell weiterentwickeln zu wollen. Der Organisationsberater Peter Senge, Verfasser eines der klassischen Texte zur „Lernenden Organisation", schreibt dazu:

> *„Obwohl das Team-Lernen individuelle Fertigkeiten und Kenntnisse umfasst, ist es eine kollektive Disziplin. Wenn ich sage, dass ich, als Einzelner, mich gerade in der Disziplin des Team-Lernens vervollkommne, so ist das eine ebenso unsinnige Aussage wie: ‚Ich lerne gerade, eine großartige Jazzband zu sein.'"*

Peter M. Senge (2017, S. 258)

Damit ist organisationales Lernen mehr als die Summe von individuellem Lernen.

Ein Unternehmen ist erst einmal ein in sich geschlossenes System, das mehr ist als seine Bestandteile, also seiner Mitarbeitenden. Individuelle Lernergebnisse müssen in das organisationale Wirklichkeitsverständnis und gegebenenfalls die Unternehmenskultur überführt werden, um für das System nutzbar zu werden. Damit werden sie für alle nachvollziehbar und verständlich. Es geht um gelungene Kommunikation, die dafür sorgt, dass die Bilder und Artefakte, die die Unternehmenskultur repräsentieren, bzw. die Corporate Identity, die verkündet wird, mit dem Gelernten in Einklang steht. Dabei muss sich das Gelernte organisch in das Bekannte integrieren lassen. Das Neue muss auch von anderen verstanden, in ihr Wirklichkeitsverständnis und ihre Handlungen integriert werden können (Bild 5.4).

Eine Überführung von individuellem Wissens- und Kompetenzzuwachs in die Organisationswirklichkeit kann nur über Kommunikation gelingen. Organisationales Lernen ist nichts anderes als kontinuierliches Sprechen, (Neu-)Verhandeln, Einigen und gemeinsames Handeln.

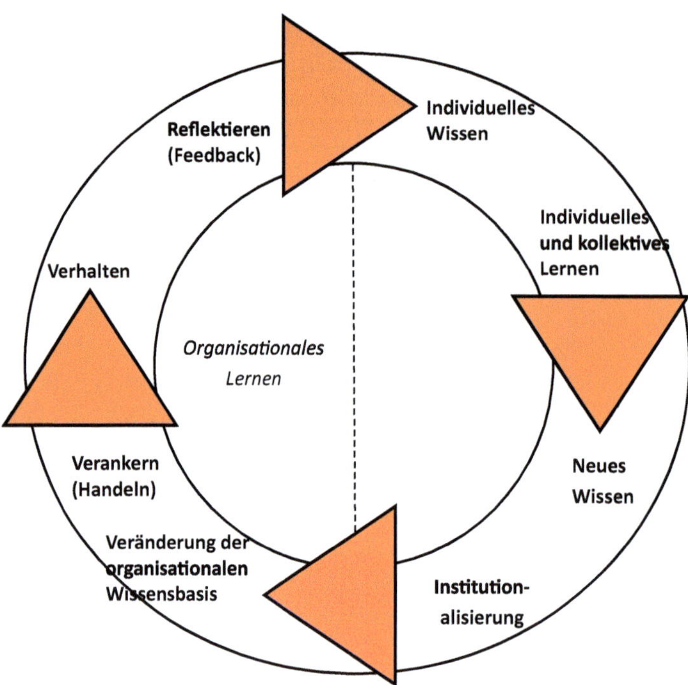

Bild 5.4 Das Kreismodell des organisationalen Lernens (Stefan Güldenberg (1998, S. 204))

Will man organisationales Lernen stimulieren, muss man die Möglichkeit der Kommunikation verbessern bzw. Raum und Rahmen für Austausch schaffen. In kleinem Kreis ist das der Flur oder die Kaffeeküche, in Zeiten des Homeoffice sind es virtuelle Coffee Breaks oder Lunch Talks. Formell wird das durch Informationsveranstaltungen, Befragungen und Kommentierungsmöglichkeiten im Intranet erreicht. Wesentlich ist die Zwei-Wege-Kommunikation. Die Mitarbeitenden werden nicht über eine Einbahnstraße informiert, sondern man begibt sich in einen Dialog mit ihnen, mit der beidseitigen Bereitschaft, Neues zu erfahren und dazuzulernen.

Auch die Communities of Practice fördern das gemeinschaftliche Lernen. Will man die Organisation als Ganzes in einen Lernprozess bringen, bieten sich auch Großgruppenformate an, die die Mitarbeitenden offiziell zusammenbringen, um Neues gemeinsam zu erarbeiten (vgl. Abschnitt 5.3.2). Letzteres bedeutet größeren Aufwand und mehr Kosten. Es handelt sich um eine gesteuerte Form von organisationalem Lernen, die für größere Fragen im Sinne eines gemeinsamen Arbeitens an der Zukunft sinnvoll sein kann.

Bei einem solchen Austausch wird es zu Überlappungen und gefühltem Chaos kommen. Die einen haben bereits „verstanden", dass sich etwas ändern muss, die anderen kämpfen noch damit, die festgestellten Veränderungen aus der Umwelt angemessen mit ihrem Wirklichkeitsverständnis in Einklang zu bringen. Dies gilt es auszuhalten und dabei beharrlich den eingeschlagenen Weg weiterzugehen. Die Verwirrung ist verständlich, da sich ein komplexes System mit seinem undurchschaubaren Geflecht an Ursache-Wirkungs-Zusammenhängen erst einmal neu ausrichten muss und daher bestehende Selbstverständlichkeiten nicht mehr funktionieren bzw. neu entwickelt werden müssen.

Menschen, die bereits früher verstehen, wohin die Reise gehen muss, werden voranschreiten und Verhaltensänderungen einfordern. Sei es im konkreten Zusammenarbeiten, wenn z. B. verlangt wird, mehr Verantwortung aus der Zentrale zu den lokalen Einheiten zu übertragen, oder auch in den Umgangsformen, wie z. B. eine Änderung des Dresscodes. Am Anfang halten das vielleicht die einen für eine gute Idee, sie trauen sich aber nicht, diese Forderungen zu unterstützen. Andere hingegen haben noch nicht verstanden, warum diese Forderungen im Raum stehen. Ein Teil wird sich daran halten, ein anderer (noch) nicht.

Die Organisation ist ausreichend irritiert, um darüber zu reden, wie man das findet. Dadurch wird ein Erklären erst möglich und kann damit einige mehr überzeugen. Gegebenenfalls fangen Zauderer an, das neue Vorgehen auszuprobieren, und sie lernen, dass die Forderungen eine Verbesserung bringen. Sie sehen z. B., dass durch Delegation Dinge schneller erledigt werden, ohne dass Chaos entsteht, oder dass die Mitarbeitenden entspannter sind, weil sie sich nicht mehr an einen so strengen Dresscode halten müssen. Damit werden Veränderungen und deren Effekte erlebbar gemacht. Während noch zwei sich widersprechende Paradigmen (z. B. zentral vs. lokal, formal vs. leger) nebeneinander existieren, kristallisiert sich die bessere Arbeitsweise langsam heraus und auch die größeren Verweigerer schwenken langsam um (vgl. Abschnitt 7.1.2).

Lernen bleibt auch auf dem organisationalen Level dahingehend individuell, dass man berücksichtigen muss, dass die einzelnen Menschen unterschiedliche Lerngeschwindigkeiten und auch eine unterschiedlich gute Vorstellungskraft haben. Viele brauchen ein praktisches Beispiel, eine konkrete Erfahrung, über die es sich dann einfacher sprechen lässt, als rein theoretische Überlegungen. Daher empfiehlt es sich, immer wieder in einzelnen Bereichen Experimente zu erlauben, um erfahrbar zu machen, ob eine neue Vorgehensweise nicht besser zu geänderten Rahmenbedingungen passt.

Organisationales Lernen, das in konkreten Veränderungen in der Zusammenarbeit mündet, kann mit Organisationsentwicklung gleichgesetzt werden. Wenn eine Organisation dazulernt, ist sie nicht mehr dieselbe, die sie vorher war. Sie muss sich neu definieren, was nichts anderes bedeutet, als sich weiterzuentwickeln.

5.2 Reflexivität – Doppeltes Denken

Wie gelingt es den Menschen in einer Organisation und damit im besten Fall der Organisation als Ganzes zu erkennen, dass das Althergebrachte nicht mehr funktioniert, dass Veränderung notwendig ist, dass und was sie hinzulernen muss? Die offensichtliche Antwort darauf lautet, wenn es klare Zeichen dafür gibt, wie z. B. ein Rückgang der Verkaufszahlen, ein höherer Fehlerausschuss oder dass zahlreiche Mitarbeitende das Unternehmen verlassen. Frühe Warnsignale werden oftmals nicht wahrgenommen bzw. es wird zu falschen (weil im bekannten Wissensrahmen bewegenden) Lösungsstrategien gegriffen. Organisationen sind träge und nicht an Veränderungen interessiert. Sie versuchen, den eingeschwungenen Rhythmus beizubehalten. Um also rechtzeitig den Lern- und damit Veränderungsbedarf zu identifizieren, bedarf es eines bewussten Unterbrechens dieses Rhythmus und der Implementierung von besonderen, reflexiven Mechanismen.

5.2.1 Vom schnellen und langsamen Denken, vom Einschleifen- und Zweischleifen-Lernen

Der Psychologe Daniel Kahneman (2016) hat in seinem Buch „Schnelles Denken, langsames Denken“ mit eindrücklichen Beispielen vorgeführt, warum wir Menschen nicht gut darauf eingestellt sind, neue Herausforderungen als solche zu erkennen und dafür neue, spezifische, Antworten zu finden. Zu Beginn seine Buchs lässt Kahneman seine Leser:innen einige „Übungen“ machen. Er bittet sie zuerst um Folgendes:

- Erkennen Sie, dass ein Gegenstand weiter entfernt ist als ein anderer.
- Wenden Sie sich der Quelle eines plötzlichen Geräuschs zu.
- Vervollständigen Sie den Ausdruck „Brot und …“.
- Ziehen Sie ein „angewidertes Gesicht“, wenn man Ihnen ein grauenvolles Bild zeigt.

Danach fordert er sie auf, Folgendes zu tun:

- Sich bei einem Wettlauf auf den Startschuss einstellen.
- Sich auf die Stimme einer bestimmten Person in einem überfüllten und lauten Raum konzentrieren.
- Das Gedächtnis durchsuchen, um ein ungewohntes Geräusch zu identifizieren.
- Zwei Waschmaschinen auf das bessere Preis-Leistungs-Verhältnis hin zu vergleichen.

Spätestens bei der letzten Übung wird deutlich, worin der Unterschied liegt: Während die erste Liste ohne viel Überlegen sofort abgearbeitet werden kann, muss man sich bei der zweiten konzentrieren, nachdenken und gegebenenfalls auch Zeit aufwenden. Diese Übungen sind anstrengender zu erledigen.

Kahneman verdeutlicht, dass wir in unserem Denken nicht nur eine konkrete Art und Weise zur Verfügung haben, Situationen einzuschätzen und angemessen darauf zu reagieren. Wir besitzen ein Zwei-Systeme-Denken, das je nach Anforderungen zum Einsatz kommt. *System 1 („schnelles Denken“)* ist eher für die automatischen Abläufe da, für bereits eingeübte Situationen, die jederzeit und ohne viel Mühen abgerufen werden können. *System 2 („langsames Denken“)* hingegen läuft eher im Ruhemodus im Hintergrund. Es ist dafür da, eine Gesamteinschätzung abzugeben, im Sinne von: Handelt es sich um eine Routinehandlung oder sind besondere Anstrengungen erforderlich, um eine Situation angemessen zu bewältigen? Kommt es zu dem Ergebnis, dass Letzteres der Fall ist, übernimmt es die Aufgabe und erledigt sie auf eine bewusstere, damit gefühlt „aufwendigere“ Art und Weise. System 2 ist also für die komplexeren Aufgaben da, für die kein Schema „F“ genommen werden kann, sondern auf die individuell reagiert werden muss.

Die Trennung in zwei Systeme ist der Tatsache geschuldet, dass es sich kein menschliches Gehirn leisten kann, alle Situationen immer vollumfänglich zu analysieren. Der Kraft- und Zeitaufwand wäre zu hoch und ein solcher Einsatz ist oftmals auch nicht gerechtfertigt. Der Alltag lässt sich zumeist mit unhinterfragten Routinen erledigen – sei es beim Zähneputzen, beim Über-die-Straße-Gehen oder beim Trinken. Wir wissen, wie das geht, wir müssen uns die Bewegungen nicht jedes Mal erst vorstellen, wir können auf sie unbewusst zurückgreifen und unser Gehirn derweil mit interessanten Dingen beschäftigen (wie z. B. was man heute Abend essen möchte).

Alles, was er über Routinen erledigen kann, überlässt der Mensch gerne System 1. Nur, wenn eine Situation anspruchsvoller wird, schaltet das Gehirn auf System 2 um. Abgesehen von Gefahrensituationen wie das Balancieren auf einem schmalen Grat oder bei Entscheidung von größerer Tragweite wie z. B. einem Hauskauf, bedarf es laut Kahneman einiges an Aufwand, das Gehirn auf das langsame Denken umzustellen. Oftmals schätzen Menschen Situationen oder Sachverhalte falsch ein, weil sie sich auf ihr schnelles Denken verlassen. Sie kommen nicht auf die Idee, dass das System 1 nicht ausreichend bestückt ist, um eine Aufgabe angemessen zu bewerten. Es generiert in seiner Schnelligkeit eine Einschätzung und Handlungsanweisung, die auf den ersten Blick plausibel erscheinen. System 2 wird nicht ausreichend aktiviert, um diese zu hinterfragen.

Im Kasten „Schnelles und langsames Denken – ein Quiz“ finden sich ein Selbsttest, mit dem festgestellt werden kann, ob das Umschalten gelingt.

Schnelles und langsames Denken – ein Quiz

1. Frage

Ein Schläger und ein Ball kosten 1,10 Euro.

Der Schläger kostet einen Euro mehr als der Ball.

Wie viel kostet der Ball?

2. Frage

Wenn 5 Maschinen 5 Minuten brauchen, um 5 Geräte herzustellen. Wie lange brauchen dann 100 Maschinen, um 100 Geräte herzustellen?

3. Frage

In einem See breitet sich ein kleines Feld von Seerosen aus. Jeden Tag verdoppelt sich die Größe des Felds. Wenn es 48 Tage dauert, bis die Seerosen den ganzen See bedecken, wie lange dauert es, bis sie die Hälfte des Sees bedecken? 24 Tage oder 47 Tage?

4. Frage

Welche der genannten Reihenfolgen an Geburten von Jungen (J) und Mädchen (M) an einem Tag in einer Geburtsklinik ist die wahrscheinlichste?

a) JJJMMM

b) MMMMMM

c) JMJJMJ

5. Frage

Wie viele Tiere von jeder Art nahm Moses mit auf die Arche?

Antworten

1) 5 Cent. Bei 10 Cent würde Schläger mit Ball 1,20 € (1,10 € + 0,10 €) kosten.

2) 5 Minuten

3) 47 Tage

4) Da die Wahrscheinlichkeit 50 % beträgt, sind alle drei Möglichkeiten gleich wahrscheinlich.

5) Keine, es war Noah, der die Tiere in seine Arche nahm.

Quizfragen übernommen aus Daniel Kahneman (2016).

Vieles kann dazu führen, dass wir zu einer falschen Einschätzung kommen. Mathematische Wahrscheinlichkeitsaussagen sind oftmals vermeintlich offensichtlich, aber verlangen eine differenzierte Auseinandersetzung mit dem Material. Oder manchmal hängt die schnelle Antwort nicht damit zusammen, was die Frage war, sondern, wie bestimmte Fälle präsentiert wurden oder was man persönlich vorher erlebt hat.

Kahnemans Fazit: Menschen halten sich oftmals für rationaler, als sie es sind. Sie geben sich mit der ersten Antwort zufrieden, weil sie nicht merken, dass es mehr bräuchte, um auf eine passendere zu kommen.

Der Mensch neigt dazu, ihm gestellte Situationen und Aufgaben in einen ihm bekannten Verständnisrahmen zu setzen. System 1 ist nichts anderes als das Weltbild, mit dem der Mensch für sich gelernt hat, Wirklichkeit zu verstehen und Erlebtes einzuordnen. Der Mensch ist immer dabei, aktuelle Erfahrungen mit bereits Erlerntem abzugleichen. Dabei erlernte Verhaltensmuster dienen als Handlungsmaßstab, der Vertrauen sichert. System 2 hingegen hinterfragt genau dieses Erlernte. Es fragt: Kann ich das, was meine Erfahrung mir (schnell) als angemessene Reaktion zurückgemeldet hat, auf diesen neuen Fall anwenden? Gibt es Parameter, die vielleicht für mich heißen, eine neue, bisher noch nicht erprobte Reaktion entwickeln zu müssen? Der Mensch muss sich und damit seine Wirklichkeit also infrage stellen. Das ist mühsam und zermürbend. Ständig angewandt, würde er handlungsunfähig werden und sich selbst beständig anzweifeln. Dieses Vorgehen wird daher nur in Ausnahmefällen aktiviert.

Wenn System 2 eingesetzt wird, heißt das nicht zwingend, dass ein neues oder anderes Verhalten herauskommt, als wenn System 1 die Arbeit erledigen würde. Es kommt aber aufgrund fundierteren Abgleichs von Gewusstem mit Erlebtem zu diesem Ergebnis. Die vorgefundene Situation wurde evaluiert, mit bisherigen Erfahrungen verglichen und passend in ein bekanntes Verhaltensmuster überführt. System 2 kann aber auch feststellen, dass die vorgefundene Situation andere Rahmenbedingungen hat, als das bisher Erlebte. Man muss eine Antwort darauf finden, die man so nicht im Repertoire hat. Es wird etwas Neues ausprobiert und danach evaluiert, ob das gewünschte Ergebnis erreicht wurde oder ob man beim nächsten Mal eine Modifikation ausprobieren muss. Es war ein Innehalten notwendig, das Vorgefundene musste einer aufwendigeren und damit anstrengenderen Analyse unterzogen werden. Anschließend musste eine Entscheidung getroffen werden, die gegebenenfalls recht mutig war, da man damit unbekanntes Territorium betritt.

Das Überlegen darüber, ob die bisherigen Erfahrungen und bekanntes Verhalten ausreichen oder ob es sich um eine unbekannte Situation handelt und eine neue Verhaltensweise gebraucht wird, kann als *Reflexion* bezeichnet werden. Man betrachtet sich, sein eigenes Denken und bewertet es angesichts neuer Erkenntnisse. Menschen, die dazulernen, begeben sich in eine Form der Reflexion, die es so erlaubt, ihren Wirklichkeitshorizont zu erweitern und zu erneuern.

Dasselbe lässt sich auf Organisationen anwenden: Auch sie besitzen eine Art des schnellen und des langsamen Denkens, das sich als „Einschleifen-Lernen“ und „Zweischleifen-Lernen“ bezeichnen lässt (Chris Argyris, Donald A. Schön (1999)).

Ein Beispiel für das *Einschleifen-Lernen* wäre, wenn ein Unternehmen bemerkt, dass es zunehmend Schwierigkeiten hat, Leute mit geeignetem Skill-Profil einzustellen. Das Einzige, was den Verantwortlichen dazu einfällt, ist, die Anwerbeaufwände zu verstärken, und z. B. mehr in Stellenanzeigen oder Social-Media-Recruiting zu investieren. Diese Maßnahmen hatten sich in der Vergangenheit als erfolgreich erwiesen, also greift man auf das Erlernte erneut zurück.

Doppelschleifen-Lernen hingegen setzt voraus, dass man nicht nur das vorliegende Problem wahrnimmt und nach eingeübter Manier behandelt, sondern erkennt, dass evtl. die vorhandenen Reaktionsmechanismen nicht mehr passend sind, um es dauerhaft bzw. ausreichend zu beheben. Es wird also nicht nur eine Schleife zum bisher Erlernten benötigt, sondern auch noch eine zweite zu den Rahmenparametern, die bisher zur Lösungsfindung gedient haben. Bei dem Beispiel mit dem Recruiting könnte das z. B. sein, bei einer Gesamtbetrachtung des Arbeitsmarkts und der eigenen Positionierung festzustellen, dass nicht die Recruiting-Methoden das Problem sind, sondern dass das Unternehmen als Arbeitgeber aufgrund von mangelnden Angeboten für die Mitarbeitenden unattraktiv ist. Eine solche Erkenntnis setzt voraus, dass man nicht nur auf die Recruiting-Methode schaut, sondern überprüft, ob man als Unternehmen gegenüber den Mitbewerbern konkurrenzfähig ist bzw. was die Erwartungen auf dem Arbeitsmarkt sind. Man muss „über den Tellerrand" schauen, was anspruchsvoll und oft auch desillusionierend ist.

Zweischleifen-Lernen wird wesentlich, wenn das zu bearbeitende Problem multikausal ist oder auf diffusen Rahmenbedingungen beruht, wie z. B. geänderte Marktansprüche oder das Aufkommen von neuen Technologien. Wie schon beim einzelnen Menschen ist klar, dass es sich ein Unternehmen nicht leisten kann, ständig und ununterbrochen die eigenen Grundlagen infrage zu stellen und aufwendige Selbstbetrachtung zu betreiben. Der Anspruch ist also, Fragen, die mit Routinelösungen beantwortet werden können, von Fragen zu unterscheiden, die eine besondere Form des Innehaltens, der Reflexivität bedürfen.

Ein Ansatz ist es, Routinen mithilfe von Irritationen zu hinterfragen (vgl. dazu Abschnitt 5.3.1). Indem Routinen durchbrochen werden oder durch neue Kolleg:innen Bekanntes hinterfragt wird, müssen die Menschen kurz innehalten und überlegen, was die Grundlagen für diese Routine sind. Es muss umgeschaltet werden und die Rahmenbedingungen der eigenen Handlung müssen hinterfragt werden. Und nur, wenn einem beim langsamen bzw. Zweischleifen-Lernen noch eine vernünftige Begründung einfällt, können die Dinge so bleiben. Ansonsten muss gemeinsam überlegt werden, was daran zu ändern ist. Solche Fragen bringen das Denken aus seiner Trägheit heraus. Und je mehr ein Team im Zweischleifen-Lernen geübt ist, umso schneller und besser ist es in der Lage, gemeinsam neue Lösungen zu entwickeln (vgl. Kasten „Interviewfragen zum Reflexionspotenzial von Gruppen und Teams").

Interviewfragen zum Reflexionspotenzial von Gruppen und Teams

Gibt es im Gruppenalltag unterscheidbare Phasen, Zeiten, Gelegenheiten, in denen geplant, gehandelt und reflektiert wird? Wie wird vorgegangen, gibt es besondere Formen, die einzelnen Vorgänge zu gestalten? Wie wird von einem zum anderen gewechselt? Wie werden neue Ideen, Handlungsformen, Utopien etc. entwickelt, gibt es dafür bestimmte Methoden und Vorgehensweisen?

Welchen inhaltlichen und zeitlichen Horizont haben Reflexion und Planung, welche Aspekte der Gruppe (sachliche Arbeit, die Gruppe selbst als soziales System, die Individuen) werden in die Reflexion einbezogen? Welche Themen werden nur im Informellen besprochen? Was sollte im Formellen angesprochen werden?

Gibt es Leitungsfunktionen, die den Arbeitsprozess steuern? Welche Leitungsrollen bilden sich heraus, wie flexibel wird Leitung gehandhabt? Wie viel Leitung ist erlaubt? Darf man Leiten und eigene Interessen vertreten?

Worauf wird der eigene Erfolg zurückgeführt? Was ist Öl oder Sand im Getriebe der Gruppe? Was macht sie im Vergleich zu anderen Gruppen besonders erfolgreich? Was halten die Beteiligten für eine gute Gruppe, wann sind sie zufrieden? Gibt es Vorbilder, Leitbilder? Spielt Reflexion eine Rolle?

Welche „Lernschritte" hat die Gruppe in Richtung Selbststeuerung gemacht, aus welchem Anlass, mit welchem Erfolg? Welche Wendepunkte gab es in der Geschichte der Gruppe, welche einschneidenden Ereignisse?

Nach Karl Schattenhofer (2015, S. 463).

Es ist nicht trivial, eine Organisation in den Modus eines Zweischleifen-Lernens zu bringen. Wie Chris Argyris und Donald A. Schön darstellen, beginnt der Erkenntnisprozess meist in einem einzelnen Bereich oder einer Abteilung. Und oftmals betreffen die Erkenntnisse auch nicht die Organisation als Ganzes, sondern es genügt, wenn die jeweils Beteiligten für ihr eigenes Arbeiten Veränderungsbedarf identifizieren. Die Kunst ist, wesentliche Änderungen, die die Organisation als Ganzes betreffen, zu erkennen und dafür Sorge zu tragen, dass diese über den Bereich hinaus verstanden werden. Der Innovations- und Nachhaltigkeitsforscher Manfred Moldaschl (2005) nennt diese Form der organisationalen Eigenbewertung *„institutionelle Reflexivität"*. Zweischleifen-Lernen muss damit auch beinhalten, zu verstehen, wer und warum von dem Änderungsbedarf betroffen ist. Dies ist zu allererst Aufgabe des Managements, aber nicht nur.

Über Veränderungen muss auch mit Nichtbetroffenen gesprochen werden, damit alle, als Teil des Systems, verstehen, warum sich eine Organisation – vielleicht nur in Teilen – verändert. Es handelt sich um implizites Wissen, das anderen zur Verfügung gestellt werden muss. Es verändert das gemeinsame Wirklichkeitsverständnis und damit die Unternehmenskultur. Außerdem kann die Erkenntnis so vielleicht auch für andere Fragestellungen genutzt werden oder es sich doch zeigen, dass ein größerer Bereich von der Erkenntnis profitieren kann als gedacht. Management kommt hier die Rolle des Facilitators zu, der institutionelle Reflexivität ermöglicht und Veränderungsbedarf weiterträgt.

Eine Organisation muss institutionelle Mechanismen ausprägen, die Reflexivität und damit organisationales Lernen, also Entwicklung, einfordert.

5.2.2 Qualitätsmanagement und Reflexivität

Einschleifen-Lernen lässt sich mit der klassischen Qualitätssicherung beschreiben: Die laufende Qualitätsprüfung ergibt, dass es bei der Produktion von Schrauben zu erhöhtem Ausschuss kommt. Beim Durchgehen durch eine Fehler-Checkliste kann der Fehler schnell bei der produzierenden Maschine gefunden werden. Es handelt sich hier um eine Verschleißerscheinung, wie sie bereits öfter aufgetreten ist. Ein Ersatzteil wird eingesetzt. Der Fehler ist behoben.

Bei einem solchen, durch Routine zu behandelnden Problem handelt es sich um einen Rückkopplungsmechanismus, der Ursache und Wirkung in ein bekanntes Schema überführt, das man schnell, also auf Erfahrung basierend, gelöst bekommt. Ziel und Zweck der damit verbundenen Aktivitäten sind bekannt und bedürfen keiner eigenen Betrachtung. Das Vorgehen ist eingeübt. Es erfolgt kein wirkliches Lernen, sondern nur die Bestätigung einer etablierten Routine.

Die Verbindung von Qualitätsmanagement mit Organisationsentwicklung bedeutet, dass Qualitätsmanagement darüber hinaus dazu befähigt werden muss, für neue, noch nicht bekannte Herausforderungen Antworten zu finden (Abschnitt 2.2.3). Kundenerwartungen und das Vorgehen der Konkurrenten sind Hinweise darauf, dass sich die Organisation weiterentwickeln muss, um auch zukünftigen Qualitätsansprüchen zu genügen. Es müssen Mechanismen gefunden werden, die es erlauben, Hinweise, die sich aus diesen Fragen ergeben, nicht schnell mit bekannten Antworten abzuspeisen, sondern als Auslöser für mehr Reflexivität zu nehmen.

Gefangen im Einschleifen-Denken (Beispiel)

Ein Software-Unternehmen bietet seit Jahren ein etabliertes Warenwirtschaftssystem an. Die Firma ist zu Beginn der 2000er-Jahren deshalb zu einem großen Player auf dem Markt geworden, weil es den Sprung von einer reinen Datenbankansicht mit Spalten und Zeilen hin zu einer intuitiveren grafischen Benutzeroberfläche geschafft hatte. Seitdem investiert es kontinuierlich viele Ressourcen in die Fortentwicklung dieser Oberfläche einschließlich großer Möglichkeiten des Customizing. Die Verkaufszahlen gehen schon länger zurück. Eine durch das Qualitätsmanagement durchgeführte Nutzerbefragung zeigt, dass die Kund:innen zunehmend unzufrieden sind mit den Bedienmöglichkeiten und das Programm für ihre Zwecke als zu umständlich empfinden. Die Einschleifen-Reaktion darauf wäre, die Usability für die Anpassungsmöglichkeiten zu verbessern. Kund:innen wünschen – so die eigene Einschätzung – eine nutzerfreundlichere Bedienung des Customizing-Moduls.

Das Problem stellt sich aber anders dar, was aber die Befragung, die von vornherein auf das Thema Customization abgestellt war, nicht erfassen konnte: Die meisten Kund:innen fühlen sich zunehmend überfordert mit den vielen Möglichkeiten, die das Programm bietet, und wünschen sich eine größere Einfachheit in der Programmnutzung. Andere Unternehmen haben bereits mithilfe von Process Mining herausgefunden, dass die Nutzer:innen die Anpassungsmöglichkeiten dazu einsetzen, komplizierte Sonderfälle abzufangen und dabei den Regelfall übertrieben kompliziert ausgestalten. Die Konkurrenten bieten daher inzwischen Prozessberatung an, um den größeren Teil der Sonderfälle zu eliminieren. Damit entfällt ein Teil des Customizing-Bedarfs. Das Alleinstellungsmerkmal des Marktführers wird damit uninteressant. Doch dieser hat davon nichts mitbekommen, da er vermeintlich schon lange den Markt verstanden hat und die Kund:innen entsprechend auch nur nach bekannten Parametern befragt hatte. Das Unternehmen war im Einschleifen-Denken verfangen und kam nicht auf die Idee, dass die ursprüngliche Erfolgsidee inzwischen zu einem Problem geworden war.

Will man das Zweischleifen-Lernen befördern, muss man zu allererst erreichen, dass nichts als gegeben erachtet wird, sondern alles auf den Prüfstand kommt. Das Nachdenken über Qualität muss ein langsames werden. Klassische *Qualitätsmanagementmethoden* zur Fehlerbewertung und Identifikation von Verbesserungsmöglichkeiten zielen auf nichts anderes ab, als dies zu erreichen. Einige Beispiele sind nachfolgend zu finden. Oftmals unterscheiden sich die Methoden nicht so substanziell voneinander. Das Wesentliche ist, dass sie dazu dienen, innezuhalten sowie Probleme oder Ideen aus verschiedenen Perspektiven, „gegen den Strich" oder strukturierter zu betrachten. Es geht darum, aus dem (schnellen) Einschleifen-Lernen ins (langsame) Zweischleifen-Lernen zu kommen.

Problemlösung mithilfe des Problembaums

Das zu lösende Problem wird aufgeteilt in Ursachen und Wirkungen und wie eine Mindmap inhaltlich ausgearbeitet. Damit werden Zusammenhänge deutlicher und Lösungsansätze können präziser ausformuliert werden.

Reflexivität

Systematisches Erfassen verlangt langsames Denken. Die Trennung zwischen Ursache und Wirkung bedeutet, dass man Abhängigkeiten sauber voneinander trennen muss und so Wirkungsketten viel genauer versteht. Kein Zusammenhang wird für selbstverständlich gehalten, alles muss begründet werden.

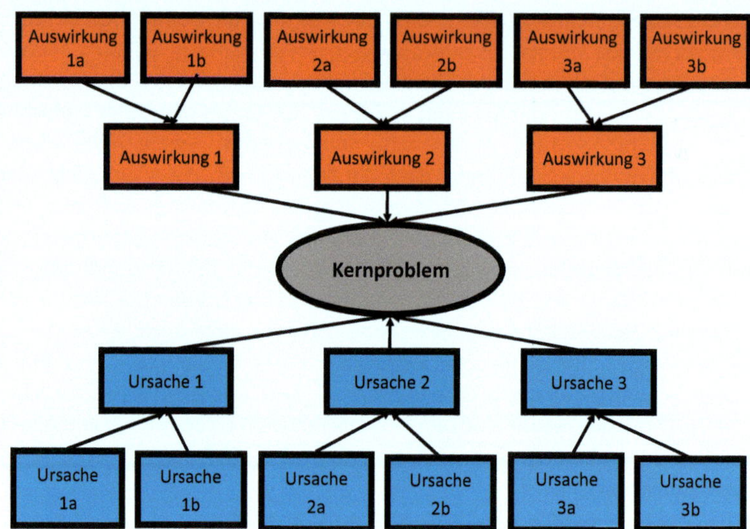

Weiterentwicklungsmöglichkeiten identifizieren mit SCAMPER

Strukturierte Fragen zu den Veränderungsmöglichkeiten an einem Produkt generieren neue Weiterentwicklungsideen, die im Anschluss priorisiert und gegebenenfalls weiterverfolgt werden.

Reflexivität

Fragen, wie z. B. was man bei einem Produkt unter Beibehaltung der Funktionalität weglassen kann oder die nach der Skalierbarkeit verlangen, das Produkt mit neuen Augen zu betrachten und nichts für unveränderlich zu halten. Das eigene Wirklichkeitsverständnis wird erweitert.

Substitute
Was könnte ersetzt werden?
Combine
Kann man etwas mit einem anderen Produkt kombinieren?
Adapt
Kann etwas kann angepasst/verändert werden?
Modify
Kann etwas größer/kleiner, höher/niedriger… gemacht werden?
Put to another use
Welche anderen Nutzungsmöglichkeiten gibt es für das Produkt?
Eliminate
Was kann weggelassen werden?
Reverse
Welche Möglichkeiten gibt es, das Produkt neu zu positionieren?

Neue Themen angehen mit den sechs Hüten von de Bono

Ein bestimmtes Thema wird auf Herz und Nieren geprüft, indem sich die Gruppe nacheinander verschiedene Hüte aufsetzt und mit verschiedenen Grundhaltungen darauf schaut. Die verschiedenen Haltungen erbringen nicht nur neue Perspektiven auf das Thema, sondern können genutzt werden, um Lösungen für evtl. identifizierte Probleme zu entwickeln.

Reflexivität

Die Hüte zwingen die Teilnehmenden, mit neuen Augen auf ein Thema zu schauen, oftmals gegen ihre persönliche Disposition. Das ermöglicht neue Lösungsansätze, weitet das Verständnis auf die Wirklichkeit und erhöht das Verständnis von Unterschiedlichkeit in einer Gruppe.

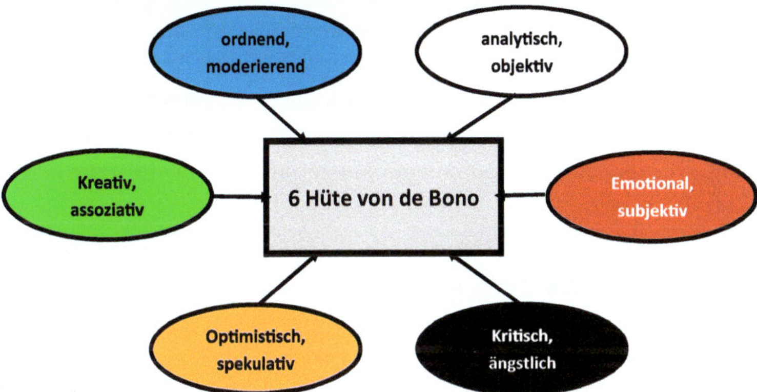

Reflexive, verlangsamte Analysen lassen sich bei einigen Qualitätsmanagementmethoden alleine durchführen. Das ist aber nicht zu empfehlen. Viele Augen sehen mehr als nur zwei und dieses Vorgehen dient nicht ausschließlich dazu, allumfassend ein Thema zu bearbeiten. Es kann genutzt werden, um das gemeinsame Wirklichkeitsverständnis ab- und anzugleichen. Durch die oftmals erzwungene Strukturiertheit, die nicht unbedingt der eigenen Denkstruktur entspricht, oder durch den Perspektivwechsel muss über Wirklichkeit, Grundannahmen und Kausalitäten gesprochen werden.

Um bei dem Beispiel mit der Softwarefirma zu bleiben, würde bei einer strukturierten, reflexiven Beschäftigung mit dem Thema vielleicht bei der Problemanalyse aufkommen, dass einzelne Mitarbeitende in ihrem Umfeld oder auch durch Recherchen bei Mitbewerbern bereits mitbekommen haben, dass andere Firmen Prozessberatung anbieten. Oder sie haben von Kund:innen gehört, die sich mehr Standardisierung in den Abläufen wünschen. Diese Mitarbeitenden müssen die Gelegenheit bekommen, davon zu berichten und abzugleichen, ob andere ähnliche Beobachtungen gemacht haben. Nur wenn mehrere ähnliche Erfahrungen machen, bildet sich ein Muster heraus, dass es lohnt genauer zu betrachten. Zweischleifen-Lernen und damit institutionelle Reflexion setzen ein.

Qualitätsmanagement kann den Bedarf einer Weiterentwicklung der Organisation erkennen. Die *Strategie eines Unternehmens* muss gegebenenfalls neu formuliert, die gesamte Organisation darauf ausgerichtet werden. Auch dies ist kein Vorhaben, das im stillen Kämmerlein durchgeführt werden kann. Es braucht das Know-how der ganzen Organisation, um die Implikationen zu verstehen und Handlungsbedarfe für alle Bereiche zu identifizieren.

Auch das Lernen muss erlernt werden (Chris Argyris, Donald A. Schön (1999)).

Es genügt nicht, wenn man einmal zufällig bei einem solchen Prozess auf eine gute Idee gekommen ist und diese verfolgt. Die Organisation muss nicht nur für die gestellte Frage einmalig hinzulernen, sondern sie muss auch darüber reflektieren können, wie ihr das gelungen ist und wie sie einen solchen Rahmen für das nächste Mal erneut bieten kann. Auch hier bietet das Qualitätsmanagement mit dem *PDCA-Zyklus* das richtige Rüstzeug. Mithilfe eines zyklischen, auf Reflexion angelegten Verfahrens wird es möglich, aus Zufallsentdeckungen Muster abzuleiten, die neue Ideen und Lernen strukturell fördern.

„Plan" bedeutet dann, in einem Unternehmen ein Konzept für eine offene Lernkultur und zu reflexivem Denken zu entwickeln, das mit dem „Do" realisiert wird. „Check" überprüft den Erfolg der Maßnahmen und ermittelt Verbesserungsbedarf. Dies geschieht auf reflexive Art, d. h. nicht nur die konkreten Maßnahmen, sondern auch die eigenen Grundannahmen, die das Konzept inspiriert hatten, müssen auf den Prüfstand kommen. Mit „Act" wird gegebenenfalls nachgesteuert.

Erneuerung und Veränderung können nicht in einem vom Rest abgetrennten Bereich, wie z. B. einer Abteilung für Qualitäts- oder Innovationsmanagement, generiert werden. Man muss jedes Know-how nutzen, das man finden kann, um die Konsequenzen zu überblicken und auf jeweils gute, neue Ideen zu kommen. Qualitätsmanagement muss zum *integralen Bestandteil des Alltags* werden (Abschnitt 2.1.3).

Qualitätsmanagement darf *nicht zur Routine* werden. Routinen fördern das schnelle Denken, sie setzen in der Organisation auf Einschleifen-Lernen: Man vertraut darauf, dass das Altbewährte auch zukünftig Qualität gewährleisten wird. Dies gilt besonders, wenn sich zu einem früheren Zeitpunkt durch das Vorgehen Qualitätsverbesserungen eingestellt haben. Beispiele dafür wären die Einführung von formalisierten Vorgaben zur Dokumentenlenkung, feste Rituale zur Fehlerbehebung oder eine ISO 9001-Zertifizierung. Durch diesen (einmaligen) Erfolg merkt sich die Organisation, dass das ein probates Mittel zur Qualitätsverbesserung ist, und vertraut in der Zukunft in einem Einschleifen-Denken darauf, dass das weiterhin funktionieren wird.

Die Kunst eines gelungenen Qualitätsmanagements lautet, genug methodische Hilfestellung zu geben, die auf Erfahrungen im reflexiven Lösen von (Qualitäts-) Problemen aufbaut, und gleichzeitig dafür zu sorgen, dass niemals Routine aufkommt.

Es muss dazugehören, das übliche Vorgehen zu hinterfragen, Beweglichkeit in der Erledigung von standardisiertem Vorgehen zu erhalten und das eigenständige Mitdenken im Sinne der Unternehmens- und Qualitätsziele einzufordern (siehe auch Abschnitt 6.3.2).

5.3 Veränderungskultur schaffen und nutzen

5.3.1 Irritation als dauernder Impuls zur Veränderung

Will man das Zweischleifen-Lernen in einer Organisation fördern, muss man begrüßen, wenn sich herausstellt, dass sich bisher für richtig erachtete Werte und Handlungsstrategien als nicht mehr passend herausstellen. Dies kann im Kleinen und im Alltag geschehen und Neues kann gleich ausprobiert werden oder in einer richtigen Organisationsentwicklung mit grundlegenden Veränderungen am Selbstverständnis einer Organisation münden.

Sowohl erfolgreiche Veränderungen in einer Abteilung als auch eine richtige Organisationsentwicklung, bei der sich Grundlegendes am Qualitätshaus eines Unternehmens ändern soll, setzen voraus, dass die Bereitschaft und die Fähigkeit zur Veränderung in einer Organisation vorhanden sind. Ansonsten würde zwar vielleicht noch die Erkenntnis zur Notwendigkeit bestehen, aber das Handwerkszeug nicht vorliegen. Die Ängste vor dem Unbekannten könnten zu groß sein und der Verharrungswillen aller Beteiligten könnte alle Bemühungen zermürben.

Daher ist es sinnvoll, die Unternehmenskultur dahingehend zu beeinflussen, dass die Menschen bereits im Alltag lernen, dass Dinge so, aber auch anders sein können, und dass erst einmal alles gleichwertig ist. Und dass es legitim ist, unterschiedliche Ansichten auszutauschen, um den besten Weg für die konkrete Aufgabe bzw. das Ziel zu finden. Bevor man davon ausgehen kann, dass das Sprechen über Qualität einen Impuls zur Organisationsentwicklung bietet, muss man eine Organisation erst einmal befähigen, neue Gedanken zuzulassen und diese in ihr Denken zu integrieren.

Ziel ist es, Gelegenheiten zu schaffen, bei denen ganz selbstverständlich über die vorhandenen Strukturen und Arbeitsweisen nachgedacht werden kann, ohne daraus gleich ein Thema zur Organisationsentwicklung zu machen. Die Idee dahinter ist, mithilfe von Irritationen Selbstverständliches an die Oberfläche zu bringen, also bewusst Dinge infrage zu stellen, die vermeintlich gut funktionieren. Corona hat dies z. B. von heute auf morgen aufgezeigt, dass es möglich ist, dezentral ein Team zu führen oder auf feste Arbeitszeiten zu verzichten. Diese Erfahrung lässt sich im Kleinen reproduzieren, indem man im Alltag Momente schafft, die *Routinen hinterfragen* und Dinge von einem anderen Standpunkt aus betrachten lassen. So kann man Sitzungen im Stehen abhalten oder von den Mitarbeitenden verlangen, die Arbeit des anderen im Teammeeting vorzustellen (vgl. Kasten „Culture Hacks für mehr Irritation").

Culture Hacks für mehr Irritation

- Besprechungen nur im Stehen
- Jeder muss in einer Sitzung mindestens eine kritische bzw. „harte" Frage stellen
- Keine verpflichtende Teilnahme an Teamsitzungen; Sitzungen, zu denen keiner kommt, ersatzlos streichen
- Eine Zeitlang keine Sitzungen stattfinden lassen
- „Kund:innen" der Abteilungsprodukte in alle Sitzungen miteinladen (dies können die Nachbarabteilungen sein, mit denen man zusammenarbeitet)
- Explizit dazu auffordern, Tabus anzusprechen (auch anonym möglich)
- Blind Dates in der Organisation anbieten, bei denen sich per Zufallsgenerator Menschen zu einem Mittagessen verabreden
- 10% der Arbeitszeit für das eigene Projekt reservieren, die nicht rechenschaftspflichtig sind
- Ganze Tage für „Stillarbeit" blocken
- Geld für Kündigung anbieten, um mit den Unzufriedenen ins Gespräch zu kommen
- Fuck-up-Nights, bei denen Fehlschläge gefeiert werden, durchführen
- Redeliste nach Redeanteilen gestalten: Wer schon was gesagt hat, muss schweigen, bis alle (!) anderen etwas gesagt haben
- Lesen/Lernen: Jedes Teammitglied muss ein Sachbuch lesen oder einen Podcast hören und den anderen vorstellen

Gelingt es, individuell mehr Flexibilität ins Denken zu bringen bzw. Selbstverständliches auf spielerische Art und Weise infrage zu stellen, muss das Gespräch über die eigenen Beobachtungen und Gedanken zum Fließen gebracht werden. Ein System entwickelt seine Vorstellungen nur über das Sprechen weiter; ihm hilft es nichts, wenn einzelne Mitglieder neue Ideen im stillen Kämmerlein entwickeln. Denn die Abteilungen und das Unternehmen als Ganzes müssen sich in den großen Dingen auf eine gemeinsame Sicht einigen, sonst ist eine sinnvolle Zusammenarbeit nicht mehr möglich. Was es also braucht, ist ein *konstruktives Ringen um eine neue Sichtweise*. Auch diese Kompetenz kann im Kleinen erst einmal an alltäglichen Dingen wie z. B. die Frage, wie man die Teamsitzungen abhalten möchte, geübt werden, bevor man sich an größere Dinge wie eine Umstrukturierung heranwagt.

Fragen, wie z. B., ob der zeitliche Aufwand für die Teammeetings im Verhältnis zu den erbrachten Ergebnissen steht, zielen unmittelbar auf die *Effizienz von Arbeitsabläufen* ab. Wenn die Mitarbeitenden mit dem Verhältnis von Aufwand und Ergebnis nicht zufrieden sind, stimmt einerseits am Vorgehen etwas nicht, andererseits kann der Anspruch, was man leisten möchte, nicht befriedigt werden. Hierüber zu sprechen, also den (Qualitäts-)Anspruch betreffend, verlangt, Grundüberzeugungen offenzulegen und miteinander abzugleichen.

Es braucht eine *„sichere" Umgebung*, um diese Kompetenz „leben" zu können, d. h. die Irritationen zu nutzen, um Dinge gemeinsam anders zu machen, Neues auszuprobieren. Dazu gehören neben der Zeit, sich neue Zusammenarbeitsweisen zu überlegen, auch gute Austauschformate sowie Gestaltungsmöglichkeiten, die sowohl alle Hierarchieebenen als auch die gesamte Vielfalt miteinbeziehen, also Partizipation ermöglichen. Dabei muss gewährleistet sein, dass der Austausch auch angstfrei und ergebnisoffen möglich ist; eine Atmosphäre des Vertrauens ist essenziell. Man muss auch mal etwas ausprobieren können, das nicht funktioniert. Damit entsteht erst die Bereitschaft, sich Out-of-the-Box zu bewegen. Wenn man nur Dinge macht, von denen man vorher schon weiß, dass sie klappen, dienen sie nur der Bestätigung des bereits vorhandenen Wissens. Ein wirkliches Hinzulernen ist so nicht möglich.

Das erfordert ein anderes Führungsverhalten: eine größere Vielfalt an Meinungen zu fördern, also Differenz zu ermöglichen, ohne dass daraus unüberbrückbare Konflikte entstehen. *Dissens* muss erst einmal als produktiv angesehen werden. Sollten Konflikte entstehen, dann zeigen diese, dass kein gemeinsames Wirklichkeitsverständnis vorhanden ist. Das Ausdiskutieren der vorherrschenden unterschiedlichen Sichten ist daher essenziell, um (wieder) zu einem gemeinsamen Zusammenarbeiten zu kommen.

Auf individueller wie organisationaler Ebene muss dafür gesorgt werden, dass diese Irritationen nicht darauf angelegt sind, sämtliche Wirklichkeitsvorstellungen zu erschüttern, sondern dass diese eher als *erwartbare Herausforderungen* wahrgenommen werden. Ansonsten droht die Gefahr, dass ständig alles hinterfragt wird und die Mitarbeitenden sich in einem dauerhaften Zustand der Verunsicherung befinden. Das lähmt und verhindert es, produktiv über Veränderungsmöglichkeiten nachzudenken.

Irritationsimpulse können nicht beliebig bunt ausgestaltet werden. Es muss möglich bleiben, bei aller Unterschiedlichkeit auch noch gemeinsame Erfahrungen zu machen und darauf aufbauend ein gemeinsames Verständnis entwickeln zu können, was das Ziel des Unternehmens, des Systems ist. Ansonsten droht die Selbstauflösung, weil die konstante Verhandlung ohne Einigung alle Kräfte binden würde. Wenn in der Sache hart gerungen wird, empfiehlt es sich, *Teambuilding-Maßnahmen* dazu zu nutzen, dass die erarbeiteten Inhalte gemeinsam verarbeitet und gefestigt werden.

Irritationen führen erst einmal zur Erschütterung des Selbstverständlichen, also des Fundaments, auf dem unsere Überzeugungen stehen. Entsprechend muss man sich bewusst sein, dass die Gefahr von Lagerbildung droht. Denn das Offenlegen und Infragestellen von vermeintlichen Gewissheiten wird erst einmal verschiedene Reaktionen hervorrufen, die, wenn sie nicht richtig aufgefangen und bearbeitet werden, dazu führen werden, die Gruppe zu spalten, in „die, die es verstanden haben“ und „die, die es (noch) nicht verstanden haben“. Nur mit sehr viel gegenseitigem Respekt und Gesprächsbereitschaft ist es dann möglich, das Gespräch so lange am Fließen zu halten, bis man sich auf eine gemeinsame Sicht geeinigt hat und das gemeinsame Fundament wieder stabilisiert ist. Auch hierfür sind Teambuilding-Maßnahmen wesentlich (siehe auch Abschnitt 7.1.2).

Wenn mehr Flexibilität und damit auch Reflexivität über das eigene Tun in einer Organisation gelebt werden, dann hat man die notwendige Flexibilisierung im Denken entwickelt, um größere Veränderungen in einer Organisation umzusetzen, also den ganzen Tanker zu bewegen.

Damit ist eine größere Bereitschaft, sich zu verändern, geschaffen, und es werden auch die Grundlagen gelegt, zu verstehen, wenn es notwendig wird, nicht nur kleine Dinge im Alltag zu verändern, sondern eine ganze Organisation. Gleichzeitig verliert die Vorstellung der Veränderung ihren Schrecken, da man damit im Kleinen gute Erfahrungen gemacht hat.

5.3.2 Organisationsentwicklung als Gemeinschaftsaufgabe

Wie geht es weiter, wenn eine Organisation aufgrund von Impulsen von außen bzw. Reflexion auf die eigenen Grundlagen merkt, dass sie etwas Wesentliches an ihrer Marktposition, ihrer Organisationsform oder ihren Zielen ändern muss? Wie lässt sich Veränderung initiieren und nachhaltig umsetzen angesichts der Tatsache, dass die Unternehmenskultur ein bestimmender Faktor ist, der sich nur begrenzt steuern lässt?

Mit den Methoden einer klassischen Organisationsberatung lässt sich Organisationentwicklung nicht erreichen. Hier ist oftmals die Idee, dass externe Expert:innen in betriebswirtschaftlichen und/oder technischen Fragen Unternehmen mit entsprechendem Know-how bei der Umstrukturierung oder der Einführung von Profit Center unterstützen. Dabei stehen meistens Kostenreduktion oder Effizienzsteigerungen im Fokus. Diese Form der Umorganisation ist oftmals wenig nachhaltig. Der Grund dafür liegt nahe: Sie scheitern an den Beharrungskräften der Organisation. Neue Strukturen werden nicht angenommen oder erzielen nicht den gewünschten Effekt, da sich die Mitarbeitenden den „neuen Spirit" nicht zu eigen machen und so weiterarbeiten wie bisher.

Solche externen Berater:innen können jedoch Empfehlungen zur Veränderung aus fachlicher Perspektive geben. Es schadet nie, sich die Umwelt ins Haus zu holen, um mehr darüber zu erfahren, wie woanders gearbeitet wird oder welche Verfahren und Strukturen sich sonst bewährt haben.

Für eine erfolgreiche Veränderung bedarf es Anstrengungen, die nur das Unternehmen aus sich selbst heraus unternehmen kann. Denn solange die Organisation nicht als Ganzes (und nicht nur das Management) zu der Erkenntnis gekommen ist, sich verändern zu müssen, werden die Unternehmenskultur und die unbewussten Anteile in einer Organisation alles daran setzen, den Status quo zu erhalten.

Das hat Konsequenzen für die Organisationsentwicklung. Ein Berater kann lediglich einen Prozess ermöglichen, der es dem System erlaubt, über sich selbst nachzudenken und aus sich und seinen eigenen Logiken heraus Veränderung einzuleiten. Methoden, die zur Anwendung kommen, müssen daher darauf ausgelegt sein, das System in die Reflexion zu bringen und bestenfalls eine Richtung vorzuschlagen, in die man sich entwickeln könnte. Dies kann geschehen, indem neue Impulse/Irritationen eingebracht werden und helfen, die sich daraus anschließenden Gespräche zu moderieren. Da es sich in der Regel um ein im Cynefin-Verständnis komplexes Vorhaben handelt, sind die Ergebnisse nicht vorhersagbar und es muss erwartet werden, dass man sich nur langsam und vielleicht auch über Umwege Richtung Ziel bewegt. Auf keinen Fall kann eine externe Unterstützung vorgeben, was zu ändern wäre. Das muss die Organisation allein für sich definieren, damit eine Umsetzung Erfolg haben kann.

Das Schwierige ist dabei, nicht die einzelnen Menschen zu Veränderung zu bewegen, sondern ganze Gruppen bzw. die Gesamtheit der Organisation. Entsprechend müssen drei verschiedene Ebenen betrachtet werden: *Individuum, Gruppe und Organisation.* Auf der ersten, individuellen Ebene, geht es darum, dem Einzelnen die Möglichkeit zur Reflexion und persönlichen Weiterentwicklung zu geben. Auf Gruppenebene rückt dann die Interaktion von Individuen miteinander in den Fokus. Ziel ist es, diese auf den Prüfstand zu stellen und Möglichkeiten der Verbesserung in der Zusammenarbeit zu identifizieren. Nur über diesen indirekten Weg der Individuen und ihrer Zusammenarbeit im Team wird sich dann auf dritter Ebene auch etwas in der ganzen Organisation bewegen. Direkt dort anzufangen, wird hingegen wenig zielführend sein. Denn Veränderung braucht Kommunikation und diese beginnt beim Einzelnen und im Team. Für die jeweiligen Ebenen gibt es verschiedene Methoden, sich seiner selbst bewusst zu werden und das eigene Handeln kritisch zu reflektieren (siehe Kasten „Beispiele von Methoden in der Organisationsentwicklung“).

Methoden in der Organisationsentwicklung (Beispiele)

Individuelle Ebene

Führungskräfte

- Klassisches Coaching
- 360°-Feedback durch eigene Führungskraft, Mitarbeitende etc.
- Führungsfokus: Austausch unter Führungskräften zum eigenen Führungsverständnis
- ...

Jede:r Mitarbeitende

- Psychodrama: Nachstellen einer problematischen Situation, um diese reflektieren zu können
- Systemaufstellungen: Schaffung eines räumlichen Strukturbilds, um persönliche Abhängigkeiten und blinde Flecken zu identifizieren
- Zeitlinien: Die Identifikation von zeitlichem Entwicklungspunkt bis zur Jetztzeit erlaubt es, ein besseres Verständnis für die Zusammenhänge zu erhalten
- ...

Teamebene

- Kreativmethoden wie Brainstorming etc. zur Entwicklung von neuen Ideen
- Rollenspiele: Durchspielen von fiktiven problematischen Situationen zur Reflexion in der Gruppe
- Planspiele: ein Projekt wird im Voraus möglichst realistisch durchgespielt, um mögliche Abhängigkeiten und Dynamiken zu verstehen
- Outdoor-Erfahrungen: Durch das Erleben von gemeinsamen, interaktiven Aktivitäten in der Natur sind die Erfahrungen besonders einprägsam und sie verstärken die Gruppenentwicklung
- ...

Großgruppenverfahren

- Zukunftskonferenz, bis zu 80 Personen, Entwicklung eines gemeinsamen Zielbilds
- Open Space, ab 30 Personen, Lösungsmöglichkeiten in kurzer Zeit identifizieren
- World Café, 12 bis 1000 Personen, Netzwerken, Wissensaustausch
- Real-Time-Strategic-Change-Konferenz, ab 30 Personen, Change-Dynamik entwickeln
- ...

Literaturtipp zu Führungskräften: Mirja Anderl (2018)

Literaturtipp zur Teamebene: Falko von Ameln (2016)

Literaturtipp zu Großgruppenverfahren: Karin Dittrich-Brauner, Eberhard Dittmann et al. (2008)

Bei der Methodenwahl müssen die drei folgenden Dimensionen beachtet werden:

- *Sachdimension:* Es muss eine klare Zieldefinition für die angestrebte Veränderung vorliegen. Dabei ist zu beachten, dass es sich immer um ein „Moving Target" handelt. Sie sollte daher nicht zu konkret ausformuliert sein. Aufgrund des dynamischen, selbstgesteuerten Vorgehens ist es jederzeit möglich, dass sich Ziele verschieben oder es sich herausstellt, dass die zu erwartenden Ergebnisse nicht erreichbar sind. Hier braucht es große Flexibilität in der Begleitung solcher Prozesse.
- *Sozialdimension:* Ein abgestuftes Partizipationskonzept muss sicherstellen, dass alle relevanten Parteien einbezogen sind. Nicht alle können bei allen Themen und Phasen beteiligt werden, jedoch ist es wesentlich, so viele Sichtweisen wie möglich einzubeziehen, um sicherzustellen, dass sowohl das Verständnis für den Veränderungsbedarf vorhanden ist, als auch, dass die Perspektiven aller Beteiligten ausreichend einfließen, damit eine für alle tragfähige Lösung entwickelt wird.
- *Zeitdimension:* Es muss eine angemessene Taktung gefunden werden, um niemanden zu überfordern und baldmöglichst sichtbare Erfolge zu erzielen. Insgesamt muss man Veränderungen Zeit geben, bis sie zur Routine werden. Neben Phasen des intensiven Redens und Überlegens muss es auch Phasen geben, in denen sich das Gesagte setzen und das neue Arbeiten ausprobiert werden kann.

Bild 5.5 fasst das allgemeine Vorgehen in einem Organisationsentwicklungsprojekt (OE-Projekt) zusammen (nach Heiner Ellebracht, Gerhard Lenz et al. (2011, S. 109)).

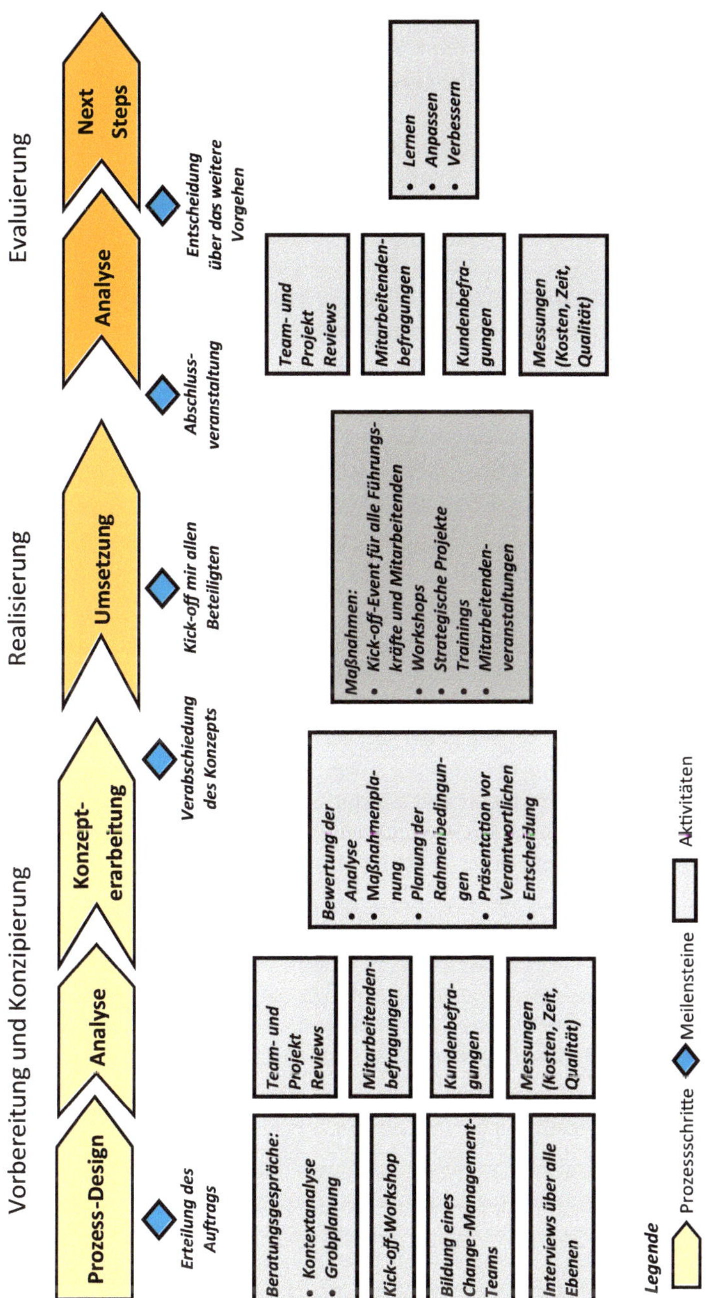

Bild 5.5 Vorgehen in einem OE-Projekt (Heiner Ellebracht, Gerhard Lenz et al. (2011, S. 109))

Qualität ist Verhandlungssache. Auch die Erwartungen an die Ergebnisse eines Organisationsentwicklungsprozesses werden im Dialog und iterativ erarbeitet. Was soll das heißen? Startpunkt eines Organisationsentwicklungsprozesses ist, dass eine Organisation zu der Erkenntnis gelangt ist, sich verändern zu müssen. Jetzt geht es um die Frage, wie man zu einer geeigneten Zielperspektive kommt, die zu nachhaltiger Veränderung führt. Bei einem Organisationsentwicklungsprozess ist es nicht trivial, bereits zu Beginn eine geeignete Vorstellung zu entwickeln. Mithilfe von Workshops o. Ä. kann definiert werden, wohin die Reise gehen soll. Da es sich aber um ein komplexes Unterfangen handelt, das – wenn es nachhaltig sein soll – unbedingt mit einem Kulturwandel einhergehen muss, kann das Endergebnis nicht schon zu Beginn zu 100 % feststehen.

Damit sieht man sich denselben Herausforderungen ausgesetzt, wie sie die Softwareentwicklung auch hat: Die Kundschaft beauftragt ein Produkt, von dem sie maximal noch sagen kann, was es für Probleme beheben soll oder welche Funktionalitäten man erwartet. Wie es aussehen wird, kann sie aufgrund mangelnder technischer Expertise oder aufgrund ihrer eigenen blinden Flecken nicht artikulieren. Würde man zu Beginn eines Organisationsentwicklungsprozesses das Management fragen, wie die Organisation am Ende aussehen würde, käme wahlweise eine Abwandlung des vorhandenen Modells heraus oder zahlreiche Ideen, die mit der vorhandenen Unternehmenskultur nur wenig zu tun haben. Hier können die Strukturelemente des agilen Vorgehens weiterhelfen.

Agile Elemente bei der Organisationsentwicklung

Man sollte viel Zeit für die *Analyse* der vorhandenen Strukturen und der Gründe einplanen, warum man Veränderung haben will (siehe auch Abschnitt 4.1.1). Ein gutes Anforderungsmanagement und ein iteratives Vorgehen, bei dem erst einmal die Themen gesammelt werden und dann nicht alles auf einmal abgearbeitet wird, erlauben es, zu schärfen, nachzukorrigieren bzw. je nach Zwischenergebnissen neue Ziele zu definieren.

Bei aller Flexibilität sollte man auf *feste Strukturen* nicht verzichten. Der Prozess und die nächsten Schritte müssen jeweils für alle Personen klar sein. Das hilft, selbst wenn das Endziel unspezifisch bleibt, zu verstehen, wo man sich gerade befindet und was von einem erwartet wird. Wie so oft, darf man also „agil" nicht mit „flexibel" verwechseln. Es gilt, über regelmäßige Austauschformate alle Personen nicht nur zu informieren, sondern immer wieder auch in die Weiterentwicklung des „Produkts" einzubeziehen.

Es können *Formate aus dem Scrum* genutzt werden:

- *Definition of Ready und Definition of Done:* Beides sind lebende Dokumente, die dazu dienen, sich zum jeweiligen Zeitpunkt einig zu sein, ob man für den nächsten Schritt bereit ist (DoR) bzw. ob man erreicht hat, was man sich vorgenommen hat (DoD). Dadurch, dass man beides nicht zu Beginn eines Projekts setzt, sondern zusammen erarbeitet und iterativ fortschreibt, kann man es dem jeweiligen Erkenntnisstand anpassen und sich auch immer wieder in Erinnerung rufen, was die Qualitätskriterien sind, an denen man den Erfolg des Vorhabens messen möchte.

- *Sprint Planning, Review und Retrospektive:* Während Ersteres das Arbeitspaket für die nächste Iteration beschreibt, kümmert sich das zweite darum, mit den Beteiligten zu klären, ob man das Zwischenziel auch erreicht hat. Man reflektiert gemeinsam das Erreichte und definiert darauf aufbauend die nächsten Ziele, aber auch, wo man nachbessern muss. Gegebenenfalls ist man zu anderen Ergebnissen gekommen als gedacht und man muss diese entsprechend bewerten. Dabei hilft die Retrospektive, die reflektiert, ob etwas an der Arbeitsweise verändert werden muss. Auch hier wird die Frage nach der Qualität mit der nach der Zusammenarbeit verbunden. Das gemeinsame Wirklichkeitsverständnis wird aktualisiert und darauf aufbauend werden gegebenenfalls Verhaltensanpassungen initiiert.
- *Scrum Master und Product Owner:* Die Aufgabe eines Scrum Master ist nichts anderes als die eines (externen) Organisationsentwicklers. Er muss dem Team, in diesem Fall den Beteiligten des OE-Projekts, jeweils methodisch unter die Arme zu greifen, zu helfen, Hindernisse – sei es faktisch oder auch psychologisch – aus dem Weg räumen und dafür sorgen, dass die Regeln des Prozesses eingehalten werden. Der Product Owner hingegen hat die Gesamtverantwortung für das Produkt(ergebnis) und ist in diesem Fall der Auftraggeber für die Veränderung, in der Regel also die Geschäftsführung. Ihre Aufgabe ist es, die Gesamtperspektive auf das Projekt und seine Zielsetzung zu behalten. Daher ist es extrem wichtig, ihn bzw. die Geschäftsleitung eng in den Entwicklungsprozess einzubinden. Nur dann wird sie auch verstehen, wann sich die Zielperspektive ändert/ändern muss und warum.

Jeder, der schon einem in einem agilen Projekt mitgearbeitet hat, weiß, dass dies *anstrengend und ressourcenfressend* ist. Nicht ohne Grund wird daher ein selbstorganisiertes Team, das sich mehr oder weniger autark ausschließlich dem geforderten Produktergebnis widmen kann, gefordert. Dies ist im Alltag und bei einem Großprojekt, wie es die Organisationsentwicklung verlangt, fast unmöglich. Man müsste ja phasenweise die gesamte Belegschaft für die Veränderung freistellen. Aber es sollte doch wenigstens im Hinterkopf behalten werden, dass Veränderung nicht nur materielle Ressourcen braucht, sondern auch emotional und energetisch hohe Ansprüche an die Belegschaft stellt. Man muss daher damit rechnen, dass andere Dinge liegen bleiben und die Produktivität sinkt.

Last but not least muss man Vertrauen in die Menschen und den Prozess zeigen. *Selbstorganisation* heißt auch, dass sich die Dinge in ihrer eigenen Logik entwickeln müssen. Das gewählte Vorgehen mag für Außenstehende manchmal chaotisch oder unlogisch wirken, aber es folgt immer einer inneren Stringenz, die sich nur für die Leute erschließt, die gut eingebunden sind. Ein:e Scrum Master/Organisationsentwickler:in muss dafür sorgen, dass sich das Ganze nicht in die falsche Richtung entwickelt, aber dafür kann man Elemente wie DoR und DoD nutzen.

Es ist nicht immer leicht ist, Chaos von normalem Durcheinander bei Veränderungen zu unterscheiden. Die Dynamik und die jeweilige Stimmung sollten im Fokus bleiben, um kurzfristig gegensteuern zu können. Hierbei kann das 8-Stufen-Modell von John P. Kotter (1995) helfen, das sich genau mit der Frage nach der Dynamik beschäftigt (vgl. Bild 5.6). Es eignet sich als Vorgehensweise, um diese Dynamiken in der Belegschaft zu erhalten – unabhängig davon, dass im Hintergrund trotzdem in Sprints und DoDs gearbeitet wird. Die von ihm aufgeführten Schritte sind als Sprintziele zu verstehen, die jeweils gut vorbereitet und deren Ergebnisse ebenso genau evaluiert werden müssen.

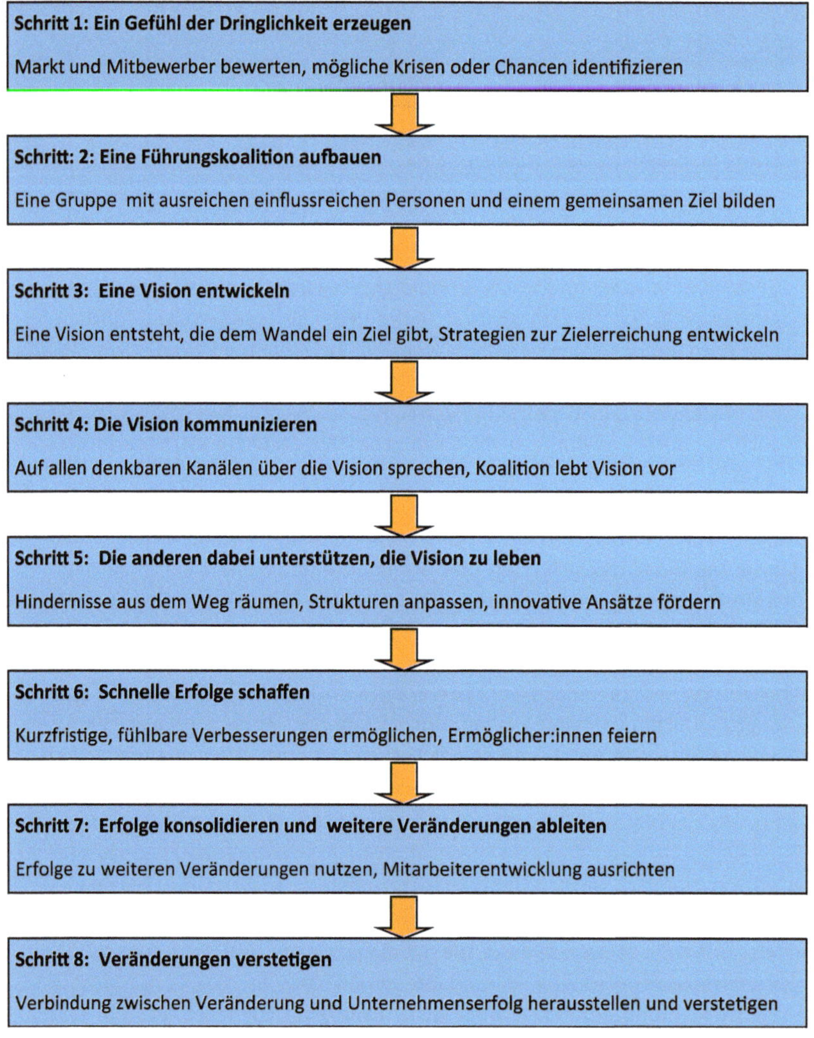

Bild 5.6 Kotters 8-Stufen-Modell zur Organisationsentwicklung (John P. Kotter (1995, S. 61))

Management Summary

Menschen tun sich schwer, Veränderungen wahrzunehmen, zu verarbeiten und an ihrem Handeln etwas zu ändern. Dies gilt umso mehr, wenn sie in einer Organisation zusammenarbeiten und Veränderungsbedarf gemeinsam erkennen müssen. Damit dies gelingen kann, braucht es individuell Lernbereitschaft und organisational eine Unternehmenskultur, die bereit ist, Wissen zu teilen, Neues wahrzunehmen und sich selbst zu hinterfragen. Der erwachsene Mensch lernt nur dann, wenn er sich mit Fragen beschäftigt, die ihn unmittelbar interessieren. Hilfreich ist es, wenn genug Ressourcen in Form eines guten Wissensmanagements und von Austauschformen sowie ausreichend Zeit zur Verfügung stehen, sich mit neuen Fragestellungen zu beschäftigen.

Eine Abteilung oder eine Organisation lernt dazu, wenn es ausreichende Kommunikation gibt und Wissen im Fluss gehalten wird. Wirkliche Veränderungen im Arbeiten stellen sich dann ein, wenn das Nachdenken über neue Herausforderungen und Aufgaben verlangsamt wird und man durch „Zweischleifen-Lernen" nicht nur über das aktuelle Problem nachdenkt, sondern in einer zweiten Schleife auch darüber, ob die zugrunde liegenden Annahmen und strategischen Vorgaben noch der wahrgenommenen Wirklichkeit entsprechen. Damit wird institutionelle Reflexivität ermöglicht, die die Grundlage zur Organisationsentwicklung darstellt.

Qualitätsmanagement eignet sich, um diese Reflexivität zu erlangen. Denn Qualitätsziele übersetzen die strategischen Vorgaben in operationalisierbare Anweisungen und verlangen das kritische Hinterfragen der aktuellen Arbeitsergebnisse. Die Erkenntnisse daraus sollten direkt im Sinne des PDCA-Zyklus umgesetzt werden oder können den Impuls für eine größere Organisationsentwicklung setzen. Qualitätsmanagement wird so zu einer Querschnittsaufgabe, die alle betrifft und flexibel angewandt wird.

Veränderungsbedarf ist für eine Organisation schwierig zu akzeptieren, weil sie es sich im Status quo gerne bequem macht. „Never change a running system", mit diesem Credo sieht sich jede Organisationentwicklung konfrontiert. Um daher auf der Ebene der Unternehmenskultur Veränderungsbereitschaft zu ermöglichen, muss erst einmal der Boden insoweit geschaffen werden, dass diese auch im Kleinen Teil des eigenen Selbstverständnisses wird. Dies gelingt über Irritationen im Alltag. Sie hinterfragen Althergebrachtes, Angewöhntes kritisch, ohne gleich die Grundsatzfrage zu stellen. Gleichzeitig müssen Routinen besprochen und Freiräume geschaffen werden, um Neues auszuprobieren und zu lernen.

Veränderung im Sinne einer Organisationsentwicklung bedarf größerer Anstrengung, die nicht nur Erkenntnisse aus der systemischen Beratung wie z. B. die Arbeit mit Menschen auf der individuellen, gruppenorientierten und organisationalen Ebene einbezieht und genug Platz für die Eigendynamiken eines Systems lassen. Bestimmte Formen, wie man sie aus dem agilen Arbeiten und dabei vorherrschenden Qualitätsverständnis kennt, sollten in einem Organisationsentwicklungsprozess eingesetzt werden. Allen voran gilt das für die Definition of Ready und die Definition of Done, da sie beide verlangen, dass Einigkeit unter den Beteiligten herrscht, wo man sich gerade befindet und ob man bereit ist für den nächsten Schritt. Qualitätsfragen können außerdem als Lackmustest dafür verwendet werden, was man behalten und was man verändern möchte. Es kann aber auch, wenn man etwas verändern möchte, als Gesprächsvehikel dafür dienen, wohin man sich bewegen möchte.

Literatur

Ameln, Falko von: *Organisationen in Bewegung bringen*, 2. Auflage, Berlin, Heidelberg, Springer, 2016.

Anderl, Mirja: *Mini-Handbuch Organisationsentwicklung*, Weinheim, Basel: Beltz, 2018.

Argyris, Chris; Schön, Donald A.: *Die lernende Organisation. Grundlagen, Methode, Praxis*, Stuttgart: Klett-Cotta, 1999.

Dittrich-Brauner, Karin et al.: *Großgruppenverfahren. Lebendig lernen, Veränderung gestalten*, Berlin: Springer, 2008.

Ellebracht, Heiner; Lenz, Gerhard; Osterhold, Gisela: *Systemische Organisations- und Unternehmensberatung. Praxishandbuch für Berater und Führungskräfte*, 4. Auflage, Wiesbaden: Gabler, 2011.

Erpenbeck, John et al. (Hrsg.): *Metakompetenzen und Kompetenzentwicklung*, QUEM-report, Schriften zur beruflichen Weiterbildung, 95/I, 2006.

Güldenberg, Stefan: *Wissensmanagement und Wissenscontrolling in lernenden Organisationen. Ein systemtheoretischer Ansatz*, 2. Auflage, Wiesbaden: Deutscher Universitätsverlag, 1998.

Kahneman, Daniel: *Schnelles Denken, langsames Denken*, München: Penguin Verlag, 2016.

Kotter, John P.: „Leading Change. Why Transformation Efforts Fail", in: *Harvard Business Review*, 1995, 73 [reprint], S. 59 – 67.

Moldaschl, Manfred: „Institutionelle Reflexivität. Zur Analyse von ‚Change' im Bermuda-Dreieck von Modernisierungs-, Organisations- und Interventionstheorie", in: Faust, M.; Funder, M.; Moldaschl, M. (Hrsg.): *Die „Organisation" der Arbeit*, München: Hampp, 2005, S. 355 – 382.

Schattenhofer, Karl: „Selbststeuerung von Gruppen", in: Edding, C.; Schattenhofer, K. (Hrsg.): *Alles über Gruppen. Theorie, Anwendung, Praxis*, München: Beltz, 2015, S. 449 – 478.

Senge, Peter M.: *Die fünfte Disziplin. Kunst und Praxis der lernenden Organisation*, 11. Auflage, Stuttgart: Schäffer-Poeschel Verlag, 2017.

6 Qualität als ganzheitliche Aufgabe

Dieses Kapitel konzentriert sich darauf, wie konkrete Fragen nach der Produktqualität und dem qualitativen Zusammenarbeiten das Qualitätshaus weiterentwickeln können. Der Fokus wird einerseits auf der Strategie(entwicklung) eines Unternehmens liegen und andererseits auf den konkreten Säulen des Hauses: Mitarbeitende, Strukturen und Prozesse sowie Arbeitsmittel. Bei unserem Qualitätshaus befinden wir uns nun im Inneren, dort wo die Wertschöpfung passiert (Bild 6.1).

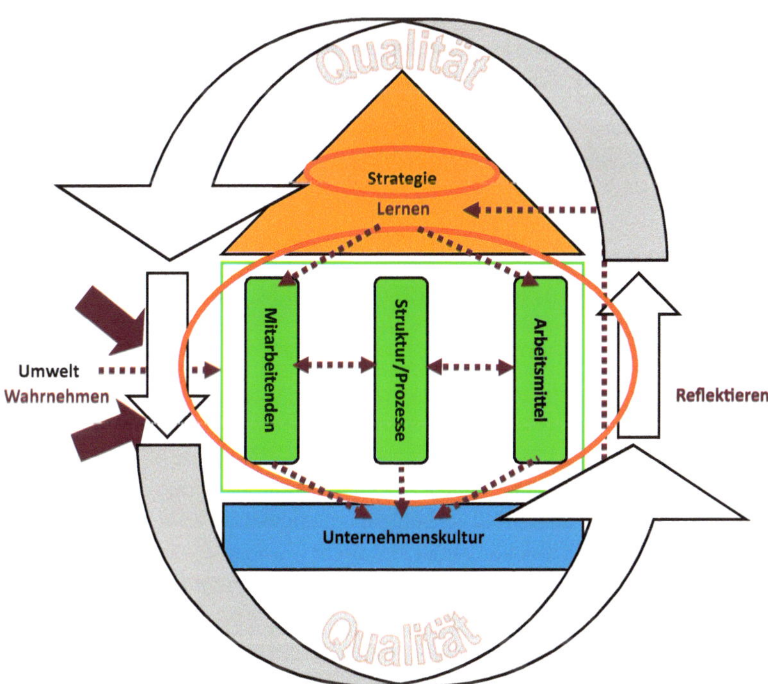

Bild 6.1 Strategie in die Umsetzung bringen

In diesem Kapitel beginnen wir mit dem Management und der Strategie eines Unternehmens (Abschnitt 6.1). In einem zweiten Schritt werden dann die Säulen in den Blick genommen (Abschnitt 6.2), bevor abschließend die Bedeutung des Qualitätsmanagements bei der alltäglichen Arbeit in einem Unternehmen thematisiert wird (Abschnitt 6.3).

6.1 Management und Qualität eng verknüpfen

6.1.1 Managen und Führen in Zeiten von VUCA

Eine Organisation definiert sich dadurch, dass sich Menschen bewusst zusammenschließen, um auf ein gemeinsames Ziel hinzuarbeiten. Um eine Koordination dieser Aktivitäten zu ermöglichen, gibt es Management.

„Management" bedeutet ein planvolles, kontrolliertes, strukturiertes Steuern und Verwalten einer Organisation.

Um diesem Organisationszweck gerecht zu werden, bedarf es kontinuierlicher Anstrengungen, um die anfallende Arbeit zu „organisieren". Alle Aufgaben müssen sinnvoll verteilt werden und alle Einheiten ihren Anteil an der Gesamtarbeit kennen. Es muss ein planvolles Miteinander gewährleistet sein, ohne zu vernachlässigen, dass daran schnell etwas geändert werden können muss.

Managementaufgaben werden zu diesem Zweck in verschiedene Dimensionen unterteilt, wie sie z. B. das St. Galler Managementmodell definiert hat. In diesem Modell finden sich sechs Schlüsselkategorien, die man als Manager:in „im Griff" haben muss (vgl. Kasten „Das St. Galler Managementmodell (SGMM)").

Das St. Galler Managementmodell (SGMM)

Das St. Galler Managementmodell (Bild 6.2) unterscheidet sechs Schlüsselkategorien, die als Aufgaben- und Gestaltungsfelder der Managementpraxis verstanden werden:

- *Umweltsphären:* zentrale Bezugsfelder der organisatorischen Wertschöpfung
- *Stakeholder:* Individuen, Communities oder Organisationen, die an der organisationalen Wertschöpfung beteiligt oder von ihr aktuell betroffen sind
- *Interaktionsthemen:* zentrale Bezugspunkte, um die sich die Kommunikation einer Organisation mit ihren Stakeholdern dreht
- *Prozesse:* spezielle sequenzielle Aktivitätsmuster, die sich systematisch aufeinander beziehen und durch ihre sachliche und zeitliche Logik charakterisiert werden können

- *Ordnungsmomente:* tragen dazu bei, dass das organisationale Alltagsgeschehen eine kohärente Form aufweist und Prozesse die angestrebten Wirkungen und Ergebnisse für die Wertschöpfungsadressaten erbringen können
- *Entwicklungsmodi:* grundlegende Muster, wie sich Organisationen in einer dynamischen Umwelt weiterentwickeln können

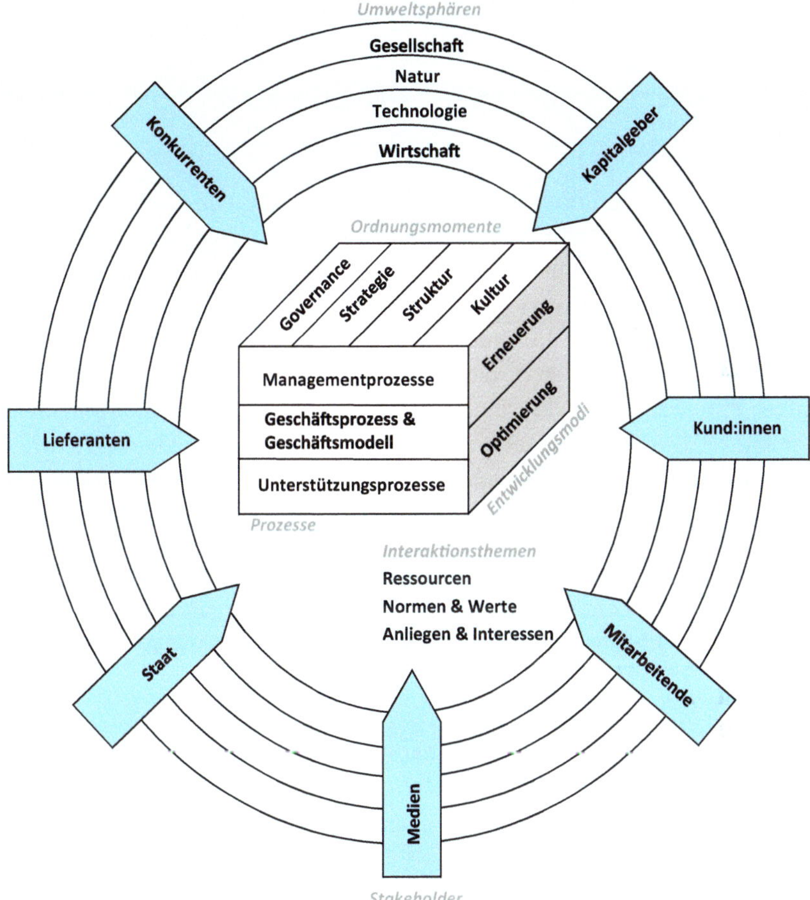

Bild 6.2 Das St. Galler Managementmodell

Siehe Johannes Rüegg-Stürm, Simon Grand (2020, S. 53).

Das Modell „geht von einer *direkten Gestaltbarkeit* von organisationaler Wertschöpfung aus" (S. 118). Dahinter steht die Vorstellung, dass Management diese Schlüsselkategorien konkret und jeweils aktuell von der Leitung ausgestaltet und zu einem sinnvollen Zusammenspiel orchestriert, getrieben von konkreten, inhaltlichen bzw. strategischen Zielvorstellungen. Es ist betriebswirtschaftlich ausgerichtet und geht damit von einem gänzlich kontrollierbaren und veränderbaren Umfeld aus.

Angesichts der Herausforderungen einer VUCA-Welt kann kein Anspruch auf totale Kontrolle erhoben werden. Vieles ist unbewusst wie Kultur bzw. Normen und Werten. Andere Themen, wie Umwelteinflüsse und Governance, unterliegen einem ständigen Wandel aufgrund sich laufend ändernder Grundbedingungen. Es handelt sich um ein komplexes System, das gemäß Cynefin-Modell nicht mehr in ein Ursache-Wirkungs-Schema gebracht werden kann. Es sollte daher erst einmal nicht von einer kompletten Steuerbarkeit von Unternehmen ausgegangen werden.

Alle Versuche, vollumfängliche Managementsysteme zu entwickeln, werden scheitern.

Die Idee eines „integrierten Managementsystems", das verschiedene Themen wie Governance, Controlling und Qualität in ein großes Steuerungsmodell packt, suggeriert, dass es möglich ist, Komplexität über eigene Einheiten und Strukturen verwalten zu können. Es wird der Anspruch erhoben, die Zusammenhänge voll zu durchblicken und kontrolliert steuern zu können. Das erscheint aus verschiedenen Gründen naiv, nicht zuletzt auch, weil sich solche „Systeme" gerne verselbstständigen und Eigenlogiken entwickeln, die sich von denen des Gesamtsystems unterscheiden (vgl. Abschnitt 2.1.3). Daneben suggerieren solche Systeme, dass es klar wäre, wie die Dinge zusammenhängen und dass alles auf dieselbe Art und Weise gesteuert werden könnte – gerne auch Top-down, obwohl meistens die Experten für die Themen woanders sitzen.

Realistischer ist es, eher von einem lebendigen Organismus auszugehen, der Ab- und Begrenzungen hat, die Managemententscheidungen beeinflussen, die nicht immer vorhersehbar oder steuerbar sind.

In der Managementliteratur wird daher zum Teil der Begriff des Managens oder Steuerns durch den der *guten Führung oder Leadership* ersetzt. Bei diesem Führungskonzept muss es Persönlichkeiten geben, die situativ die richtigen Entscheidungen in Bezug auf die Zukunftsfähigkeit des Unternehmens treffen und andere inspirieren, ihrem Beispiel zu folgen. Vertreter einer solchen Theorie ist z. B. der Verhaltenswissenschaftler Peter Senge, der fünf Disziplinen für eine lernende Organisation bzw. für Führungskräfte identifiziert hat (vgl. Kasten „Peter Senges fünf Disziplinen der lernenden Organisation").

Peter Senges fünf Disziplinen der lernenden Organisation

- *Systemdenken:* Die erste Disziplin stellt die Grundlage für eine Organisation dar. Es handelt sich um ein „Gewebe von zusammenhängenden Handlungen, die oft erst nach Jahren ihre volle Wirkung aufeinander entfalten" (S. 17).

- *Mentale Modelle:* Dies ist ein an den Sozialkonstruktivismus angelehntes Konzept zur Wirklichkeitsbewältigung. Es handelt sich um die Vorstellungen und Erklärungen, die man sich über die Zeit hinweg von der Welt gemacht hat. Jeder Mensch hat eigene mentale Modelle, in einer Organisation müssen diese synchronisiert werden, um sie fortlaufend gemeinsam weiterzuentwickeln.
- *Eine gemeinsame Vision entwickeln:* Die gemeinsame Vision bringt die persönliche Entwicklungsebene und die des Unternehmens in Einklang. Sie dient als Abgleich mit dem Ist-Stand; man kann daraus den Handlungsbedarf ableiten, um die Vision gemeinsam zu erreichen. Dies motiviert, sich und die Organisation kontinuierlich weiterzuentwickeln.
- *Personal Mastery:* Selbstführung und Persönlichkeitsentwicklung – jede:r Einzelne kann für sich selbst die Entscheidung treffen, wachsen zu wollen. Daraus entstehen Ziele, die konsequent verfolgt und erreicht werden. Eine Organisation kann diesen Wunsch unterstützen und die richtigen Rahmenbedingungen bereitstellen. Eine Organisation selbst kann nur wachsen, wenn die Mitarbeitenden individuell das auch wollen.
- *Team-Lernen:* Auch diese Überlegung knüpft an den Sozialkonstruktivismus an, in dem sie deutlich macht, dass das individuelle Lernen nicht automatisch auch zu einem Wissenszuwachs im Team führt. Es sollte ein „gemeinsames Denken" entwickeln werden, um so als Gruppe voranzukommen. Je größer die Gruppe ist, umso anspruchsvoller wird dies.

Siehe Peter M. Senge (2017).

Während die beiden ersten Disziplinen (Systemdenken und mentale Modelle) die Grundlagen beschreiben, auf denen das Zusammenarbeiten beruht, gilt es mit der gemeinsamen Vision eine Zielperspektive zu entwickeln, an der man sich ausrichten kann. Personal Mastery und Team-Lernen erlauben dann das „Hinentwickeln" zu diesem Ziel durch gemeinsames Lernen. Zwar ist es nicht so, dass die fünf Disziplinen nur für Führungskräfte wichtig wären, sondern zur Grundlage jeglicher Personalentwicklung gemacht werden sollten. Besonders Menschen, die andere anleiten und für die Gesamtperspektive in einem Unternehmen verantwortlich sind, sollten sie sich bewusst machen und kultivieren.

Es ist die Aufgabe von Führungskräften, durch Vorbildcharakter und konkretes Arbeiten die fünf Disziplinen zum Leben zu erwecken und damit auch in den Alltag hineinzutragen.

Wenn eine Führungskraft keine Personal Mastery beherrscht, wird es schwierig, diese den einzelnen Teammitgliedern zu ermöglichen. Es braucht auf Managementebene eine Auseinandersetzung mit z. B. den Themen „Systemdenken" und „mentale Modelle", um verkrustete Strukturen und Veränderungsbedarf nicht nur explizit zu machen, sondern auch die richtigen Antworten darauf zu finden, wenn Veränderungsbedarf durch Mitarbeitende angemahnt wird. Daher ist es essenziell, dass auch die Zusammenhänge zwischen systemischem Wirken, Einflüssen aus der Umwelt und Bedeutung von Organisationskultur und Lernen verstanden werden. Sonst können die Signale nicht gehört und richtig interpretiert werden.

Der Gedanke von Führerschaft bzw. von Leadership evoziert die Vorstellung, dass es lediglich charismatische, visionäre Einzelpersonen bräuchte, die qua Inspiration und guter Menschenkenntnisse die richtigen Entscheidungen treffen, und keine Verwaltung oder zentrale Steuerungseinheiten, um ein Unternehmen gut zu organisieren. Doch auch in einem charismatisch geführten Unternehmen braucht es geordnete Abläufe zur z. B. Reisekostenabrechnung oder Arbeitsplatzbereitstellung. Ohne solche Prozesse kann von einem organisierten Arbeiten nicht die Rede sein. Daher bedarf es beides und zwar in einem ausgewogenen Verhältnis – und nicht zwingend in einer Person vereinigt.

John P. Kotter, der auch das 8-Stufen-Modell bei Veränderungsprojekten entwickelt hat (vgl. Abschnitt 5.3.2), hat dafür plädiert, nicht das eine gegen das andere auszuspielen, sondern beides als zwei Seiten einer Medaille zu betrachten. Für ihn ist Management der Umgang mit Komplexität mithilfe von Verfahren und Prozessen, die eine Regelhaftigkeit in größeren Unternehmen ermöglichen sollen. Wenn man Arbeit organisieren will, muss es einen Rahmen geben, in dem sich die Menschen bewegen können, damit Organisation auch gelingen kann. Ansonsten entsteht Chaos, die Organisation funktioniert nicht mehr.

Gute Führung bzw. Leadership ist für die Begleitung von Veränderung notwendig; wenn die vorhandenen Regeln und Prozesse nicht mehr in der gewünschten Form funktionieren und es Unterstützung im Verstehen dieser Veränderung braucht. Kotter kann die Aufgaben von Management und Leadership trotzdem auf dieselben Aktivitäten reduzieren, allerdings mit anderen Zielrichtungen (John P. Kotter (1990, S. 104); Tabelle 6.1).

Tabelle 6.1 Unterschiedliche Zielrichtungen von Management und Leadership (John P. Kotter (1990, S. 104))

Aufgaben	*Management*	*Leadership*
Entscheiden, welche Dinge zu tun sind	Planen und Budgetieren = Zielvorgaben für das kommende Jahr o. Ä., Allokation von Mitteln	Richtung vorgeben = Vision entwickeln einschl. Strategien, wie diese erreicht werden können
Ein Netzwerk von Leuten und Beziehungen aufbauen	Organisation und Personal aufbauen = Strukturen schaffen, Recruiting, Delegation von Verantwortlichkeiten, System zur Kontrolle aufbauen	Geeignete Menschen hinter sich bringen = gute Kommunikator:innen finden, sie für die Vision begeistern, ihre Unterstützung sichern

Aufgaben	*Management*	*Leadership*
Sicherstellen, dass diese Menschen auch tatsächlich die Dinge erledigen	Kontrollieren und Probleme lösen = Monitoren, Abweichungen identifizieren, Korrekturmaßnahmen einleiten	Motivieren und Inspirieren = Richtung beibehalten, Emotionen und Werte aktivieren

Tabelle 6.1 zeigt, dass das Management dem PDCA-Zyklus mit seinem regelhaften Abarbeiten durch Planen und Durchführen, Kontrollieren und Reagieren folgt. Man ermöglicht ein geordnetes Vorgehen in Zeiten der Routine. Leadership ist gefragt, wenn die Zielperspektive neu ausgerichtet werden muss und der Weg dorthin nicht ausformuliert ist. Intuition leitet die Entscheidung. Es gibt noch keinen ausgearbeiteten Plan zur Zielerreichung.

Kotter plädiert dafür, dass beides notwendig ist, man sich allerdings im Klaren darüber sein muss, was für was gut ist. Visionen kümmern sich mehr um das „Wohin" und weniger um das „Wie". Planen bzw. das Organisieren der täglichen Arbeit übersetzt eine Zielperspektive in praktische Handlungen. Management steht damit nicht im Widerspruch zu visionärem Führen, sondern dient als Machbarkeitsbeweis für das anvisierte Ziel. Planung bedeutet, den Zielen einen Rahmen zu geben, in dem sie sich entfalten können. Die Menschen müssen die Ziele unabhängig davon, in welchen aktuellen Rahmen sie verpackt werden, in ihrer visionären Kraft verstehen. Nur dann ist es möglich, schnell und entschieden zu reagieren, wenn die Planung nicht wie gewünscht die Ziele realisieren lässt oder diese aufgrund geänderter Bedingungen angepasst werden müssen.

Dieser „Reality Check" geschieht über Kommunikation und Einbindung der Menschen – die Aufgabe von Leadership. Hierbei gilt es, Vertrauen aufzubauen, verständliche Botschaften zu generieren oder auch mit gutem Beispiel voranzugehen. Sie zielen darauf ab, die Unternehmenskultur anzusprechen und Widerstände abzubauen. Hier wird kritisch hinterfragt, ob die Regeln, die sich eine Organisation gegeben hat, angepasst werden müssen – sei es die offiziellen, durch das Management vorgegebenen oder die unhinterfragten der Unternehmenskultur.

Leadership nutzt damit den Mechanismus der Irritation oder Störung. Da soziale Systeme einer absoluten Steuerung immer entzogen sind, ist das Einzige, was man machen kann, Impulse zu setzen, die Althergebrachtes, Unhinterfragtes durcheinanderbringen und neue Weltsichten einführen. Es ist Aufgabe guter Führung, sowohl für diese Impulse zu sorgen als auch die daraus entstandene Bewegung in eine (gewünschte) Richtung zu bugsieren, sodass daraus konkrete Planungen des Managements werden. Im Idealfall passen Planung/Organisation zur Vision gut genug, dass die Menschen routiniert die Dinge so entwickeln können, dass die Vision entweder in erreichbare Nähe rückt oder bereits realisiert werden kann. Management und Leadership fallen in eins.

Das klassische Management bzw. klassische Managementsysteme können nur begrenzt Wandel gestalten, wenn ihnen nicht eine geeignete Vision an die Seite gestellt wird und es keine Führungskräfte gibt, die sich als Leader verstehen. Deren Aufgabe ist es, weniger zu verwalten als eher auf die intuitive, emotionale Seite eines Unternehmens zu achten und diese zu pflegen. Management gibt Struktur, Leadership erlaubt es, diese Struktur sowohl mit Inhalt zu füllen als auch diese kritisch zu hinterfragen, wenn die aktuelle Realisationsform nicht mehr die angemessene ist, um die Vision zu erreichen.

Altkanzler Helmut Schmidt soll angeblich gesagt haben, dass wer Visionen habe, bitte zum Arzt gehen solle, denn das sei nichts, was man in der Politik gebrauchen könne. Im allgemeinen Unternehmertum wird nicht so hart geurteilt, gerne werden visionäre Leader gesucht und gefunden, die der mittelmäßigen Welt zeigen soll, wie zukünftiges Management auszusehen hat. Kotter weist darauf hin, dass die für sein Verständnis notwendige Vision keine besonders originelle zu sein hat. Sie muss zur konkreten Organisation passen und sich leicht in eine realistische und wettbewerbsfähige Strategie übersetzen lassen.

6.1.2 Strategie auf Qualität aufbauen

Das Ziel einer Strategie ist es, den langfristigen Erfolg des Unternehmens zu sichern, indem man in die Zukunft schaut und daraus Schlüsse für die Gegenwart zieht bzw. geeignete Maßnahmen definiert, die diesen Erfolg sicherstellen sollen. Dabei geraten Themen wie der Wettbewerb, Ressourcen, Innovationen und Kooperationen in den Blick, die langfristig so aufgestellt sein müssen, dass man auch noch in fünf, zehn oder vielleicht auch zwanzig Jahren bestehen kann. Damit geht es um die langfristige Überlebensfähigkeit eines Unternehmens.

Wie können Visionen für ein Unternehmen entwickelt und diese zur Umsetzung gebracht werden? Auf was konzentriert man sich dabei? Wer erstellt eine solche Vision und Handlungsvorstellungen? Wie kann man eine Vision übersetzen in die nächsten Schritte?

Der bewusste erste Schritt für eine Organisationsentwicklung muss von der Leitungsebene getrieben werden. Die Erkenntnis, sich verändern zu müssen, kann dabei aus der Mitte einer Belegschaft entstehen. Damit alle gut zusammenarbeiten und das Organisationsziel erreichen können sind Leitungsentscheidungen notwendig, um Veränderung systematisch zu ermöglichen.

Veränderungen in einer Organisation können auf viele Wege Eingang finden: über Marktbeobachtung, Einbezug von Kund:innen, diverses Recruiting. Sie können auch auf der untersten Managementebene starten, indem ein:e Teamleiter:in bereit ist, einen neuen Führungsstil auszuprobieren. Aber damit das Ganze im gesamten Unternehmen Wirkung entfaltet, braucht es ein strategisches Vorgehen, dies für die gesamte Organisation zu adaptieren und flächendeckend zu implementieren.

Damit Veränderung als planvoller bzw. gesteuerter Prozess möglich ist, muss die Zielfindung gemäß der Vorstellungswelt und den Verfahren in dem jeweiligen Unternehmen stattfinden. Weder der Prozess dorthin noch die Ziele, die es damit zu erreichen gilt, können objektiv, neutral zusammengefasst oder vorgegeben werden. Folgende Wegmarken sollten berücksichtigt werden:

1) Strategien brauchen Reflexivität

Strategische Überlegungen können nur auf die Zukunft ausgerichtet sein, wenn sie auch die aktuelle Situation ernsthaft evaluieren. Zwar kann aus dem eigenen System heraus der Zustand eines Unternehmens nur begrenzt objektiv betrachtet werden, trotzdem ist es wichtig, die Möglichkeit zu schaffen, ein wenig Abstand zum Ist-Stand herzustellen. Startpunkt muss sein, kritisch zu hinterfragen, ob die Ausrichtung eines Unternehmens noch dem entspricht, was der Markt und vielleicht auch die eigene Belegschaft braucht und will.

Man sollte Mechanismen wie Irritation und Impulse aus der Umwelt nutzen, um sowohl den aktuellen Stand richtig einschätzen zu können, als auch, um Ideen zu generieren, wohin die Reise gehen muss. Vergleiche mit anderen Unternehmen sind genauso sinnvoll, wie Kund:innen und/oder Mitarbeitendenbefragungen über die Einschätzung zur aktuellen Marktposition. Externe Hilfe kann hier hilfreich sein, um zu vermeiden, dass nur die Dinge angeschaut und abgefragt werden, die das eigene Weltbild bestätigen könnten. Kritik muss möglich und eingefordert werden.

2) Da anfangen, wo man steht

Eine im besten Fall schonungslose Analyse dient nicht nur dazu, den Handlungsbedarf genauer zu identifizieren, sondern auch, um eine realistische Zielperspektive zu entwickeln. Unternehmensziele dürfen ambitioniert sein, aber die Unternehmenskultur sollte man nicht einfach von links nach rechts drehen. Daher ist die Idee, ein eher hierarchisch organisiertes Unternehmen innerhalb von fünf Jahren komplett zu einer agilen Projektorganisation umzubauen, nicht nur unrealistisch, sondern aufgrund der erwartbaren Widerstände in der Belegschaft zum Scheitern verurteilt. Dies ist nur möglich, wenn man die gesamte Belegschaft einzeln auf den Prüfstand stellt (vgl. Kasten „Agile Transformation am Beispiel der DB Systel“). Ein solch radikaler Wechsel in der Arbeitsform kann nur als Kritik der bisherigen Arbeit verstanden werden und damit auch als Kritik an dem bisher Geleisteten. Ob intendiert oder nicht: Solche Botschaften führen zu radikalen Abwehrreaktionen (vgl. auch Abschnitt 7.1.2).

Agile Transformation am Beispiel der DB Systel

Der IT-Provider für die Deutsche Bundesbahn, DB Systel, hat sich bereits 2015 auf den Weg zur agilen Transformation gemacht. Man hatte für sich erkannt, dass das hierarchische Unternehmen nicht (mehr) geeignet war, IT in der Form anzubieten, wie es für ein Unternehmen wie die Bahn gebraucht wurde. Als Zielbild wurde ausgegeben, alle 5000 Mitarbeitenden in eine Netzwerkorganisation mit ca. 500 Teams zu überführen. Der Prozess ist bis heute noch nicht abgeschlossen.

Die Transformation beruhte auf drei Pfeilern:

- *Inspect & Adapt:* Es wurde bewusst nicht von vornherein beschrieben, wie die Netzwerkorganisation auszusehen hat. Alle bestehenden Strukturen wurden schrittweise überprüft und neu ausgestaltet. Eines der wichtigsten Ergebnisse der Transformation war, dass die Rolle der klassischen Führungskraft abgeschafft wurde und die Aufgaben wie wirtschaftliche Verantwortung, Teamentwicklung oder Eskalationsstufe auf folgende Rollen verteilt wurden: Product Owner, Agility Master und Umsetzungsteam.
- *Verbindung aus „Top-down" und „Bottom-up":* Auch wenn die Entscheidung zur Transformation von der Geschäftsleitung getroffen wurde, wurde das Vorgehen gemeinschaftlich und über alle Bereiche hinweg entwickelt.
- *Kulturwandel:* Es wurde ein Prozess etabliert, den alle Mitarbeitenden verpflichtend durchlaufen müssen, wenn sie in der neuen Struktur mitarbeiten wollen. Dabei begeben sich diese in eine „Übergangswelt", in der mit dem Mitarbeitenden stufenweise erarbeitet wird, was Agilität im vollumfänglichen Sinn bedeutet.

Alle Mitarbeitenden müssen sich für das neue Arbeiten „bewerben" und „Quality Gates" durchlaufen, die sicherstellen sollen, dass sie bereit sind, auf die nächste Stufe des agilen Arbeitens aufzusteigen. Die notwendige Übergangzeit wird durchschnittlich mit 15 Monaten beziffert. Außerdem kann man sich nur teamweise bewerben, was den agilen Ansatz noch verstärkt. Damit hat die Organisation jedem einzelnen Menschen die Möglichkeit gegeben, ausreichend zu verstehen, was das neue Arbeiten von ihr oder ihm verlangt. Gleichzeitig wurde über Quality Gates anhand der Arbeitsergebnisse überprüft, ob die neuen Prinzipien verstanden und gelebt werden.

Alles in allem handelt es sich bei dem Vorgehen der DB Systel um die radikalste Umsetzung einer agilen Transformation. Es muss sich erst mit der Zeit erweisen, ob der Weg, den das Unternehmen eingeschlagen hat, den Erfolg bringt, den es sich erhofft.

Will man Veränderungen großflächiger in eine Organisation tragen, müssen inhaltlich wie kommunikativ immer genug Anknüpfungspunkte zur aktuellen Lebenswelt vorhanden sein. Es geht um Wertschätzung, aber auch um Ziele, die realistisch genug zu erreichen sind. Die Menschen müssen verstehen, wie man von da, wo man sich jetzt befindet, dorthin kommt, wo man hinmöchte. Und zwar im Konkreten, weswegen auch immer der Weg vom Hier zum Dort beschrieben sein muss. Früher verwendete man dafür gerne Bilder von Wegen über Berge und Flüsse, die aufzeigen sollten, dass zwar die bevorstehende Transformation mühsam und steinig sein wird, aber sich für das Ziel lohnt. In den Köpfen der Leute muss das Verständnis von und ein Vertrauen in eine(r) generische(n) Entwicklung entstehen können (vgl. dazu auch Abschnitt 7.2).

3) Keine zu konkreten Ziele, sondern Kulturwandel vorantreiben

Ein Unternehmen ist ein großer Tanker, der Zeit für einen Richtungswechsel braucht. Dabei sollte man sich über die großen Linien im Klaren sein. Da die Unternehmenskultur das größte Hindernis ist, um neue Ziele in den Blick nehmen zu können, sollte aus strategischer Sicht weniger Zeit auf konkrete Planungsprozesse verwendet, als ein Programm entwickelt werden, das die Mitarbeitenden dazu befähigt, reflexiv und lernend die Umwelt und das eigene Arbeiten zu verstehen. Ist eine solche Reflexivität und Lernbereitschaft bereits in der Belegschaft vorhanden, lassen sich auch einfacher neue Dinge einführen, darüber diskutieren, ob die Zusammenarbeit gut funktioniert, ob die Umwelt neue Anforderungen stellt oder ob neue Technologie neue Potenziale in sich birgt.

Strategisches Management verlangt in erster Instanz, das Unternehmen bereit für Neues zu machen. Und dies geschieht nicht nur, indem man es lernbereit macht, sondern auch, indem man strategische Entwicklungen partizipativ gestaltet. Die Ideen und Impulse für die Fortentwicklung eines Unternehmens sollten nicht nur vom oberen Management kommen. Es braucht die Beteiligung der gesamten Belegschaft. Sowohl, um die Ziele besser definieren zu können, aber auch, um die Akzeptanz für Veränderungen zu erhöhen. Wer angehört wurde und seine eigenen Überlegungen in den strategischen Fragen wiederentdeckt, ist eher bereit, darüber nachzudenken, was er konkret in seinem Umfeld ändern muss, um diese Ziele zu erreichen.

4) Qualität nutzen, um Strategie in den Alltag zu übertragen

Qualität bedeutet, dass ein Produkt vereinbarte Eigenschaften aufweist. Diese Frage kann auch dafür genutzt werden, wie man „gut" im Sinne von qualitativ zusammenarbeiten möchte, um diese vereinbarten Eigenschaften bestmöglich bereitzustellen. Im Kern einer Strategieentwicklung sollte daher stehen, was man zukünftig unter „Qualität" versteht bzw. wie sich diese Vorstellungen verändern müssen, um besser den Anforderungen zu entsprechen. Die Ausformulierung dessen, was man mit seinen Abläufen und Produktionsschritten dem Markt anbieten wird, welche Qualität man also erwartet, bestimmt darüber, wie überlebensfähig eine Organisation sein wird.

Strategische Unternehmensziele müssen eine Antwort darauf bieten können, welche Qualität die eigenen Produkte zukünftig aufweisen müssen und wie diese sich gegebenenfalls von der Qualität unterscheidet, die sie heute haben.

Die in einem Strategieprozess ausformulierte Vision, Mission und Werte können auch als „Definition of Done“ verstanden werden. Ein Unternehmen gibt sich selbst Ziele und formuliert dahinterstehende Werte auf Grundlage dessen, was es liefern und wie es zusammenarbeiten möchte. Wenn man dies unter dem agilen Terminus DoD betrachte, erhalten diese Sätze eine andere Bedeutung: Das Unternehmen verpflichtet sich damit, jedes Arbeitsprodukt unter die Prämisse zu stellen, die DoD eingehalten zu haben. Aussagen wie z. B. „Wir wollen stets die Erwartungen unserer Kunden nicht nur erfüllen, sondern übertreffen“, sind dann keine gutgemeinten Erklärungen, von denen man eh weiß, dass sie im Alltag nicht funktionieren, sondern sie sollten der Lackmustest sein, ob man ein Arbeitsergebnis übergeben darf!

Im Alltag wird dies nicht immer zur Anwendung kommen, aber die Idee, die eigenen Werte so zu verwenden, dass daraus Qualitätskriterien werden, erlaubt es, diese sachlich zu hinterfragen und auf die eigene Arbeitswelt direkt zu übersetzen. Es bleibt dann nicht mehr bei reinen generischen Verpflichtungserklärungen, sondern bedarf einer Überführung von Zielen in das praktische Arbeiten.

5) Iterativ und nach dem PDCA-Zyklus vorgehen

Der Anspruch, dort zu beginnen, wo man aktuell steht, erteilt einer Grundidee eine Absage: die disruptive Veränderung, unter der ein radikaler Strategiewechsel und ein kompletter Neuanfang verstanden wird. Es mag sein, dass es Unternehmen gab und gibt, die einen solchen erfolgreich vollzogen haben, allerdings oft nur unter großen Opfern, vor allem für die ursprüngliche Belegschaft. Solche großen Veränderungen gehen mit einem großen Kulturwandel einher, der zumeist nur bewältigt wird, wenn man die meisten Mitarbeitenden austauscht. Eine Strategie, die angesichts des aktuellen Arbeitskräftemangels eher riskant erscheint.

Viel sinnvoller ist es, evolutionär und mit schrittweiser Veränderung der Unternehmenskultur vorzugehen. Es kann zwar größerer Veränderungsbedarf identifiziert werden, aber der Anspruch darf nicht sein, diesen so schnell wie möglich umzusetzen. Hier empfiehlt es sich, in Schleifen und ausreichender Reflexion vorzugehen. Der Ansatz, die Werte eines Unternehmens als Qualitätsaussage und damit DoD zu verstehen, erlaubt dies auch im Sinne der kontinuierlichen Fortentwicklung.

Statt minutiös den Wandel eines Unternehmens in Phasen über die nächsten Jahre hinweg zu planen, sollte mehr Zeit und Aufwand in einen iterativen Prozess zur strategischen Weiterentwicklung gesteckt werden. Dieser Prozess kann formalisiert sein und regelmäßige Zyklen für Review und Retrospektive beinhalten – oder im klassischen Qualitätsmanagement dem Plan-Do-Check-Act-Zyklus folgen. Inhaltlich dient der Prozess dazu, beständig nachzujustieren und darüber zu reflektieren, ob die erzielten Ergebnisse in die gewünschte Richtung gehen bzw. ob die Richtung noch die gewünschte ist. Dabei ist es wichtig, die Belegschaft ausreichend über z. B. Survey-Feedback-Verfahren einzubinden, um sicherzustellen, dass man ein gutes Bild vom jeweiligen Stand erhält.

6.2 Qualität bei Menschen, Strukturen/Prozessen und Arbeitsmitteln verstehen und nutzen

Während sich Strategie und Management um das „Big Picture", die großen Ziele eines Unternehmens und ihre Überführung in eine strategische Planung, kümmern, sind die Mitarbeitenden, deren Arbeitsabläufe und die dafür benutzten Arbeitsmittel die Produktionsmittel für das Herstellen von (qualitativen) Produkten. Funktioniert hier nicht das Zusammenspiel oder sind die Arbeitsmittel falsch gewählt, wird es weder möglich sein, aktuell gute Produkte herzustellen, noch ein Unternehmen so weiterzuentwickeln, dass das in Zukunft möglich bleibt oder wird.

Will man vermeiden, dass Qualitätsmanagement nur eine Managementfunktion unter vielen ist und von den meisten sowieso nur verstanden wird als etwas, was die eigene Arbeit aufhält und behindert, muss man mit dem Thema Qualität in den Produktionskontext und damit den Arbeitsalltag vordringen.

Qualität muss zum Maßstab der eigenen Arbeit werden und darf nicht als Störer gesehen werden. Man muss die Menschen dazu befähigen, gemeinsam qualitativ arbeiten zu wollen, und gute Rahmenbedingungen durch sinnvolle Abläufe und zielführende Hilfsmittel schaffen.

6.2.1 Mitarbeitende: Teams zu mehr Qualität motivieren und anleiten

Jeder Mensch unterscheidet sich in seinem Denken und Handeln von jedem anderen Menschen. Das hat etwas mit genetischen und sozialen Determinanten zu tun, wie z. B. ob man als Mann oder Frau geboren wurde oder ob man aus einem reichen oder armen Elternhaus stammt. Gleichzeitig hat jede:r einen individuellen Lebensweg hinter sich, der ihn oder sie zu dem Menschen hat werden lassen, den man nun im Unternehmen antrifft. Außerdem hängt viel damit zusammen, was für konkrete Tätigkeiten die jeweilige Person aktuell zu erledigen hat und welche Fachkenntnisse sie dafür einsetzen kann.

Unabhängig davon, wie individuell der einzelne Mensch geprägt ist bzw. wie er Aufgaben vermeintlich gut oder schlecht erledigt: Im Normalfall verfolgen alle ein gemeinsames Ziel, nämlich, dass diese Organisation funktioniert und (gute) Ergebnisse produziert. Die berufliche Sozialisation hat dazu ein gemeinsames (Qualitäts-)Verständnis vermittelt, also Unternehmenskultur und persönliche Weltsicht synchronisiert. Würde das nicht vorhanden sein, würde eine Organisation auseinanderfallen, weil sich ihre Mitglieder nicht mehr über gemeinsame Ziele einigen können.

Eine Organisation kann daher als Ganzes mit ihrem eigenen definierten Sinn betrachtet werden und nicht auf diesem individuellen Level der Einzelschicksale. Jede:r, dem/der es nicht gelingt, in diesem System zu existieren und zu viel Reibung mit der Unternehmenswirklichkeit erfährt, wird dieses früher oder später entweder freiwillig oder mit etwas Überredung verlassen. Das heißt aber nicht, dass man sich nicht um die *individuellen Bedürfnisse* und Fragen der Zusammenarbeit kümmern muss.

Je besser sich die einzelnen Mitarbeitenden als Teil des Unternehmens verstehen, dessen Ziele als die ihren betrachten und ein gemeinsames Qualitätsverständnis teilen, umso besser funktioniert das System.

Im Folgenden geht es darum, wie eine gute Zusammenarbeit möglich wird und zu einer guten Arbeitsorganisation beiträgt.

In einer idealen Welt kombinieren sich die individuellen Züge eines Menschen, seine Stärken und das erlernte Wissen auf symbiotische Weise mit den Tätigkeiten, die es zu tun gilt. In der Realität ist das nur selten zu finden, allerdings lohnt es sich, wenn Führungskräfte wenigstens ansatzweise versuchen, die Qualitäten (!) der einzelnen Mitarbeitenden so gut zu kennen, dass sie auf eine passende Art und Weise eingesetzt werden.

Unter dem Gesichtspunkt der Theorie Y ist es in Bezug auf Motivation und Begeisterungsfähigkeit wichtig, Menschen Aufgaben zu zuweisen, für die sie sich begeistern können. Nur dann sind sie persönlich genug involviert, um auch über Verbesserungen und damit Qualität nachzudenken. Menschen, denen Details wichtig sind, eignen sich tendenziell nicht so gut für grobe Vorstrukturierungsarbeiten, während kommunikative Menschen sich mit Tätigkeiten nicht wohlfühlen, die stundenlange Einzelbeschäftigung verlangen. Das frustriert nicht nur die Person und das Team, es führt auch dazu, dass die Qualität der Arbeitsergebnisse leidet.

Man benötigt keine psychologische Ausbildung, um Menschen hinsichtlich ihrer Neigungen und Fähigkeiten einzuschätzen. Es gibt verschiedene Ansätze, Führungskräfte darin zu unterstützen, eine bessere Beurteilung der Fähigkeiten und vielleicht auch Begrenzungen ihrer Mitarbeitenden zu erhalten (vgl. Kasten „Verschiedene Persönlichkeitsmodelle“).

Verschiedene Persönlichkeitsmodelle

Die Zielsetzung von Persönlichkeitsmodellen ist es, in Form einer standardisierten Schematisierung Grundeigenschaften von Menschen, wie z. B., ob sie eher introvertierte oder extrovertierte Menschen sind, einzuordnen. Die jeweils dominierenden Faktoren werden einem bestimmten „Typus“ zugeordnet, der helfen soll, deren Einsatzmöglichkeiten, Entwicklungspotenziale, aber auch mögliche Begrenzungen besser benennen zu können.

- *Myers-Briggs-Typenindikator*
  Entwickelt von Isabel Myers und Katherine Cook Briggs auf Grundlage von Überlegungen von C. G. Jung. Anhand von vier Fragen werden in Kombination aus den Antworten 16 verschiedene Menschentypen identifiziert. Die Fragen lauten:
  - Wie regenerieren Sie sich? Sind Sie introvertiert oder extrovertiert?
  - Wie nehmen Sie Informationen auf? Über Sensorik oder Intuition?
  - Wie treffen Sie Entscheidungen? Durch Nachdenken oder hören Sie auf Ihr Gefühl?
  - Wie betrachten Sie Ihre Umwelt? Beobachten Sie oder beurteilen Sie?

  Dieser Persönlichkeitstest ist zwar differenziert, aber durch die Vielzahl an Typen auch schwierig in der Praxis anzuwenden.
- *Insight-Modell*
  Das Insight- bzw. DISC-Modell geht zurück auf Arbeiten von William Moulton Marston. Es gibt nur vier Persönlichkeitstypen, jeder Mensch wird genau einem Typ zugewiesen:
  - Dominant (rot): egozentrisch, direkt, kühn, herrisch, anspruchsvoll, energisch
  - Initiativ (gelb): enthusiastisch, gesellig, beredsam, impulsiv, emotional
  - Stetig (blau): passiv, geduldig, loyal, voraussagbar, teamfähig und gelassen
  - Gewissenhaft (grün): perfektionistisch, diplomatisch, systematisch, konventionell, höflich

  Das Modell ist eingängig bzw. leicht anzuwenden. Allerdings gibt es wenig Differenzierungsmöglichkeiten, sodass es schnell zu reinem „Schubladendenken" mutiert und der Komplexität menschlichen Verhaltens wenig gerecht wird.
- *Enneagramm*
  Die Einordnung, die das Enneagramm vornimmt, beruht auf spirituellen Kategorien. Es werden neun Persönlichkeitstypen unterschieden:
  - Typ 1 (Ordnungshüter): zuverlässig, diszipliniert, ernst, perfektionistisch, pedantisch
  - Typ 2 (Helfer): bemutternd, will gebraucht werden, Stolz, strahlt Wärme aus
  - Typ 3 (Macher): erfolgsorientiert, eitel, flexibel, schreckt auch vor Lügen nicht zurück
  - Typ 4 (Romantiker): Einzelgänger, individualistisch, mitfühlend, sensibel, kreativ
  - Typ 5 (Denker): analytisch, sachlich, faktenorientiert, ruhig, menschenscheu
  - Typ 6 (Skeptiker): ängstlich, vorsichtig, treu, Entscheidungen treffen fällt schwer
  - Typ 7 (Optimist): Spaßvogel, offen für Neues, ungeduldig, führt Dinge nicht zu Ende
  - Typ 8 (Anführer): machtbewusst, kämpferisch, selbstbewusst, nutzt Schwächen anderer aus
  - Typ 9 (Vermittler): empathisch, geduldig, beständig, träge, konfliktscheu

Zielsetzung dieses Modells ist es, sich selbst und seine Möglichkeiten zu erkennen, sich spirituell weiterzuentwickeln. Als Einschätzungsmöglichkeit für eine Führungskraft oder ein Team ist es daher weniger geeignet.

- *Big Five*
  Das Big-Five-Modell ist das Ergebnis von Bemühungen verschiedener Wissenschaftler:innen, alle Begriffe zur Klassifizierung menschlichen Verhaltens so zu gruppieren, dass Eigenschaften von Menschen beschreibbar werden. Daraus sind folgende fünf Dimensionen entstanden:
  - Neurotizismus (emotionale Labilität): Ängstlichkeit, Reizbarkeit, Pessimismus, Befangenheit, Impulsivität, Verletzlichkeit
  - Extraversion: Freundlichkeit, Geselligkeit, Durchsetzungsfähigkeit, Aktivität, Abenteuerlust, Heiterkeit
  - Offenheit für Erfahrungen: Fantasie, Ästhetik, Emotionalität, Neugier, Intellektualismus, Liberalismus
  - Verträglichkeit: Vertrauen, Ehrlichkeit, Altruismus, Entgegenkommen, Bescheidenheit, Mitgefühl
  - Gewissenhaftigkeit: Kompetenz, Ordnungsliebe, Pflichtbewusstsein, Leistungsstreben, Selbstdisziplin, Sorgfalt

  Aus den fünf Dimensionen ergibt sich ein differenziertes Bild, das auch wissenschaftlichen Ansprüchen genügt. Allerdings ist dieses Bild so komplex, dass es schwierig wird, daraus praktische Schlüsse für den Umgang mit dem konkreten Menschen zu ziehen.

Siehe dazu auch Walter Simon (2010).

Wie die Betrachtung dieser verschiedenen Modelle zeigt, haben Persönlichkeitsmodelle ihre Schwächen. Sie versuchen, einzigartige Menschen in ein meist eher simples Muster zu pressen. Aufgrund der individuellen Sozialisation eines Menschen, aber auch seines angeeigneten Lernverhaltens ist es meist wenig zielführend, mithilfe von Schablonen jemanden weiterzuentwickeln. Mit entsprechender Zurückhaltung sollten daher die Ergebnisse solcher Tests eher so verstanden werden, dass sie es ermöglichen, ein Bewusstsein für Andersheit zu schaffen und gemeinsam in einen reflexiven Austausch zu kommen, was wen motiviert und wie die Interaktion innerhalb eines Teams bei unterschiedlichen Persönlichkeiten besser gelingen kann.

Jeder dieser Ansätze mag in Grundzügen weiterhelfen, um Menschen besser verstehen zu können. Allerdings verlangen sowohl die Beschäftigung mit diesen Methoden als auch deren Anwendung einiges an Zeit. Außerdem wird in einem organisationalen Kontext das Individuum nur selten alleine betrachtet, sondern meistens gilt es, eine Aufgabe innerhalb einer Abteilung und damit im Team zu erledigen. Dann wird jemand damit betraut, der/die Zeit übrig hat oder aus anderen Zufälligkeiten heraus. Oder ein:e Kolleg:in geht und die Stelle wird nicht nachbesetzt: Die Lücke muss schnell gestopft werden und man kann es sich nicht leisten, großflächiger Arbeit umzuschichten, bloß damit jeder optimal nach seinen Fähigkeiten eingesetzt wird. Arbeitsverteilung geschieht zum Teil zufällig.

Außer vielleicht in einem Start-up bzw. Kleinstunternehmen braucht es mehrere Menschen mit verschiedenen Skillsets, um eine Aufgabe ganzheitlich zu erledigen, d. h., die Betrachtungsebene darf nicht der einzelne Mensch, sondern muss das *Team als Ganzes* sein. Es muss ein „Flow“ entstehen, der es zum Ziel hat, als ganze Abteilung gute Leistung zu erbringen.

Die Teamleistung ist ein komplexes Zusammenspiel aus individuellen Fähigkeiten, Gemeinschaftsgeist und Rahmenbedingungen. Qualität – vor allem das Sprechen darüber – kann hier als Bindemittel oder Katalysator dienen, wenn es Veränderungen bedarf. Persönliche Konflikte im Team sind meist auch ein Anzeichen dafür, dass man sich nicht über das Arbeitsergebnis bzw. den Weg dahin einig ist.

Es bedarf eines gemeinsamen Verständnisses der Anforderungen an das Team, welches Arbeitsergebnis/Produkt von einem erwartet wird und wie man meint, dieses bestmöglich liefern zu können. Dieses Verständnis ist im Unbewussten angesiedelt, daher braucht es immer wieder Impulse zur Irritation und Reflexion, um Anforderungen bewusst und bearbeitbar zu machen. Es braucht Zeit für Gespräche und Konfliktbewältigung.

Wie wird aus lauter Einzelpersonen eine Gruppe mit einem gemeinsamen Ziel und Grundverständnis für die Zusammenarbeit? Oftmals wird in diesem Kontext der Psychologe Bruce W. Tuckman (1965) genannt, der Teambuilding in vier Phasen unterteilt:

- *Forming:* Gründungsphase – die Gruppe kommt zusammen.
- *Storming:* Streitphase – es zeigt sich, dass es unterschiedliche Erwartungshaltungen in Bezug auf Aufgaben und Rollen in der Gruppe gibt.
- *Norming:* Vertragsphase – die Gruppe einigt sich auf gemeinsame Spielregeln.
- *Performing:* Arbeitsphase – die Gruppe arbeitet produktiv zusammen.

Die Phasen Storming und Norming dienen dazu, ein gemeinsames Wirklichkeitsverständnis hinsichtlich der Fragestellung zu finden, was das Team im Gesamten zu leisten hat, wer welche Aufgabe übernehmen soll und wie ein zufriedenstellendes Arbeitsergebnis auszusehen hat. Man stellt damit ein gemeinsames Qualitätsverständnis her. Ist dies gelungen, kann in der Performing-Phase dieses Ergebnis geliefert werden.

Auch wenn dieses Modell bis heute verwendet wird, gab es schon früh Kritik daran. Dies betraf die Vorstellung, dass eine Gruppe kontinuierlich produktiv arbeiten würde, wenn einmal die Konflikte ausgehandelt und der Vertrag zum gemeinsamen Arbeiten „geschlossen“ wurde. Das wäre auch nicht wünschenswert, weil es bedeuten würde, dass der einmal gefundene Arbeitsmodus bewusst nicht mehr hinterfragt werden würde. Dafür bräuchte es dann Einflüsse von außen, meist in Form von Problemen oder Hindernissen.

Andere Theorien sehen Teamdynamiken *zyklisch pendelnd zwischen fachlicher Aufgabenbewältigung* (externem Druck) und *sozial-emotionalen Problemen* (internen Spannungen). Die Idee dahinter ist, dass sich zwar meist zu Beginn Teams auf die eine oder andere Weise zusammenfinden und auch eine Weile produktiv zusammenarbeiten. Aber aufgrund von entweder geänderten Rahmenbedingungen (neue, mehr Anforderungen) oder internen Veränderungen (Ausscheiden, Hinzukommen neuer Teammitglieder) wird die gemeinsam gefundene Arbeitsgrundlage immer wieder infrage gestellt und muss neu justiert werden. Dies zeigt sich zuerst auf der emotionalen Ebene, die entsprechend auch bearbeitet werden muss, bevor das Team wieder produktiv sein kann.

In diesem Verständnis erhält das Thema „Teamentwicklung" eine dynamische Komponente, die mehr mit der empirischen Beobachtung zusammenpasst, dass Teams mal besser und mal schlechter performen. So wichtig die Erstfindungsphase sein mag, schon allein die Tatsache, dass immer wieder Teammitglieder kommen und gehen, macht es notwendig, das Gleichgewicht in einer Gruppe regelmäßig neu zu finden und damit auch wieder ein gemeinsames Qualitätsverständnis herzustellen. Geänderte Aufgabenstellungen und neue Anforderungen von außen haben eine ähnliche Wirkung. Ein statisches Vor-Sich-Hin-Arbeiten über Jahre erscheint in der VUCA-Welt eher nicht typisch.

Die Führungskraft muss sich um die emotionale Stabilität im Team kümmern und dieses dazu befähigen, sich bestmöglich auf die Sachaufgaben konzentrieren zu können.

Die Steuerung des Teams funktioniert über das Herbeiführen eines gemeinsamen Wirklichkeitsverständnisses und das Wertschätzen der Gefühle in einem Team. Dabei muss das Team die Arbeit leisten und sich auf gemeinsame Ziele und ein gemeinsames Vorgehen einigen. Die Führungskraft kann das nicht anordnen oder vorgeben. In diesem Fall würden weder die internen Spannungen ausreichend bearbeitet noch die Ziele in Qualität erreicht werden.

Qualität führt die persönliche mit der fachlichen Seite zusammen: Dadurch, dass man sich einigen muss, was man darunter versteht und wie sie zu erreichen ist, geht es um die objektive Frage nach Anforderungen an das Arbeitsergebnis. Es dient als Vehikel, die verschiedenen Sichtweisen von der Welt zusammenzubringen und zu erläutern, warum man was als wichtig oder zentral in der Zusammenarbeit hält. Dabei kann es emotional werden, weil es um Grundüberzeugungen geht. Man lernt die Weltsicht des anderen kennen und es kann zu Angleichungen kommen.

Eine Führungskraft muss Unternehmensziele so verständlich machen, dass jede:r Einzelne auch weiß, was er/sie für einen Beitrag dazu leistet. Wenn die Führungskraft den Mitarbeitenden möglichst freie Hand in der Ausführung der Arbeit, also dem „Wie", lassen möchte, muss das „Was" gut genug besprochen sein, damit der Output dem entspricht, was alle erwarten.

Um Unternehmensziele auf für Einzelne verständliche und erreichbare Ergebnisse herunterzubrechen, werden Zielvereinbarungen eingesetzt.

Das klassische „Management by Objectives“ (MbO) versucht meistens, die Unternehmensziele inhaltlich so weit herunterzubrechen, dass jede Abteilung z. B. gesagt bekommt, wie viel des als Ziel ausgegebenen zu erwirtschaftenden Gewinns konkret durch sie erreicht werden muss. Die Abteilung kann sich dann überlegen, wie das zu schaffen ist, was meistens die Führungskraft selbst übernimmt. Daraus entstehen dann individuelle Ziele, deren Erreichung eng mit der persönlichen Gehaltsentwicklung verknüpft wird. Herauskommt dabei ein Prozess, der sich über Monate hinzieht und meistens wenig zur Motivation beiträgt, weil der Weg von oben nach unten zum einzelnen Mitarbeitenden zu kompliziert und auch zu wenig nachvollziehbar war, weil dieser nicht eingebunden war. Warum das konkrete Ziel geeignet sein soll, um die Unternehmensziele zu erreichen, ist für die meisten zu abstrakt oder wird als nicht machbar angesehen. Gehaltserhöhungen werden außerdem oftmals ohne große Berücksichtigung von messbaren Zielen aufgrund eher subjektiven Verhandlungsgeschicks vereinbart, da die Kopplung auch für die Führungskraft zu schwierig ist.

Dieses eher bürokratische Vorgehen wird inzwischen gerne durch das Führen mit *OKRs („Objectives and Key Results“)* ersetzt. OKR als Steuerungsmittel wurde bereits in den 1970er-Jahren von Intel entwickelt, aber erlangte erst größere Aufmerksamkeit, als Google es für sich entdeckte. Es wird oft als eine agile Variante des MbO beschrieben, da es dazu genutzt wird, in schnellen Zyklen und inhaltlich flexibler ein Team zu mehr Leistung zu motivieren. Dabei sollen die Mitarbeitenden mehr für die Weiterentwicklung ihrer Themen begeistert werden, als dass davon durch extrinsische Anreize, wie z. B. Gehaltserhöhungen, direkt der Unternehmenserfolg abhängig gemacht werden würde.

Ausgangspunkt bei OKR sind sogenannte Moonshots – angelehnt an der Vision von John F. Kennedy, dass die USA in weniger als zehn Jahren auf den Mond fliegen wird. Eine Vision, von der wir heute wissen, dass sie erreicht wurde, aber an die damals erst einmal keiner glaubte. Moonshots orientieren sich an der Vision eines Unternehmens. Sie dürfen daher also entsprechend vage bleiben, solange sie ambitioniert genug sind, dass sie intuitiv unerreichbar erscheinen.

Es wird auch nicht erwartet, dass der Moonshot vollumfänglich umgesetzt wird, sondern er gibt die Richtung vor, an der es sich zu orientieren gilt. Danach werden in kurzen Zyklen (ca. drei Monaten), konkrete Ziele („Objectives“) für das Unternehmen erarbeitet, die dann jeweils auf die nächste Ebene heruntergebrochen und interpretiert werden. Diese Ziele werden mit etwa drei, falls möglich, messbaren Ergebnissen („Key Results“) verknüpft.

Dabei sollen die Ziele so formuliert sein, dass sie Veränderung im jeweiligen Bereich initiieren. Es geht daher weniger um konkrete Ziele, wie „Einsparung der Arbeitsmaterialien um 5 %“, sondern um solche, die Spielraum für Interpretationen lassen, wie z. B. „wir wollen effizienter mit unseren Ressourcen umgehen“. Das hat den Vorteil, dass durch die Interpretation der einzelnen Abteilungen unterschiedliche Wege gegangen werden können. Beispielsweise werden in der einen Abteilung weniger Materialien für dasselbe Ergebnis verwendet, aber an anderer Stelle entdeckt man vielleicht Möglichkeiten, Dinge mehrfach zu verwenden, wo man vorher nur Einwegmaterial eingesetzt hatte. Während es also bei MbO um möglichst präzise Vorgaben geht, wird bei OKRs das Team dazu angeregt, erst einmal genauer auf die eigene Arbeit zu schauen, um dort Verbesserungspotenziale zu heben. Es wird über geänderte Rahmenbedingungen und Qualität gesprochen. Die Anforderung, die Key Results SMART und damit messbar zu machen, zwingt hier das Team, „Farbe“ bzgl. ihrer Qualitätsvorstellungen zu bekennen.

Es gibt feste Rituale, wie OKR Planning, Weekly OKR, OKR Review und OKR Retrospektive. Sie sorgen dafür, dass regelmäßig über die OKRs, die Zielerreichung und den Nachjustierungsbedarf gesprochen wird. Die Objectives and Key Results werden mit dem Team zusammen entwickelt, um sicherzustellen, dass die Ziele verstanden werden und alle für sich überlegen können, wie sie diese gut erreichen können und woran man die Zielerreichung im Sinne der Key Results erkennen kann. Damit bleiben die Menschen involviert, die gesetzten Ziele können gemeinsam reflektiert werden, die Vorstellungen dazu bleiben im Fluss und können gegebenenfalls nachjustiert werden.

OKRs werden nicht mit der Frage von materieller Vergütung verbunden. Bei der persönlichen Beurteilung ist relevant, ob sich ein Mitarbeitender aktiv an der Erreichung der Objectives beteiligt hat, aber ob dieses Ziel zu 40, 50 oder 90 % erreicht wurde, spielt keine Rolle, da es als Teameffort definiert und nicht weiter heruntergebrochen wird. Es geht um Motivation und nicht um Bewertung von konkreten Leistungen. Damit wird der Druck vom Einzelnen genommen und unterstützt, dass als Gruppe etwas Neues ausprobiert wird. Dabei ist eingeplant, dass man beim praktischen Tun vielleicht merkt, dass es doch nicht so zielführend ist wie erhofft. Aufgrund der kurzen Zyklen zieht man dann seine Schlüsse daraus und definiert für die nächste Runde die Ziele anders.

Mit OKRs soll den Moonshots näher gekommen werden, aber da diese Vision erst einmal weit weg und unerreichbar erscheint, wird auch nicht erwartet, dass die „Objectives“ immer zu 100 % erreicht werden. Es geht darum, sich auf den Weg zu machen, zu überlegen, was dazu gehört, den nächsten Schritt zu gehen und sich gemeinsam darüber zu freuen, was man schon geschafft hat. Angestrebt wird, mindestens 70 % Erfüllungsrad der Key Results zu erreichen. Das hilft, ein Ziel immer etwas ambitionierter auszugestalten, als man sich das trauen würde, würde man 1 : 1 daran gemessen werden.

OKRs tragen Qualitätsfragen direkt und kontinuierlich in das Team. Mit dem Ausformulieren der Key Results werden Qualitätskriterien definiert, anhand derer man das Zielergebnis beurteilen kann.

Es stehen zwar die Anforderungen an das Produkt im Vordergrund, wenn beispielsweise der Materialeinsatz um X% heruntergegangen ist oder auch, wenn mit demselben Material X mehr Ergebnisse produziert werden konnten. Gleichzeitig müssen jedoch die Teams darüber nachdenken, wie sie das erreichen können. So rückt die Zusammenarbeit, das qualitative Arbeiten, in den Fokus.

Durch die kurzen Zyklen bleibt das Sprechen über und das Erreichen von Objectives im Fluss, da man jederzeit neu über die Ziele diskutieren, sie im Licht der bisher gemachten Erfahrungen evaluieren und neu definieren kann. Man bleibt offen für Veränderung und gesprächsbereit, wenn neuer Input kommt. Das Unternehmen gerät in Fluss, ohne die große Vision, den Moonshot, aus dem Auge zu verlieren (Tabelle 6.2).

Tabelle 6.2 Unterschiede zwischen MbO und OKR

	Management by Objectives	Objectives and Key Results
Zielebene	Mitarbeitende	Unternehmen, Abteilungen, Teams
Zielvereinbarung	Individuelle Zielvereinbarungen, gehaltsorientiert	Abstimmung und Ausrichtung auf OKR auf allen Ebenen, teamorientiert
Zyklus	Jährlich	Meist quartalsweise
Statusmeetings	Ein- bis zweimal mal pro Jahr	Tägliche Check-Ins, OKR-Weekly, einmal im Quartal ORK Review
Transparenz	Ziele sind nur Mitarbeitenden und Führungskraft bekannt	Volle Transparenz im gesamten Unternehmen, alle kennen sowohl die Objectives als auch die Key Results
Motivation	Extrinsisch (Generation X)	Intrinsisch (Generation Y)
Mindset	Command & Control, Taylorismus, opportunistische Ziele	Selbstverantwortung und Teamarbeit, unternehmerisches Denken
Zielergebnis	Konkreter Output	Outcome, Nutzen, Zweck
Wachstumschancen	Stetiges Wachstum, risikoavers	Exponentielles Wachstum möglich durch „Moonshot Thinking", risikobereit
System/Methode	Performance Review	Strategieausführungssystem

Wenn es gelingt, über gutes Teambuilding und kontinuierliches Austarieren der Teamdynamiken, Menschen zu einer gut funktionierenden Gruppe zusammenzubringen und mithilfe von OKRs gemeinsame Zielvorstellungen zu entwickeln, dann wird auch gute Zusammenarbeit möglich. Konflikte können und müssen offen angesprochen werden. Durch die Diskussion über Qualität werden sie professionell bearbeitet.

6.2.2 Strukturen und Prozesse: Produktqualität über die Zusammenarbeit verbessern

Wie produzieren Menschen als Team Dinge? Welche Strukturen und Prozesse sind dafür vorgesehen? Wie sieht die Theorie dazu aus und wie wird praktisch zusammengearbeitet? Qualität im Endprodukt hängt von vielen Faktoren ab, nicht zuletzt auch von den richtigen Abläufen in einem Betrieb. Eine klassische Definition von Prozessen lautet, dass es sich um eine Folge von Aktivitäten handelt, die aus einem Input einen Output erzeugen. Dies gilt für den Prozess als Ganzes wie auch für jeden Teilschritt. Die Idee dahinter ist, dass man wiederkehrende Abläufe schafft, die sicherstellen, dass jedes Mal derselbe Output, also Ergebnis, produziert wird.

Die richtigen Strukturen, das „Organigramm" eines Unternehmens, sollen dafür sorgen, dass die inhaltlich richtigen Einheiten zusammengefasst sind (Aufbauorganisation) und sich daraus ein guter Fluss zwischen diesen Einheiten im Sinne der Ergebnisproduktion ergibt (Ablauforganisation). Man versucht durch eine gute Grundstruktur auch gute Prozesse zu ermöglichen. Die Unternehmensstruktur sagt daher viel darüber aus, welches Verständnis man von der gemeinsamen Zusammenarbeit hat.

So richtet sich die *Aufbauorganisation* danach, ob man diese eher durch formale Organisationseinheiten streng hierarchisch in einer Einlinien-Organisation aufeinander organisiert sieht, ob man die Dinge sachlogisch und funktional verteilt haben möchte oder ob man eine fluidere Organisationweise in Form einer temporär auf Projekten basierenden Entscheidungsstruktur bevorzugt.

Aufbauorganisationen dienen dazu, klare Entscheidungsstrukturen zu ermöglichen und darauf aufbauend Zusammenarbeit so zu organisieren, dass Dinge zügig und aufeinander bezogen abgearbeitet werden können. Sie beschreibt die Zusammensetzung der Organisation in ihren Einzelteilen. Mit der Ablauforganisation kommt dann ein dynamisches Element hinzu, das die Zusammenarbeit in den Fokus nimmt. Prozesse sind die konkreten Abläufe.

Es lassen sich Einlinien- und Mehrlinien-Systeme unterscheiden, die äußerst komplizierte Ausprägungen bis hin zu mehrdimensionalen Matrixorganisationen mit und ohne Stabsabteilungen annehmen können:

- Das *Einlinien-System* folgt dem Grundsatz der Einheit der Auftragserteilung. Es gibt verschiedene Möglichkeiten der Strukturierung, wie z. B. funktional (Bild 6.3) oder geografisch. Die Organisation ist streng hierarchisch aufgebaut. Das ermöglicht klare Weisungsbefugnisse und Verantwortlichkeiten. Dies kann aber auch zu langsamen und unflexiblen Entscheidungsstrukturen und zu langen Informationswegen führen.
- Das *Mehrlinien-System* (Bild 6.4) ist eine Organisationsform, bei der jede:r Mitarbeitende mehrere Vorgesetzte haben kann und jede:r Vorgesetzte die Möglichkeit hat, Aufgaben an verschiedene Mitarbeitende aus untergeordneten Aufgabenbereichen zu delegieren. Damit werden Kommunikationswege verkürzt und die fachlichen Funktionen gestärkt. Dabei kann es Probleme bei Zuständigkeiten und widersprüchlichen Aufgabenstellungen geben.
- Bei der *Matrixorganisation* handelt es sich um ein Mehrlinien-System, das bewusst zwei Dimensionen wie z. B. die fachlichen und disziplinarischen Aufgaben oder Region und Produkt voneinander trennt (Bild 6.5). Damit kann der Wertschöpfung bei trotzdem kurzen Informationswegen besser gefolgt werden. Dabei kann es zu Ressourcen- und Kompetenzkonflikten kommen.

Meist bestimmen Größe und Komplexität die geeignete Organisationsform (Bild 6.6).

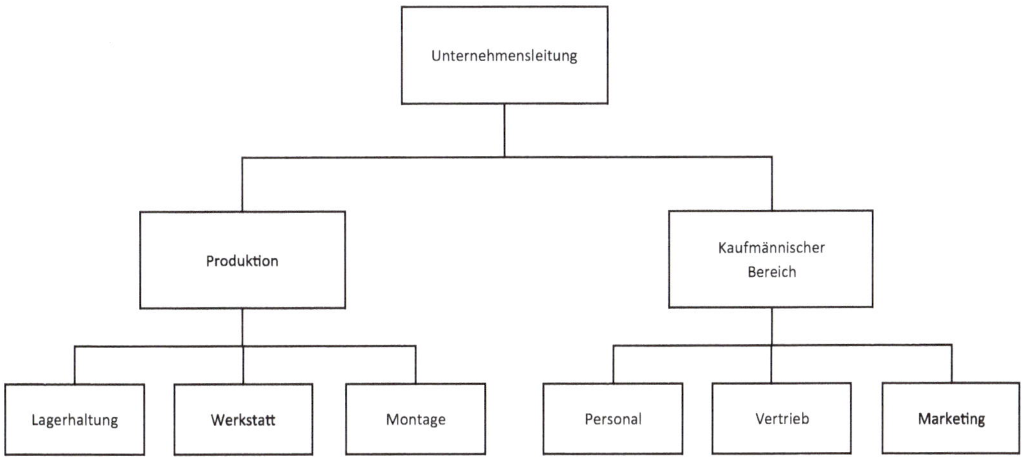

Bild 6.3 Einlinien-System

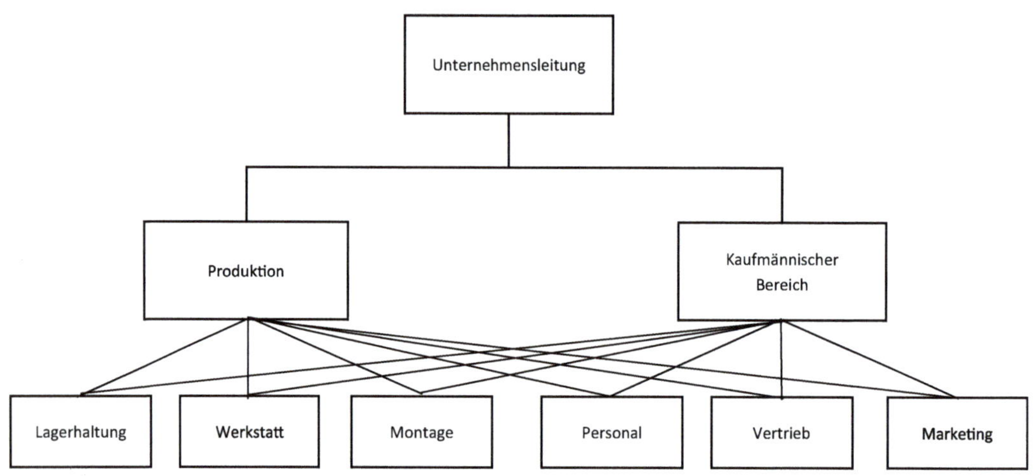

Bild 6.4 Mehrlinien-System

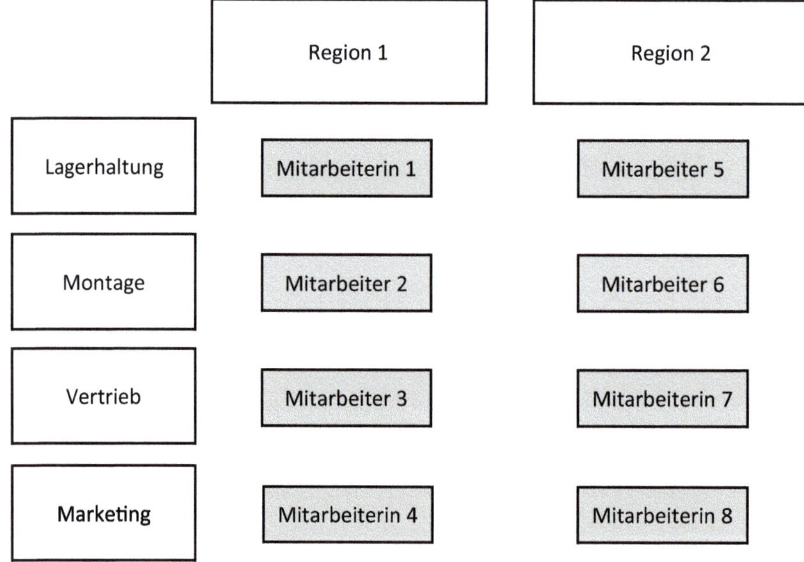

Bild 6.5 Matrixorganisation

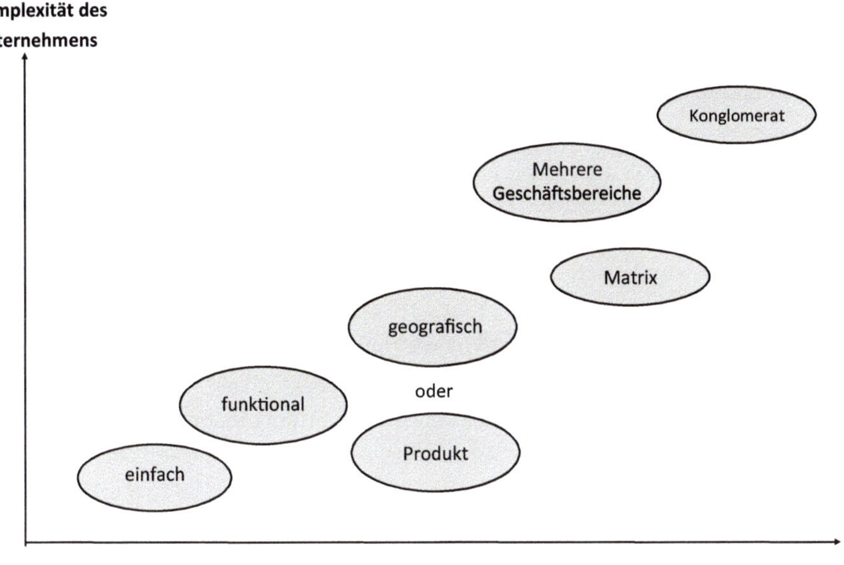

Bild 6.6 Verteilung der Organisationsstrukturen

Ein Modell kann nicht über das andere gestellt werden. Dazu drei Aspekte:

1) Komplexe Zusammenhänge führen zu komplizierten Strukturformen.

Wenn man sich die Entwicklungen von Unternehmen (und Unternehmenstheorien) anschaut, kann man sehen, dass ursprünglich relativ einfache Einlinien-Strukturen zunehmend von komplizierteren Formen abgelöst wurden, die vermeintlich ein besseres Management der Abläufe erlauben. Während man früher vor allem stark hierarchische Strukturen hatte, die ein „von oben nach unten" und einfaches „Durchregieren" erlaubten, glaubt man nun, durch Projektorganisationen, Matrixorganisationen oder gar Tensororganisationen, die drei bis *n* Dimensionen strukturell abbilden, den zukünftigen Anforderungen an das Management besser gerecht zu werden.

Wenn man möchte, kann man darin aber auch die Tendenz sehen, Unkontrollierbares dadurch kontrollierbarer machen zu wollen, dass man immer noch einen Aspekt mehr identifiziert, für den es eine eigene Abteilung bräuchte, um ihn steuerbarer zu machen. Durch immer kompliziertere Logiken der Entscheidungs- und Befugniserteilung sollen alle Unwägbarkeiten abgefangen und bedacht werden.

Der Unterschied zwischen kompliziert und komplex ist, dass bei komplizierten Verhältnissen noch eine Ursache-Wirkungs-Beziehung festgestellt werden kann. Bei komplexen Kontexten ist dies nicht mehr möglich. In diesem Fall versucht man durch eine bestimmte Struktur, klare, wiederkehrende Wirkzusammenhänge herzustellen, wo es eher eines Trial-and-Error-Vorgehens bei konkreten Themen bräuchte, um mehr über die Sachverhalte zu lernen. Solche Strukturen dürften die Abläufe eher unnötig verkomplizieren, als diese schneller zur Erledigung zu bringen.

2) Je größer das System, desto mehr Subsysteme bilden sich.

Jedes System besteht aus unendlich vielen Subsystemen; dieses Konstrukt steht für eine Ausdifferenzierung von Funktionen. Jede Abteilung ist bereits ein Subsystem, das andere Aufgaben übernimmt als die Nebenabteilung. Und auch diese Abteilung splittet sich wieder auf in Subsysteme, weil vermutlich nicht alle Teamkolleg:innen dieselben Arbeiten austauschbar erledigen können oder sollen. Die Bildung von Subsystemen kann entsprechend in einer Organisation, die auf Ausdifferenzierung von Funktionen angelegt ist, nicht verhindert werden.

Sobald sich Subsysteme bilden, entwickeln diese Eigenlogiken, z. B. wie man die Geburtstage der Teammitglieder feiert. Das ist so lange unproblematisch, als diese Ausdifferenzierung nicht den Kern der Grundüberzeugungen und damit der Unternehmenskultur erreicht. Solange das gemeinsame Ziel, das grundsätzliche Verständnis darüber, wie Dinge zu erledigen sind und ein allgemeines Zusammengehörigkeitsgefühl vorherrschen, bedeutet das, dass das Gesamtsystem noch hineinwirken kann in diese Untersysteme. Allerdings kann es auch zu Abkopplungstendenzen kommen. In diesem Fall geht zunehmend die gemeinsame Grundlage, das Fundament verloren. Subsysteme können sich vom Gesamtsystem so weit entfernen, dass sie komplett andere Ziele als dieses verfolgen.

Je ausdifferenzierter eine Unternehmensstruktur ist, desto wichtiger ist es, Energie in den Zusammenhalt zu stecken. Ein fundiertes Corporate-Identity-Vorgehen, das ein kontinuierliches Reden über Abteilungs- und Bereichsgrenzen fördert, ein bewusstes Auseinandersetzen mit z. B. regionalen Unterschieden und ein beständiges Reflektieren über etwaige Zentrifugalkräfte aufgrund einer stark zerteilten Unternehmensstruktur sind wesentliche Faktoren, um ein etwaiges Auseinanderbrechen des Systems zu verhindern.

3) Eine Aufteilung in fachliche und disziplinarische Führung wird einem agilen modernen Führungsverständnis besser gerecht.

Bei einer besonderen Form der Matrixorganisation gibt es eine Linie der disziplinarischen Hierarchie und eine Linie der fachlichen Zusammenarbeit. Man definiert einen fachlichen Zusammenhang, in dem ein Mensch lebt und arbeitet. Er macht dies in einem Team, das bestimmte Aufgaben zu bewältigen hat, die sich aus Inhalten und Abläufen ergeben. Im Idealfall schafft man damit eine crossfunktionale, selbstorganisierte Einheit, die für die Erledigung ihrer Aufgaben keine weitere Unterstützung außer einem fachlichen Lead, der die Themen vorstrukturiert, braucht.

Zur Unterstützung ihrer Aufgaben gibt es daneben eine disziplinarische Leitung, die den Einsatz z. B. in einem konkreten Team aufgrund der jeweiligen Fähigkeiten festlegt und ansonsten dafür sorgt, dass dieser Mensch ausreichend ausgebildet ist und im Alltag störungsfrei arbeiten kann. Aufgabe einer solchen disziplinarischen Führung wäre dann, sich um das Wohlbefinden der Mitarbeitenden zu kümmern und die Persönlichkeitsentwicklung voranzutreiben. Die fachliche Leitung hat keinen disziplinarischen Durchgriff. Daher muss sie über Zielperspektiven und das Zusammenarbeiten auf die Erfüllung der Aufgaben hinwirken.

Eine solche Konstruktion bringt auch ihre Nachteile mit sich. Ohne eine gute Balance und Absprache zwischen den beiden Leitfunktionen kann es passieren, dass der/die Mitarbeitende keine klaren Aufgaben mehr zugewiesen bekommt oder dass Absprachen nicht eingehalten werden. Außerdem kann es zu Reibungsverlusten bei Zielkonflikten kommen und insgesamt müssen sich die beiden Führungspersönlichkeiten beim Führungsstil einig sein. Dennoch sei festgehalten, dass es im Sinne der dienenden Führung und der Ressourcenverteilung hilfreich sein kann, die fachliche Seite von der disziplinarischen zu trennen.

Arbeiten in einer Organisation ist von wiederkehrenden Abläufen und damit von Prozessen geprägt.

Es gibt keinen „perfekten“ oder „idealen“ Prozess, den man objektiv beschreiben und in Beratungen Unternehmen anbieten könnte. Prozesse hängen davon ab, was man in der Welt für innere Logiken kennt und wie man denkt, dass Menschen miteinander zusammenarbeiten sollen. Prozesse sind davon bestimmt, welche Weltsicht man hat und welches Qualitätsverständnis man davon ableitet.

Aufgabe guten Prozessmanagements ist es die beteiligten Menschen zusammenzubringen und mit ihnen über ihre Anforderungen an die anderen und damit ihr Qualitätsverständnis zu sprechen. Es geht darum, eine Einigung darüber herzustellen, „Was“ und „Wie“ man etwas produzieren möchte und woran man erkennt, dass das Endergebnis dem entspricht, was man sich erwartet hat.

Der so erarbeitete Prozess stellt ein *Abbild des Wirklichkeitsverständnisses* der betreffenden Organisation dar. Er dient dazu, innerhalb des vorhandenen Systems (gute) Ergebnisse zu produzieren. In einer anderen Organisation kann dies schon wieder anders aussehen bzw. verstanden werden. Das heißt nicht, dass man nicht jeweils Verbesserungen zu bestehenden Prozessen einbringen kann, aber dann sind wir in dem Bereich der Veränderungsbereitschaft eines Systems, die ebenfalls eigenen Logiken folgt, die nicht verallgemeinerbar sind.

Prozesse sind nichts Objektives, Neutrales, sondern brauchen den Betriebskontext. Zugleich sind sie etwas Abstraktes, da sie ein Gesamtverständnis von den Abläufen, den jeweils beteiligten Rollen, die oftmals über verschiedene Abteilungen und Bereiche verstreut sind, verlangen. Außerdem sind Arbeitsergebnisse heutzutage zu einem großen Teil nur in Computern zu finden. Hier helfen Visualisierungen, die es erlauben, sich wortwörtlich ein gemeinsames „Bild“ zu machen. Nachstehend die drei gängigsten Darstellungen (Inge Hanschke (2021)):

- In einer Prozesslandkarte (Bild 6.7) werden die Prozesse in Kern-, strategische und Stützprozesse aufgeteilt, die die Bedeutung und das Zusammenspiel der verschiedenen Betriebseinheiten und ihre Abläufe abbilden.
- Swimlanes (Bild 6.8) erlauben eine End-to-End-Betrachtung und beschreiben klare Verantwortlichkeiten sowie Entscheidungspunkte. Sie ermöglichen durch standardisierte Notationen (meist BPMN 2.0) eine Automatisierung durch Überführung des Workflows in ein digitales Prozessmodell.
- Eine Prozess-Risikomatrix (Bild 6.9) eignet sich dafür, die wesentlichen Prozesse bzw. diejenigen, die das meiste Unternehmensrisiko beinhalten, zu identifizieren und Absicherungsmaßnahmen dazu abzuleiten.

Oftmals werden solche Prozessbilder „nur" für das Qualitätsmanagement gemacht und nach Vollendung in eine Schublade gelegt, da alle wissen, dass diese nichts mit dem „richtigen" Arbeiten zu tun haben. Das kommt u. a. daher, dass zumeist nicht genug Energie und Zeit reingesteckt wird, um mit den Prozessbildern die Wirklichkeit abzubilden. Sie stellen nur die Sicht auf die Dinge einzelner Personen dar. Damit verfehlt das Prozessmanagement seinen Zweck.

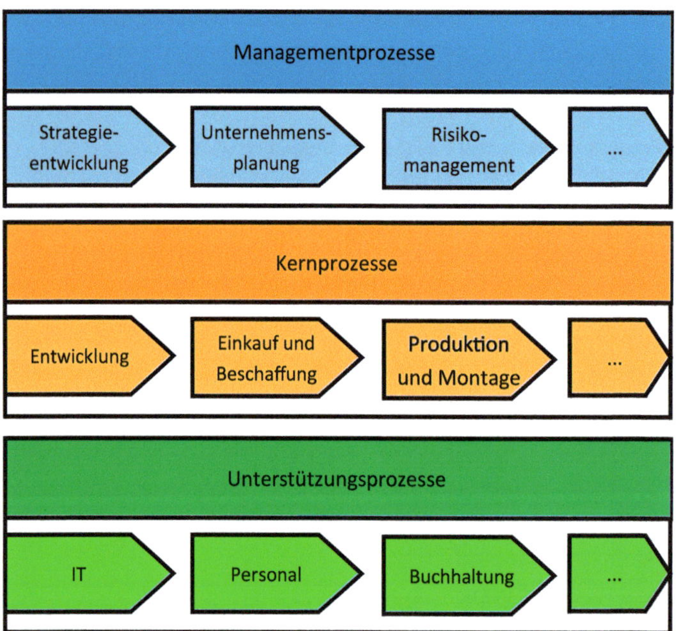

Bild 6.7 Prozesslandkarte

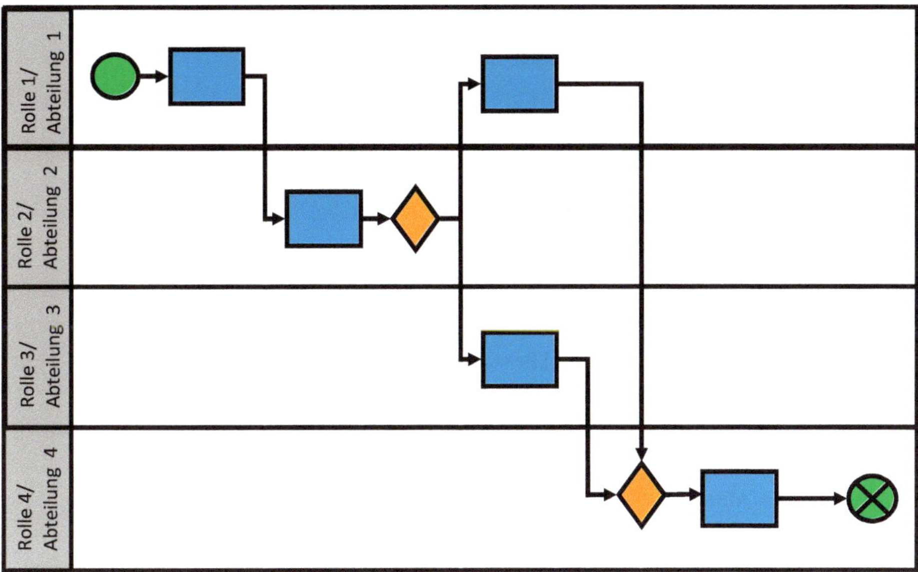

Bild 6.8 Swimlane-Diagramm

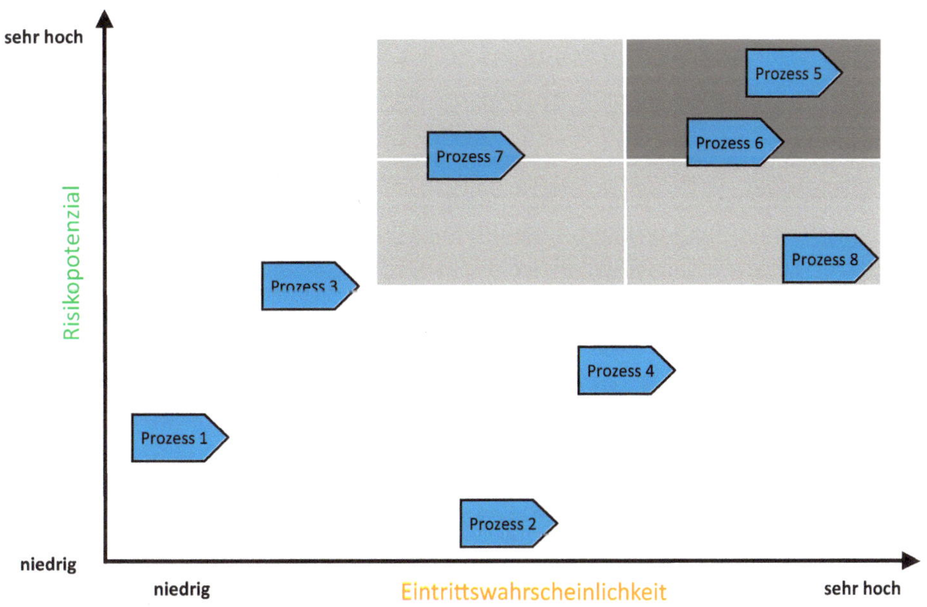

Bild 6.9 Prozess-Risikomatrix

Prozessbilder sollten dazu dienen, laufend im Gespräch mit allen Beteiligten zu bleiben. Denn solange es gelingt, das Qualitätsverständnis im Alltag präsent und Menschen offen für neue Impulse zu halten, müsste sich das unmittelbar und beständig in einem geänderten Prozessverständnis widerspiegeln. Prozessbilder sind dann keine Sache, die man einmalig aufmalt und dann vielleicht alle paar Jahre noch auf ihre Richtigkeit überprüft. Sie sind Repräsentanten für die Veränderungsbereitschaft von Organisationen und sollten kontinuierlich diskutiert, hinterfragt und bearbeitet werden.

Je mehr, öfter und breiter über diese Bilder und wofür sie stehen gesprochen und Verabredungen dazu getroffen werden, umso unmittelbarer ist eine Organisation bereit, über sich, ihre Arbeitsweisen und ihre Erwartungen zu sprechen. Man erreicht damit in einem ersten Schritt Offenlegung und individuelle Reflexion, da jeder für sich überlegen muss, ob das gemalte Bild dem konkreten Arbeiten entspricht. Man kommt in den Modus des langsamen Denkens. Geschieht dies in der Gruppe und unter Abgleich verschiedener Vorstellungen erlangt man Zweischleifen-Lernen – solange es gelingt, sich auf ein gemeinsames Bild zu einigen und vielleicht Änderungsbedarf in der Zusammenarbeit zu identifizieren.

Der Alltag sorgt immer wieder dafür, dass man nicht unbedingt dem Regelverlauf folgen kann. Dann ist jemand krank, der im nächsten Schritt gebraucht wird, bestimmte Parameter sind uneindeutig und es ist nicht klar, ob nun auf die eine oder auf die andere Weise zu verfahren ist, oder der Kunde kommt zwischendrin noch mit Ideen, die zwar sinnvoll sind, aber an anderen Stellen der Nachjustierung bedürfen.

Sobald es zu *Abweichungen vom Regelprozess* kommt, wird der bestehende Prozess infrage gestellt bzw. er „funktioniert" nicht. Das führt im akuten Fall entweder zur Lähmung („weiß nicht weiter"), Eskalation („das muss der Chef entscheiden") oder Neustart („dann müssen wir jetzt wieder von vorn anfangen"). Schlimmstenfalls wird auch noch verlangt, dass der Prozess überarbeitet werden muss, weil dieser Spezialfall nicht vorgesehen war. Die Organisation blockiert sich selbst.

Das entschärft sich in dem Moment, wenn der Prozess weniger als formalistische Arbeitsanweisung verstanden wird, sondern als Mittel zur Einigung auf bestimmte Arbeitsergebnisse und deren notwendige Qualitätskriterien. Sind Letztere gut verstanden, ist es dem/der einzelnen Mitarbeitenden bei solchen Irregularitäten erlaubt, vom Standardpfad abzuweichen, eine individuelle Lösung zu finden und trotzdem sicherzustellen, dass das herauskommt, was vereinbart war. Der Prozess bleibt intakt, muss nicht hinterfragt werden und es können pragmatische Entscheidungen getroffen werden.

Ein Prozess sollte als Mittel zur Einigung auf bestimmte Arbeitsergebnisse und deren notwendige Qualitätskriterien verstanden werden.

Die Motivation und die Erlaubnis zum „Selbstdenken" sowie damit auch der Emanzipation vom formal Vereinbarten ist eine Fähigkeit, die in der VUCA-Welt essenziell wird. Denn man muss beständig gewahr bleiben, dass sich Rahmenbedingungen ändern können und dass man davon nicht gleich in Schockstarre verfallen darf. Der Versuch, neue Dinge in ein Schema F zu pressen, wird nicht helfen, diese adäquat zu bearbeiten. Erreicht man hingegen die Flexibilität, die Arbeit vom Ergebnis und ihrer Qualität her zu betrachten und nicht auf die konkreten Arbeitsschritte zu bestehen, können Dinge in Bewegung geraten. Entweder ist das Ergebnis dann ein einmaliges Abweichen vom Standardpfad oder aber doch die Erkenntnis, dass sich Dinge ändern müssen. Unter der Voraussetzung, dass die Qualität immer stimmt und dass auch – um organisationales Lernen zu ermöglichen – ausreichend darüber gesprochen und reflektiert wird. Gutes Prozessmanagement befördert das.

Prozesse stellen das Herzstück des gemeinsamen Arbeitens dar: Sie verbinden Anforderungen mit Lieferungen, Ergebnisse mit Handlungen, Menschen mit Arbeitsmitteln. Prozesse sind die konkrete Realisation des Weltverständnisses, weil es unbewusste Regeln mit praktischen Aktivitäten verbindet. Alle Dinge können so oder auch anders gemacht werden. Die Tatsache, dass sich eine Organisation auf eine bestimmte Art und Weise geeinigt hat und danach arbeitet, ist Ausdruck ihres eigenen Weltverständnisses.

6.2.3 Arbeitsmittel und Digitalisierung

Arbeitsmittel prägen Prozesse entscheidend. Je nachdem, ob etwas manuell, mithilfe von Maschinen oder selbstständig durch Roboter gefertigt wird, werden andere Abläufe und anderes Know-how gebraucht.

Arbeitsmittel sind dafür verantwortlich, was unter Zusammenarbeit verstanden wird, welchen Stellenwert Menschen darin haben, welche Qualitätserwartungen man an sie und im Gegensatz dazu an Maschinen hat.

Das Thema Arbeitsmittel ist eng mit der Digitalisierung verknüpft. Das Thema „Digitalisierung" weckt dabei Erwartungen, die sich aktuell nicht immer erfüllen. Eine These dazu ist, dass dies neben einigen objektiven Problemen, wie dem Mangel an IT-Fachkräften und einer unzureichenden Internetinfrastruktur, auch damit zusammenhängt, dass Digitalisierungsprojekte nicht im ausreichenden Maß als Organisationsentwicklung verstanden werden. Entsprechend werden nicht genug Ressourcen in das restliche Qualitätshaus investiert. Das Vorhaben bleibt aufgrund von unzureichender Beschäftigung mit Themen jenseits der betroffenen Computersysteme in der Veränderung stecken.

Mit der Betrachtung aller Säulen im Qualitätshaus stoßen wir in den Kern der Unternehmenskultur und des Gesamtverständnisses eines Unternehmens vor. Um unter den geänderten Bedingungen einer Digitalisierung der Arbeitsweise weiter eine gemeinsame Sicht auf die Welt und das Zusammenarbeiten zu erhalten, müssen neue Vereinbarungen untereinander getroffen werden. Denn die Hoffnung, dass die Einführung von mehr elektronischen Arbeitsweisen einfach so bessere Ergebnisse produzieren, bestätigen sich nicht. Mit der Digitalisierung erhöht sich eher der Gesprächsbedarf in einem Unternehmen. Man braucht z. B. schon andere Bilder und Wörter dafür, was Arbeit bedeutet. Das Bild des Fließbands ist z. B. in einer digitalen Welt eher ungeeignet, Arbeitsflüsse adäquat zu beschreiben. Oftmals wird nicht mal ein „physisches" Produkt hergestellt, sondern virtuelle Funktionen, die weder räumlich miteinander direkt verbunden sind, noch hintereinandergeschaltet sein müssen. Was ist dann noch das „Produkt" und wer hat daran welchen Anteil? Das eröffnet Raum für viel Interpretation, gerade, wenn mal etwas nicht gut funktioniert.

Der Gesprächsbedarf, der sich durch den Abstraktionsgrad von digitalen Prozessen ergibt, ist daher um einiges höher als in einem Umfeld, das rein analog funktioniert. Fehlen diese Gespräche, kann das dazu führen, dass viel über technologische Möglichkeiten gesprochen wird, ohne dass

- gleichzeitig die Rückbindung an die tatsächlichen Bedürfnisse des konkreten Unternehmens erfolgt,
- das Verständnis von qualitativen Arbeitsergebnissen mit dem der zur Auswahl stehenden Produkte abgeglichen wird,
- über die notwendigen Prozessänderungen gesprochen wird, sondern dass erwartet wird, dass sich diese automatisch aus der Software ergeben, und
- genug Energie investiert wird, um das ausgewählte Produkt so anzupassen, dass es zum Selbstverständnis, insbesondere den Qualitätsvorstellungen des konkreten Unternehmens passt.

Ein Digitalisierungsprojekt kann nur das erhoffte Ergebnisse liefern, wenn Diskussionen über Hierarchien, Entscheidungsspielräume und Informationspflichten geführt werden.

Das Gegenteil ist der Fall: Wenn bisher eine physische Aktenmappe in Papierform dazu verwendet wurde, um Vorgänge durch verschiedene Stellen im Haus genehmigen zu lassen, wird diese Mappe dann nur zukünftig per E-Mail durch das Haus wandern und im virtuellen Postfach noch besser ignoriert werden können.

Erschwerend kommt hinzu, dass nicht der Computer eine Software implementiert, sondern Menschen. Die Beurteilung, was bei einem Programm sinnvoll und hilfreich ist und was nicht, ist in der Folge nicht objektivierbar. Hier entstehen andere Dynamiken, die nichts mit der konkreten Funktionalität eines Programms zu tun haben. Im Folgenden einige Beispiele, warum eine Software abgelehnt wird:

- Das *Look and Feel* einer Software ist komplett anders, als die Mitarbeitenden das von anderen Programmen gewohnt sind.
- Diejenigen, die ausgewählt wurden, die Entscheidungen für bestimmte Funktionalitäten zu treffen, sind nicht diejenigen, die später damit arbeiten müssen, sondern Führungskräfte, die zu weit weg sind vom Arbeitsalltag.
- Entscheidungen zu einem bestimmten Zeitpunkt für oder gegen eine Funktionalität sind beeinflusst von internen Machtkämpfen, bei denen sich eine Seite durchsetzen konnte, ungeachtet der inhaltlichen Relevanz.
- Ständig kommen neue Anforderungen hinzu, die auch noch mitabgedeckt werden sollen, sodass den Funktionalitäten des Programms kein stringentes Konzept zugrunde liegt.

Wie gut ein Digitalisierungsprojekt klappt, hat daher auch etwas damit zu tun, auf welche Art und Weise man über das gemeinsame Arbeiten spricht, wie Aushandlungsprozesse funktionieren und was für Qualitätsvorstellungen dahinter liegen. Digitalisierung hat viel mit *Kulturwandel* zu tun.

Anstatt daher mit der vermeintlichen Rationalität von Computersoftware zu argumentieren oder zu denken, dass sich mit der reinen Einführung bereits die gewünschten Verbesserungen ergeben, muss ein Digitalisierungsprojekt dazu genutzt werden, über den dahinterliegenden Prozess und das gemeinschaftliche Zusammenarbeiten zu sprechen. Wenn eine Organisation darin geübt ist, sich diesen Fragen zu stellen, wird eine neue Software – ungeachtet der konkreten Funktionalität – ein weiterer Faktor unter vielen darstellen, der Veränderungen im Arbeiten mit sich bringt. Erst dann kann Digitalisierung Abläufe verbessern, Effizienzen heben und bessere Arbeitsergebnisse ermöglichen. Ansonsten reproduziert ein Computerprogramm nur die Fehler, die bereits vorher im Prozess vorhanden waren.

Oftmals ist den Beteiligten auch nicht klar, welche Verbesserungen im Prozess eine Software erbringen kann, weil sie sich technisch nicht gut genug auskennen, um diese in ihre Überlegungen integrieren zu können. Wenn sie nun ohne diese Kenntnisse vorab versuchen würden, bereits über die notwendigen Änderungen in einem Prozess zu sprechen, werden sich daraus keine Verbesserungen ergeben.

Geeignete Software sollte mithilfe des PDCA-Zyklus gesucht werden, der in Schleifen und realistischen Einzelschritten dafür sorgt, sich langsam immer mehr in die Richtung zu bewegen, die man sich vorgenommen hat.

Wenn man verstanden hat, dass die Implementierung von neuer Software immer auch eine Form der Organisationsentwicklung ist, bedeutet „Entwicklung" neben der Umsetzung von technischen Anforderungen auch, neue Abläufe zu erarbeiten und auszuprobieren. Das wären dann z. B. bei neuen Kommunikationswegen das Umstellen von einem Push-Prinzip (Frau X informiert Herrn Y per E-Mail) zu einem Pull-Prinzip (Herr Y schaut im Programm nach, wenn er die Info braucht) o. Ä. Das hat etwas mit Kulturwandel zu tun, den die Leute verstanden und eingeübt haben müssen, bevor man ihn für umgesetzt erachten kann. Für diese Veränderungen muss genauso ein „Backlog“ mit Anforderungen erarbeitet und in Review/Retrospektive evaluiert werden.

Es müssen genug Gelegenheiten zur Reflexion geboten werden, um einen Schritt zurückzutreten und nachdenken zu dürfen, ob der eingeschlagene Weg die Antwort auf die Probleme ist, die man ursprünglich mal adressieren wollte. Wobei sich im Projektverlauf vielleicht herausstellen könnte, dass eines der Probleme so nicht gelöst werden kann, dafür aber vielleicht ein anderes ...

Ein Digitalisierungsprojekt muss wie ein Lernvorhaben am lebenden Objekt verstanden werden.

Wenn man von vornherein nicht erwartet, dass eine Software so bessere Ergebnisse produziert, sondern versteht, dass die Veränderung von Arbeitsmitteln auch eine Veränderung bei den Mitarbeitenden und Prozessen bedeutet, muss man sich zusammen auf die Reise machen.

So können Ergebnisse erzielt werden, die die Menschen verstehen und die für sie eine echte Verbesserung bedeuten. Arbeitsmittel müssen Menschen und ihre Zusammenarbeit unterstützen und können ihnen nicht diktieren, was zu tun ist. Es liegt an den Menschen, sich zu überlegen, was für Arbeitsergebnisse sie produzieren wollen, welche Arbeitsmittel sie dafür brauchen und was das für die Abläufe bedeutet. Die jeweiligen Qualitätsvorstellungen beeinflussen dies und machen den Unterschied zwischen Unternehmen aus, die dasselbe Ziel haben.

Mitarbeitende, Prozesse und Arbeitsmittel definieren ein Zusammenarbeiten und ermöglichen die Bereitstellung von Produkten (physisch und als Dienstleistung), an deren Qualität ein Unternehmen, ein System, durch die Umwelt gemessen wird.

6.3 Qualitätsfragen übergreifend betrachten

6.3.1 Kennzahlen richtig nutzen

Qualitätssicherung bedeutet, Qualität messbar zu machen. Der PDCA-Zyklus beruht auf dieser Idee: ausplanen, durchführen, messen, nachsteuern. Alles, was nicht messbar ist, ist nicht greifbar für das Qualitätsmanagement. Wenn Qualität bedeutet, dass ein Produkt vorher vereinbarten Eigenschaften entsprechen muss, dann braucht es objektive Kennzahlen, die sicherstellen, dass diese erreicht wurden. Nur dann können sich beide Seiten – Anbieter:innen und Käufer:innen – einig sein, dass das gewünschte Niveau erreicht ist.

Aus diesem Grund liegt ein Schwerpunkt des Qualitätsmanagements in der Auswahl und Nachverfolgung von Kennzahlen. Entsprechend legt z. B. die TÜV-zertifizierte – und damit industrienahe – Ausbildung von Qualitätsmanager:innen großen Wert auf die Themen Messen, Messwerkzeug und Normierung. Aber nicht nur im fertigenden Gewerbe werden Kennzahlen – sowohl in Bezug auf die anzubietenden Produkte als auch die innere Verfasstheit – gerne vom Management hinzugezogen, um Auskunft über den (Zu-)Stand des Unternehmens zu geben. Ein Hilfsmittel zur Gesamtsteuerung ist die *Balanced Scorecard.*

Die Balanced Scorecard wurde in 1990er-Jahren von den amerikanischen Betriebswirtschaftlern Robert Kaplan und David Norton entwickelt. Ziel ist es, eine managementtaugliche Übersicht über die Kennzahlen eines Unternehmens herzustellen. Sie dient dazu, Umsetzungsmaßnahmen in Bezug auf die Strategie zu entwickeln sowie deren Erfolg im Anschluss nachzuverfolgen. Im Zentrum stehen vier Perspektiven (Bild 6.10).

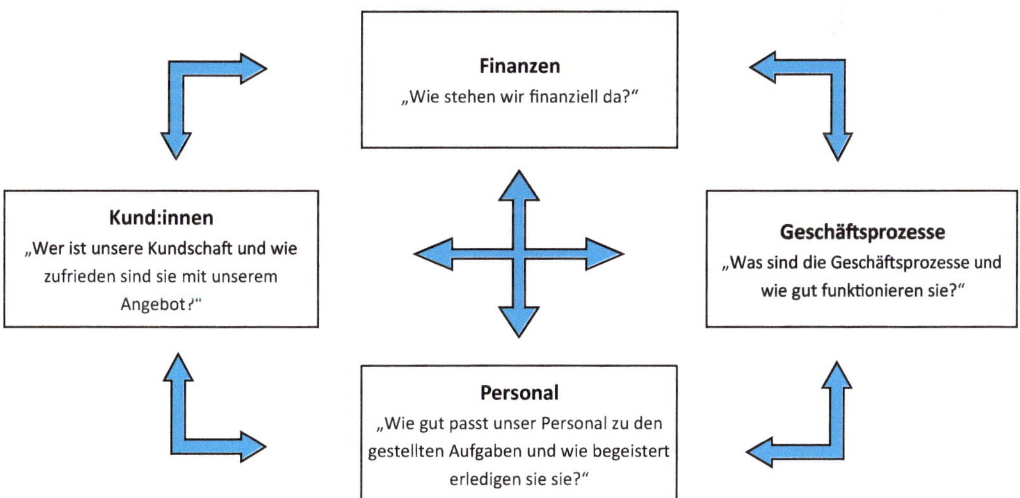

Bild 6.10 Perspektiven einer Balanced Scorecard (Tilo Pfeifer, Robert Schmitt (2021, S. 1027); Anton Würzl (2005))

Gemessen werden können z. B.:

- Finanzen: Cashflow, Rendite, Umsatzwachstum, Kostensenkung, Produktivität ...
- Kund:innen: Kundennutzen, Wertangebot, Kundenzufriedenheit, kundentreue Marktanteil, Marktsegment ...

- Geschäftsprozesse: Durchsatzgeschwindigkeit, Prozessreife ...
- Personal: Fluktuationen, Mitarbeitendenzufriedenheit, -produktivität, Wissen, Aus- und Weiterbildung ...

Auch andere Perspektiven wie Innovationen, Nachhaltigkeit oder Außenwirkung sind denkbar. Diese Perspektiven sollten Handlungsmaßnahmen nach unten kaskadieren bzw. in ihrer Wirkung aufeinander aufbauen (Bild 6.11).

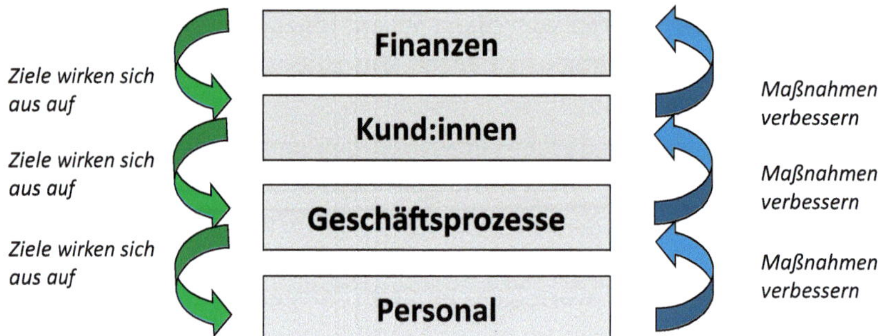

Bild 6.11 Zusammenhang in einer Balanced Scorecard (Tilo Pfeifer, Robert Schmitt (2021, S. 1027); Anton Würzl (2005))

Die Balanced Scorecard nimmt sowohl Kund:innen, Personal als auch Prozesse in den Blick, damit deckt sie wesentliche Aspekte des Qualitätshauses ab. Die Kundschaft repräsentiert die Umwelt. Beim Thema Personal können nicht nur die klassischen Kennzahlen wie Personalkosten und Personalverteilung nach Alter etc. abgebildet werden, sondern auch Fragen nach der Mitarbeitendenzufriedenheit können verortet werden, was die Unternehmenskultur mit abdeckt. Unter Prozesse werden auch die Arbeitsmittel subsumiert. Nur der Punkt Finanzen stellt eine Erweiterung unserer Säulen dar, weil der Erfolg eines Unternehmens standardmäßig an seinem finanziellen Wohlergehen gemessen wird und daher im Management eine erhöhte Bedeutung erhält.

Die Balanced Scorecard macht den Zustand des Unternehmens messbar. Es können Gegenmaßnahmen initiiert werden, wenn diese Zahlen sich nicht in die gewünschte Richtung entwickeln.

Ein solches Instrument wird nicht nur im strategischen Management eingesetzt. Es gibt auch viele darunter gelagerte Einsatzmöglichkeiten. So kann man z. B. auch Balanced Scorecards nur für die Qualitätssicherung der Produktion oder einzelne Abteilungsbereiche nutzen.

Die Art von Messen und Abgleichen auf strategischer Ebene mit den Faktoren Finanzen, Mitarbeitende, Prozesse und Kund:innen wird weniger dem Qualitätsmanagement als dem Controlling zugeordnet. Mit diesem englischsprachigen Begriff wird mehr als mit dem deutschen verbunden: Es geht nicht nur um allgemeines „Kontrollieren“ der Qualität, sondern um ein Steuern des Unternehmens mithilfe von Zahlen. Qualität wird überführt in geldwerte Größen, die alles über den Zustand eines Unternehmens in einer scheinbar objektiven – und auch für Außenstehende interpretierbaren Art und Weise – aussagen können müssen.

Beim Controlling muss man sich allerdings erst einmal darauf einigen, welche Zahlen man als relevant für ein Unternehmen erachtet. Sollten allgemein nur die Mitarbeitendenzahlen gemessen werden, oder sollte man auch noch das Geschlecht mit hinzunehmen? Was ist mit Nationalitäten? Alter? Ausbildungsstand? Betriebszugehörigkeit? Die Kette ließe sich beliebig verlängern. Aber man muss sich für ein paar wesentliche Kennzahlen entscheiden, wenn man nicht den Überblick verlieren will. Für welche, sagt etwas darüber aus, was in dem konkreten Unternehmen für wichtig erachtet wird – und damit über dessen Wirklichkeitsverständnis.

Dasselbe gilt für die Erwartungshaltung hinter den Zahlen bzw. deren Bewertung (Was ist noch akzeptabel? Wo muss man gegensteuern?). Dies gilt auch beim klassischen Finanz-Controlling im Sinne der Bilanzierung. So sehr sich Controller darum bemühen, daraus eine exakte Wissenschaft zu machen: Es hat immer auch etwas mit dem Wirklichkeitsverständnis zu tun, wie man seinen aktuellen Lagerbestand und dessen Verkaufschancen bewertet und ob man z. B. lieber mehr Geld in die Rücklagen stecken oder doch mehr investieren möchte ...

Man darf sich bei der Steuerung über Zahlen nicht der Illusion der Objektivität hingeben. Es ist nur der Versuch, die eigene Welt besser zu ordnen. Zahlen sind ein wichtiges Aussage- und Steuerungsinstrument. Man muss sich nur bewusst sein, dass auch scheinbar einfach zu messende Realitäten der Interpretation unterliegen. Sie können einem nur etwas über eine Welt erzählen, die man vorher ausgehandelt hat. Es wird blinde Flecken geben und man wird Dinge anders interpretieren als Menschen, die aus einem anderen Kontext darauf schauen.

Unabhängig davon, auf welcher Grundlage sie generiert wurden: Zahlen ermöglichen Steuerung, denn man nutzt sie, um Entscheidungen für das Unternehmen zu treffen. Solange diese Zahlen sinnhaft das eigene Realitätsverständnis abbilden, was bedeutet, dass man geeignete Korrelationen zwischen dem eigenen Tun und dessen Ergebnis herstellen kann, können sie auch Entscheidungen unterstützen. Wenn diese Entscheidungen dann das gewünschte Ergebnis produzieren, ist die Faktizität oder der Wahrheitsgehalt dahinter irrelevant.

Wenn man sich von der Idee einer objektiven Mess- und Interpretierbarkeit befreit, kann man das Zahlenwesen, die Definition von KPIs oder Balanced Scorecards verwenden, um die Organisation in die Reflexion zu bringen. Denn die Auswahl geeigneter Kennzahlen ist ein Prozess, bei dem das allgemeine Wirklichkeitsverständnis abgefragt und gegebenenfalls synchronisiert wird. Dabei muss man sich selbst (und anderen) Rechenschaft geben, warum man welche Kennzahl für relevant hält. Man muss sich einigen, was man auswählt und was nicht.

Die *Ziele*, die man mit einer zahlenorientierten Steuerung abdecken will, müssen geklärt sein.

In einer sich schnell wandelnden Welt ändern sich Ziele regelmäßig, das Unternehmen muss sich neu ausrichten. Mit jeder Zieländerung wird ein großer Abstimmungsbedarf in Gang gesetzt, der in neuen Kennzahlen oder in eine veränderte Generierung bestimmter Zahlen mündet. Wenn ein Unternehmen sich weiterentwickelt und nichts an seinem Kennzahlensystem oder der Balanced Scorecard ändert, kann an dem Veränderungsprozess schon etwas nicht stimmen.

Außerdem scheitern viele Unternehmen daran, sich auf den Aussagewert einer Zahl zu einigen, weil das Wirklichkeitsverständnis oftmals nicht richtig synchronisiert ist. Meist werden zu viele Zahlen ausgewählt und deren Relevanz nicht ausreichend hinterfragt. Dem Problem versucht die Balanced Scorecard zwar zu begegnen, aber dabei handelt es sich um den Versuch, komplizierte bzw. komplexe Zusammenhänge auf ein paar wenige Zahlen zusammenzudampfen. Das dürfte vermutlich nicht besonders gut klappen, da die Wirkzusammenhänge zumeist nicht ausreichend genug bekannt sind.

Es sollten nicht zu viele Kennzahlen ausgewählt werden.

Dennoch kann schon allein der Versuch, aus vielen verschiedenen Zahlen ein paar zu destillieren und diese in eine Korrelation zu bringen, bedeuten, dass man *Ursache-Wirkungs-Zusammenhänge* in eine für das Unternehmen sinnhafte Verbindung bringt. So kann z. B. hinter der Definition einer Kennzahl wie „betriebliche Bindung“, die sich aus den Ergebnissen einer Befragung zur Mitarbeitendenzufriedenheit und den aktuellen Kündigungszahlen nach Betriebszugehörigkeit zusammensetzt, die Vermutung stehen, dass die letzten Veränderungen im Unternehmen auch dazu führen könnten, dass langjährige Mitarbeitende dem Unternehmen den Rücken kehren werden.

Interessant an einer solchen Kennzahl ist alleine schon, dass man sich damit bewusst gemacht hat, dass a) Veränderungen bei den Mitarbeitenden ein Thema sind und b) diese einen Kulturwandel bedeuten werden und c) langjährige Mitarbeitende diesen nicht gut mitgehen werden. Wenn man es geschafft hat, sich im Management auf eine solche Kennzahl zu einigen, ist die Hälfte der Arbeit schon geleistet: Man ist sich darüber im Klaren, dass das ein Thema ist und dass man es aktiv begleiten muss.

Das Erheben und Interpretieren der Zahlen sind erneut Momente der *Reflexion*. Da versucht wurde, komplexe Verhältnisse in ein paar wenige Zahlen zu packen, ist immer Spielraum für Interpretationen vorhanden – gerade, wenn sich Zahlen nicht wie gewünscht entwickeln. Im Fall des erwarteten Mitarbeitendenabgangs wäre das z. B. der Fall, wenn die Zahlen nicht zurückgingen: Heißt das nun, dass die getroffenen Gegenmaßnahmen Wirkung zeigen, oder vielleicht doch nur, dass die gewählte Kennzahl nicht ausreichend aussagefähig war?

Irritationen, Durchbrechung von Routinen und der Einbezug vieler Perspektiven, einschließlich von Perspektiven, die außerhalb des Unternehmens liegen, unterstützen bei der Auswahl und Interpretation von Kennzahlen.

Wichtig bei all diesen Themen ist, dass man die Gelegenheit zur Reflexion nutzt. Wenn jeder einzelne nur schnell denkt und die Beteiligten nicht zusammen in ein Zweischleifen-Lernen kommen, dann wird man nur Kennzahlen produzieren, die das eigene Wirklichkeitsverständnis bestätigen, oder bei der Interpretation von Abweichungen die falschen Schlüsse ziehen.

Irritationen, Durchbrechung von Routinen und der Einbezug von möglichst vielen Perspektiven können helfen. Außerdem bedarf es unbedingt einer Öffnung zur Umwelt. Dies kann z. B. auch mithilfe von Benchmarking, also dem direkten Vergleich mit Mitbewerbern, gemacht werden. Man muss sich dabei bewusst sein, dass ein absoluter Vergleich nicht möglich sein dürfte, da die Gründe für Erfolg nur teilweise in den harten Zahlen, sondern auch in der weichen Unternehmenskultur stecken. Aber auch hier kann ein Vergleich helfen, um festzustellen, dass man sich kulturell von anderen unterscheidet, und um zu überlegen, ob das Teil des Erfolgs oder des Problems sein könnte.

6.3.2 Kontinuierliche Verbesserung als Frage der Haltung

Kennzahlen sollen Dinge messbar und vergleichbar machen und im Fall von Organisationentwicklung dazu anregen, über Verbesserungsmöglichkeiten nachzudenken. Im Sinne des PDCA-Zyklus sollten immer wieder Zahlen generiert und Änderungsmaßnahmen daraus ableitet werden. Man begibt sich in die kontinuierliche Verbesserung – in Abgrenzung zu radikalen, einmaligen Änderungsvorhaben. Man geht in kleinen Schritten Richtung Qualitätsverbesserung.

KVP – inspiriert von dem japanischen Prinzip des „Kaizens“ – verfolgt die Idee, Qualität bzw. das Produzieren von qualitativen Gütern ganzheitlich auch hinsichtlich Verschwendung und unnützen Arbeitsschritten zu optimieren. Verbunden mit der Hoffnung, damit die Qualität dauerhaft zu verbessern.

Ausgangspunkt im Kaizen ist, alle Mitarbeitenden direkt einzubinden. Es wird zur Aufgabe eines jeden, einer jeden gemacht, fortlaufend darüber nachzudenken, was er bzw. sie an der eigenen Arbeit verbessern kann und was im Gesamtprozess vielleicht noch verbesserungswürdig wäre.

Über Qualität muss kontinuierlich nachgedacht und alle Mitarbeitenden müssen miteinbezogen werden bzw. können etwas dazu beitragen.

Im klassischen Qualitätsmanagement wurden dafür Handreichungen bereitgestellt (vgl. Abschnitt 5.2.2), die durch das Arbeiten in den japanischen Autofirmen erweitert wurden. So dienen beispielsweise die 5S-Prinzipien der Ordnung des Arbeitsplatzes und der Gedanken oder die 3 Mus dazu, Verschwendung, Überlastung und Regelabweichungen zu identifizieren, die 6 W-Liste soll helfen, Prozesse besser zu durchleuchten (vgl. Kasten „Drei Kaizen-Methoden“).

Drei Kaizen-Methoden

1. *3 Mus*
   Im Zentrum von Kaizen steht die Optimierung. Dabei stehen drei Grundbegriffe, die im Japanischen mit „Mu“ beginnen, im Zentrum:
   - Muda: Verschwendung
   - Muri: Überlastung
   - Mura: Abweichung von Standards und Regeln

   Es gilt, bei allen Aspekten der Produktion nach diesen drei Mus zu fragen und sie abzustellen. Das betrifft u. a. die Themen Technik, Mitarbeitende, Verfahren und Abläufe, Werkzeuge, Material, Transporte, Lagerung ...
2. *Die 5S-/5 A-Methode*
   Sie dient der Konkretisierung der 3 Mus bzw. unterstützt deren Bearbeitung. Die 5S beschreiben das konkrete Vorgehen und die 5 A sagen, was im Falle des Handlungsbedarfs zu tun ist
   - Sortieren – Aussortieren: Identifikation und Entfernen von für die Aufgabe nicht Benötigtem
   - Systematisieren – Aufräumen: Zu bewältigende Aufgaben und benötigte Werkzeuge werden benannt und geordnet
   - Säubern – Arbeitsplatz freihalten: Müll ist zu entsorgen, der Arbeitsplatz sauber zu halten, kaputte Gegenstände sind zu reparieren
   - Standardisieren – Anordnung zur Regel machen: Abläufe und Handgriffe müssen standardisiert und regelmäßig geübt sein
   - Selbstdisziplin – Alle Punkte einhalten: Ordnung muss aufrechterhalten bleiben und von allen mit unterstützt werden
3. *6 W-Checkliste*
   Mit den klassischen W-Fragen können Prozesse und Tätigkeiten auf den Prüfstand gestellt werden:
   - Wer?
     Wer macht es? Wer macht es gerade? Wer sollte es machen? Wer kann es noch machen? Wer soll es noch machen?
   - Was?
     Was ist zu tun? Was wird gerade getan? Was sollte getan werden? Was kann noch gemacht werden? Was soll noch gemacht werden?
   - Wo?
     Wo soll es getan werden? Wo wird es getan? Wo kann es noch getan werden? Wo sollte es noch getan werden?

- Wann?
  Wann wird es gemacht? Wann wird es wirklich gemacht? Wann soll es gemacht werden? Wann kann es sonst gemacht werden? Wann soll es noch gemacht werden?
- Warum?
  Warum macht der Mitarbeitende es? Warum soll es gemacht werden? Warum soll es hier gemacht werden? Warum wird es zu diesem Zeitpunkt gemacht? Warum wird es so gemacht?
- Wie?
  Wie soll es laut Plan gemacht werden? Wie wird es wirklich gemacht?

Mit diesen Methoden begibt man sich in einen Moment der Reflexion, der von einem verlangt, aus dem Alltag herauszutreten und systematisch von verschiedenen Perspektiven auf ein Thema zu schauen. Es wird am gemeinsamem Wirklichkeitsverständnis gearbeitet, neue Sichtweisen werden integriert und Lösungen gefunden, die von allen mitgetragen werden können.

Eine These für den zeitweisen Erfolg dieser japanischen Methodiken ist, dass sie weniger eine bessere Vorgehensweise für das kontinuierliche Qualitätsmanagement bieten, als vielmehr, dass sie aus einem anderen Kulturkreis stammen und es daher mühevoller ist, sich diese anzueignen. Damit ist langsames Denken gefordert und es ermöglicht Reflexion. Das Besondere daran war die Exotik und damit die Irritation und nicht unbedingt das tiefere Qualitätsverständnis.

Bei der Suche nach Verbesserungspotenzial in der eigenen Arbeitsweise sollten Routinen vermieden werden. Agile Techniken oder die japanischen Methoden dienen dazu, sich der eigenen Arbeit bewusst zu werden und daran Veränderungs- bzw. Verbesserungspotenzial zu finden. Diese Werkzeuge müssen im Alltag Platz haben. Einmal im Jahr genügt nicht, wenn wirkliche Verhaltensänderungen erreicht und auch deren Umsetzung im Alltag nachverfolgt werden sollen. Diese reflexive Arbeit muss irritieren, also unerwartet sein, um nicht nur einmalig gute Ergebnisse zu produzieren.

Das Abarbeiten einer jeweils anders strukturierten Frageliste wird nur zu Beginn gute Ergebnisse liefern. Es braucht also immer wieder neue Ansätze, die eigene Arbeit zu hinterfragen und mithilfe von immer wieder anders geartetem Input durch außen neu zu betrachten. Reflexion selbst wird dadurch geübt und in den Alltag integriert. Man gewöhnt sich daran, dass die Dinge nie nur so sind, wie man sie kennt, sondern von unterschiedlichen Seiten betrachtet werden können.

Der Begriff „Kaizen" bedeutet im japanischen Gebrauch nicht nur die kontinuierliche Verbesserung in einem eher mechanischen Sinn, um Abläufe etc. zu verbessern oder Kosten zu senken, wie das gerne im Westen verstanden wird.

Kaizen steht für das kontinuierliche Streben nach dem absoluten Guten, nach der *Perfektion*.

Der tiefergehende Gedanke dahinter ist, durch das kontinuierliche Suchen nach Verbesserungsmöglichkeiten an sich selbst zu arbeiten und es zu schaffen, immer mehr Aspekte in das eigene Denken miteinzubeziehen und damit ein immer umfassenderes Bild von den Dingen zu erhalten. Das absolut Gute gewinnt an Kontur oder verändert sich. Die Dinge geraten damit in Fluss. Man gelangt damit nie an ein Ende.

Das ist die Meta-Haltung hinter KVP: Die Arbeit an der Verbesserung der Qualität dient dazu, eine Haltung zu entwickeln, die immer wieder hinterfragt, ob das Bild vom Guten vollständig ist. Damit wird ein entscheidender Schritt zur systemischen Organisationsentwicklung gegangen. Wenn kontinuierliche Verbesserung nicht zwingend nur in Bezug auf z. B. die eigenen Produktionsweisen verstanden wird, sondern dahingehend, dass man sich als Organisation als Ganzes immer mehr Richtung einer Form von immer besserer Qualität/Güte entwickeln muss, dann lassen sich auch andere Aspekte in die Betrachtung mit einbeziehen. Das Gute bedeutet dann auch ein gutes Miteinander, also ein gutes Betriebsklima. Es bedeutet ein nachhaltiges Wirtschaften, damit zukünftiges Überleben gesichert ist, und es bedeutet soziale Verantwortung, um mit der Umwelt in Frieden leben zu können.

Das erlaubt es, ganzheitlich auf ein Unternehmen zu blicken. So gesehen, ermöglicht Kaizen mehr, als mithilfe von ein paar ausgefeilten Methodiken Verschwendung in der Produktion zu identifizieren. Gelingt es einem Unternehmen, sich ganzheitlich seinen Themen zu stellen, dann verbindet sich Unternehmenskultur mit Produktqualität, mit Organisationsqualität und gesellschaftlicher Verantwortung. Fremde Sichtweisen werden auf organische Weise in den Alltag integriert und es wird eine Haltung entwickelt, die Veränderungsvorschläge begrüßt und dazu genutzt wird, über den eigentlichen Zielpunkt einer Organisation nachzudenken.

Management Summary

Im Dach des Organisationshauses sitzen die Strategie und damit auch die Steuerungseinheiten für ein Unternehmen. Aus Sicht einer veränderungsbereiten Organisation braucht es zwei parallel agierende Konzepte von Leitung: Management und Leadership. Management meint ein geordnetes Arbeiten. Es sorgt mit Routinen, klaren Abläufen und Entscheidungsstrukturen dafür, dass ein Unternehmen der aktuell gesetzten Strategie so gut wie möglich nahekommt. Leader, also Führungspersönlichkeiten, bringen hingegen Dynamik in dieses geregelte Vorgehen, indem sie über den aktuellen Ist-Stand hinausdenken und Visionen entwickeln. Sie ordnen nicht, sondern begeistern und sorgen dafür, dass sich Dinge verändern und Neues ausprobiert wird.

Für ein Funktionieren einer Organisation werden beide Seiten gebraucht, auch, damit kein Chaos ausbricht, wenn Veränderungsbedarf identifiziert wird. Ein solcher Bedarf muss sich in einer Strategie wiederfinden. Dabei ist es wichtig, dass diese auf einem reflexiven Verfahren beruht, das die Eigenheiten der eigenen Organisation genug berücksichtigt und den Menschen die Möglichkeit gibt, ihre eigenen Andockpunkte dafür zu identifizieren. Besonders die Unternehmenskultur muss als bestimmender Faktor mitberücksichtigt werden, wenn man sich selbst nachhaltige Veränderung verschreibt. Der Prozess dorthin muss ein iterativer, auf dem PDCA-Zyklus aufbauender sein, da die Herausforderungen zu komplex sind, als dass man von Anfang an genau sagen könnte, was die Schritte zur Erfüllung der gesetzten Vision sind.

Qualitätsfragen sind der Verbinder zwischen der Strategie und dem Alltag der Mitarbeitenden, den entwickelten Strukturen und Prozessen sowie den eingesetzten Arbeitsmitteln. Sie konkretisieren die Vision und zeigen auf, wie sich der Arbeitsalltag der Belegschaft ändert. Dort findet auch das Gespräch zur Herstellung eines gemeinsamen Wirklichkeitsverständnisses statt. Seien es die Diskussionen im Team um ein gemeinsames Arbeiten, die Abläufe über verschiedene Abteilungen hinweg oder die Einführung einer neuen Software: Wenn nicht klar ist, was das erwartete Ergebnis ist und woran man erkennt, dass dieses erreicht wurde, lässt sich weder Qualität ins konkrete Arbeiten bringen noch im praktischen Doing Veränderungsbedarf erkennen.

Damit sich ein Unternehmen kontinuierlich mit Qualität beschäftigt und sich selbst darüber im Klaren ist, was es von sich selbst erwartet, sind Kennzahlen hilfreich. Allerdings sagen sie weniger etwas über den objektiven Stand aus, als darüber, was aktuell für wesentlich erachtet wird und was es über die Welt aussagt, in der man sich selbst verortet. Dabei sollte „Verbesserung" heißen, dass man kontinuierlich sein Weltverständnis und damit den eigenen Qualitätsanspruch erweitert, hinterfragt und ganzheitlicher gestaltet.

Dies kann auch zu großer Unsicherheit führen, da man gegebenenfalls seine eigenen Existenzgrundlagen Infrage stellen muss.

Literatur

Büchner, Stefanie: „Zum Verhältnis von Digitalisierung und Organisation", in: *Zeitschrift für Soziologie*, 2018, 47(5), S. 332–348.

DIHK: *Digitalisierung tritt auf der Stelle. Die IHK-Umfrage zur Digitalisierung*, 2023

Falck, Oliver et al.: „Benchmarking Digitalisierung in Deutschland", ifo-Studie im Auftrag der IHK für München und Oberbayern, 2021.

Hanschke, Inge: *Strategisches Prozessmanagement – einfach und effektiv*, 2. Auflage, München: Hanser, 2021.

Kotter, John P.: „What leaders really do", in: *Harvard Business Review*, 1990, 68(3), S. 103–111.

Mintzberg, Henry; Ahlstrand, Bruce W.; Lampel, Joseph: *Strategy Safari. Eine Reise durch die Wildnis des strategischen Managements*, Frankfurt am Main: Redline Wirtschaft bei Ueberreuter, 2005.

Odermatt, Daniel: *Lean Transformation. Das Praxisbuch für produzierende Unternehmen*, München, Hanser, 2021.

Pfeifer, Tilo; Schmitt, Robert (Hrsg.): *Masing Handbuch Qualitätsmanagement*, 7. Auflage, München: Hanser, 2021.

Rüegg-Stürm, Johannes; Grand, Simon: *Das St. Galler Management-Modell. Management in einer komplexen Welt*, 2. Auflage, Bern: Haupt Verlag, 2020.

Senge, Peter M.: *Die fünfte Disziplin. Kunst und Praxis der lernenden Organisation*, 11. Auflage, Stuttgart: Schäffer-Poeschel Verlag, 2017.

Simon, Walter (Hrsg.): *Persönlichkeitsmodelle und Persönlichkeitstests*, Offenbach: Gabal-Verlag, 2010.

Tuckman, Bruce W.: „Developmental Sequence in Small Groups", in: *Psychological Bulletin*, 1965, 63(6), S. 384–399.

Würzl, Anton: *Systemisches Management in Theorie und Praxis. Strategieentwicklung und zielorientierte Organisationsentwicklung mit der Balanced Scorecard*, Bern: Haupt Verlag, 2005.

Zimmermann, Volker: „Digitalisierungshemmnisse treffen vor allem Unternehmen mit ambitionierten Wettbewerbsstrategien", in: *KfW Research – Fokus Volkswirtschaft*, 2023, 432.

7 Management zwischen Veränderung und Stabilität

Bei Veränderungen muss man die unterschiedlichen Veränderungsgeschwindigkeiten von Mitarbeitenden genauso berücksichtigen wie den Bedarf eines Unternehmens, auch in Zeiten des Umbruchs seine Kundschaft zufriedenstellen zu müssen. Es geht daher auch darum, sowohl die emotionale Seite von Veränderung ausreichend zu berücksichtigen als auch zu verstehen, dass man sich auf eine Reise begibt, die nie enden wird.

Es gibt viele Gründe, warum Veränderungsbedarf entweder nicht erkannt, falsch interpretiert oder einfach nicht darauf reagiert wird. Das beginnt damit, dass Unternehmenskultur nicht ein einziger monolithischer Block ist, der – einmal verstanden – „bearbeitet" und verändert werden kann. Man kann nicht von der *einen* Organisationskultur sprechen. Oftmals gibt es zwar Überzeugungen, denen sich mehr oder weniger alle anschließen können, aber die konkreten Interpretationen und die Ausgestaltung des Arbeitsalltags können von Bereich zu Bereich variieren bis dahin, sich abzukoppeln. Denn neben dieser zugrunde liegenden Kultur prägen die konkreten Tätigkeiten oder auch die geografische Lage die Wahrnehmung zusätzlich.

Zumal man sich häufiger mit Menschen unterhält, die man im Arbeitskontext regelmäßig trifft als mit Menschen, mit denen man in den Abläufen nichts zu tun hat. Das trennt die Controller von den Vertrieblern und die Sektion Nordeuropa von der Sektion Südeuropa. Um ein übergreifendes Verständnis entwickeln zu können, müssen Anlässe und Möglichkeiten geschaffen werden, dass solche Grenzen überwunden werden und dafür gesorgt wird, dass man die für einen selbst fremden Bereiche besser kennenlernt. Großgruppenverfahren, Job-Shadowing oder auch das bewusste Fördern von bereichsübergreifenden Stellenwechseln können hier Abhilfe schaffen.

Es geht in diesem Kapitel darum, dass es Mechanismen gibt, die nicht unbedingt dafür sorgen, dass sich die besten Ideen durchsetzen und Veränderungen von allen willkommen geheißen werden, selbst wenn sich die Mitarbeitenden aller Bereiche und Hierarchien theoretisch regelmäßig treffen. Es muss noch einmal kritischer hinterfragt werden, welche Dynamiken es in einem Unternehmen gibt oder eigene psychologische Grunddispositionen, die dafür sorgen, dass wider besseres Wissen die Dinge so bleiben wie sie sind, ungeachtet der Erkenntnisse, dass sich das langfristig nicht auszahlen wird.

In Abschnitt 7.1 soll dazu die Frage betrachtet werden, unter welchen Machtbedingungen Entscheidungen zustande kommen und ob die Grundidee einer hierarchiefreien Organisation dazu bessere Antworten liefern kann als Organisationen mit einer klassischen Aufbauorganisation. Neben Machtthemen stellt sich außerdem die Frage nach den psychologischen Widerständen, denen zu begegnen ist. In den beiden weiteren Abschnitten geht es um Ansätze, diese Dispositionen zu überwinden und Wandel weniger furchterregend und lebbar erscheinen zu lassen (Abschnitt 7.2 und Abschnitt 7.3.1). Es gilt auch zu fragen, ob und inwieweit Qualitätsmanagement dabei eine besondere Rolle spielen kann oder muss (Abschnitt 7.3.2).

7.1 Widerstände bei Veränderungen

7.1.1 Machtmechanismen aufdecken und damit arbeiten

Bei einer Transformation geht es darum, wer die Entscheidungen trifft und mit welcher Berechtigung. Klassischerweise hat das Management die Aufgabe, Entscheidungen auf Basis der vorhandenen Strategie zu entwickeln. Es interpretiert auf Grundlage der aktuellen Strategie, was für das System als relevant zu erachten ist (und warum). Es benennt Veränderungsbedarf und realisiert diesen Top-down. Das gilt auch für das traditionelle Management von Qualität.

Solche Entscheidungsstrukturen sind in einem Unternehmen notwendig, weil der Versuch, bei allen Entscheidungen Konsens herbeizuführen, zum Stillstand des Unternehmens führen würde. Bestimmte Dinge müssen an zentraler Stelle beschlossen werden. In diesem Fall wird Macht ausgeübt. Macht heißt, dass Einzelne oder eine bestimmte Gruppe ihre Interessen gegen den Willen anderer durchsetzen und ihnen aufzwingen können. Mechanismen wie Abmahnung (also die Peitsche) oder subtilere Überzeugungsmechanismen wie Boniregelungen (also das Zuckerbrot) stellen danach sicher, dass diese auch eingehalten werden. So entsteht eine Machtkaskade von oben nach unten, bei der die Vorgesetzten für die jeweils darunterliegenden Einheiten entscheiden.

Führungskräfte sind nicht zwangsläufig diejenigen, die ein Veränderungspotenzial bemerken oder den Bedarf richtig interpretieren. Ein Unternehmen tut sich mit Wandel leichter, wenn dieser auch an der Basis verstanden und im jeweiligen Kontext entsprechend interpretiert wird. Außerdem kann es bei größeren Veränderungen zu Verschiebungen in den bestehenden Machtkonstellationen kommen. Das wirft die

Frage auf, ob es immer die Richtigen sind, die hinsichtlich des Veränderungsbedarfs die Entscheidungen fällen. Um hier eine breitere Entscheidungsbasis zu erhalten, gab und gibt es immer wieder Ideen von theoretisch machtfreien, antihierarchischen Entscheidungsmodellen, die aus z. B. Ad-hoc-Strukturen bzw. rein sachbezogenen, befristeten Entscheidungsgremien bestehen.

Die passenden Schlagworte dazu sind „Holokratie“ bzw. „Soziokratie“, also die Herrschaft von allen (holos) oder durch Gleichgestellte (socius). Die Idee dahinter ist, dass Entscheidungsgremien/-kreise rollen- und damit fachbezogen besetzt und Entscheidungen ausschließlich im Konsens getroffen werden. Die Gremien können jederzeit neuformiert oder umstrukturiert werden, um jeweils dem geänderten Bedarf an Fachexpertise gerecht zu werden. Damit würden etablierte Machtmechanismen ausgehebelt und sich die bestmöglichen Ideen gemeinschaftlich durchsetzen. Entscheidungen sind selbstevident und werden unmittelbar von allen mitgetragen.

Untersuchungen von hierarchiefreien Strukturen zeigen jedoch, dass sich dabei vormals formale Machtstrukturen, wie sie eine offizielle Aufbauorganisation darstellt, verwandeln in informelle Entscheidungszirkel, die weiterhin Entscheidungshierarchien und damit Machtgefälle beinhalten. Ohne eine formale, hierarchische Struktur können sich Machtspiele sogar noch besser entfalten (vgl. Kasten „Formen von Machtspielen nach Mintzberg“). Mehr Intransparenz ist dann oftmals die Folge.

Formen von Machtspielen nach Mintzberg

Mintzberg hat 13 verschiedene Vorgehensweisen identifiziert, die einzelnen oder einer Gruppe von Menschen größeren Einfluss ermöglichen:

- *Aufruhr:* Verweigerung von Mitarbeitenden, die hierarchisch eher niedrigstehend sind, eine Entscheidung mitzutragen
- *Gegenaufruhr:* Gegenschlag gegenüber hierarchisch eher Niedrigstehenden durch Ausschluss aus dem Verfahren
- *Sponsoring:* Es werden vorausschauende Loyalitäten aufgebaut, auf die man sich im Streitfall berufen kann
- *Aufbau einer Allianz:* Gleichgestellte vereinbaren gegenseitige Unterstützung bei Machtfragen in der Organisation
- *Ausbau eines Einflussbereichs:* Einzelne Führungskräfte bauen sich durch ihre eigenen Mitarbeitenden eine unübersehbare Machtbasis auf
- *Budgeting:* offene Konfliktaustragung über Verteilung von Ressourcen
- *Expertentum:* Durch das Vorhandensein oder das Vorspielen von Spezialwissen, das nicht geteilt wird, wird versucht, die Kontrolle über Themen zu behalten
- *Sich-Aufspielen:* Vorhandene, legitimierte Macht wird dazu benutzt, hierarchisch Niedrigstehende bewusst „herumzukommandieren“ im Sinne einer Machtdemonstration
- *Linie gegen Stab:* Linienmanager:innen versuchen, sich gegenüber Experten aus dem Führungsstab abzusetzen

- *Rivalisierende Lager:* Die Allianzbildung wurde so weit getrieben, dass es nur noch zwei Lager gibt und sich jede:r in der Organisation einem der beiden zuordnen muss
- *Strategische Kandidaten:* Strategische Themen werden dadurch abgesichert, dass man versucht, Posten mit genehmen Kandidat:innen zu besetzen
- *Auffliegen-Lassen:* Diskreditierung von Gegenspieler:innen durch Offenlegung von kompromittierenden Informationen
- *Generationswechsel:* Inhaltliche Themen werden dadurch auf den Weg gebracht, dass man in der zweiten Reihe geeignete Personen platziert, die als Nachfolger:innen für strategische Positionen infrage kommen

Einige Machtspiele sind insofern *legitimiert*, als dass sie mit regulären Prozessen in einer Organisation korrespondieren (wie z. B. das Budgeting oder der Ausbau eines Einflussbereichs). Andere nutzen legitim zugewiesene Macht, um auf *illegitime* Art und Weise die eigene Machtbasis zu erweitern, wie z. B. das Sponsoring oder das Auffliegen-Lassen.

Machtspiele können *schwelend* sein oder *offen* zu Tage treten. Im letzteren Fall handelt es sich nach Mintzberg um eine „politische Organisation", die die legitimen, auf der vorhandenen Hierarchie beruhenden, Machtstrukturen aushebelt. Verschiedene Organisationsformen sind unterschiedlich *anfällig* für diesen Fall.

Mintzberg nennt diese offenen Konflikte *„dysfunktional"*, weil sie Ressourcen einer Organisation unproduktiv binden. Gleichzeitig konstatiert auch er, dass sie *sinnvoll* sein können,

1. um notwendige Neuordnungen von Macht zu unterstützen,
2. um Fehlentwicklung aufgrund eines früheren Machtwandels zu korrigieren,
3. wenn die so entstandenen Machtstrukturen die natürlichen, harmonischen und konfligierenden Kräfte widerspiegeln oder
4. wenn sie den Untergang einer bereits überlebten Organisation(sform) beschleunigen.

Henry Mintzberg (1991), Kapitel „Politik und politische Organisation", S. 243 – 259.

„Nur Macht kann Macht bekämpfen." (Michel Crozier, Erhard Friedberg (1993, S. 276)). Es sollte nicht versucht werden, Macht zu negieren oder aufzulösen, sondern Macht sollte so verteilt werden, dass zwar lokal jeweils konkrete Entscheidungen getroffen werden können, aber es darüber liegend zu keiner übermäßigen Machtanhäufung kommen kann. Daher wird dafür geworben, aus Transparenzgründen nicht auf formale, hierarchische Machtstrukturen zu verzichten, allerdings nur dort, wo es zwingend notwendig ist und sie auch begründet werden können (Michel Crozier, Erhard Friedberg (1993)).

Um Machtkumulation zu vermeiden, hat sich das agile Arbeiten einer Idee aus der Tradition der Verwaltungsbürokratie bedient: dem *Subsidiaritätsprinzip*. Es gibt weiterhin eine klare Hierarchie, aber man verlagert Entscheidungen auf die Ebene hin, die nächstmöglich zur Umsetzung verortet ist. Damit werden erst einmal alle Entscheidungen in das unterste Glied, also ein Team übertragen. Sie können nur von dort auf die nächste höhere Ebene verwiesen werden, wenn das gut begründet werden kann (z. B. aus Compliance-Gründen, da sonst kein rechtssicheres Handeln garantiert werden kann). Damit wird das Prinzip „Top-down" umgedreht zu „Bottom-up" und auf mehr Schultern verteilt.

Man geht davon aus, dass in den operativen Einheiten genug Know-how zur Lösung eines Themas vorliegt. Da es sich um die umsetzende Einheit handelt, werden diese auch pragmatisch und zweckdienlich sein. Das Problem des Überzeugenmüssens entfällt, da die Entscheidung dort getroffen wurde, wo sich ihre Konsequenzen zeigen. Zugleich wird damit die Möglichkeit der konkurrierenden Lösungen geschaffen, die sichtbar machen, dass es nicht nur einen Weg gibt, Dinge zu erledigen. Man ermöglicht damit *Varianz* und in der Folge Lernmöglichkeiten in den eigenen Handlungsweisen. OKRs u. Ä. erlauben dem Management trotzdem die Zielsteuerung. Was wozu und zu welchem Zweck erledigt wird, bleibt dabei immer noch in der Hand der Hierarchieebenen darüber.

Aber es wäre genauso blauäugig, zu denken, dass die Machtfrage geklärt bzw. die Gefahr, dass sich nicht die besten Ideen durchsetzen, sondern Entscheidungen aufgrund eingeschränkter Wahrnehmung gefällt werden, dadurch gebannt wäre, dass man diese auf eine untere Ebene verlagert. Denn auch dort besteht – wie in hierarchiefreien Räumen – die Gefahr, dass nicht das bessere Argument siegt, sondern nur der, der am lautesten schreit oder dem aus historischen Gründen mehr geglaubt wird – ungeachtet dessen, ob diese Menschen die besten Lösungen anbieten.

Machtsituationen müssen nicht um jeden Preis vermieden werden. Es geht darum, *Transparenz* über die Entscheidungsgrundlagen herzustellen. Denn will man Wandel aktiv gestalten, muss man auch über Befugnisse sprechen und etwaige Machtgefälle ansprechen können. Ziel ist es, mit Machtfragen zu arbeiten, statt diese wahlweise als inexistent oder unveränderbar zu betrachten. Es muss darum gehen, berechtigte Interessen von denen des reinen Machtinteresses im Sinne von persönlichen Einflussmöglichkeiten abzugrenzen.

Machtinteressen sind von individuellen Bedürfnissen nach Geltung und Gestaltungsräumen geleitet und können daher dem organisationalen Interesse entgegenstehen. Meistens werden sie mit sachlichen Argumenten unterfüttert, die diese persönlichen Interessen verschleiern sollen. Darauf aufbauende Entscheidungen bevorzugen bestimmte Gruppen und sorgen nicht für einen nachhaltigen, für die Organisation dauerhaften Wandel. Aus diesem Grund sollte dafür gesorgt werden, dass die Motivation der Menschen und ihre Interessenslage ausreichend offengelegt werden.

Drei Mechanismen helfen im Umgang mit Macht: Flexibilität in den Rollen, Reflexivität in der Entscheidungsfindung und Offenheit gegenüber Andersdenkenden.

Es gibt Rollen, die für sich genommen immer Macht beinhalten. Das wäre die Führungskraft genauso wie z. B. Mitarbeitende, die länger im Unternehmen sind als andere. Oftmals übernehmen sie Aufgaben im Team wie z. B. bei Sitzungsvorbereitung und -durchführung oder in den Redeanteilen. Dies kann man durchbrechen, indem man bewusst Aufgaben an andere verteilt. *Flexibilität in den Rollen* erlaubt sowohl das Erleben von anderen Verhaltensweisen, je nachdem wer die Rolle innehat, als auch die Förderung des Verständnisses davon, was dazugehört, diese auszufüllen. Es dient damit dem (kollektiven) Lernen.

Dies wird zusätzlich über die Gelegenheit zur *Reflexion* in Retrospektiven o. Ä. geschaffen: Wie sind wir zu einer Entscheidung gekommen? Hat sie sich als die richtige herausgestellt oder sind wir irgendwann von der Sachebene abgekommen und haben uns von anderen Dingen überzeugen lassen? Waren wir inhaltlich schon so weit, eine Entscheidung zu treffen, oder wurde ein Teil ungeduldig und hat versucht, den Prozess zu beschleunigen? Gab es Einsprüche, die nicht ausreichend berücksichtigt wurden und sich im Nachhinein als richtig erwiesen haben? – Mit diesen Fragen ist es möglich, zu überprüfen, ob der Weg der Entscheidungsfindung der richtige war und auch alles dafür getan wurde, die bestmögliche Antwort zu finden. Kenntnisse über Formen von Machtspielen helfen, falsche Mechanismen aufzudecken.

Je nachdem, wie vertrauensvoll ein Team zusammenarbeitet, kann es hier auch zu echten Erkenntnissen und besseren Entscheidungen kommen. Man muss bereit dabei bereit sein, abweichende Meinungen zu hören und darauf zu reagieren. Hier kann die Förderung von *Offenheit der Argumente* helfen. Ansätze, wie z. B. zu verlangen, immer zwei Lösungen für ein Problem zu präsentieren, ermöglicht es den Menschen zu verstehen, dass es nicht die einzige und absolute Meinung gibt und z. B. Menschen mit anderem Hintergrund/anderer Sozialisation neue Sichtweisen einbringen können. Daneben sollten bei Entscheidungsfragen immer Methoden angewandt werden, die auch „stilleren" Parteien Gehör verschaffen, wie z. B. das Arbeiten mit Moderationskarten oder bei Entscheidungen eine Punktebewertung durch alle.

Qualität spielt bei diesem Thema eine untergeordnete Rolle, da Macht in jedem Diskurs und jedem Thema passiert und es nicht durch Fragen nach Qualität und das Reden darüber besonders entlarvt werden könnte. Die Frage nach der Qualität verbindet Sachfragen mit den eigenen Überzeugungen und damit Werten. Eine offene Diskussion, wie man Qualität in der Zusammenarbeit erzeugt, kann Sachthemen mit einer Form von Emotionalität kombinieren, die als Ausgangspunkt für ein Gespräch über Entscheidungsstrukturen dienen kann. Hier wäre dann die Leitfrage, ob die Entscheidung auf Grundlage einer bestimmten Vorstellung von Qualität getroffen wurde oder ob andere Mechanismen stärker zum Tragen kamen.

7.1.2 Widerstände anerkennen und Skeptiker:innen überzeugen

Es sollten so viele Menschen wie möglich bei der Entscheidungsfindung eingebunden und auf die Veränderungsreise mitgenommen werden. Denn damit ein Unternehmen bereit für Veränderungen ist, muss sich diese Erkenntnis auf individueller Ebene einstellen, bevor es in der Gruppe wirken kann. Hierbei kommt es zu Restriktionen, was das Erkennen von Veränderungsbedarf anbelangt, da die Organisation, wie auch jeder Mensch wenig Interesse hat, Entscheidungsgrundlagen laufend infrage zu stellen. Je nach Lernbereitschaft und Reflexionsniveau kann es selbst bei ausreichender Einbindung außerdem zu unterschiedlichen Erkenntnissen kommen, die sich in einem organisationalen Austausch in Zielkonflikten widerspiegeln.

Im Folgenden geht es darum, wann diese Konflikte auftreten, welche Ursachen diese haben können und wie diesen am besten begegnet werden kann. Es ist utopisch, bei den großen (und manchen kleinen) Entscheidungen alle Mitarbeitenden umfassend einzubinden und darauf zu warten und zu hoffen, dass sich alle hinter die Veränderungsentscheidung stellen.

Gleichzeitig muss man sich gewahr sein, dass bei aller Arbeit an einer gemeinsamen Unternehmenskultur eine Organisation entsteht, weil man sich arbeitsteilig organisiert, um durch unterschiedliche Arbeitsschritte ein gemeinsames Produkt zu schaffen. Aufgrund der arbeitsteiligen Logik in einem Unternehmen werden unterschiedliche Menschen und *Menschentypen* gebraucht, um alle notwendigen Arbeiten zu verrichten. Es werden z. B. im Finanzbereich genaue, zahlenaffine Menschen benötigt, wohingegen es eher visionäre, technikbegeisterte Menschen für die Innovationsabteilung oder qualitätsbewusste Handarbeiter:innen in der Produktion braucht. Diese Vielfalt macht das Unternehmen erst produktiv, bedeutet aber zumeist, dass unterschiedliche Menschentypen täglich miteinander auskommen bzw. ihre Zusammenarbeit organisieren müssen.

Das führt schon ohne Veränderungsdruck im Alltag zu Konflikten, weil man sich auf ein gemeinsames Zusammenarbeiten einigen muss, zu dem jeder seine eigene Perspektive einbringt. Zielkonflikte dienen dann dazu, Kompetenzen gegenüberzustellen und zu klären, was und wer wie gebraucht wird, um ein Produkt in Qualität herstellen zu können. Diskussionen über Qualität sind auch dafür da, zu definieren, wie man sich am besten organisiert, welche Kompetenzen man dafür braucht und damit auch, mit welchen Menschen man dafür zusammenarbeiten möchte.

Solche Diskussionen – sachlich und ehrlich geführt – sind existenziell notwendig. Sie erweitern die Perspektive auf ein Thema, erst recht, wenn es um Veränderungen geht. Abläufe müssen infrage gestellt werden, Ziele neu diskutiert werden dürfen.

Unterschiedliche Kategorien von Konflikten

Konflikte ergeben sich aufgrund verschiedener *Gruppenzugehörigkeiten*:

- Gruppe (z. B. Abteilung) vs. Organisation
- Zentrale Einheiten vs. dezentrale Einheiten
- Doppelmitgliedschaften (z. B. als Teil einer Abteilung, aber auch z. B. als Teil der Gruppe „Azubis")

Konflikte kreisen um folgende *Themen*:

- Normkonflikte, also wie Dinge zu regeln sind
- Strukturkonflikte, also wo die Dinge zu regeln sind
- Verfassung, Repräsentations- oder Legitimationskonflikte, also wer die Dinge regeln darf

Quelle: Gerhard Schwarz (2014).

Der Grund für Konflikte liegt häufig darin, dass verschiedene Bereiche/Abteilungen/Personen verschiedene Eigenschaften mit einem Produkt, das ein Unternehmen produziert, verbinden und sich darüber dann Streit ergibt, welche davon als positiv und welche als negativ anzusehen sind (Gerhard Schwarz (2014)). Konflikte entstehen auch, weil es keine Einigkeit in Bezug auf die *Qualitätsanforderungen* gibt.

Damit stellen Konflikte interne Verhandlungen um die Eigenschaften eines Produkts dar, die gemeinsam vereinbart werden müssen. Die verschiedenen Konfliktkategorien sind somit eine erneute Bestätigung der Ansicht, dass man, wenn man über Qualität spricht, nicht nur die Eigenschaften eines Produkts verhandelt, sondern auch wie dieses produziert wird, also die gemeinsame Zusammenarbeit und die darunterliegenden Grundüberzeugungen.

Konflikte sind daher wichtig und richtig, gerade, wenn sich eine Organisation verändern muss. Verschiedene Sichtweisen müssen gehört und nebeneinandergestellt werden können. Würde man sich immer in allem einig sein, ist Veränderung nicht möglich. Es sollten daher keine schnellen Schlichtungsversuche unternommen werden, wenn Konflikte offen zutage treten. Es muss Energie darauf angewandt werden, zu verstehen, was die Ursachen und Hintergründe dafür sind, d. h. was der Verhandlungsgegenstand ist. Oftmals manifestieren sich Grundsatzdebatten zur Zusammenarbeit zuerst als persönliche Animositäten und werden daher nicht richtig bearbeitet.

Indem im Team über die eigenen Qualitätsvorstellungen gesprochen wird, lassen sich persönliche Konflikte versachlichen und eine gemeinsame Lösung entwickeln. Gelingt dies, ist der erste Schritt Richtung Verbesserung und damit Entwicklung gemacht. Es lohnt sich daher, auch einiges an Energie aufzuwenden, dass Vorbehalte gehört und dazu genutzt werden, den Dingen auf den Grund zu gehen – sowohl im Alltag als auch im Veränderungsprozess. Es gibt Ansätze, die solche Störungen und Konflikte extra befördern, um genau in dieses Gespräch zu kommen (vgl. Kasten „Deep Democracy in der Organisationsentwicklung").

Menschen sind aus vielerlei Hinsicht unterschiedlich und dazu gehört auch, wie veränderungsbereit und in Bezug auf welche Aspekte sie es sind. Manche brauchen ein bisschen länger, andere verstehen gleich, warum eine Neuerung sinnvoll ist. Wieder andere sehen vielleicht den Sinn dahinter, sind aber nicht bereit, ihr eigenes Verhalten entsprechend anzupassen, weil sie es für ihre eigene Position als nachteilig empfinden. Es macht wenig Sinn, alle auf dieselbe Geschwindigkeit oder Veränderungsbereitschaft bringen zu wollen. Man kann dies auch für sich nutzen. Diese *Zeitlichkeit* sollte bei Veränderungsprozessen berücksichtigt werden.

Deep Democracy in der Organisationsentwicklung

Der Ansatz beruht auf dem „prozessorientierten" Modell des Psychologen Arnold Mindell und wurde in den 1980er-Jahren entwickelt. Dieser legte den Fokus seiner Studien darauf, dass Entwicklung als Prozess verstanden werden muss, den Gruppen als Ganze zu durchlaufen haben und der auch nicht abgekürzt werden kann. Störungen sind dabei eher Treiber als Verhinderer von Entwicklung, da sie den Entwicklungsbedarf erst offenlegen und die Gruppe dazu zwingen, sich mit Themen auseinanderzusetzen. Aus diesem Grund konzentriert man sich bei diesem Vorgehen darauf, alle Stimmen hörbar zu machen – auch diejenigen, die sich skeptisch gegenüber Veränderung äußern. Die Bezeichnung „Deep Democracy" bezieht sich auf die grunddemokratische Überzeugung der Konsensbildung und auf evtl. auch vergrabene Gefühle, die es zu Tage zu bringen gilt.

Dieses Vorgehen kann in verschiedenen Bereichen angewandt werden. In der Politik, was der Begriff „Deep Democracy" nahelegt, aber genauso auch in der Organisationsentwicklung. Dabei soll durch das Beschäftigen mit den Widerständen erst der Schwung generiert werden, den es braucht, um zu verstehen, was die Veränderung bedeutet. Um die nötige Energie zu erzeugen, wird dafür plädiert, dass die Gruppe selbst die Agenda bestimmt. Daher können sich Themen, die zur Diskussion stehen, auch immer wieder ändern. Es gilt, ein Umfeld zu generieren, das es ermöglicht, Widerstände offenzulegen, Vorbehalte klar zu artikulieren und diese so lange zu bearbeiten, bis die Gruppe zu einem Konsens gelangt. Ansonsten, so die Grundüberzeugung, werden die erarbeiteten Ergebnisse nicht dauerhaft tragfähig sein, weil die Gegenenergie der unbearbeiteten Themen diese ständig torpedieren.

Unter den vielen Methoden zur Ermöglichung solcher offenen Auseinandersetzung mit Störungen gehört auch die „Konflikt-Blume", durch die man Menschen führen kann, die sich vermeintlich auf verschiedenen Seiten eines Konflikts befinden – Freiwilligkeit vorausgesetzt (Bild 7.1). Gelingt es, beide Parteien gemeinsam durch die „Blume" zu führen, setzt ein Moment der Reflexion ein, da man genötigt wird, seine eigene Position von außen zu betrachten. Dabei kann ein Verständnis davon entstehen, was die Sorgen dahinter sind und wie diese evtl. so gelöst werden können, dass eine Versöhnung mit der Gegenseite möglich wird.

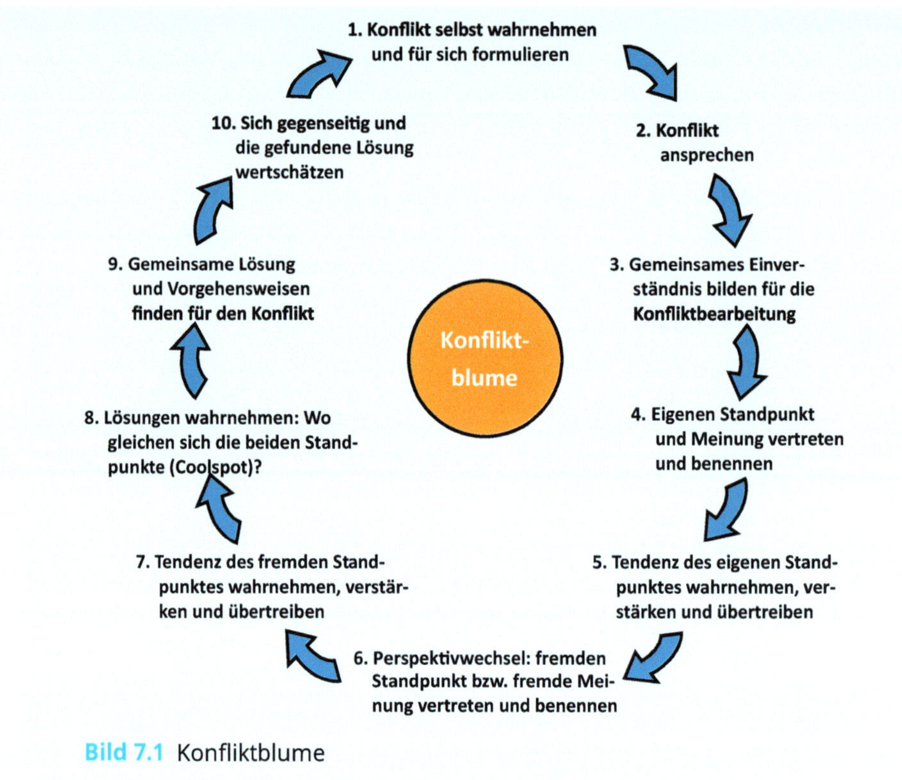

Bild 7.1 Konfliktblume

Quelle: Caspar Fröhlich (2016).

In der Organisationsentwicklung wird oftmals von einer klassischen Gauß'schen Kurve in der *Verteilung von Unterstützer:innen und Skeptiker:innen* bei Veränderungen gesprochen, bei der der größte Teil einer Gruppe sich um den Kipppunkt zwischen Zustimmung und Ablehnung bewegen (Bild 7.2).

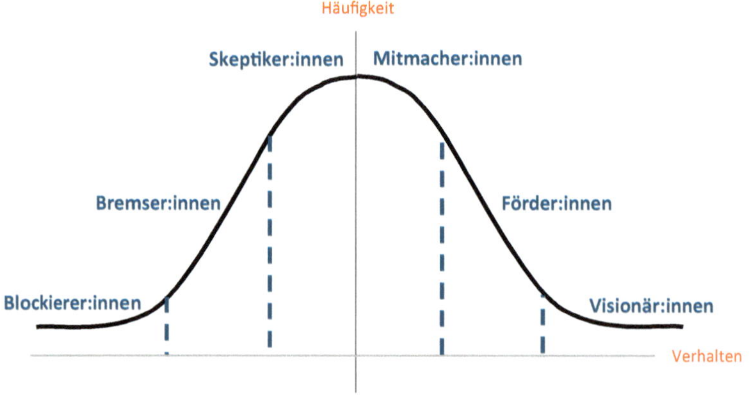

Bild 7.2 Gauß'sche Kurve in der Verteilung von Unterstützer:innen und Skeptiker:innen bei Veränderungen

Veränderung geschieht durch Miteinandersprechen, Ideen entwickeln und Überzeugen. Dabei kann man zu Beginn auch auf die Kraft von wenigen setzen. Es genügt erst einmal, wenn nur ein überschaubarer Anteil der Belegschaft als Visionär:innen und Förder:innen auftreten und zusammen mit den Mitmacher:innen zeigen, wohin die Reise gehen wird. Leadern kommt diese Rolle zu. Dies kann die Skeptiker:innen mit genug Überzeugungsarbeit „über den Berg" bringen, damit auch sie die Sache unterstützen. Bremser:innen und Blockierer:innen wird es immer geben und diese sind auch selten im weiteren Verlauf noch zu überzeugen. Hier muss die Organisation überlegen, ob sie diese weiterhin „mitlaufen" lassen möchte (weil sie die Organisation nicht größer aufhalten) oder sie sich mittelfristig besser von ihnen trennt, um nicht in ihrem Veränderungswillen zu sehr behindert zu werden.

Eine gute Möglichkeit, in Bereiche hineinzuwirken, die Veränderung eher skeptisch gegenüberzustehen, ist die Ausbildung und der Einsatz von sogenannten *Change Ambassadors*, also „diplomatischen" Vertreter:innen von Veränderung. Hierbei handelt es sich um eine ausgewählte Gruppe von Mitarbeitenden, die aus verschiedenen Bereichen stammen und entweder nicht oder höchstens noch dem unteren Management angehören. Es sind Personen, die bereits voll von den angestrebten Veränderungen überzeugt sind und diese gegenüber ihren Kolleg:innen auch vertreten wollen. Werden sie ausreichend geschult, können sie an der „Basis" mithelfen, Veränderung zu gestalten und zu erleben. Dies kann dadurch geschehen, dass sie entweder als „Übersetzer:innen" von Managementüberlegungen in und aus dem konkreten Arbeitsbereich fungieren oder aber bei Veränderungsprozessen moderierend mithelfen, die Themen zu identifizieren, die es zu bearbeiten gilt.

Die Tatsache, dass diese Ambassadors direkt aus den Arbeitsbereichen kommen, gibt diesen Menschen eine höhere Glaubwürdigkeit, als wenn man (externe) Beratende dafür nutzt, Veränderungsbedarf zu artikulieren und zu bearbeiten. Denn die Ambassadors kennen die Probleme im Alltag und können genau die Sprache verwenden, die die Kolleg:innen verstehen und auf der man gemeinsam aufbauen kann. Außerdem können sie mögliche Kritik an Lösungsvorschlägen aus dem Management, die sich bei der Bearbeitung der Themen ergeben, direkt zurückgeben und dienen so als Vermittler:innen zwischen Management und Mitarbeitenden.

Letzteres kann auch dadurch ermöglicht werden, dass man sogenannte *„Sounding Boards"* einrichtet, die eher aus einer Mischung von Förder:innen, Mitmacher:innen und Skeptiker:innen besteht. Mithilfe dieser Boards können neue Ideen breiter diskutiert werden, aber ebenfalls auch Kritik an das Management zurückgespielt werden. Will man die Mühen einer flächendeckenden Befragung der Mitarbeitenden vermeiden, kann dies ein „Wasserstandsanzeiger" bei Veränderungsprojekten sein. Kritiker:innen an dem Prozess können so anonym ihre Vorbehalte einreichen bzw. zurückspiegeln, dass sie sich nicht ausreichend abgeholt fühlen. Die Frage, wie gut kommunikativ abgesichert ein Veränderungsprojekt ist, kann so mit relativ geringem Aufwand überwacht werden.

Sowohl bei Ambassadors als auch bei Sounding Boards gilt, dass diese keine Feigenblattveranstaltung sein dürfen. Beide Gruppen müssen ernsthafte Einflussmöglichkeiten bekommen bzw. ausreichend gehört werden. Wählt man nur ein paar Ja-Sager:innen, um sich den Anschein eines partizipativen Vorgehens zu geben, wird das schnell bemerkt. Das Veränderungsprojekt verliert damit an Legitimation und wird nicht die Wirkung entfalten können, die man sich erhofft.

Eine Organisation sortiert sich in einem Organisationsentwicklungsprozess neu und das bedeutet für ihre „Mitglieder", dass sie sich überlegen müssen, ob sie ihre Mitgliedschaft noch beibehalten wollen. Ein Veränderungsprozess verhandelt neu, wofür man als Organisation steht, was die Ziele sind, wer dafür geeignet ist, diese zu erreichen, und welche Struktur man sich dafür geben möchte.

Dabei dreht es sich um das eigene Qualitätsverständnis – in den zu liefernden Produkten und in dem, wie man diese produzieren möchte. Es ist selbstverständlich, dass nicht alle aus der „alten" Organisation mit in die neue wechseln möchten. Differiert das Qualitätsverständnis zu sehr von dem der Organisation, dann haben sie unter anderen Bedingungen ihre Mitgliedschaft aufgenommen und nun trennt man sich aufgrund geänderter Vorstellungen.

Organisationsentwicklung führt zu *Fluktuation* – unabhängig davon, ob eine Organisation als Veränderungsziel den Stellenauf- oder -abbau verfolgt. Denn damit Veränderungen wirksam werden, muss sich die Unternehmenskultur ändern und das ist nicht für alle akzeptabel. Das ist normal und sollte mit eingeplant und gut moderiert werden. Damit ist gemeint, dass bei jedem Einzelnen das Gespräch gesucht werden sollte und geklärt werden muss, was die Beweggründe für den Widerstand sind. Es können sich auch legitime Gründe dahinter verbergen, die, wenn verstanden, entweder die Veränderungsentscheidung an sich oder das gewählte Vorgehen infrage stellen oder verändern können.

Widerstände sind Momente, die Reflexion ermöglichen – und sei es auch nur, um sich noch einmal gewahr zu werden, dass man auf dem richtigen Weg ist. Außerdem ist der Umgang mit Menschen, die anderer Meinung sind, ein Indikator auch für diejenigen, die bereit sind, der Veränderung zu folgen. Für sie zeigt sich so, ob das Unternehmen in der Lage ist, sich individuell mit den Sorgen und Ängsten der Mitarbeitenden zu beschäftigen. In Zeiten von Generation Y und dem Wunsch nach Selbstverwirklichung sind das Aspekte, die auch für Mitläufer:innen bedeutsam sind.

Die Herausforderung ist, allzeit zu verstehen, wo man sich gerade bei einem Veränderungsprozess befindet. Ob es wichtiger ist, einen größeren Schritt nach vorne zu machen und durch Fakten mit Symbolkraft den Menschen zu zeigen, dass sich Veränderung lohnt. Oder ob es Zeit ist, innezuhalten, sich zu sammeln und den Menschen die Möglichkeit zu geben, sich auf die geänderte Situation einzustellen. Dabei können Angebote gemacht werden, die den Menschen helfen, angemessen, auch im Sinne einer mentalen Gesundheit, auf Veränderungen zu reagieren und bereit zu sein, ihren Beitrag zu einem guten Ende der Bemühungen zu leisten.

7.2 Unterstützungsangebote für mehr Veränderungsbereitschaft

Wandel muss emotional begleitet werden, denn Veränderung bereitet vielen Menschen Angst. Gewohntes verliert seine Bedeutung, Neues muss ins Weltbild integriert werden, Routinen müssen überdacht werden. Im folgenden Abschnitt geht es darum, wie Menschen – aber auch Organisationen – sich emotional so wappnen können, dass sie bei Veränderungsbedarf keine Existenzängste entwickeln bzw. die Veränderungsarbeit in einen Kontext setzen, der für jeden Einzelnen anschlussfähig ist und emotional einen Zielpunkt bietet, der für erstrebenswert erachtet wird.

7.2.1 Individuelle und organisationale Resilienz stärken

Ursprünglich kommt der Begriff „Resilienz“ aus der Physik und steht dafür, dass ein Werkstoff oder Material die Fähigkeit besitzt, bei Krafteinwirkung „zurückzuspringen“ oder „abzuprallen“. Gemeint ist also, dass etwas nicht so ohne Weiteres seine Form verliert. Dies kann im übertragenen Sinn auch für Organisationen gelten: Etwas „trifft“ sie – z. B. eine neue Erkenntnis – und wie auch immer sie damit umgeht, muss sichergestellt werden, dass sie dabei nicht auseinanderbricht.

Wie kann das gelingen? Hierfür ist es sinnvoll, sich erst einmal anzuschauen, was auf individueller Ebene, also bei jedem einzelnen Menschen, Resilienz bedeutet. Geraten Menschen unter Veränderungsdruck, weil sich z. B. in ihrem Umfeld etwas Gravierendes ändert (wie z. B. durch Kündigung oder das Ende einer langjährigen Beziehung), entsteht mentaler Stress für die betroffene Person. Sie muss mit den entstandenen Herausforderungen auf verschiedenen Ebenen zurechtkommen. So muss sie sich organisatorisch damit beschäftigen und z. B. Arbeitslosengeld beantragen oder sich nach einer neuen Wohnung umschauen. Sie muss sich persönlich überlegen, ob die Gründe für die Kündigung oder das Verlassenwerden bedeutet, dass man Dinge falsch eingeschätzt hat. Sie muss also ihr Wirklichkeitsverständnis neu ausrichten. Außerdem muss sie mit dem Gefühl, den Erwartungen nicht gerecht geworden zu sein, zurechtkommen.

Wie mit diesen Themen umgegangen wird, hat etwas mit der Widerstandsfähigkeit des jeweiligen Betroffenen zu tun. Die einen kommen in solchen Fällen in einen Aktionsmodus und versuchen, die Dinge schnell und pragmatisch anzugehen. Vielleicht suchen sie sich einen Therapeuten, um die emotionale Seite zu bearbeiten. Andere geraten in eine Depression oder greifen zum Alkohol, haben einen Nervenzusammenbruch oder verfallen in Lethargie.

Eine stabile mentale Gesundheit hilft, Krisenzeiten gut zu überstehen, sich den Herausforderungen zu stellen, ohne dabei zu vergessen, sich auch emotional mit den Verlusten, die daraus entstehen, zu beschäftigen.

Es gibt Faktoren, wie z. B. im privaten Kontext die Familie und Freund:innen oder im beruflichen Zusammenhang ein gutes Arbeitsumfeld und ein sicherer Arbeitsplatz, die in Krisenzeiten helfen können. Dazu kommt aber auch die kognitive Fähigkeit, in einer Krise Sinnhaftigkeit und damit Verständnis für die Situation zu entwickeln, sowie sich ausreichend ausgestattet zu fühlen, diese zu bewältigen. Sind diese Faktoren gegeben, empfindet ein Mensch „Kohärenz". Es entsteht das Gefühl, dass die Dinge logisch erklärbar und bewältigbar sind.

Dies lässt sich auch auf eine Organisation übertragen. Hier bedeutet Resilienz dann, dass sich deren Mitglieder bei unerwarteten Ereignissen angemessen verhalten und nicht in Schockstarre oder Verweigerungshaltung verfallen. Die Mitglieder einer Organisation erarbeiten schnell eine angemessene Reaktion auf eine geänderte Situation und können diese in den Gesamtkontext einordnen. Danach finden sie entweder wieder in die alte Form zurück oder passen diese dauerhaft an neue Rahmenbedingungen an. In beiden Fällen sorgt die Resilienz dafür, dass die Organisation im Prozess nicht auseinanderfällt oder falsche, existenzbedrohende Entscheidungen trifft, sondern eine angemessene Bewältigungsstrategie entwickelt. Das hat viel mit der Lernfähigkeit eines Unternehmens zu tun, aber auch mit der Fähigkeit einer Organisation, einen „kühlen Kopf" zu bewahren.

Ein gutes Beispiel waren die verschiedenen Reaktionszeiten aufgrund der Anforderungen, Homeoffice wegen der Corona-Pandemie anbieten zu müssen. Teilweise kam es in den Unternehmen zu einem wochenlangen Stillstand, teilweise gelang es, von einem Tag auf den anderen auf Videokonferenzen etc. zu switchen. Dabei waren logistische Fragen (wie die Bereitstellung von Ausrüstung und Software für Videokonferenzen) zu klären, aber es musste auch das Vertrauen in die eigenen Fähigkeiten aktiviert werden, eine solche Aufgabe lösen zu können.

Es geht also darum, in Zeiten des Umbruchs und evtl. des Chaos das Gefühl zu behalten, die Dinge noch „im Griff" zu haben. Geht dieses Gefühl verloren, sind der Zusammenhalt und die positive Unterstützung bei den Mitarbeitenden bedroht. Ideen können nicht mehr fließen, es werden nicht die richtigen Leute eingebunden, man traut sich nicht, neues Terrain zu betreten. Dies kann existenzgefährdend für eine Organisation werden.

Folgende Dimensionen von Resilienz kommen bei einem Auftreten einer größeren Störung wie z. B. Lieferengpässen oder politischen Veränderungen in einer strategischen Region zum Tragen (vgl. Christiane Flüter-Hoffmann, Andrea Hammermann et al. (2018, S. 47) und Bild 7.3):

- *Zeitliche Dimension*

  In Krisenzeiten werden folgende Phasen durchlaufen:

  I. Antizipationsphase: Der Veränderungsbedarf wird erstmals wahrgenommen.

  II. Pufferphase: Die Organisation versucht, die so entstandene Störung durch Gegenmaßnahmen abzuwehren, um größere innere Umbauten zu verhindern.

  III. Anpassungsphase: Nachdem der Veränderungsbedarf verstanden wurde, werden Maßnahmen zur Anpassung eingeleitet, die das Weiterfunktionieren der Organisation gewährleisten.

  IV. Erholungsphase: Die Veränderung wird in den Normalbetrieb überführt.

  V. Lernphase: Gegebenenfalls kann die Organisation Lehren aus den eigenen Reaktionen ziehen, um bei der nächsten Störung besser darauf reagieren zu können.

- *Handlungsfelder/Fähigkeiten*

  Um eine Krise zu bewältigen, braucht es folgende Fähigkeiten:

  - Verständnis: Damit sind die Durchlässigkeit und das richtige Interpretieren des Bedarfs gemeint. Dies ist zu Beginn der Herausforderung wesentlich, sollte aber auch in der Lernphase noch einmal bemüht werden, um zu überprüfen, ob die ursprüngliche Einschätzung die richtige war.
  - Widerstandsfähigkeit: In der Antizipations- und Pufferphase darf sich eine Organisation nicht zu sehr irritieren lassen, um weiterhin „funktionieren“ zu können.
  - Wiederherstellungsfähigkeit: Besonders in der Anpassungs- und Erholungsphase muss die Organisation in der Lage sein, ein neues „Normal“ zu definieren und herzustellen, um aus dem Krisenmodus herauszukommen.
  - Flexibilität: Wird zu starr am Status quo festgehalten, kann es sein, dass man vielleicht einmalig eine Störung gut bewältigt, aber mittelfristig nicht genug Veränderungsbereitschaft aufbringt, neue Dinge hinzuzulernen. Dies ist in der Anpassungs- und Lernphase zentral.

- *Ressourcen*

  Veränderungen müssen auf drei verschiedenen Ebenen „bewältigt“ werden:

  - Kognitiv: Der Veränderungsbedarf muss ausreichend verstanden und auf intelligente/innovative Art und Weise bewältigt werden.

- Beziehungstechnisch: Eine Organisation kann sich nur im Austausch mit anderen (einschl. der Umwelt) weiterentwickeln. Es braucht daher gute (kommunikative) Verbindungen untereinander.
- Strukturell: Veränderung braucht Zeit und Geld. Ohne diese Ressourcen kann keine Organisation auf Veränderungsbedarf angemessen reagieren.

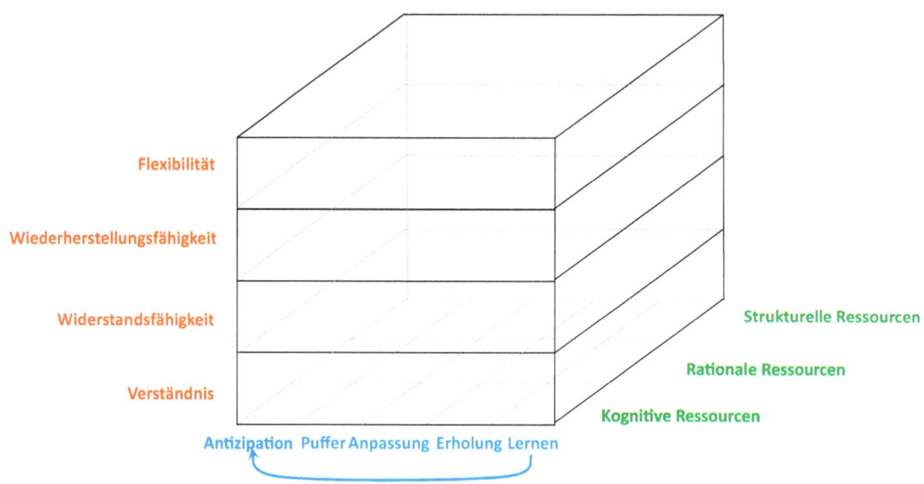

Bild 7.3 Dimensionen von Resilienz

In Krisenzeiten schaltet eine Organisation eher auf „Autopilot“ und wird daher noch stärker davon getrieben, was man bisher erlernt und für richtig befunden hat. Daher gilt es, bereits in Zeiten der vergleichbaren Ruhe Mechanismen zur Vertrauensbildung zu etablieren, die es den Menschen erlauben, in Ausnahmefällen einen kühlen Kopf zu bewahren.

Organisationale Resilienz ist eng an die *Unternehmenskultur* geknüpft.

Dabei gilt es, für *guten Zusammenhalt* zu sorgen. Ein stabiles Umfeld hilft, besser mit Krisen umzugehen. Man hat nicht das Gefühl, alleine dazustehen und alles mit sich selbst ausmachen zu müssen. Das gilt auch für Unternehmen: Je größer das Gemeinschaftsgefühl im Alltag vorhanden ist, umso besser kann es aktiviert werden, wenn Druck von außen kommt. Das schweißt noch mehr zusammen. Gab es vorher kein Gefühl der Gemeinschaft, wirkt Druck als Katalysator für schwelende Konflikte. Diese treten offen zutage und müssen zusätzlich mitbearbeitet werden. Es ist dann nicht möglich, ein Team, eine Abteilung dazu zu bringen, gemeinsam an dem aktuellen Problem zusammenzuarbeiten.

Zu einem guten Zusammenhalt gehört auch, dass man eine *konstruktive Streitkultur* hat. Es ist weder sinnvoll noch zielführend, Konflikte unter den Teppich zu kehren.

Im Sinne der Resilienz ist es wichtig, dass diese offen benannt werden und es eine anerkannte Kultur des Bearbeitens von Meinungsverschiedenheiten gibt. Sie dürfen weder dazu führen, dass die Menschen den Mut verlieren, noch, dass man alle Kraft in das Bekämpfen der Gegenseite steckt. Sie müssen verstanden werden als eine konstruktive Möglichkeit, sich in Zeiten der Neuorientierung gemeinsam auf den Weg zu machen. Mechanismen wie hauseigene Mediator:innen und gelebte Diversität können dies unterstützen.

Ein weiteres Ziel muss sein, auf der individuellen Ebene für Kohärenz zu sorgen, d. h. den Menschen Zusammenhänge zu erklären und Krisensituationen gegebenenfalls auch zu üben. Ein gutes Beispiel ist das Notfallmanagement. Dabei geht es nicht nur darum, Pläne zu haben, die z. B. im Brandfall genutzt werden können, sondern diese auch regelmäßig in Übungen durchzuspielen. Damit kann man Vertrauen schaffen, weil gezeigt wird, dass man auf alle Eventualitäten vorbereitet ist, und jede:r Einzelne erlebt, dass es eine angemessene Reaktion auf einen solchen Fall gibt. Ein *Gefühl der Beherrschbarkeit* stellt sich ein.

Organisational kann man dafür sorgen, dass Veränderungsdruck nicht als Bedrohung verstanden wird, sondern als Möglichkeit, sich weiterzuentwickeln. Veränderungsbedarfe können, müssen aber nicht als Krise wahrgenommen werden. Dies hat etwas mit der Haltung zu tun, wie man sich zur Umwelt positioniert und wie man bisher mit solchen Anforderungen umgegangen ist. Der Lerneffekt darf hier nicht unterschätzt werden. Er kann und muss mit entsprechenden Verweisen und Geschichten unterfüttert werden (vgl. dazu Abschnitt 7.2.2), damit sich die Leute eine angenommene Reaktion bildlich vorstellen können. *Bewältigungserfahrungen* müssen sich ins kollektive Gedächtnis einprägen, damit eine Basis geschaffen wird, um auf die eigene Fähigkeit vertrauen zu können.

Außerdem ist es noch wichtig zu verstehen, in welcher *Phase* man sich jeweils befindet. In einer Pufferphase muss z. B. mehr Wert darauf gelegt werden, Ruhe in die Sache hineinzubekommen. Konflikte gilt es schnellstmöglich zu beenden. In der Lernphase dagegen bieten diese essenzielle Hinweise für Verbesserungspotenzial und sollten genau analysiert werden. In der Anpassungsphase sollte offen über Veränderungsmöglichkeiten gesprochen werden, während man in der Erholungsphase einen „Veränderungsstopp“ ausrufen kann, um die Möglichkeit zu schaffen, sich zu sammeln.

Bei Veränderungen muss sich ein Unternehmen mit den emotionalen Befindlichkeiten in der Belegschaft beschäftigen. Es braucht Maßnahmen, die die mentale Stärke der Menschen und damit der gesamten Organisation stützen. Gute Ideen können nur entstehen, wenn sich Menschen sicher und nicht unter Druck gesetzt fühlen. Es ist daher Aufgabe guter Führung, dafür zu sorgen, dass auch in Zeiten des Umbruchs den Menschen genug Zeit und Freiraum gegeben wird, den Sinn von Veränderungen zu verstehen und das Gefühl zu entwickeln, dieser Herausforderung gewachsen zu sein.

Wird jedoch zu viel betont, dass eine Organisation allzeit krisensicher aufgestellt ist, kann das Gefühl entstehen, dass es keine Bedrohung gibt, die eine Organisation gefährden kann. Man fühlt sich vermeintlich so gut ausgestattet, dass man jeder Herausforderung trotzen werde. Das heißt, eine gute Resilienz kann zu Desinteresse gegenüber Veränderungsbedarf führen. Stressresistenz stellt sich ein, die sich in mangelnder Veränderungsbereitschaft äußert. Daher empfiehlt es sich, nicht immer und ununterbrochen die Widerstandsfähigkeit des Unternehmens zu betonen, sondern eher Mechanismen zu entwickeln, die eine erhöhte Reflexivität bei solchen Ereignissen gewährleistet. Damit kann sichergestellt werden, dass es auch ein Bewusstsein davon gibt, dass man noch nicht vorab Antworten auf alle Herausforderungen hat.

7.2.2 Narrative als Verbildlichung von Veränderung nutzen

Ein weiteres Element, um den Menschen das Gefühl von Kohärenz, also den richtigen Sinnzusammenhängen zu geben, ist, die Kommunikation über Veränderung bewusst in Geschichten zu packen. Eine gemeinsame Unternehmenskultur entsteht über Kommunikation. Das beginnt mit dem Logo, das ein bestimmtes Gefühl transportieren soll, oder mit „offiziellen" Aussagen, wie z. B. die Vision eines Unternehmens. Mindestens genauso wirkungsvoll sind die klassischen Flurgespräche, die beschreiben „wie und warum wir bestimmte Dinge so und nicht anders machen". Mit all diesen kommunikativen Möglichkeiten werden das Wissen der Organisation und die gemeinsamen Überzeugungen mit Zusammenhang versehen und bildlich geprägt.

Damit werden Inhalte „erzählt", und zwar im klassischen Sinne einer Geschichte. Denn, wann immer man darüber spricht, „wie man arbeitet", müssen frühere Zeiten angesprochen, Kontexte aus der Umwelt zitiert werden, erklärt werden, was früher war und wie es heute ist. Man bettet damit Fakten in einen Erklärungshorizont ein, der dem eigenen Wirklichkeitsverständnis entspricht. Denn Unerklärliches ist für Menschen schlecht auszuhalten. Alles, was passiert, muss in das eigene Verstehen von der Welt integrierbar sein. Daher werden Erklärungen bzw. Kausalitätszusammenhänge gesucht, bei denen Fakt und Fiktion miteinander verschmelzen („weil x passiert ist, kam es zu y").

Ist die Geschichte plausibel erzählt, erhält der Mensch einen *Handlungsrahmen*, der es ihm erlaubt, bei erneutem Auftreten des Phänomens das Erlebte einzuordnen, es irritiert ihn nicht mehr.

Die Geschichten verfestigen sich und werden zur vermeintlichen Realität. Sinnzusammenhänge entstehen, die nicht unbedingt faktisch richtig sein müssen. So ist z. B. ein typischer Ausdruck bei einer cholerischen Führungskraft, dass ihre Laune davon abhänge, was sie zum Frühstück gegessen habe. Das ist bereits eine kleine Geschichte, die eine Erklärung liefern soll, warum ihr Verhalten in der Arbeit nicht vorhersagbar ist. Es gibt einen „Rahmen“, einen Grund, für etwas, was nicht offensichtlich logisch erscheint. Dabei ist es unerheblich, ob das Erzählte der Wahrheit entspricht. Wichtig ist nur, dass es Unerklärliches nutzbar begründet.

Erzählungen sind für uns Menschen daher essenziell und es gibt sie von Anbeginn, wie die Malereien in Höhlen genauso belegen wie die Bibel. Sie strukturieren unsere Erlebnisse und Erfahrungen, geben ihnen Sinn, stellen die Verbindung zwischen Gestern, Heute und einem möglichen Morgen her. Sie liefern Erklärungen, aber auch Handlungsanleitung. Ein kohärentes Erleben ist möglich. Will man Veränderungen innerhalb einer Organisation schaffen, sollte man das wissen und diese anthropologische Grundausrichtung des Menschen für sich nutzen.

Über eine „gute“ Geschichte können emotionale Stabilität und Beherrschbarkeit generiert werden.

Ohne aktive Steuerung der Veränderungsgeschichte werden die Mitarbeitenden selbst dazu eine Geschichte bauen und dies kann kontraproduktiv zu den eigenen Zielen sein. Wenn man z. B. als Veränderungsziel ausgibt, dass man sich organisatorisch neu aufstellen möchte, indem man regionale Zentren stärkt, dann muss man dazu auch plausibel erklären können, was die Beweggründe für diese Entscheidung waren. Die Erklärungen müssen am bisherigen Stand anknüpfen („bisher waren wir zentral aufgestellt, das hat zu folgenden Problemen geführt ...“) und gleichzeitig die Zielperspektive so konkret wie möglich machen („die Regionalisierung wird den jeweiligen Bereichsleitern in folgenden Feldern mehr Entscheidungsspielraum einräumen ..., Konflikte mit dem zentralen Management werden wie folgt bearbeitet ..., das Know-how über die regionalen Märkte wird zukünftig besser gebündelt ...“).

Gelingt es, eine stimmige Geschichte zu erzählen, dann kommt es bei den Mitarbeitenden zu *„Resonanz“* mit der ausgegebenen Vision, wie das der Soziologe Hartmut Rosa (2019) nennt. Ist sie vorhanden, dann passt die „offizielle“ Geschichte zum Erleben der Menschen und ihren individuellen Erzählungen. Veränderung wird als stimmig und machbar angesehen. Wenn aber entweder die Ist-Beschreibung oder die Zielperspektive nicht vernünftig daran anknüpft, wie die Mitarbeitenden das aktuelle Zusammenarbeiten wahrnehmen, und mit den passenden Worten und Formulierungen, die die richtigen Assoziationen wecken, versehen ist, spricht Rosa von „Dissonanz“. In diesem Fall entwickeln die Menschen Parallelgeschichten zu der offiziellen Erzählung, dass z. B. „in Wirklichkeit“ die Umstrukturierung hin zu regionalen Zentren darin begründet sei, dass der eine Vorstand den anderen nicht ausstehen kann und dieser so entmachtet werden würde o. Ä. Die Geschichte entwickelt ein Eigenleben, was im schlimmsten Fall bedeutet, dass die Menschen die Veränderung nicht akzeptieren und versuchen werden, die Entscheidung mit allen Mitteln zu untergraben.

Daher ist es essenziell, dass man Geschichten erzählt, die nicht nur von Erfolg berichten, weil solche nur selten glaubhaft sind. Werden Schwächen nicht richtig benannt, wirkt die Storyline, warum man sich verändern muss und wohin die Reise gehen soll, nicht ausreichend plausibel. Wenn alles prima war, muss man sich nicht verändern, so die Überlegung. Zur Plausibilität gehört daher dazu, auch die negativen und unsicheren Seiten zu beschreiben. Hinweise darauf, dass es dauern wird, bis sich die gewünschten positiven Effekte einstellen und dass man mit einem Produktionsabfall in der Zwischenzeit rechnet („Tal der Tränen"), unterstützen die Glaubhaftigkeit eines Vorhabens, weil sie zeigen, dass man nichts zu beschönigen versucht.

Gleichzeitig empfiehlt es sich, in der Geschichte, die man erzählen möchte, Offenheit gegenüber dem, was kommen wird, einbaut, um auch Hindernisse, neue Erkenntnisse und andere Einflüsse als bewältigbar darzustellen. Rudolf Wimmer, einer der deutschen Großmeister der Organisationsentwicklung, hat dazu gesagt:

> *„[Es geht darum,] die Energie des Feldes klug zu nutzen, keine direkten Zielsetzungen auszusprechen und zu verfolgen. Denn das Wasser fließt von oben nach unten, und da geht es darum, genau diese Bewegung, die ohnehin in jede Situationen [sic!] eingebaut ist, intelligent zu nutzen und in die eigene Richtung zu lenken."*
>
> Klaus Doppler, Fritz B. Simon et al. (2017, S. 4)

Eine solche Geschichte („Narrativ") muss also plausibel genug sein, dass die Leute bereit sind, sich auf den Weg zu machen. Sie hilft, zu verstehen, was die Ziele der Veränderung sein sollen, und ermöglicht trotzdem genug Bereitschaft, erst im „Gehen" dieses Ziel mit Leben zu erfüllen. Das Gefühl des Fließens soll sich einstellen. Zu einem möglichen Vorgehen, um die geeigneten Erzählinhalte zu finden, vgl. Kasten „Entwicklung einer Core Story".

Entwicklung einer Core Story

1. Phase zur Entwicklung des Kernnarrativs

Schritt 1: Kollaboratives Erzählen der Geschichte der Organisation

Die Teilnehmer:innen erzählen sich gegenseitig die Geschichte der Organisation, wie sie sie kennen. Dabei werden von dem/der Moderator:in die Stichworte auf ein Flipchart geschrieben. Im Anschluss werden die für die Gruppe als wesentlich erachteten Stichwörter markiert.

Schritt 2: Formulieren des Kernnarrativs

Das Kernnarrativ sollte in einem Satz zusammengefasst werden können, der folgender Grundstruktur folgt:

ANFANG:	„Wir sind dadurch groß geworden, dass wir ...
TRANSFORMATION:	... diese Eigenschaften werden wir nutzen, um nun den nächsten Schritt zu gehen, indem wir ...
ENDE:	... und so werden wir in Zukunft noch mehr/anders/ besser unsere Kund:innen zufriedenstellen können."

Am Ende des ersten Workshops wird ein Zwischenprotokoll mit allen wesentlichen Stichwörtern und der ausgearbeiteten Formulierung inkl. inhaltliches Gesamtverständnis erstellt.

2. Phase zur Überprüfung der Core Story und Entwicklung einer Strategie

1. Schritt: Überprüfen der Core Story

Die Teilnehmer:innen bestätigen, dass sie die gefundenen Formulierungen weiterhin als passend empfinden. Gegebenenfalls muss in die Re-Formulierung gegangen werden.

2. Schritt: Strategische Überlegungen bezüglich der Konsequenzen aus der Core Story

Anhand der Core Story werden verschiedene Felder der Unternehmensstrategie wie z. B. die Produktbezeichnung, Firmenpräsenz oder Kommunikationsstrategie kritisch auf Konsistenz mit der Story abgeklopft.

3. Phase: Ausbau zu einer verwertbaren Geschichte

Abschließend kann die Core Story zu einem einprägsamen Narrativ erweitert werden, indem anhand einer Beispielgeschichte die Inhalte der Core Story anschaulich verarbeitet werden. Damit kann erarbeitet werden, wie diese Geschichte in die Corporate Identity über Videos, Symbole und Erzählelemente Eingang finden soll.

Weiterentwickelt auf Basis von Christine Erlach, Michael Müller (2020), Kapitel „Core Story: Den gemeinsamen Nenner unserer Geschichten finden", S. 135 – 140.

Christine Erlach und Michael Müller (2020) empfehlen, sich ein Narrativ zu geben, das an ein archaisches Erzählmuster anschließt, da dies universal anschlussfähig ist und intuitiv verstanden werden kann. Dies soll im Folgenden exemplarisch anhand der klassischen „*Heldengeschichte*" näher ausgeführt werden.

Eine Heldengeschichte umfasst fünf Stationen:

1. Ruf des Abenteuers: Ein:e Held:in ist unzufrieden mit seiner/ihrer aktuellen Situation bzw. äußere Umstände lassen das gewohnte Leben nicht mehr zu.
2. Aufbruch ins Unbekannte: Der/Die Held:in macht sich daher auf den Weg, um mehr Glück zu finden.
3. Weg der Prüfung: Auf der nun folgenden Wanderung erlebt der/die Held:in verschiedene Abenteuer („Drachenkämpfe"), an denen sie/er wächst.
4. Der Schatz: Das bisher undefinierte Glück materialisiert sich durch Reichtum/Liebe/Macht/Erkenntnis.
5. Die Rückkehr: Durch die Erfahrungen der Reise „gereift" und mit dem Schatz ausgestattet, kann er/sie zurückkehren und (wieder) ein zufriedenes Leben führen.

Eine solche Erzählung lässt sich auf moderne Firmenmythen übertragen. Als Beispiel kann hier die Geschichte von Steve Jobs erzählt werden, die mit ihm und Steve Wozniak in einer Garage startet und mit dem Apple-Konzern mit einer weltweiten Marktführerschaft endete. Dazwischen lagen viele Aufs und Abs für ihn und seine Firma. Nicht alle Produkte waren ein Erfolg und zwischenzeitlich wurde Jobs aus der Firma gedrängt. Es gab also Drachen und vielleicht auch ablenkende Ritterfräulein, die versucht haben, ihn von seinem Ziel abzubringen. Aber sein zäher Glaube an seine Visionen haben ihn an seinem Weg festhalten lassen und tragen dazu bei, dass diese Marke weltweit großes Ansehen genießt.

Die Geschichte folgt zwar der klassischen Heldenreise, aber der *Erzählrahmen* muss zur aktuellen Zeit und zum jeweiligen Unternehmenskontext passen. Die Bilder müssen authentisch sein und zur Selbstwahrnehmung des Unternehmens passen. So wie z. B. die Garage als Topos zum Mythos des Silicon Valley passt. Schon allein im Gespräch mit Mitarbeitenden einen geeigneten Rahmen zur aktuellen Unternehmenskultur zu finden, kann daher der Start sein, besser zu verstehen, wie die Belegschaft den aktuellen Zustand eines Unternehmens einschätzt.

Da es sich um die Veränderung einer ganzen Organisation mit ihren Abteilungen und Teams handelt, ist es wichtig, statt die Verdienste einer/eines Einzelnen herauszuheben, eine *Gruppe von Held:innen* zu identifizieren, die sich vielleicht auch durch verschiedenen Fähigkeiten auszeichnet. Denn eine solche Heldenreise muss für verschiedene Seiten anschlussfähig bleiben. Gäbe es hierfür nur eine einzige Person oder einen Typ Mensch, wird das schwer.

Die Beschreibung der Herausforderungen und des Wegs in Resonanz sollte mit dem Mitarbeitenden geschehen. Wenn man versteht, was für sie jeweils besonders herausfordernd war, kann man es in die Erzählung integrieren und zum siegreichen „Drachenkampf" uminterpretieren. Wichtig ist dabei, sich auf *bisherige Erfahrungen* zu berufen, um plausibel und anschlussfähig zu bleiben (z. B. „Die Stärke von uns war es immer, pragmatische Ideen zu entwickeln, mit diesem Spirit machen wir uns auf den Weg, um jetzt ohne großes Gewese neue Wege der Innovation zu entdecken").

Mangels konkreter Zielperspektive im Sinne einer quantifizierbaren, also messbaren Veränderung, ist es hilfreich, wenn bereits früh bekannt ist, was der *„Schatz"* sein könnte (neue Innovationen, kürzere Entscheidungswege, mehr Selbstständigkeit). Gleichzeitig sollte dieser Schatz ausreichend im Ungefähren bleiben, um den realen Entwicklungen im Fortgang gerecht zu werden. Denn vermutlich werden sich die genannten Schätze auf andere Art und Weise realisieren, als das vorher auf dem Reißbrett ausgedacht wurde. Ein Beispiel dafür ist die Erfolgsgeschichte von BioNTech (vgl. Kasten „BioNTech – eine Heldengeschichte").

BioNTech – eine Heldengeschichte

Auszüge von der Website der Firma:

„Jahrzehntelang haben Wissenschaftlerinnen und Wissenschaftler das Potenzial der Boten-RNA (mRNA) unterschätzt[.] Seit mehr als 30 Jahren bot unser Gründerteam dieser konventionellen Überzeugung die Stirn und erzielte so eine Reihe von wissenschaftlichen und technologischen Durchbrüchen, die es ermöglichten, das volle Potenzial von mRNA-Therapeutika auszuschöpfen.

> Im Jahr 2020 konnten wir unser Know-how im Bereich der mRNA-Technologie für die Entwicklung eines COVID-19-Impfstoffs nutzen – das erste für den Einsatz am Menschen zugelassene mRNA-basierte Arzneimittel und der am schnellsten zugelassene Impfstoff gegen einen neuen Erreger in der Geschichte der Medizin.
>
> Ugur Sahin und Özlem Türeci konnten mit ihrer Arbeit die grundlegenden Probleme, die mit mRNA verbunden sind, lösen – nämlich die geringe und kurzlebige Produktion von Proteinen. Parallel dazu untersuchte Katalin Karikó die aufkommende Technologie aus einem anderen Blickwinkel und stellte fest, dass die Immunogenität von mRNA durch Modifikation des Nukleotids Uridin wirksam abgeschwächt werden kann. Schritt für Schritt entwickelten und verbesserten die wissenschaftlichen Teams des Unternehmens die Leistungsfähigkeit der mRNA und erforschten gleichzeitig neue und spannende Wege, um sie einzusetzen. [...]
>
> BioNTech wurde auf Basis der Idee gegründet, mRNA für die Aktivierung des Immunsystem [sic!] im Kampf gegen die individuellen Tumore von Patientinnen und Patienten zu nutzen – ein Ansatz, der unserer Überzeugung nach auch im Kampf gegen verschiedene andere Krankheiten eingesetzt werden kann."
>
> Entnommen von *https://www.biontech.com/de/de/home/about/who-we-are/history.html* vom 17. 02. 2024.

Organisationsentwicklungsprojekte sind keine romantischen Unternehmungen. Es geht um Optimierungs- oder Expansionspotenzial und harte Zahlen. Dennoch soll dieser Abschnitt als ein kleines Plädoyer verstanden werden, ein wenig Romantik und Fantasie zu ermöglichen. Damit kann ein mit Angst erfülltes Unterfangen aufregend genug erscheinen, um sich freiwillig auf die Reise zu begeben. Die Heldenreise als Erzählformat bietet ein gutes Gerüst dafür: Es erzählt eine Gewinnerstory, die aber genug Offenheit besitzt, bisher Gelerntes einzusetzen, um eine noch nicht klar zu benennende Herausforderung offensiv anzugehen. Das jeweils Eigene wird gewürdigt und gemeinsam mit den anderen Kolleg:innen weiterentwickelt. Eine neue, gemeinsame Unternehmenskultur kann entstehen, ohne dass man seine Vergangenheit dafür leugnen müsste. Auch das stärkt die Resilienz.

Eine Heldenreise – wenn sie denn erfolgreich war – schafft gute Voraussetzungen für die Zukunft. Das Unternehmen hat schon einmal gezeigt, dass es mutig genug war, sich auf die Reise zu begeben. Sie wird das auch bei neuen „Drachenkämpfen" schaffen. Das stellt eine gute Basis für neue Geschichten dar.

7.3 Balance zwischen Routine und Bewegung finden

Eine gute Geschichte, die Organisationsentwicklung begleitet, kann Resilienz und damit Widerstandsfähigkeit unterstützten. Trotzdem kostet Veränderungsarbeit eine Organisation Kraft und es kann immer wieder zu Tiefpunkten kommen – sowohl emotional, also in dem Sinn, dass der Schwung zur Veränderung verloren geht, als auch faktisch im Sinne eines Produktivitätsverlusts. Veränderungen fressen immer Ressourcen, die nicht durch beliebige Personalaufstockungen oder Outsourcing aufgefangen werden können.

Wenn Organisationsentwicklung gelingen soll, muss (fast) jeder einzelne Mitarbeitende Zeit bekommen, sich auf die Veränderungen einzustellen und neue Verhaltensweisen oder Aufgaben zu erlernen.

So wichtig die Veränderungs- und Lernbereitschaft in einem Unternehmen sind, es muss funktionieren und auch in Zeiten des Umbruchs an seine Kundschaft liefern, was es versprochen hat. Es kann nicht ein Jahr pausieren, sich überlegen, wie es sich zukünftig aufstellen möchte und dann erst wieder seine Produkte auf den Markt bringen. Das ist vielleicht noch bei Start-ups denkbar, bei denen es eine Stunde null und davor Zeit für Selbstfindung gibt, aber bestehende Unternehmen müssen mit dem Veränderungsdruck anders umgehen. Bei allem Reden über Veränderung muss daher auch darüber nachgedacht werden, wie Konstanz und Kontinuität bei trotzdem notwendigem Veränderungswillen ermöglicht werden.

Das System Unternehmen kann es sich darüber hinaus nicht erlauben, kontinuierlich das Prinzip der unbedingten Offenheit gegenüber Veränderungen hochzuhalten. Systeme müssen zwar fortlaufend Daten erfassen, interpretieren und in verwertbare Handlung übersetzen. Würden sie das aber in beliebiger Reflexivität zulassen, würde das System nichts anderes mehr tun, als über sich selbst nachzudenken, ohne noch zu Handlungsentscheidungen zu kommen. Um daher handlungsfähig zu bleiben, muss es stabilisierende Faktoren geben, damit es weiterhin funktionieren kann.

Es ist daher wichtig, eine Balance zwischen Routine bzw. Stabilisierung und Bewegung zu finden, die ermöglicht, dass sich auch über längere Zeiträume hinweg die Menschen mit der Organisation zusammen verändern.

7.3.1 Ambidextrie: Experiment und Routine zugleich ermöglichen

Dem Dilemma, einerseits für Veränderung und damit Bewegung sorgen und andererseits aber den „Normalbetrieb“ aufrechterhalten zu müssen, stellt John P. Kotter (2012) im Rahmen von allgemeinen Prinzipien zur Veränderung (vgl. Kasten „John P. Kotters ‚Fünf Prinzipien für ein duales Betriebssystem‘“) ein „Dual Operating System“ vor, das oftmals auch als *„Ambidextrie“*, also Zweihändigkeit, beschrieben wird: ein Jonglieren zwischen klassischer Produktion („Exploitation“, bei der höchstens auf Standardisierung und Optimierung der vorhandenen Ressourcen und Prozesse – und damit keine Veränderung – gesetzt wird) und Ausprobieren von Neuem („Exploration“, bei der beständig neue Ideen gesucht und ausgebaut werden). Das eine kann auch als Routine und das andere als Experiment bezeichnet werden oder Arbeiten nach dem Einschleifen-Lernen oder Zweischleifen-Lernen.

John P. Kotters „Fünf Prinzipien für ein duales Betriebssystem" (2012)

- *Viele Veränderungswillige in Teilzeit finden als wenige in Vollzeit*
  Auch wenn es Leuchttürme oder Speedboote braucht: Es ist nicht nachhaltig, nur auf wenige (prominente) Veränderungsagenten zu setzen und diese voranlaufen zu lassen. Man sollte gleichzeitig dezentral und auf allen Ebenen Menschen finden, die nebenher zu ihren normalen Tätigkeiten bereit sind, sich für Wandel einzusetzen. Die z. B. an KVP-Kreisen freiwillig teilnehmen oder sich als Change Ambassadors weiterbilden und dann Wandel in ihrem Team vorantreiben. Vollzeitkräfte bergen die Gefahr, dass sie sich zu schnell vom Alltag entfernen und daher mit den Botschaften nicht mehr die Kolleg:innen erreichen. Sie entwickeln ihre eigenen Logiken, die nichts mit denen der Belegschaft in der Linie zu tun haben.
- *Der Wille zur Veränderung muss intrinsisch vorhanden sein*
  Es bringt nichts, Menschen Veränderung zu befehlen. Diejenigen, die als Veränderungsbotschafter:innen agieren sollen, müssen für sich den Wandel verstanden und angenommen haben. Nur so können sie die Begeisterung verbreiten, die notwendig ist, um andere mitzureißen. Freiwilligkeit wird zum Treiber für ein immer größer werdendes Netzwerk an Veränderungswilligen.
- *Kopf und Herz und nicht nur Kopf*
  Weil Veränderung an den Grundmustern des eigenen Weltbilds und Verhaltens rüttelt, müssen die Menschen auch emotional angesprochen werden, ansonsten erreicht man sie nicht. Menschen brauchen mehr als nur Zahlen und Fakten, um zu verstehen, warum auch sie sich ändern müssen. Daher braucht es eine Geschichte, Events und Foren, wo es leidenschaftlich wird und wo Menschen auch über Ängste und Hoffnungen sprechen können.
- *Mehr Leader und weniger Manager:innen*
  Es müssen Visionen entwickelt werden und Menschen begeistert bzw. mitgerissen werden (Abschnitt 6.1). Führungskräfte müssen vorleben, was erwartet wird, Veränderung muss erlebbar gemacht werden. Bei ihnen muss man die Begeisterung spüren, denn Menschen, die eher zu Ängstlichkeit neigen, beruhigt es, wenn wichtige Persönlichkeiten voranschreiten.
- *Zwei Systeme, eine Organisation*
  Die Botschaft darf nicht sein: Wir machen weiter wie bisher und irgendwann kommt die große Veränderung. Durch die Teilzeitveränder:innen und eine kontinuierliche Integration des Themas in den Alltag wird sich der veränderungsbereite Anteil mit dem der Routine so verweben, dass das eine vom anderen so gut wie nicht unterscheidbar wird. Veränderung wird zur Routine, Routine stabilisiert Veränderung.

Es handelt sich dabei um einen Arbeitsmodus, der genug Sicherheit durch Bekanntes garantiert, damit man bereit ist, in ausgewählten Bereichen Neues auszuprobieren, ohne in existenzielle Krisen zu geraten. Kotter (2012) beschreibt sein zweiseitiges Betriebssystem wie folgt:

> *„The existing structures and processes that together form an organization's operating system need an additional element to address the challenges produced by mounting complexity and rapid change. The solution is a second operating system, devoted to the design and implementation of strategy, that uses an agile, networklike structure and a very different set of processes. The new operating system continually assesses the business, the industry, and the organization, and reacts with greater agility, speed, and creativity than the existing one. It complements rather than overburdens the traditional hierarchy, thus freeing the latter to do what it's optimized to do. It actually makes enterprises easier to run and accelerates strategic change. This is not an ‚either or' idea. It's ‚both and.' I'm proposing two systems that operate in concert."*

Ein Unternehmen kann es sich nicht leisten, nur ein „Betriebsmodell" zu haben – es muss in der Lage sein, sowohl Veränderung wie auch Ruhe nebeneinander zu organisieren. Es braucht das klassische Verwalten und zugleich Aufbruchstimmung.

Die Führung muss dafür sorgen, dass die Balance zwischen Stabilität und Dynamik gefunden wird.

Ein solcher Ausgleich zwischen Dynamit und Stabilität kann sich im Alltag nur im eigenen Team manifestieren, alles andere wäre zu weit weg für die einzelnen Mitarbeitenden. Entsprechend kommt der oder dem Teamleiter:in die Aufgabe zu, für genau dieses Schwingen zwischen den Polen zu sorgen. Die Unternehmensberater Sven Grote, Victor W. Hering et al. (2012) haben dafür ein *Balance-Modell* entwickelt. Es greift dieses Pendeln zwischen „Stabilität" und „Dynamik" auf und überführt es in Spannungsfelder, die in Teams vorherrschen und die von einer Führungskraft gesehen und darin für Ausgleich gesorgt werden muss. Insgesamt haben sie so acht Spannungsfelder in vier Bereichen identifiziert (S. 62; siehe auch Bild 7.4).

Ein klassisches Dilemma stellt beispielsweise die Entscheidung dar, ob und welche Mitarbeitenden man auf welche Fortbildung schickt. In der Spannung Tagesgeschäft vs. Strategie muss betrachtet werden, ob der jeweilige Mitarbeitende nicht zu sehr im Team gebraucht wird (stabilisierend). Gleichzeitig muss berücksichtigt werden, dass Mitarbeitende regelmäßig neue Dinge hinzulernen (dynamisierend). Bei dieser Frage stellen sich auch auf der Ebene des Beziehungsmanagements Herausforderungen: Im Sinne der Teamaufteilung und Arbeitsverteilung wäre es vielleicht sinnvoll, nur bestimmte Mitarbeitenden zu einer teuren Fortbildung zu schicken, aber dann würden sich andere im Team vielleicht zurückgesetzt fühlen.

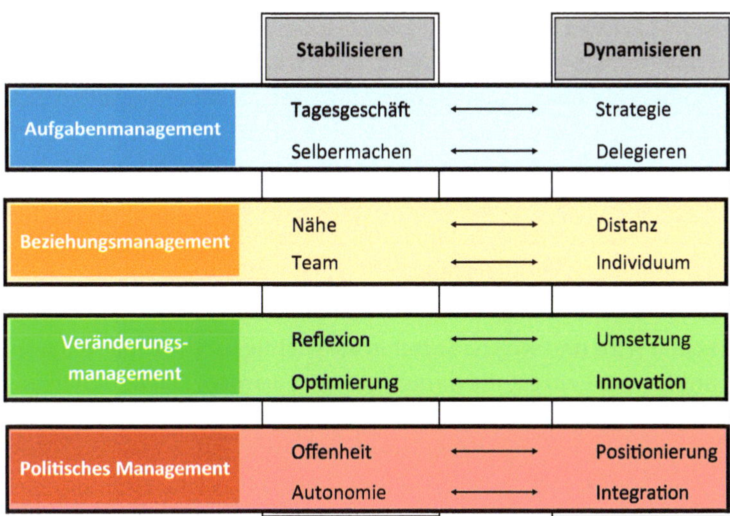

Bild 7.4 Balance-Modell: ein Pendeln zwischen Dynamik und Stabilität (Sven Grote, Victor W. Hering (2012))

Ein weiteres Spanungsfeld sind die widersprüchlichen Erwartungen in der Mikro- und Makropolitik. Das betrifft die Frage, wie sich die Führungskraft mit ihrer Abteilung im Gesamtkontext der Firma positionieren soll, um den Zusammenhalt im Team zu fördern, und sichtbar zu machen, dass sich Dinge in einer Organisation auch ändern können. Je nach Betrachtungsebene könnte man noch mehr Spannungsfelder finden, z. B. das Feld Homogenität vs. Diversität in der Teamzusammensetzung.

Dieses Konzept erklärt, was Führung ausmacht: Abwägen zwischen sich widersprechenden Anforderungen. Ist man sich dieser Spannungen bewusst, kann man für Ausgleichshandlungen sorgen, sobald eine Seite überhandnimmt. Wenn zu viel Unruhe in einem Team oder einer Abteilung herrscht, kann mithilfe von Routinen, die bewusst den Alltag in den Vordergrund stellen, wie Regeltermine, Aufräumen und Dokumentieren, dafür gesorgt werden, dass Mitarbeitende sich wieder ihrer selbst vergewissern und nicht ständig über den Veränderungsdruck nachdenken. Beharrungskräfte lassen sich aufrütteln, indem man mehr Lernmomente in Form von gezielten Irritationen, Off-sites oder Fortbildungsprogrammen generiert. Es geht also darum, die Gruppe bzw. deren Mitglieder im Auge zu behalten. Psychologische Grundbedürfnisse wie Sicherheit und Geborgenheit im Sinne der Resilienzförderung müssen so mitbedient werden, dass die Mitarbeitenden sich ausreichend geschützt fühlen, auch neue Dinge auszuprobieren.

Fehler müssen als Chance für Verbesserung genutzt werden.

Der richtige *Umgang mit Fehlern* kann als Lackmustest verstanden werden, wie der Sachstand inmitten der Pendelbewegung aussieht. Manchmal kann ein „Fehler“ der Weg raus aus der Routine sein oder andersherum aufzeigen, dass die Veränderungsgeschwindigkeit zu groß war. Oder er zeigt auf, dass eine konkrete Person noch nicht verstanden hat, was die Erwartungen hinsichtlich eines Ergebnisses waren – also ein anderes Qualitätsverständnis hat. Als Ergebnis kommen „fehlerhafte“ Produkte zustande, die den eigenen Qualitätsstandards nicht (mehr) genügen. Fehler sind damit ein Indikator, wo man mit einer Veränderung steht. Fehler müssen genutzt werden, um in die Reflexion zu kommen.

Was als Fehler betrachtet wird und welche Facetten als wichtig für die Fehlereingrenzung sind, ist relevant für die Lehren, die daraus gezogen werden. Die Einschätzung hängt vom eigenen Wirklichkeitsverständnis ab und eignet sich zur Synchronisierung mit denen der anderen. Im ISO-Normen-Kontext wird daher auch weniger von Fehler, sondern von „Nonkonformität“ gesprochen, was die „Nichterfüllung einer Forderung“, also mangelnde Abdeckung von vereinbarten Merkmalen, bedeutet (vgl. dazu Christian Harteis, Johannes Bauer et al. (2006)). Dabei sind folgende Ebenen zu berücksichtigen:

- *Inhaltliche Ebene:* Was wird als Fehler bezeichnet?

  Bevor man in die Analyse eines Fehlers gehen kann, müssen sich die Beteiligten erst einmal darauf einigen, dass ein Fehler vorliegt. Das heißt, dass die Notwendigkeit besteht, in die Kommunikation und eine gemeinsame Problembeschreibung zu gehen. Eine:r allein kann vielleicht für sich etwas als fehlerhaft ansehen, aber wenn sonst keiner diese Ansicht teilt, folgt daraus keine Aktion. Entsprechend kann ohne eine Synchronisierung zwischen den Betroffenen das Thema nicht weiterbearbeitet werden.

- *Normative Ebene:* Weswegen wird etwas als Fehler bezeichnet?

  Eine Abweichung von der Norm ist gemäß unserer Definition ein Qualitätsproblem, weil das Gelieferte nicht den vorher vereinbarten Eigenschaften entspricht. Interessant wäre daher zu fragen, wessen Erwartungen das Produkt nicht entspricht. Waren dies wirklich vereinbarte Eigenschaften oder wurden dies nur implizit von einer bestimmten Gruppe gefordert? Lassen sich die Qualitätserwartungen klar formulieren, von denen das Produkt abweicht? Wenn der/die Produzierende keine Abweichung erkennen kann, muss mehr über Qualitätsvorstellungen gesprochen werden.

- *Personale Ebene:* Wer bezeichnet etwas als Fehler?

  Wenn es unterschiedliche Meinungen darüber gibt, ob ein Fehler vorliegt, muss geklärt werden, wer berechtigt ist, einen Fehler festzustellen. Auch Kund:innen können nicht beliebig Unzufriedenheit mit dem Produkt äußern. Das Produkt muss dem entsprechen, was vorher vereinbart wurde. Darüber hinaus gestellte Erwartungen müssen nicht berücksichtigt werden (siehe Abschnitt 3.2.1). Insgesamt ist das Benennen von Fehlern auch eine Frage von Macht und Berechtigung und es verdient daher immer einen Blick darauf, von wem etwas als fehlerhaft bezeichnet wird.

- *Aktionale Ebene:* An welchem Punkt trat der Fehler auf und welche Konsequenzen zog er nach sich?

  Diese Frage führt zum Kern von Qualitätsmanagement. Wichtig ist die Unterscheidung zwischen Ursache und Wirkung, um an der richtigen Stelle ansetzen zu können. Je nachdem, auf welcher Ebene der Fehler zu suchen bzw. zu finden ist (sachlicher oder prozeduraler), muss auch mit der Fehlerbehebung anders umgegangen werden. Materialprobleme müssen anders als gelöst werden, als Fehler, die aufgrund von mangelnder Kompetenz der verantwortlichen Person passieren. In letzterem Fall kann man infrage stellen, ob man von einem Fehler sprechen kann, weil der Prozess damit von Anfang an nicht der Norm entsprochen hat. Lösen muss man das Problem immer.

Aus den genannten Ebenen zur Klärung, was als Fehler zu bezeichnen ist und warum, lässt sich erneut schließen, dass es sinnvoll ist, so viele Menschen wie möglich an der Fehleranalyse und Lösungsentwicklung zu beteiligen. Nur dann werden keine Perspektiven außer Acht gelassen oder Dinge nicht nur aus einer reinen Machtposition bewertet. Wenn man in der Experimentierphase ist, genügt es außerdem nicht, sich daran zu begeistern, dass man etwas ausprobiert hat, was dann nicht geklappt hat. Sich nur für das Versagen zu feiern, hilft nicht beim Lernen. Das Reden über das Scheitern muss eingebettet sein in Überlegungen, was die Ursachen sind und was man das nächste Mal anders machen würde. Die Beschäftigung mit Fehlern öffnet den Wirklichkeitshorizont und erlaubt das gemeinsame Zweischleifen-Lernen auf einer Metaebene.

Veränderung braucht einen stabilisierenden Rahmen. Es braucht ein Setting, das auch Zeit für Ruhe und Reflexion bietet, um sich zu sammeln und gestärkt weiterzugehen. Sinnvoll genutzt, können solche Ruhephasen dazu dienen, das Ziel nochmal neu in den Blick zu nehmen und sich evtl. neu auszurichten.

Im Sinn des PDCA-Zyklus können fehlerhafte Abläufe und Ergebnisse Hinweise darauf geben, wie gut die Veränderung bereits gegriffen hat oder wo noch Nachjustierbedarf besteht. Qualität ist dabei die Richtschnur, allerdings nur, wenn sich auch das Qualitätsmanagement selbst auf den Weg macht und beweglicher wird, als das traditionell gedacht ist.

7.3.2 Exkurs: Stabilität und Entwicklung im Qualitätsmanagement

Das klassische Qualitätsmanagement hat seine eigenen Schwierigkeiten mit Veränderungen. Qualitätsmaßnahmen sind darauf ausgelegt, Stabilität in den zu erwartenden Ergebnissen herzustellen. Abweichungen von dem definierten Qualitätsrahmen, also Variationen zum Status quo, sind frühzeitig zu erkennen und zu unterbinden. Qualitätsmanagement definiert ein festes, messbares Qualitätszielbild und setzt dann alles daran, es dauerhaft zu liefern. Daran hat auch die Idee eines kontinuierlichen Verbesserungsprozesses nichts geändert. Die Grundprämisse bleibt, dass das klassische Qualitätsmanagement in einem klaren, vordefinierten Rahmen in Form von Standardisierung agiert, der jede Veränderung im Arbeiten als eine Störung interpretiert.

Das lässt sich gut an einem Lieblingsthema des Qualitätsmanagements feststellen: der Messbarkeit der Prozesse und Produkte, also dem „Check"-Teil des PDCA-Zyklus. In einem hochdynamischen bzw. agilen Umfeld ändern sich die Arbeitsabläufe und deren Ergebnisse ständig und lassen sich daher weder mit einem Stand aus dem letzten Messzyklus noch mit einem projizierten Soll-Stand messen, weil beides „Moving Targets" sind und sich als Vergleichsgröße nicht eignen. Objektive Messgrößen zu entwickeln, die dieser laufenden Veränderung gerecht werden, ist nicht trivial bis hin zu unmöglich. Standardisierungen, wie das klassische Qualitätsmanagement sie anstrebt, lassen sich so nicht mehr entwickeln. Aus diesem Grund muss im agilen Kontext auch regelmäßig über die DoD gesprochen und diese gegebenenfalls angepasst werden.

Das klassische Qualitätsmanagement kann man daher zurecht als einen stabilisierenden Faktor des jeweiligen Status quo betrachten. Es hat für sich genommen keinen Veränderungswillen jenseits klar definierter Grenzen. Es vertraut darauf, mit festen, zuverlässigen Parametern arbeiten zu können. Wenn man in ein solches stabiles Umfeld den prinzipiellen Wunsch nach Veränderung einführt, wird dem Qualitätsmanagement die feste Grundlage entzogen, auf der seine Prüfung- und Verbesserungsmechanismen aufgebaut sind.

Es gilt daher zu fragen, wie man dem Qualitätsmanagement selbst die notwendige Flexibilität verschaffen kann, um über die Beschäftigung mit Qualität eine Organisation zur Weiterentwicklung zu bewegen. Hier helfen die Überlegungen von Robert Pirsig, einem Philosophen, der der Hippiebewegung zurechnet wird, weiter (vgl. Kasten „Unterscheidung in statischer und dynamischer Qualität").

Unterscheidung in statischer und dynamischer Qualität

In seinem Buch „Zen oder die Kunst ein Motorrad zu warten" beschäftigt sich Pirsig mit der Frage, was „schief" gelaufen ist in unserer hoch technologisierten Welt, dass es so viele Menschen gibt, die sich nun davon abwenden und ihr Glück in Esoterik, Blumenbildern und dem einfachen Leben suchen („back to the roots"). Sein Ergebnis lautet: Weil in der Antike (genauer: durch Platon) der Qualitätsbegriff als ein rein rationales Konzept entwickelt wurde, sind Themen wie Harmonie oder Schönheit vollkommen aus dem Blick geraten. Wenn Menschen von Qualität sprechen, dann reden sie von genormten und standardisierten Gegenständen oder vielleicht noch von Verfahren, aber es steht keine Idee von einem größeren Ganzen oder auch etwas emotional Anschlussfähigerem bzw. Persönlicherem dahinter. Hippies lehnen einen solchen Qualitätsbegriff als unvollständig ab und wenden sich daher irrationaleren Idealen zu.

Robert Pirsig erweitert in seinem Buch „Lila oder ein Versuch über Moral" das Thema „Qualität" zu einer „Metaphysik der Qualität". Dabei entwickelt er eine Hierarchie von verschiedenen Ebenen, die jeweils eigene Werte (bzw. Moral) haben und aufeinander aufbauen, ohne dass das eine in dem anderen aufgeht. Grundlage für alles bildet die anorganische Welt mit ihren eigenen (physischen) Gesetzen und darauf aufbauend die Natur bzw. Biologie, die die Gesetze für das Leben definiert. Mit dem Sozialen wurde später durch die Menschen eine weitere Ebene geschaffen, die das Miteinander unter Menschen regelt. Die intellektuelle, der Aufklärung verbundene Ebene hat sich dahingehend von der zwingenden Notwendigkeit sozialer Gesetze befreit, sodass allein die Vernunft vorgibt, was zu tun und was zu lassen ist. Qualität entsteht in einem solchen System laut Pirsig dann, wenn es gelingt, das Arbeiten und Produzieren so zu gestalten, dass es allen Ebenen gerecht wird und man sich nicht blind der Moral einer dieser Ebenen unterwirft.

Pirsig unterscheidet zwischen statischer und dynamischer Qualität. Ersteres dient zur Stabilisierung der Moral einer bestimmten Hierarchieebene. Zweiteres stellt diese infrage und erlaubt es, neue Gesetzlichkeiten zu entwickeln. Nur im Zusammenspiel aus beiden ist Leben und Evolution möglich.

Pirsig sagt: Qualitativ zu arbeiten, ist ein Zeichen dafür, dass einem etwas wichtig ist. Qualität kann nur erreicht werden, wenn man sich mit seinem Tun identifiziert, also auch eine emotionale Bindung zu einem Gegenstand, einem Prozess oder auch einer ganzen Organisation aufbaut. Ansonsten kann Qualität nicht realisiert werden. Damit muss man die Menschen, gebunden an ihre jeweiligen Vorstellungswelten, auch emotional für eine Sache gewinnen und darf nicht so tun, als würden diese bei der Produktion keine Rolle spielen.

Pirsig findet in „Lila oder ein Versuch über Moral" die Zusammenführung aus einer reinen Objektivierung des Qualitätsverständnisses und der subjektiven Bedeutung von Qualität, indem er die jeweiligen Vorstellungen von Qualität als zeitgebunden darstellt. Wenn wir versuchen, Qualität zu objektivieren, dann erhalten wir seiner Ansicht nach *„statische Qualität"*, die versucht, einen bestimmten IST-Stand festzuhalten. Da wir sinnliche Menschen sind, die eine nur begrenzte

Wahrnehmung haben, müssen wir davon ausgehen, dass unser Verständnis von Qualität niemals umfassend ist, sondern nur als Momentaufnahme zu verstehen ist, die mit unserem jeweiligen, aktuellen Wirklichkeitsverständnis verbunden ist.

Statische Qualität ist wichtig und nötig, da sie eine stabilisierende Funktion hat, die es erlaubt, den Stand zu erhalten und zu bewahren. Jedes System ist darauf angewiesen, sich eine klare Basis für die Bewertung von Dingen zu verschaffen. Allerdings führt dieses reine Bewahren zu Erstarrung und einem Mangel an Flexibilität für neue Erkenntnisse. Entwicklungsmöglichkeit entsteht nur über die Einführung einer zweiten Komponente, der *„dynamischen Qualität"*. Es muss möglich werden, Qualität als eine dauerhafte Denkbewegung zu verstehen, die beständig und immer wieder aufs Neue die erlebte Welt mit den jeweils aktuellen Wertvorstellungen in Einklang zu bringen versucht.

Die eigenen Qualitätsvorstellungen dürfen nicht nur innerhalb gegebener Rahmenparameter fixiert bleiben, sondern müssen kontinuierlich gemäß neuen Erfahrungen und gesellschaftlichen Diskussionen angepasst werden. Die nicht so einfach messbaren Fragen, wie soziale Akzeptanz, neue Wertegrundlagen und subjektive Erfahrungen, müssen Einfluss nehmen können auf die allgemeinen Qualitätsvorstellungen. Es müssen Möglichkeiten geschaffen werden, das gesamte Konzept der Qualität hinter den Dingen, im Sinne der „Essenz", infrage stellen zu dürfen bzw. weiterentwickeln zu können. Variation ist daher nicht eine reine Störung, sondern der Anlass, über die vorhandenen Rahmenparameter nachzudenken. Ein Moment der Reflexion entsteht, der Qualitätsbegriff wird angereichert.

Vgl. Robert M. Pirsig (1976) und Robert M. Pirsig (1992).

Das klassische Qualitätsmanagement verfolgt das Ziel, Dinge und Abläufe objektivierbar und wiederholbar zu machen. Man versucht, jede subjektive Komponente zu eliminieren und die Menschen durch Schritt-für-Schritt-Beschreibungen, die jede:r durchführen kann, und messbare Produktmerkmale als Einflusskomponente aus dem Vorgehen zu entfernen. Qualität bedeutet, dass es egal ist, wer die Arbeit macht, weil alles so objektiv und neutral vorgegeben wird, dass immer dasselbe Ergebnis daraus entsteht.

Man kann noch einen Schritt weitergehen: die Hoffnung, die mit der Automatisierung und Digitalisierung einhergeht, ist, den Menschen komplett aus den Abläufen zu eliminieren. Dieser stellt eine der größten Fehlerquellen für standardisierte Produktion dar. Es ist daher pragmatisch und erst einmal auch zielführend, Menschen aus den Verfahren zu streichen. Ein Unternehmen kann es sich nicht leisten, Prozesse um konkrete Menschen herum zu bauen, die auf ihre Weise Dinge erledigen. Menschen müssen für eine Organisation ersetzbar bleiben. Wenn man also über Qualität spricht, war die Zielperspektive daher immer, Methodiken zu entwickeln, die Individuen ersetzbar oder irrelevant werden lassen.

Die Frage nach der Objektivität ist relativ. Daher sollte sich auch das Qualitätsmanagement von der Idee der Objektivierbarkeit verabschieden und so etwas wie Originalität, Spontanität und Emotionalität in Qualitätsfragen zulassen. Damit wird Normierbarkeit oder Objektivität etwas aus dem Fokus genommen und das (Inter-)Subjektive, das Soziale eingeführt, das es Menschen erst möglich macht, über ihre Qualitätsvorstellungen zu sprechen.

Pirsig entwickelt seine Gedanken anhand fernöstlicher Vorstellungen von einer ganzheitlichen Verbundenheit mit der Welt. Auch bei Kaizen wird postuliert, dass es keine endgültige Definition von Perfektion und damit absoluter Qualität geben kann. Daher kann sie nur aus den jeweiligen aktuellen Umständen heraus und damit immer nur annähernd beschrieben werden. Es ist ihr inhärent, dass sie sich wandeln, weiterentwickeln kann und muss. In der Konsequenz heißt das auch, dass man zwar viel und beständig über Qualität in der Zusammenarbeit und den Produkten sprechen muss, aber damit nie zu einem wirklichen Ende kommt. Es kann kein objektiver Zielpunkt von „perfekter" Qualität definiert werden. Aber es kann zu einem kontinuierlichen, subjektiven Erleben und Entwickeln gemacht werden. Qualität erhält damit eine dynamische Komponente, weil es der Logik der evolutionären Entwicklung folgt.

Der große Vorteil eines solchen Verständnisses von Qualität ist, dass es einen Ausgleich zwischen Qualitätssicherung und Organisationsentwicklung bietet. Die Absicherung der erarbeiteten Qualitätserwartungen ist kein Hinderungsgrund, neue Qualitätsaspekte zu integrieren. Während man bereit ist, neues Erleben, also Impulse aus der Umwelt, zuzulassen, kann man auf der Basis bisheriger Vorstellungen das eigene Qualitätsverständnis weiterentwickeln und neue Erkenntnisse integrieren. Das heißt für die Qualitätsfrage, dass man sich durch Sprechen, Ausprobieren, Analysieren bzw. Reflektieren, wieder Ausprobieren in einen ewigen reflexiven PDCA-Zyklus begibt. Allerdings werden nicht objektivierbare Messergebnisse zur Analyse und Bewertung herangezogen, sondern subjektives Erleben und neue Interpretationsansätze. Damit fließen neue Eindrücke in das kollektive Sprechen über und das Verstehen von Qualität ein. Variation wird das Interessante, Bereichernde und nicht das zu Eliminierende. Gelingt dies, erhält man einen modifizierten, den neuen Umständen angemesseneres Qualitätsverständnis. Aus der Dynamik der Variation entwickelt sich eine neue, stabile Basis, von der aus Qualität bewertet wird.

Damit rückt das Management von Qualität noch näher als bisher an die Aufgaben der Organisationsentwicklung. Wenn man das Thema „Qualität" also in einem Unternehmen steuern will, dann geht es auch weiterhin darum, auszuformulieren, was man objektiv in einem bestimmten Moment als Qualitätsziele erreichen möchte. Aber durch die Dynamisierung und das Sicherstellen der emotionalen Anschlussfähigkeit muss ein Prozess initiiert werden, der im Sprechen über Qualität nie zu einem Ende kommt und das Unternehmen beständig in die qualitative Weiterentwicklung bringt.

Scrum ist ein gutes Beispiel von Stabilisierung und Dynamik: Während die Inhalte immer fließend gehalten werden und jederzeit alles wieder auf den Prüfstand gestellt werden darf, bewegt sich das Scrum-Team mit seinen Ritualen und Artefakten in einem fixen Rahmen, der sich nie ändert. Qualitätssicherungsrituale bieten so einen stabilen Fixpunkt in einem sich trotzdem laufend ändernden Umfeld. Dies kann auch als eine Form der Ambidextrie verstanden werden.

Die Aufgabe von Qualitätsmanagement lautet dann, für einen klaren Rahmen und Vorgehen in dem Prozess zu sorgen. Es bedeutet sicherzustellen, dass die anstehenden Themen unter dem Qualitätsgesichtspunkt, also der Frage nach dem Was und Wie, betrachtet werden und ausreichend Zeit zur Reflexion und emotionalen Erlebbarkeit von Veränderungen vorgesehen ist. Das Nachdenken über die zu erwartenden Ergebnisse gibt den Rahmen vor, anhand dem diese im Anschluss bewertet werden können. Der PDCA-Zyklus bietet einen stabilen Rahmen für Ergebnissicherung und Reflexivität, die Sicherheit in Zeiten des Umbruchs ermöglichen.

Stabilität erreicht ein solches Qualitätsmanagement in diesem Fall nicht durch konkrete und messbare Ziele und den Versuch, den Menschen als Unsicherheitsquelle auszuschließen. Sondern dadurch, dass es sich zur Aufgabe macht, alle Menschen in dem Prozess miteinzuschließen, Variationen zuzulassen und die Zielrichtung bei aller Diffusität nicht aus dem Auge zu verlieren. Ein zukunftsfähiges Qualitätsmanagement achtet darauf, dass es jeden Schritt, den sich eine Organisation verändern möchte, bewusst macht und sich vorab die Frage stellt: Woran werden wir erkennen, dass das Ergebnis unseren Erwartungen entspricht? Also: ob das Ergebnis unserer Weiterentwicklung Qualität hat und die vorher vereinbarten Erwartungen erfüllt.

Qualitätsmanager:innen legen so nicht mehr die Qualität der Produkte fest, sondern sie moderieren Prozess und Dialog darüber. Sie werden zu Organisationsentwickler:innen, indem sie für Stabilität im Verfahren und Dynamik in den Ergebnissen sorgen.

Management Summary

In diesem Abschnitt wurde der emotionale Charakter von Veränderungsarbeit thematisiert. Im Verhandlungsprozess über Veränderungsbedarf sehen sich Menschen bedroht, weil sie um Einflussmöglichkeiten fürchten müssen. Jede Art von Verhandlung beinhaltet Machtmechanismen, die verhindern können, dass sich die besten Ideen durchsetzen. Die Idee, Machtverhältnisse mithilfe von flachen bis nichtexistenten Hierarchien abzuschaffen, ist naiv. Bloß, weil man formale Machtstrukturen abschafft, kann sich immer noch eine Gruppe von Menschen mehr Gehör verschaffen als eine andere.

Es ist daher sinnvoller, dies zu thematisieren, bestehende Strukturen zu hinterfragen und Machtkumulation durch die Verlagerung von Entscheidungskompetenzen in untere Einheiten zu vermeiden. Genauso lässt sich auch mit Macht spielen, indem man Rollen wechselt oder die Entscheidungsfindung durch neue, ungewohnte Mechanismen ermöglicht. Macht ist nicht per se schlecht, denn Entscheidungen können in einer Organisation nicht rein konsensual getroffen werden. Es muss aber Ziel sein, diese so reflexiv wie möglich zu gestalten.

Gleichzeitig muss einem auch bewusst sein, dass man es immer noch mit unterschiedlichen Menschen zu tun hat, selbst wenn man eine Unternehmenskultur vorfindet, die Veränderungsbereitschaft inkorporiert hat. Das bringt schon die arbeitsteilige Organisation mit sich, die unterschiedliche Talente und Fähigkeiten an unterschiedlichen Stellen braucht und einsetzt. Veränderungsbedarf führt zu Konflikten, die darin begründet sind, dass es verschiedene Sichten auf die Dinge gibt und die Menschen darum ringen, die richtigen Qualitätsvorstellungen zu finden. Dies sollte man zulassen und sauber moderieren.

Nicht immer kann man alle Skeptiker:innen dabei mitnehmen. Aber man kann erlebbare Beispiele schaffen und mit den Leuten im Gespräch bleiben. Das kann mit einem passenden Narrativ geschehen, das auch Zweifler:innen Anschlussmöglichkeiten bietet und Rückschläge oder neue Wege erklären kann. Ziel muss es sein, die Organisation als Ganzes in einen Zustand der mentalen Gesundheit zu bringen, der es erlaubt, auf Veränderungsbedarfe angemessen zu reagieren.

Weder Schockstarre noch blinder Aktionismus ist zielführend. Es gilt, ein Gefühl der Kontrolle zu erhalten, das es erlaubt, auf Bewährtes zurückzugreifen und Neues angemessen zu integrieren. Dies ist mit dem Begriff der „Resilienz" verbunden, der sagt, dass ein Material Robustheit mit sich bringt und daher bei härteren Umweltbedingungen nicht ohne Weiteres zerbricht. Ein Bild, das auch für Unternehmen funktioniert, solange sie nicht gummiartig immer wieder in die alte Form zurückspringen, sondern weiterhin biegsam bleiben, um ihre Form auch neuen Bedingungen gut anpassen zu können.

Man sollte nicht versuchen, alles auf einmal umkrempeln zu wollen. Mit einer ambidextren Führung, die immer wieder Phasen der Routine zulässt bzw. nur in Teilbereichen Neues ausprobiert, wird Stabilität auch in Zeiten von Unruhe ermöglicht. Eine solche Führung wird dann verstanden als Vermittlung zwischen Spannungspolen, die sowohl die Bedürfnisse des Einzelnen als auch der Gruppe im Blick behält. Durch passende Impulse können Dynamiken unterstützt bzw. abgemildert werden.

Das richtige Maß von Bewegung und Selbstvergewisserung zu finden, kann dabei auch Aufgabe eines Qualitätsmanagements werden, das anders als traditionell weniger als Absicherung vorhandener Qualitätsvorstellungen dient, als viel mehr als Ermöglicher von zukunftsfähigen Veränderungen. Wenn Qualität selbst als etwas Fließendes, Dynamisches verstanden wird, dann ist es die Aufgabe des Qualitätsmanagements, die Qualität des Flusses und weniger ein Endergebnis im Sinne von Perfektion zu ermöglichen. Dann schließt sich auch der Kreis zwischen Organisationsentwicklung und Qualitätsmanagement.

Literatur

Crozier, Michel; Friedberg, Erhard: *Die Zwänge kollektiven Handelns. Über Macht und Organisation*, Frankfurt am Main: Hain, 1993.

Doppler, Klaus; Simon, Fritz B.; Wimmer, Rudolf: „Change im Fluss der Dinge", in: *Organisationsentwicklung*, 2017, 3, S. 4 – 11.

Erlach, Christine; Müller, Michael: *Narrative Organisation. Wie die Arbeit mit Geschichten Unternehmen zukunftsfähig macht*, Wiesbaden: Gabler, 2020.

Flüter-Hoffmann, Christiane; Hammermann, Andrea; Stettes, Oliver: *Individuelle und organisationale Resilienz: theoretische Konzeption und empirische Analyse auf Basis eines kombinierten Beschäftigten-Betriebsdatensatzes*, Köln: Institut der deutschen Wirtschaft Köln Medien, 2018.

Fröhlich, Caspar: *Deep Democracy in der Organisationsentwicklung*, Stuttgart: Schäffer-Poeschel Verlag, 2016.

Grote, Sven, Victor W. Hering et al.: „Zwischen Stabilität und Dynamik. Perspektiven des Balance-Modells der Führung", in: Grote, S. (Hrsg.): *Die Zukunft der Führung*, Wiesbaden: Springer, 2012, S. 61 – 74.

Harteis, Christian; Bauer, Johannes; Heid, Helmut: „Der Umgang mit Fehlern als Merkmal betrieblicher Fehlerkultur und Voraussetzung für Professional Learning", in: *Swiss Journal of Educational Research*, 2006, 28(1), S. 111 – 130.

Kotter, John P.: „Accelerate!", in: *Harvard Business Review*, 2012.

Mintzberg, Henry: *Mintzberg über Management. Führung und Organisation. Mythos und Realität*, Wiesbaden: Gabler, 1991.

Pirsig, Robert M.: *Zen und die Kunst ein Motorrad zu warten*, Frankfurt am Main: S. Fischer, 1976.

Pirsig, Robert M.: *Lila oder ein Versuch über Moral*, Frankfurt am Main: S. Fischer, 1992.

Rosa, Hartmut: „Resonanz als Schlüsselbegriff der Sozialtheorie", in: Wils, J.-P. (Hrsg.): *Resonanz*, Baden-Baden: Nomos, 2019, S. 11 – 30.

Schwarz, Gerhard: *Konfliktmanagement. Konflikte erkennen, analysieren, lösen*, 9. Auflage, Wiesbaden: Gabler, 2014.

8 Rückblick und Ausblick

8.1 Rückblick: Qualitätsmanagement und Organisationsentwicklung zukunftsfähig verbinden

Im Rahmen der Veröffentlichung der ersten Auflage seines grundlegenden Werks zur lernenden Organisation Anfang der 1990er-Jahre bat Peter Senge William Edwards Deming, um ein Vorwort. Deming antwortete mit einer kleinen Abhandlung, die Senge in einer Wiederauflage 2006 kurz erwähnt (Peter M. Senge 2017, S. 1–9). Deming gestand darin indirekt, dass er das traditionelle Verständnis von Qualitätsmanagement bzw. aller Managementsysteme für gescheitert erachtet. Er forderte eine Transformation, die weiterhin durch das „Prinzip der Variation" (die statistische Theorie und Methode, derer sich das klassische Qualitätsmanagement bedient) getragen sein muss, aber durch ein „Verständnis der Systeme", eine „Theorie des Wissens" und „Psychologie" bestimmt sein müsse.

Senge geht in dem Vorwort nicht näher darauf ein, ob Deming damals bereits ein klares Verständnis entwickelt hatte, wohin die Reise dieser Transformation gehen sollte. Einer der Mitbegründer des modernen Qualitätsmanagements hatte jedoch für sich entschieden, dass die klassischen Methoden der reinen Qualitätssicherung nicht dauerhaft gewährleisten können, dass die Unternehmen angemessen auf die Anforderungen von Markt und Gesellschaft reagieren. Dazu brauche es mehr, weswegen laut Senge Deming selbst schon zunehmend die Bedeutung von Ausbildung und einer lernenden Organisation in den Mittelpunkt seiner Überlegungen rückte.

Eine Organisation muss in der Lage sein, sich schnell und innovativ auf sich jeweils ändernde Rahmenbedingungen einzustellen, sich also kontinuierlich weiterzuentwickeln. Es ist nicht trivial, ein System, das sich dadurch definiert, dass es sich gegenüber seiner Umwelt abgrenzt, dazu zu bringen, Änderungsbedarfe von dort wahrzunehmen, geschweige denn angemessen darauf zu reagieren. Das Qualitätsmanagement, in Form einer ISO 9001-Zertifizierung, bietet hierfür keine ausreichende Hilfestellung. Grundsätzliches Infragestellen der eigenen Grundlegung und Überzeugungen ist nicht Teil eines solchen Managementsystems.

Qualität bzw. deren Management wird erst einmal auf ein Produkt bezogen verstanden. Ein Produkt muss bestimmten, vorher definierten Anforderungen genügen, um als qualitativ verstanden zu werden. Man muss sich vorab *darauf einigen, was die Erwartungen sind,* und überlegen, woran man deren Erfüllung erkennen kann. Dies stellt eine erste Erweiterung der klassischen Definition von Qualität dar. Dies ist nur vollumfänglich möglich, wenn man nicht nur die Qualität des Produkts in den Blick nimmt, sondern auch den Prozess, das Vorgehen, um dieses zu erstellen. Dabei kommt nicht nur der reine Ablauf im Sinne eines Werksprozesses in den Fokus, sondern auch das gemeinsame Wirklichkeitsverständnis. Erst das erlaubt es, gemeinsam in dieselbe Richtung zu laufen. Und zu merken, wenn man die Richtung verändern muss. Erst *die Verbindung von „Was" mit dem „Wie" zu einem „Wofür"* kann Qualität erfassen und so angemessen Veränderungen erkennen lassen.

Eine weitere Erweiterung der klassischen Perspektive ergibt sich aus der Komplexität der Herausforderung selbst: Auch wenn man Änderungsbedarf identifiziert hat, ist nicht immer klar, an welchen Hebeln man ansetzen muss und was welche Wirkung entfalten wird. Qualitätsmanagement liebt es, alles in seine Einzelteile zu zerlegen, in der Hoffnung, den Grund für etwaige Qualitätsprobleme zu finden. Vielen Ursachen und deren Wirkungen sind in einer Organisation aber so miteinander verwoben, dass es für eine Organisation nicht mehr möglich ist, klare Handlungsanleitungen zu entwickeln. Aufgrund der Komplexität der Verhältnisse bleibt einem in den meisten Fällen keine andere Wahl, als sich *langsam und in kleinen Schritten* dem Veränderungsbedarf anzunähern und angemessene Reaktionsweisen darauf zu finden. Das steht im Widerspruch zum traditionellen Managementverständnis, das davon ausgeht, dass es immer einen Plan und ein Ziel geben muss. Es geht daher auch um die Frage des *Eigenverständnisses von guter Führung*, auch und im Sinn eines eigenen „Managementsystems", das nicht so geradlinig und „Top-down" definiert werden kann, wie das eine Unternehmensleitung im Sinne einer Steuerbarkeit gerne hätte.

Aufgrund der Tatsache, dass wir Menschen unsere Wirklichkeit selbst und im Austausch mit anderen erst konstruieren müssen, können wir nicht ohne Weiteres eine neue Haltung zu unserem Arbeiten entwickeln oder uns plötzlich für andere Qualitätsziele begeistern. Eine solche Veränderung muss immer in Verbindung mit bisher Erlebtem gebracht und über einen langsamen Prozess des *(organisationalen) Lernens* verinnerlicht und zum Leben erweckt werden.

Mit dem *Qualitätshaus* werden die verschiedenen Perspektiven im Zusammenspiel dargestellt und gezeigt, wie Veränderung in einem Unternehmen möglich wird (Bild 8.1).

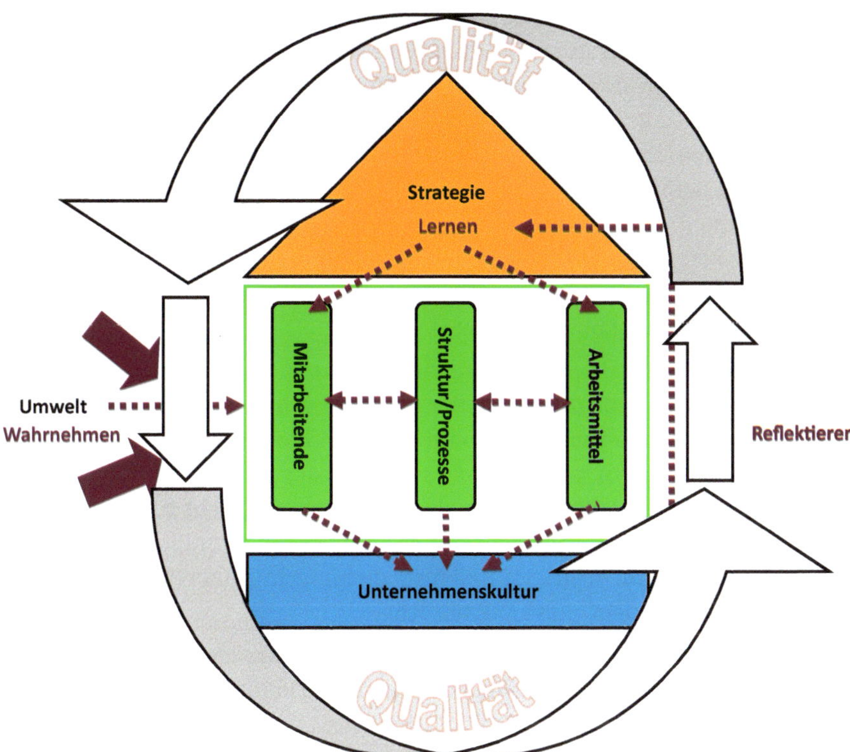

Bild 8.1 Qualitätshaus: Die unterschiedlichen Perspektiven im Zusammenspiel (Wiederholung Bild 2.7)

Eine Organisation ruht auf dem Fundament ihrer eigenen Unternehmenskultur, die es von anderen Organisationen bzw. der Umwelt unterscheidbar und einzigartig macht. Sie bestimmt, welche Mitarbeitenden man für geeignet hält, in welcher Struktur und Abläufen man zusammenarbeiten möchte und welche Arbeitsmittel man dafür als zielführend erachtet. Inhaltlich gesteuert wird das Ganze durch die Strategie, die sich aus der Verarbeitung von Impulsen von außen und der Überführung in die eigene Wirklichkeit mithilfe der Reflexion ergibt.

Eine Organisation muss daher befähigt werden, durch einen besonderen Austausch mit ihren *Stakeholdern* – seien es Kund:innen, Mitbewerber:innen, gesellschaftliche Player oder auch neue Mitarbeitende – Impulse für einen Änderungsbedarf aufzunehmen und für sich angemessen zu verarbeiten. Es müssen Lernstrukturen geschaffen werden, die es erlauben, das Erlebte mit dem in Übereinstimmung zu bringen, was man bisher über die Welt wusste. *Lernerfahrungen*, die neues Denken und Handeln erlebbar machen, verändern die Basis, auf der man bisher zusammengearbeitet hat. Nur so wird Reflexion ermöglicht, die dazu führen kann, dass ein Unternehmen seine Strategie ändert und seine Säulen anpasst.

Zu einem *Qualitäts*haus werden diese grundlegenden Prinzipien dann, wenn diese Veränderungen dadurch angestoßen und begleitet werden, indem man *über die eigenen Qualitätserwartungen spricht*. Es genügt also nicht, zu sagen, dass sich etwas ändern muss, sondern es müssen Anforderungen an die neue Zielperspektive erarbeitet und dafür Rahmenparameter, messbare Kriterien und ein stringentes und transparentes Vorgehen definiert werden. Dabei sollte man sich die Frage stellen: „Woran werden wir erkennen, dass wir uns in die richtige Richtung bewegen?" Es werden also im Sinne des klassischen Qualitätsmanagements zuerst Anforderungen an sich, an die Zusammenarbeit und an die Ergebnisse definiert und im Anschluss im Sinne des PDCA-Zyklus regelmäßig überprüft sowie angepasst.

Dabei ist das Ziel nicht, finale Kennzahlen zu entwickeln, sondern, dass das Reden Mittel zum Zweck wird: Durch das Reden über Qualität erhält man ein gemeinsames Verständnis davon, wo man steht und wohin man sich bewegen möchte. Gewusstes wird kritisch hinterfragt. Man muss sich neu seiner selbst vergewissern. Das Problem ist nur: Damit kommt das traditionelle Qualitätsmanagement nicht gut zurecht. Das klassische Ziel von Qualitätsmanagement war es ja, durch ein zentralisiertes, formalisiertes Vorgehen sowie standardisierte und nicht zu hinterfragende Prozesse Routine zu erzwingen und genau nicht, diese aufzubrechen.

Oftmals entwickeln daher klassische Qualitätsmanagementsysteme eher eigene Logiken und Kulturen, als dass sie sich fortlaufend mit den Grundlagen der Organisation, der sie angehören, beschäftigen würden. Es gibt Ideen und Mittel, Qualitätsmanagement dynamischer und offener zu gestalten, als sich das die klassische ISO 9001-Zertifizierung vorgestellt hat.

Bewegungen wie das Total Quality Management haben den Blick von Qualitätsmanagement schon dahingehend geweitet, dass es wenig bringt, eine eigene Abteilung für das Thema einzurichten, die Qualitäts-KPIs für das ganze Haus festlegt und dann prüft. Es muss sich *die Organisation als Ganzes* auf den Prüfstand stellen und Rechenschaft abgeben – auch über Themen, die erst sekundär mit dem Thema Qualität in Verbindung gebracht werden, wie z. B. das eigene Leitbild oder auch wie man Personalentwicklung betreibt.

Wenn man nun die Aufgabe eines zukunftsorientierten Qualitätsmanagements eher darin sieht, durch kontinuierliches Sprechen den Qualitätsbegriff zu verflüssigen, ganzheitlicher, emotionaler und damit auch für alle anschlussfähiger zu machen, bietet die *agile Arbeitsweise* Inspirationen. Nicht Sicherung des Status quo steht mehr im Mittelpunkt, sondern das beständige, kurze Innehalten, um Reflexion und ein Zweischleifen-Lernen zu ermöglichen, das es erlaubt, sich regelmäßig über die Anforderungen des eigenen Arbeitens auszutauschen und zu einigen.

Review und Retrospektive, wie auch andere Formate, die ein Sprechen über und Rechtfertigen der eigenen Qualitätsvorstellungen initiieren und die sich organisch in den *Arbeitsalltag* integrieren, bergen den Vorteil in sich, dass automatisch das „Was" mit dem „Wie" für ein gemeinsames „Wofür" – im Sinne des Qualitätshauses – verbindet. Dies geschieht dann aus der Sache heraus und nicht als zusätzliche Aufgabe, die noch „oben drauf" kommt, wobei dann immer noch nicht garantiert ist, dass dabei inhaltlich etwas Neues, Lernenswertes, entsteht. Dafür braucht es noch andere Rahmenbedingungen.

Das ist – zuallererst und am schwierigsten – zu erreichen, eine allgemeine *Offenheit gegenüber Andersdenkenden* und neue Sichtweisen. Dies beinhaltet interkulturelle Kompetenz im Sinne eines allgemeinen Verständnisses, dass Dinge so, aber auch anders gesehen und gehandhabt werden können. Ein bewusstes Erweitern des eigenen Horizonts und das immer wieder Durchbrechen von Routinen in Form von *Irritationen* können dazu beitragen, dass man auch über Selbstverständlichkeiten kontinuierlich nachdenkt. Dasselbe gilt, wenn man Kund:innen zum Gespräch einlädt, über deren Erwartungen zu sprechen, oder sich mehr mit Konkurrent:innen oder Vertretern aus dem öffentlichen Leben vernetzt.

Insgesamt braucht es eine andere Haltung zur Welt, aber besonders zu den Menschen. Sei es im Verständnis davon, was allgemein von einer Arbeitsstelle erwartet wird (Stichwort: Selbstverwirklichung), aber auch in der Führung des eigenen Teams. Die *Anforderungen an Führungskräfte* sind deswegen andere als noch früher, wo fachliche Kompetenz im Vordergrund stand. Sie müssen die Fähigkeiten ihrer Mitarbeitenden kennen, sie angemessen einsetzen, bei Konflikten ausgleichend wirken. Zugleich dürfen sie nicht mehr diejenigen sein, die sagen, was zu tun ist. Sie müssen auf die Eigenkompetenz ihrer Mitarbeitenden vertrauen und eher dafür sorgen, dass sie diese kontinuierlich weiterentwickeln, statt ihnen Vorschriften zu machen, wie Dinge zu erledigen sind.

Dahinter steckt ein Selbstverständnis als Organisation, das nicht komplett kontrolliert gesteuert werden kann und ständig in Bewegung bleibt. Unternehmenskultur als Fundament liegt im Unbewussten. Es kann nur durch kontinuierliches Reden, Beschreiben und Vorleben in eine Richtung entwickelt werden, die aufgrund der komplexen Verhältnisse aber nie ganz vorhergesagt werden kann. Darauf muss sich eine Organisation einstellen.

Der *Umgang mit Unvorhergesehenem* ist eine zentrale Forderung an das neue Führen. Wieder geht es weniger um das „Was" als das „Wie". Das Ziel kann nicht klar benannt werden, aber es kann immer wieder selbstkritisch und im Kollektiv darüber nachgedacht werden, ob man die aktuell richtigen Mittel zur Anwendung bringt und sich einig über die Zielrichtung ist. Die Organisation als Ganzes muss zum Hinzulernen gebracht werden, ohne die eigenen, bereits erarbeiteten Tugenden dabei zu vergessen. Konflikte und Widerstände entstehen, die ausgehalten und moderiert werden müssen.

Daher ist es hilfreich, ein Qualitätsmanagement zu haben, das Hand in Hand mit der Organisationsentwicklung immer wieder die Gespräche im Alltag wie auch in einem entsprechenden Organisationsentwicklungsprozess auf das Wesentliche lenkt: Warum gibt es uns als Unternehmen, wie wollen wir uns von der Umwelt/dem Markt absetzen, was brauchen wir dafür und woran kann man erkennen, dass uns das gelingt? Es versachlicht die Diskussionen, stößt in den Kern des eigenen Selbstverständnisses und der Kultur vor, ohne aus den Augen zu verlieren, dass es an der Umwelt liegt, zu befinden, ob man mit Qualität arbeitet und gute Produkte erzeugt.

Doch was heißt das für das Unternehmen in weiterer Zukunft? Corona hat radikale Änderungen in der Zusammenarbeit gebracht, die manche Unternehmen versuchen, wieder rückgängig zu machen, andere mit offenen Armen zu neuen Arbeitsplatzmodellen inspiriert hat. Wieder andere konzentrieren sich darauf, wie Künstliche Intelligenz und die Digitalisierung noch andere Herausforderungen und Arbeitsmodelle bringen werden. Vieles davon ist Glaskugelweissagung, die die Frage nach einer Vision der Gesellschaft der Zukunft und die Rolle von Qualität darin stellt.

8.2 Ausblick: Visionen und Realitäten

2002 gründete der ehemalige Bundespräsident Roman Herzog auf Initiative des damaligen Präsidenten der Vereinigung der Bayerischen Wirtschaft (vbw), Randolf Rodenstock, das „Roman Herzog Institut" *(https://www.romanherzoginstitut.de)*. Es beschäftigt sich mit Zukunftsthemen wie die zunehmende Vernetzung von Dingen und Menschen, Industrie 4.0 und Künstliche Intelligenz in Bezug auf unser bisheriges Verständnis von Arbeit und deren gesellschaftspolitischen Auswirkungen.

Das Jahrbuch des Instituts von 2020 beschreibt auf Grundlage vieler Workshops, Symposien etc. mithilfe eines „Zukunftsnavigators", wie man sich vonseiten der Wirtschaftsvertreter:innen Arbeit und Leben im Jahr 2222 vorstellt (Randolf Rodenstock, Nese Sevsay-Tegethoff (2020)). Der Zukunftsforscher Bernd Flessner prognostiziert darin, dass das kapitalistische System abgeschafft sei (S. 21), auch weil es möglich geworden sei, per Knopfdruck jede Art von Produkt sofort zu erstellen (S. 18 f.). Daher sei menschliche Arbeit

> *„– zumindest für die Produktion von Konsumgütern aller Art – nicht mehr erforderlich. Sie findet aber dennoch statt, erfüllt jedoch eine andere Funktion als 2019. Die zurückliegenden Automatisierungs- und Modernisierungsschübe haben auch das Verständnis und die Definition von Arbeit umfassend verändert. Den Begriff ‚Arbeit' gibt es 2222 nicht mehr; er zählt zu den vielen Archaismen, den verschwundenen Wörtern. An die Stelle des alten Begriffs ist ein Begriff getreten, der sich im weitesten Sinn mit ‚Tun' beschreiben lässt. Der Mensch dieses Szenarios tut etwas, und dies selten alleine, sondern oft in einer Gruppe, die man früher Projektgruppe genannt hätte. Eine solche Gruppe unternimmt beispielsweise Kontrollaufgaben und Inspektionsreisen zu Produktionsstätten, die sich auch auf anderen Planeten oder Asteroiden befinden können.*

Kontrolltätigkeiten sind von großer Bedeutung für das ‚Tun' und somit sinnstiftend. Aber auch soziales und ästhetisches ‚Tun' stehen hoch im Kurs. Andere Bereiche des Tuns sind retrograde Tätigkeiten, also eigentlich nicht mehr erforderlich. Sie werden dennoch ausgeübt, da sie dem Leben Sinn in Form von Spaß und Befriedigung verleihen. Vom Gärtnern bis zum Komponieren, vom Reparieren älterer Geräte bis zum Schauspiel ist alles dabei."

Die Vorstellung ist also, dass sich in 200 Jahren das Konzept „Arbeit" komplett vom Gelderwerb löst und daher auch andere Formen der Zusammenarbeit erlaubt, als das bisher der Fall war. Arbeit wird zu einem Thema der individuellen Selbstverwirklichung, weil das Lebensnotwendige von Maschinen erledigt wird. Was aber nichts daran ändert, dass es weiterhin „Kontrolltätigkeiten" gibt, d. h., Qualitätssicherung wird auch in Zukunft benötigt. Warum das auch in der Zukunft noch eine relevante Tätigkeit sein soll, wird nicht weiter in dem Text erläutert.

Während das Jahrbuch des Roman-Herzog-Instituts versucht, die großen Fragen der Gesellschaft wie Sozialstaat, Strukturwandel, Unterschiede Stadt-Land und Gemeinwohl zu beantworten, bleibt die Frage offen, was das für die Ausgestaltung einer Organisation der Zukunft bedeutet. Vielleicht wird es die Organisation in der Welt der Autoren des Buchs nicht mehr geben, sondern nur die erwähnten „Projektgruppen", die sich temporär zusammenfinden.

Will man mehr über Organisationen der Zukunft wissen, kann das Buch von Frédéric Laloux von 2015 zu „Reinvention Organizations" herangezogen werden. Es beschäftigt sich mit der Frage, wie eine Organisation aussehen bzw. funktionieren muss, wenn sich Erwartungen an Arbeit und das Miteinander radikal ändern. Der Autor geht dabei von einem evolutionären Entwicklungsmodell der Menschheit aus, das verschiedene Stufen von Organisiertheit und menschlicher Zusammenarbeit kennt und die den Menschen in immer höhere Existenzformen bringt. Die Stufen basieren auf den Vorarbeiten von u. a. dem Entwicklungspsychologen Jean Piaget und dem Psychologen Clare Graves. Sie zeigen sowohl die historische Entwicklung von Zusammenarbeit als auch die Entwicklungsstufen, die jeder Mensch bis zum Erwachsenenwerden durchläuft (Bild 8.2).

Bis heute lassen sich verschiedene Stufen gleichzeitig in einer Gesellschaft finden: Während im organisierten Verbrechen immer noch „tribal-impulsive" Strukturen vorherrschen und die katholische Kirche traditionell-konformistisch organisiert ist, funktionieren viele Unternehmen nach dem modern-leistungsorientierten Modell. Das aktuelle „Paradigma", wie Laloux es nennt, basiert auf einem postmodernen-pluralistischen Weltbild. Er geht noch einen Schritt weiter und proklamiert, dass wir bereits an der Schwelle zur nächsten, der integral-evolutionären, Stufe stünden. Er zeigt das anhand konkreter Unternehmen, die seiner Ansicht nach bereits diese Evolutionsstufe erreicht haben.

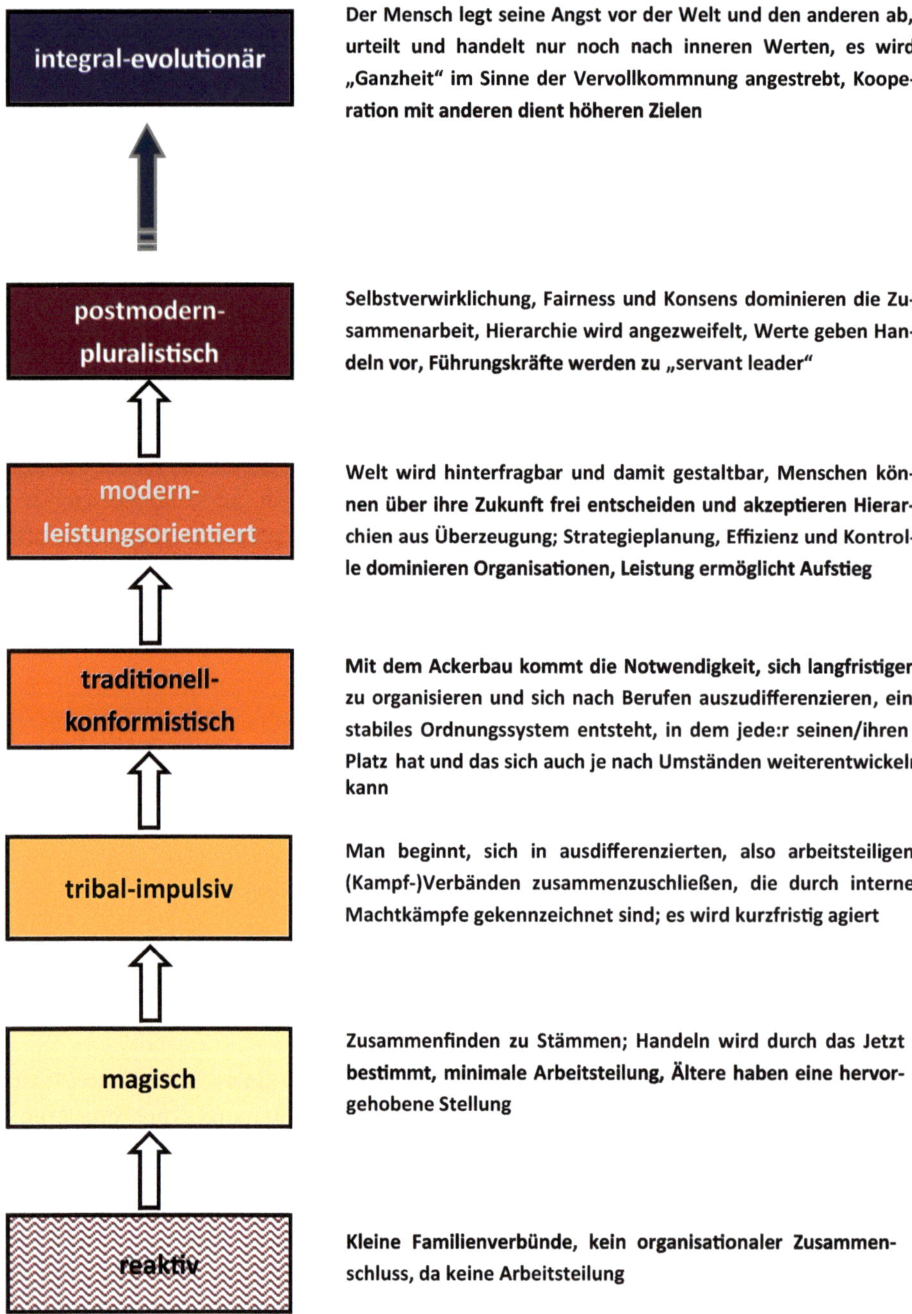

Bild 8.2 Entwicklungsstufen nach Frédéric Laloux (2015)

Eine Organisation neuen Stils gleicht eher einem lebendigen Organismus. Mit den drei Grundprinzipien – Ganzheit, evolutionärer Sinn und Selbstführung – basieren die Vorstellungen von Laloux auf denselben Ergebnissen wie diese Arbeit. Laloux bekräftigt die Ansicht, dass der Mensch aus sich selbst heraus entscheiden kann und muss, wie er sich weiterentwickeln will und was die nächsten Schritte sein müssen. Ganzheit und evolutionärer Sinn stehen dabei für ein Menschenbild, das das gesamte Wirklichkeitsverständnis einschließt und Sinnhaftigkeit für die eigene und organisationale Entwicklung voraussetzt („zuhören und verstehen, was die Organisation werden will", S. 55). Ihm geht es darum, ein Umfeld zu schaffen, das es Menschen erlaubt, sich ganzheitlich so weiterzuentwickeln, dass sie sich und als Team vollkommen selbst führen können. Damit werden nicht nur Veränderungen im Unternehmen möglich, sondern die Menschen können sich entfalten, also sich selbst verwirklichen. Arbeit ist dann nicht mehr die Bedingung, um ansonsten zu leben, sondern Leben und Arbeiten werden eins.

Die von Laloux entwickelte Zielvorstellung geht damit über konkrete Unternehmensziele wie Wettbewerbsfähigkeit hinaus. Er formuliert eine revolutionäre Gesellschaftsvision der Welt – in ihrer ganzen Buntheit – die als Quintessenz dieser Arbeit verstanden werden kann: „Wir sehen das Leben als eine sich entfaltende Reise und versuchen, aus einem Vertrauen in die Fülle zu leben, nicht aus der Angst vor dem Mangel. Wir können das Entweder-oder-Denken der Moderne überwinden, weil wir in der Lage sind, in Polaritäten und Paradoxen zu denken." (S. 300)

Klassisches Qualitätsmanagement spielt bei Laloux keine Rolle. Management als Kontrollaufgabe ist für ihn ein Zeichen von veralteten Strukturen. Er setzt auf selbstführende Teams, für die Qualität(ssicherung) zwar weiterhin ein Thema ist, aber nur eines unter vielen. Laloux betont, dass bei den Unternehmen, die er als exemplarisch für diesen neuen Typ vorstellt, ein hohes Qualitätsbewusstsein herrscht. Man könne dort Stolz wahrnehmen, Erwartungen eher zu übertreffen, als mit Mühen einzuhalten. Dabei ginge es nicht nur um die Qualität der auszuliefernden Produkte, sondern, wie er es nennt, auch um die Qualität der Interaktionen untereinander oder mit anderen Teams, also: um die Qualität der Zusammenarbeit.

Statt nur allgemein zu proklamieren, dass ein Unternehmen Sinn schaffen muss, lässt sich mit dem Sprechen über Qualität genau der Sinn erarbeiten und synchronisieren, den nach der Vorstellung von Laloux ein integral-evolutionäres Unternehmen generieren muss, will es in dieser visionären Art und Weise existieren. Das Reden über Qualität erlaubt Evolution und stellt über ein gemeinsames Wirklichkeitsverständnis den Sinn her, den es braucht, um Ganzheitlichkeit für jeden Menschen und die Organisation greifbar zu machen.

Ob eine neue Art von Gesellschaft herauskommt, die, wie das Roman Herzog Institut genauso wie Laloux, mit vollkommenem Gemeinsinn ausgestattet ist, der für alle Menschen volle Entfaltung in Frieden und Wohlstand erlaubt, sei trotzdem angezweifelt. Dass sich die Welt und die Menschen immer nur zum Besseren hin entwickeln würden, erscheint angesichts der Geschichte, aber auch der aktuellen politischen und wirtschaftlichen Entwicklungen eher kritisch zu sehen.

Aber Utopien sind auch eher als eine Reflexionsfläche der Gegenwart zu verstehen. Die Frage nach dem Sinn, dem Grund und der Art des Zusammenarbeitens sowie dem Wert von Arbeit stellen sich Menschen schon seit langem. Sie mussten und müssen im jeweiligen Zeitkontext anders und gemeinschaftlich beantwortet werden. Es gibt dazu keine allgemeingültige Antwort. Die gewählten Antworten und Wege sind auch nicht so geradlinig, wie sich das in einem Stufenmodell darstellt. Man findet Schlangenlinien, Spiralen, Berge und Täler, Zick-Zack-Linien oder konzentrische Kreise. Alles durcheinander oder hintereinander. Weil es nämlich nicht *den einen Weg* zu einer Organisation der Zukunft gibt, sondern viele.

Die Menschen in einem Unternehmen sollten sich offen und aktiv auf die Suche nach einer Antwort machen, die für einen selbst und für diejenigen, mit denen man leben und arbeiten möchte, funktioniert. Sie wird je nach Herkunft, allgemeinem Setting und Gesprächspartner:innen unterschiedlich ausfallen. Aber die Frage nach Qualität des eigenen Lebens, der Zusammenarbeit und einer Gesellschaft können dafür ein guter Startpunkt sein. Kommt Offenheit gegenüber alternativen Denkweisen, Reflexionsfähigkeit und Mut, Neues auszuprobieren hinzu, dann können im Kleinen neue Formen von organisiertem Miteinander entstehen, wie wir uns heute noch nicht ausmalen können. Es geht um den Fluss der Möglichkeiten und das eigene Verorten darin, das nur im Miteinander möglich ist.

Literatur

Laloux, Frédéric: *Reinventing Organizations*, München: Verlag Franz Vahlen, 2015.

Rodenstock, Randolf; Sevsay-Tegethoff, Nese (Hrsg.): *2020. Der Zukunftsnavigator*, Freiburg: Haufe-Lexware GmbH & Co. KG, 2020.

Senge, Peter M.: *Die fünfte Disziplin. Kunst und Praxis der lernenden Organisation*, 11. Auflage, Stuttgart: Schäffer-Poeschel Verlag, 2017.

9 Die Autorin

Dr. **Dina Brandt** arbeitet seit 2018 als CSI- und Prozessmanagerin bei einem IT-Systemhaus des Bundes. Zuvor war sie in verschiedenen Bereichen des Wissenschaftsmanagements tätig, u. a. 2006 – 2009 als Open-Access-Beauftragte der Fraunhofer-Gesellschaft und 2009–2017 als Kanzlerin der Hochschule für Philosophie in München. Die Bedeutung von Qualität in der beruflichen Zusammenarbeit hat sie dabei in verschiedenen Kontexten stets begleitet – entweder offiziell als Qualitätsmanagementbeauftragte oder als grundlegende Fragestellung in Organisationsentwicklungsprojekten. Das vorliegende Buch baut u. a. auf Erkenntnissen aus einem Master-Studium in Organisationsentwicklung an der TU Kaiserslautern von 2019 bis 2021 auf. Einige der dort erbrachten Arbeitsergebnisse sind in das vorliegende Buch eingeflossen.

10 Index

Symbole

A

B

C

I

K

L

M

R

S

T

U